高等学校教材

过程装备智能制造基础

邓建强　主编

U0205559

化学工业出版社

·北京·

内容简介

《过程装备智能制造基础》主要包括过程装备智能制造工艺基础和典型过程装备制造工艺两部分内容。第1章绪论，包含过程装备、智能制造、制造规范、质量保证等相关概述。第2～7章介绍过程装备智能制造工艺基础，从智能制造关键技术出发，将过程设备零件制造及组装、焊接、机械加工基础等有机统一，并融合智能制造案例。第8～12章介绍典型过程装备制造工艺，该部分紧密结合工程实际，包括管壳式换热器的制造、往复式压缩机活塞、机体、叶轮机械叶片及主轴的加工，具有一定的代表性和规范性。

《过程装备智能制造基础》可作为"过程装备与控制工程"及相关专业高等学校教材，也可作为机械工程类师生的参考书，还可供从事过程装备制造及相关领域的科研与工程技术人员阅读参考。

图书在版编目（CIP）数据

过程装备智能制造基础/邓建强主编 . —北京：化学
工业出版社，2022.8（2025.1重印）
ISBN 978-7-122-41553-0

Ⅰ.①过…　Ⅱ.①邓…　Ⅲ.①化工过程-化工设备-
智能制造系统　Ⅳ.①TQ051

中国版本图书馆CIP数据核字（2022）第093307号

责任编辑：陶艳玲　　　　　　　　文字编辑：赵　越
责任校对：王　静　　　　　　　　装帧设计：刘丽华

出版发行：化学工业出版社（北京市东城区青年湖南街13号　邮政编码100011）
印　　装：北京天宇星印刷厂
787mm×1092mm　1/16　印张19¾　字数512千字　2025年1月北京第1版第2次印刷

购书咨询：010-64518888　　　　　售后服务：010-64518899
网　　址：http://www.cip.com.cn
凡购买本书，如有缺损质量问题，本社销售中心负责调换。

定　　价：59.00元

本书编写人员名单

主　　编：邓建强　西安交通大学

编写人员：邓建强　西安交通大学

　　　　　陈志华　上海交通大学

　　　　　李双喜　北京化工大学

　　　　　张东伟　郑州大学

　　　　　胡海军　西安交通大学

　　　　　杨景轩　太原理工大学

　　　　　朱林波　西安交通大学

　　　　　滕海鹏　西北大学

　　　　　王启立　中国矿业大学

　　　　　曹保卫　榆林学院

　　　　　武　鹏　浙江大学

　　　　　郑立星　山西大学

主　　审：李　宁　西安优耐特压力容器制造有限公司

　　　　　张云杰　中国石油渤海装备兰州石油化工机械厂

　　　　　舟　平　常州康普瑞汽车空调有限公司

过程工业也称流程工业，是指通过物理变化和化学变化进行的生产过程，如化工、电力、炼油、冶金、轻工、建材、制药等行业均属于过程工业。过程装备是指过程工业中使用的装备。从制造角度可将过程装备大致分为两大类：以机械加工为主要制造手段的过程机器，如泵、压缩机、离心机等；以焊接为主要制造手段的过程设备，如换热器、塔器、反应设备等。过程设备与过程机器统称为过程装备。随着国民经济与社会发展的需要，对更先进与更节能的过程装备需求不断增加，与此同时，过程装备更频繁用于超高温、超高压、极低温等极限运行环境，面临着超大尺寸或微小结构等尺度需求，还可能需要承载易燃易爆或者腐蚀介质，过程装备的应用正面临着前所未有的巨大拓展。

过程装备制造技术是过程装备与控制工程专业核心知识领域之一，旨在让学生掌握"过程设备设计""过程流体机械"等专业课程的基础上，学习适应当今时代发展的过程装备制造的基本知识与理论，为学生从事过程装备制造相关的工程提供帮助。随着学科建设的发展，过程装备制造技术知识体系越来越完备，过程装备制造技术的教学越来越受到的重视，目前已有多部过程装备制造工艺学相关教材出版。各教材都对过程设备零件的制造、组装，过程设备的焊接及检验，机械加工工艺与过程机器的装配等内容作了系统阐述，内容间比例偏重各有不同。

随着新一代信息技术的兴起，以及互联网向工业领域的融合渗透，在全球范围内掀起了一场新兴的"互联网＋"和"智能化"产业革命，我国也启动了"中国制造 2025"国家行动纲领。在过程装备制造领域，除了国家及行业的标准和法规不断更新与完善，以及制造技术不断创新以外，生产方式也在向高度机械化、自动化、智能化方向发展。目前，尚没有过程装备制造工艺学教材涉及智能制造相关内容，此时，编写出一本适合当前智能制造背景下的制造工艺专业教材非常必要而有意义。

《过程装备智能制造基础》教材编者来自多所高校，均长期从事过程装备制造工艺学的一线教学，拥有丰富的专业知识和教学经验，经编者多次研讨，特别是考虑到了有代表性的过程装备行业对学生专业知识和能力的需求，形成现有的教材内容体系。总结本教材内容，具有如下一些特点。

1. 紧靠时代前沿，将智能制造融入装备专业教学体系和知识结构中。本书将智能制造技术基础独立成章，从为智能系统服务的工业物联网技术、云计算、大数据、虚拟现实与人工智能技术，以及为智能装备服务的工业机器人、3D打印与射频识别技术方向介绍智能制造技术的改进与提升。在制造工艺基础各章中都结合智能制造案例，展示智能制造对各项技术的影响。

2. 加大了典型装备（零件）制造的教学比重。本书对管壳式换热器的制造、往复式压缩机活塞、机体、叶轮机械叶片以及叶轮机械主轴的加工分别进行了系统的介绍。同时本书将典型装备（零件）制造部分与工程实践密切结合，在机体、叶轮机械叶片以及叶轮机械主轴的加工上调研企业实际，严格参考生产实际工艺，并依据最新的国家及相关行业标准，确保内容的准确性。

3. 内容更准确更全面。在知识细节上力求完备，参照50余个现行标准的最新版本进行了本书内容的编写。在制造标准、质量保证体系、表面硬度、加工结构工艺性、焊缝符号及标注、焊接工艺分析及评定等很多知识点方面均有描述，力求制造工艺知识的连贯和完整。

本课程教学同时兼具宽广的理论基础和很强的工程实践性，在课程教学上，强调注重基础知识、基本原理的学习与方法的培养。建议针对本书的典型制造案例实施教学讨论课，以增加知识深度。建议利用丰富的互联网资源，以课后作业的方式要求检索和观看相关视频，以加深学生的直观认识，提高自主学习的能力。除了课堂教学环节，需要进行对应的实践教学环节，将课堂教学与工程实践相结合。建议在教授此门课程之前进行"金工实习"的培训。同时在课程进行中或者结束后可以在相应的过程装备制造企业中进行专业实习，将生产实习与典型产品生产相结合。

本教材为过程装备与控制工程专业本科教材，同样可以为能源与动力工程等各相关专业选用，也可作为机械工程类师生的参考书，还可供从事过程装备制造及相关领域的科研与工程技术人员阅读参考。

本书由邓建强教授主编，并进行全书统稿修订工作。参与编写人员均为从事过程装备与控制工程专业及相关领域的教授和专家学者，包括西安交通大学邓建强（第1章）、胡海军（第5章）、朱林波（第7章）；上海交通大学陈志华（第2章）；北京化工大学李双喜（第3章）；郑州大学张东伟（第4章）；太原理工大学杨景轩（第6章）；西北大学滕海鹏（第8章）；中国矿业大学王启立（第9章）；榆林学院曹保卫（第10章）；浙江大学武鹏（第11章）；山西大学郑立星（第12章）。

西安优耐特压力容器制造有限公司总经理助理兼研发中心主任李宁高工，烟气轮机制造企业、中国石油渤海装备兰州石油化工机械厂张云杰高工，压缩机制造企业、常州康普瑞汽车空调有限公司冉平高工等有关工程专家对本书进行了认真审阅，提出了许多建设性意见。

在本书编写过程中，叶芳华、李亚飞、周升辉、张西平、宣炳蔚、冯义博、郭希健、赵林坤、熊治康、郑澳辉、夏琦等博士生和硕士生在素材收集整理、制图、内容校对等方面付出了辛勤劳动，在此一并表示衷心的感谢。

本书的编写参阅了近年来出版的相关教材、专著以及相关的标准规范，在此对有关作者一并表示感谢。

由于编者水平所限，书中难免有不妥之处，恳请同行专家及广大读者批评指正，联系邮箱 dengjq@xjtu.edu.cn。

编者

2022年2月

第1章
绪　论

1.1　过程装备概述

1.1.1　过程装备定义

过程工业是加工制造流程性材料产品的现代国民经济的支柱产业之一。所谓流程性材料是指以流体形态为主的材料，气体、液体和粉体，是典型的三类流程性材料。过程工业涵盖了化工、石化、石油、能源、轻工、环保、医药、食品、冶金、机械等许多工业门类和行业部门，几乎包含了国民经济中的所有重要领域。据统计，2020年我国财政收入的26％来自制造业。而在整个制造业中，过程工业的产值与增值税均在50％左右，利税贡献更为显著，增值税达55％。

过程装备是指过程工业中所使用的装备。从过程装备制造角度可将过程装备大致分为两大类：以机械加工为主要制造手段的过程机器部分，如泵、压缩机、离心机等；以焊接为主要制造手段的过程设备部分，如换热器、塔器、反应设备、储存容器及锅炉等。过程设备与过程机器统称为过程装备。

1.1.2　过程装备发展推动力

时至今日，推动过程装备蓬勃发展的因素主要如下。

（1）根本推动力——国民经济与社会发展的需要

过程装备所服务的制造业作为国民经济和社会发展的根本，占GDP的26％。而制造业的蓬勃发展离不开过程装备的支持，制造业的革新离不开过程装备新技术新设备的研发。

（2）国家发展的瓶颈

国家的发展面临资源与环境发展瓶颈。我国2019年一次能源总消耗量占全球一次能源消耗量的24.3％，而GDP占比为16.34％。我国单位GDP能耗是世界平均水平的1.5倍，大气SO_2排放为2100万吨/年，居世界前列，工业污水排放量为265.2亿米³/年，占全球排放量8.6％。降低发展能耗，减少工业污染，需要我国开发出更先进、更节能的过程装备。

（3）过程工艺不断发展需要新装备

以石油行业为例，在最开始的原油分馏阶段时，需要塔、炉、换热器、泵和罐等设备。当原油分馏产品不能满足社会需求后，催化反应需要气固流化床反应器、液气固三相反应器等装备。随着社会对于石油的衍生物，如塑料的需求开始激增，相应的也需要乙烯裂解炉、超高压反应器等。在现今流程工业大型化的背景下，千万吨级的大型炼油厂对大型加氢反应器、大型塔器、大型离心压气机、大型低温球罐的需求与日俱增。

（4）长周期安全生产需要装备新技术

寿命周期短，运行不稳定，是我国长期以来自主生产设备所为人诟病的问题。如转轴密封问题，需要开发并推广如干气密封、磁力悬浮轴承等技术代替原有的浮环式密封。

1.1.3　过程装备发展趋势和前沿

① 全生命周期的设计与制造正成为研究的重要发展趋势。由过去单纯考虑正常使用的设计，前后延伸到考虑建造、生产、使用、维修、废弃、回收再利用在内的全生命周期的综合决策。

② 过程装备的监测与诊断工程、绿色再制造工程和装备的全寿命周期费用分析、安全和风险评估以及以可靠性为中心的维修和预测维修等正在过程工业领域开始得到应用。

③ 产品的个性化、多样化和标准化已经成为工程领域竞争力的标志，要求产品更精细、灵巧并满足特殊的功能要求，产品创新和功能扩展与强化是工程科学研究的首要目标，柔性制造和快速重组技术在大流程工业中也得到了重视。

④ 先进工艺技术得到前所未有的广泛重视，如精密、高效、短流程、虚拟制造、数字化智能制造等先进制造技术对过程装备制造工业产生了重要影响。

⑤ 可持续发展的战略思想渗透到工程科学的多个方面，表现了人类社会与自然相协调的发展趋势。制造工业和大型工程建设都面临着有限资源和破坏环境等迫切需要解决的难题，从源头控制污染的绿色设计和制造系统是今后发展的主要趋势之一。

1.2　智能制造概述

智能制造是一项综合系统工程，以传统管理技术和标准化为基础，突出人的核心作用，将互联网技术、设备联网技术、云计算和大数据信息化技术广泛应用于生产设施、控制、操作、制造执行、企业运营、分析决策、商业模式、协同创新过程；实现自动识别、自动记录、自主分析、自主判断、自主决策、自主优化，并通过设备联网、智能运营模式、协同创新，对传统制造业进行改造升级，实现企业管理过程的智能化、柔性化、集成化。

1.2.1　智能制造定义

智能制造是一个大系统工程，要从智能产品、智能生产、产业模式变革、智能制造基础设施建设四个维度推进（图1-1）。其中，智能产品是主体，智能生产是主线，以用户为中心的产业模式变革是主题，以信息-物理系统和工业互联网为基础。

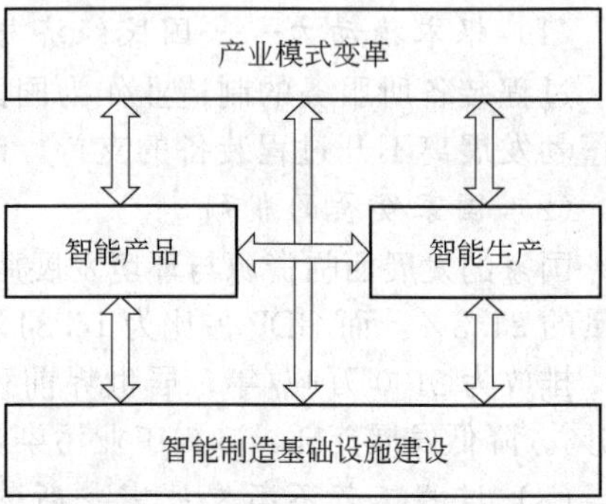

图 1-1　智能制造推进的四个维度

智能制造的特征在于：

① 智能制造是一种全新的制造管理系统；

② 智能制造是高度综合性管理工程技术系统，涉及信息技术、网络技术、自动化等技术以及管理学、经济学等学科；

③ 智能制造是企业价值链的智能化和协同创新的应用，是推进信息化、工业化两化深度融合提升的有效手段，解决企业的设计、生产、销售、服务等为顾客创造价值的一系列活动、功能以及业务流程之间的连接问题；

④ 智能制造是过程方法应用的集中体现；

⑤ 智能制造以客户需求为中心，其动力在于必须在质量、成本、效益、服务和环境等方面同时满足市场和社会的需求，在最短的周期提供高质量的产品，提供具有竞争优势的价格和全方位的服务，从而达成利益最大化；

⑥ 建立智能制造模式的组织架构，必须推进组织变革，使组织更具适用性。

1.2.2 智能制造总体架构

智能制造总体架构可从技术维、价值维和组织维三个维度进行解析。

（1）技术维

智能制造从技术进化的维度可以分为三个范式：数字化制造、数字化网络化制造、数字化网络化智能化制造。这三个范式之间的演进是互相关联、迭代升级的。数字化制造是数字技术和制造技术的融合，贯穿于三个基本范式，它实现了制造的数字化设计、仿真、计算机集成制造，实现了企业生产和管理的集成和协同，在整个工厂内部实现了计算机系统和生产系统的融合。数字化网络化是随着网络技术的广泛应用，企业间以及用户间实现了信息互联，供应链上下游之间整体的协同，改变了企业的经营模式，实现全产业链优化。而数字化网络化智能制造突破催生了多媒体智能、跨媒体智能、群体智能、人机混合增强智能、大数据智能以及自主智能系统，给制造业带来新的发展方向。

（2）价值维

智能制造的价值实现主要体现在智能产品、智能生产、智能服务三个方面。智能产品包括智能制造的装备和各种产出物，产品通过智能制造技术提高产品功能、性能，带来更高的附加值和市场竞争力。智能生产包括基于产品的设计、生产和管理等制造流程的各个环节，制造技术和信息技术融合，全面提升产品设计、生产和管理水平，显著提升劳动生产率。智能服务包括以用户为中心的产品全生命周期的各种服务，服务智能化将促进个性化定制等生产方式的发展，延伸发展服务型制造业和生产型服务业。

（3）组织维

智能制造是一个大系统，是各类系统的集成，从组织维度来看，智能制造主要体现在智能单元、智能系统、系统之系统三个层面。智能单元是实现智能制造功能的最小单元，可以是一个部件或产品。智能单元可通过硬件和软件实现感知、分析、决策、执行的数据闭环。智能系统是指多个智能单元的集成，实现更大范围、更广领域的数据自动流动，提高制造资源配置的广度、精度和深度，包括制造装备、生产单元、生产线、车间、企业等多种形式。系统之系统，也就是多个智能系统的有机整合，通过工业互联网和智能云平台，实现制造系统内部、企业与企业之间以及制造业与金融业和上下游产业间的跨系统、跨平台的横向、纵向和端到端集成，构建开放、协同与共享的产业生态。

1.3 智能制造数字化基础

1.3.1 数字制造与智能制造

所谓数字制造，是指在虚拟现实、计算机网络、快速原型、数据库和多媒体等支撑技术的支持下，根据用户需求迅速收集资源信息，对产品信息、工艺信息和资源信息进行分析、规划和重组，实现对产品设计和功能的仿真以及原型制造，进而快速生产出符合用户期望性能的产品的整个制造过程。

数字制造和智能制造是制造技术创新的发展方向，两者之间的关系为：数字制造是智能制造的基础和手段，而智能制造是先进制造、数字化技术和智能方法的有机结合和深度发展。因此，在了解智能制造领域的同时，也需要了解以数字化为基础的数字制造方面的知识。

1.3.2 数字化设计与仿真

数字化设计与仿真是指在网络和计算机辅助下通过产品数据模型，全面模拟产品的设计、分析、装配、制造等过程。数字化设计的过程中增加了仿真内容，因此在设计过程中就已经确保了设计产品满足了工业应用的需求，而不再需要在采集样机使用数据后再设计，大幅减少了产品开发周期和财力消耗。

数字化的设计仿真需要各类软件的支持，包括计算机辅助工程（Computer Aided Engineering，CAE）、计算机辅助设计（Computer Aided Design，CAD）、计算机辅助制造（computer Aided Manufacturing，CAM）。并行工程是集成地、并行地设计产品及其相关过程（包括制造过程和支持过程）的系统方法。这种方法要求产品开发人员在一开始就考虑产品整个生命周期中从概念形成到产品报废的所有因素，包括质量、成本、进度计划和用户要求。

1.3.3 虚拟样机技术

虚拟样机技术（Virtual Prototyping，VP）是指在产品设计开发过程中，将分散的零部件设计和分析技术［指在某一系统中零部件的 CAD 和有限元分析技术（Finite Element Analysis，FEA）］糅合在一起，在计算机上建造出产品的整体模型，并针对该产品在投入使用后的各种工况进行仿真分析，预测产品的整体性能，进而改进产品设计，提高产品性能的一种新技术。

虚拟样机按照实现功能的不同可分为结构虚拟样机、功能虚拟样机和结构与功能虚拟样机。结构虚拟样机主要用来评价产品的外观、形状和装配。功能虚拟样机主要用于验证产品的工作原理，如机构运动学仿真和动力学仿真。结构与功能虚拟样机则是两者功能的结合，可同时满足安装与工作原理的验证要求。

虚拟样机由 CAD 技术、虚拟现实技术、计算机仿真技术三部分构成，构成的虚拟样机即可与开发者互动。CAD 技术用于模型的构建，虚拟现实技术搭建了高效而真实的人机交互方式，而仿真技术使得功能性的验证成为可能，三者共同组成了虚拟样机。

1.3.4 数字化工艺

计算机辅助工艺过程设计（Computer Aided Process Planning，CAPP），是指借助于计算机软硬件技术和支撑环境，利用计算机进行数值计算、逻辑判断和推理等的功能来制订零件机械加工工艺过程。图 1-2 为 CAPP 示意图。相较于传统工艺设计的缺陷，CAPP 系统降低了对设计人员的要求，许多汇总校核工作由计算机辅助完成，且能实现信息的共享，大大提升了工艺设计的效率。

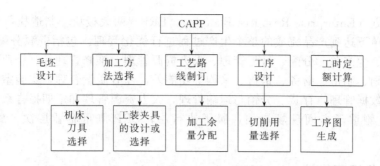

图 1-2　计算机辅助工艺过程设计示意图

1.3.5　数控加工

数控加工是指由控制系统发出指令使刀具做出符合要求的各种运动，以数字和字母形式表示工件的形状和尺寸等技术要求和加工工艺要求进行的加工。它泛指在数控机床上进行零件加工的工艺过程。其特点为自动化程度高、加工精度高、适应性强、生产效率高、易于建立计算机通信网络。数控加工设备从工艺用途方面可分为金属切削数控机床以及金属成形类及特种加工类数控机床；从运动方式方面可分为点位运动控制机床、点位直线运动控制机床、轮廓运动控制机床；从控制方式方面可分为开环控制机床、半闭环控制机床以及闭环控制机床；从功能水平方面可分为精密性机床、普通性机床以及经济性机床。现如今，数控加工设备向着高精度、高效率、复合型、智能型发展。

1.3.6　数字化装配

装配是产品生产的后续工序，作为一项新兴的工业技术，机器人装配应运而生。机器人装配技术目前还存在一些亟待解决的关键技术：装配机器人的实时控制、检测传感技术、系统软件研制、控制器的研制、图形仿真技术、柔顺手腕的研制，以及装配机器人的精确定位等。目前在一些机器人装配上已经有了成功应用：采用机器手或采用爬行机器人带动钻铆末端执行器，可以轻松完成数以万计的紧固件制孔、铆接任务，并且效率是人工的 6～10 倍；采用先进高精度测量设备，如数字化光学设备以激光跟踪仪为代表，包括激光雷达、数字摄影照相机、室内测量系统（indoor GPS，iGPS）等，和工业机器人相结合构成柔性加持定位系统，可实现对小范围的零组件的定位。

1.3.7　数字化控制

数字化控制（Computer Numerical Control，CNC）系统主要由硬件和软件两大部分组成。其核心是计算机数字控制装置。它通过系统控制软件配合系统硬件，合理地组织、管理数控系统的输入、数据处理、插补和输出信息，控制执行部件，使数控机床按照操作者的要求进行自动加工。数控系统通过软件可以实现基本功能和选择功能，主要功能包括控制功能、准备功能、插补功能、进给功能、主轴功能、辅助功能、刀具功能、补偿功能、字符和图像显示功能、自诊断功能、通信功能、人机交互图形编程功能等。

1.3.8　数字化生产管理

数字化生产管理系统可分为制造执行系统（Manufacturing Execution System，MES）

和企业资源计划（Enterprise Resource Planning，ERP）两大板块。制造执行系统能通过信息传递对从订单下达到产品完成的整个生产过程进行优化管理，包括资源分配与状态管理、工序详细调度、生产单元分配、过程管理、人力资源管理、维修管理等。企业资源计划，除了生产资源计划、制造、财务、销售、采购等功能外，还有质量管理，实验室管理，业务流程管理，产品数据管理，存货、分销与运输管理，人力资源管理和定期报告系统等。两者层次不同，MES 侧重于车间现场层面，属于执行层，ERP 侧重企业层次，属于企业管理系统。

1.3.9　数字化远程维护

网络化制造环境下企业的产品质量控制是企业运行管理的主要功能模块，质量控制不仅是对产品实物本身的控制，而且更强调对产品质量形成过程进行控制。现代装备的高集成化、高智能化以及分析处理问题的高效化日益增强，随之而来的系统的故障诊断、维修保障和可靠性越来越受到人们的高度重视。预测与健康管理技术（Prognosties and Health Management，PHM）是综合利用现代信息技术、人工智能技术的最新研究成果而提出的一种全新的管理健康状态的解决方案。PHM 系统的组成包括数据采集、信息归纳处理、状态监测、健康评估、故障预测决策、保障决策等内容。需要指出的是，上述体系结构中的各部件之间并没有明显界限，存在着数据信息的交叉反馈。

1.4　制造规范与更新

1.4.1　制造标准重要性

制造业技术标准是围绕以制造业产品生命周期中需要统一协调的技术事项所制定的标准。制造业技术标准整体划分包括基础技术标准、产品标准、工艺标准、检测试验方法标准，以及安全、卫生、环保、节能标准等。从行业角度看，制造标准的施行有助于降低制造成本、采购成本以及设计成本，使得企业更具有竞争力；从国家角度看，制造标准的施行将规范行业内企业，保证市面流通产品质量的同时减轻了行业监管的负担；从国际角度看，制造标准的实施有助于和国际标准对接，特别是我国加入 WTO 后，国际经贸交往和合作日渐频繁，采用国际标准可使本国产品远销海外。

1.4.2　我国制造标准发展历史

新中国成立后，我国逐步建立了以苏联标准为模式的工业标准体系，这是第一阶段。1978 年我国恢复加入了国际标准化组织后，提出了等同、等效、参照采用国际标准和国外先进国家标准的双采方针，这是第二个阶段。我国在 2001 年 12 月 11 日恢复加入世贸组织，需要我国以国家标准和技术指标为基础，实质性积极参与和加强国际标准制定，此第三个阶段为 2001 年至以后的若干年。我国制造业技术标准化已经走过了前两个阶段，目前正在第三阶段中积极参与国际标准的制定。

1.4.3　标准更新

过程装备相关设计和制造标准会随着技术的革新与性能需求的提高而不断变化，下面以钢制球形储罐标准为案例说明过程装备标准的主要内容以及更新特征。国家标准 GB/T 12337《钢制球形储罐》是一部包括球壳、支柱、拉杆等的设计计算、材料的选用要求、结构要素的规定，以及球形储罐的制造、组焊、检验与验收的综合性国家标准。这一标准系列最早发布于 1990 年，标准号为 GB 12337—1990。后根据国家技术监督局 1993 年制《修订国家标准项目计划》的安排进行了对该标准的修订，即为发布于 1998 年标准号为 GB 12337—1998 的版本。该标准现行版本为国家标准 GB/T 12337—2014，发布之初为强制执行标准，2017 年改为推荐性标准。该标准共 8 个小节以及 7 个附录，第一节为范围，该节规定了该标准适用的球形储罐的特性，包括最大设计压力、最小公称容积、设计温度等；第二节为规范性引用文件，给出了本标准应用的规范性文件，如相关材料的标准、试验方法的标准等；第三节为总则，明确储罐的界定范围、资格与职责范围，并介绍钢制球形储罐相关的术语与关键参数；第四节为材料，对储罐的钢板、钢管、锻件和螺柱（含螺母）等零件使用的钢材做出规定，并给出材料的力学性能与使用温度；第五节为结构，介绍储罐的结构特点；第六节为计算，给出储罐应力和载荷的计算公式；第七节为制造，对储罐制造允许的偏差、制造要求做出规定；第八节为组焊、检验与验收，给出储罐焊接、组装、缺陷检测，以及最后的压力泄漏试验的步骤与技术特点。文末附录则对储罐附件、风险评估、应力分析、低温储罐、焊缝坡口等部分细则作出补充。标准的正文框架自 1990 年的第一版以来至今基本不变，但在技术细则上则参考技术进展、市场需求而不断更新。1998 年发布的第二版标准中增加了高强度高韧性钢的制造、组焊要求，并补充有关自动焊的内容，此更新反映了新材料的出现以及制造技术的革新。在 2014 年发布的第三版标准中设计压力的适用范围由 4.0MPa 提高到 6.4MPa，在材料一节引入了 15MnNiDR 等低温压力容器钢板，并于附录中新增低温压力容器部分，这些改动反映了性能需求的提高以及特殊工况的拓展对标准制定的指导作用。

1.4.4 智能制造标准体系展望

智能制造涉及多领域、多层次、多学科的深度融合，只有依靠标准才能统一相关概念，解决智能制造工作中的数据集成、互联互通等一系列关键基础问题。目前我国在积极参与智能制造国际标准的制定工作。依据《国家智能制造标准体系建设指南（2018 年版）》，当前我国智能制造标准体系结构包括基础共性、关键技术、行业应用等三个部分，其中基础共性标准包括通用、安全、检测、评价和可靠性等五大类，用以统一概念，解决基础共性问题。关键技术标准包括智能工厂、智能装备、智能服务、智能赋能技术以及工业网络等五个技术领域标准，是标准体系的核心内容。行业应用标准则针对行业具体需求，引导各行业推进智能制造。由于智能制造关键技术正处于高速发展的阶段，相关标准体系范围不断扩大，需不断汲取新的技术以保证标准的成熟和安全。

1.5 质量保证体系

1.5.1 质量保证的定义

质量保证，是企业对用户在产品质量方面提供的担保，保证用户购得的产品在寿命期内质量可靠，使用正常。从系统的观点看，它还包括上工序向下工序提供半成品和服务，要符合下工序的质量要求，即上工序向下工序提供质量担保。

质量保证实质上体现了生产厂家和用户之间、上下工序之间的关系。它通过质量保证的有关文件或担保条件（如保单、质量保证书、质量契约）把生产者和用户联系起来，取得用户的信任。使用户对生产者所提供的产品和服务的质量确认可靠，生产者也可以此提高产品的竞争能力，赢得更多的用户，获得更大的经济效益。为了证实产品质量的可靠性，一个组织必须开展有计划和系统的活动，如提供证据和记录，并建立有效的质量保证体系。

从目的的不同出发，质量保证分为内部质量保证和外部质量保证。

（1）内部质量保证

内部质量保证，是指为了使本组织最高管理者对组织具备满足质量要求的能力树立足够信任所进行的活动，如质量审核、质量体系审核、质量评审、工序质量验证等。内部质量保证是组织质量管理职能活动的重要内容，在合同环境和非合同环境下都应开展。

（2）外部质量保证

外部质量保证，是指为了使用户或第三方对供方具备满足质量要求的能力树立足够信任所进行的活动。外部质量保证经常用于合同环境。在外部质量保证活动中，首先应把用户对供方的质量体系要求（包括一般要求和特殊要求）列入合同；其次，根据合同对供方的质量体系进行验证、审核和评价。供方应向用户或第三方提供有关质量体系能满足合同要求的证据，如质量手册、程序性文件、质量计划、质量凭证与记录、见证材料等。

1.5.2　质量保证的内容

（1）制定质量标准

要制定各种定性、定量的指标、规则、方案等质量标准，力求在质量管理过程中达到或超过质量标准。

（2）制定质量控制流程

对不同行业和不同种类的组织，其质量保证可以采取不同的深度和力度。另外，企业有关各方应各负其责，各有侧重地开展质量保证工作。在实际工作中，常绘制质量控制流程图以及鱼刺图（也称因果分析图），即把可能导致最终质量问题的各影响因素分支绘在图上，以进行对症分析。

（3）质量保证体系

质量保证体系，是企业以保证和提高产品质量为目标，运用系统概念和方法，依靠必要的组织机构，把各个部门、各环节的质量管理活动严密地组织起来，形成一个有明确的任务、职责、权限，互相协调、互相促进的质量管理的有机整体。质量保证体系的基本组成部分是：设计试制、生产制造、辅助生产和使用过程的质量管理。

1.5.3　过程质量管理

（1）设计试制过程的质量管理

设计试制是产品质量的孕育过程，设计质量"先天"地决定产品质量。设计质量是制造质量必须遵循的标准和依据，同时又是使用质量必须达到的目标。因此，设计质量的管理是全面质量管理的起点，是企业保证体系的首要环节。

（2）生产制造过程的质量管理

生产制造过程中的质量管理要加强工艺管理，严格工艺纪律，使生产制造过程处于稳定的控制状态。为了保证工艺加工的质量，必须搞好文明生产，配置工位器具，保证通道畅通和生产场所的整齐清洁，使工艺过程有一个良好的条件和环境。为了保证产品质量，还必须根据组织的技术标准，对原材料、在制品、半成品、产品以至生产工艺过程的质量都要进行检验，严格把关。质量检验不仅要挑出废品，而且要搜集和积累大量反映质量状况的数据资料，为改进质量、加强质量管理提供信息和情报。

（3）加强辅助生产、生产服务和准备过程的质量管理工作

包括物资供应、工具工装的制造和供应、设备的维修、动力供应以及运输服务等方面的工作。它们都是为生产第一线服务，为生产创造各种物质技术条件。制造过程各要素的质量状况，都同这些部门的工作质量有关。它们也是全面质量管理体系中的重要内容。

（4）使用过程的质量管理

产品的使用过程是考验产品的实际质量的过程，是企业质量管理的归宿点，又是企业质量管理的出发点。工业产品的质量特性是根据使用的要求而设计的，产品实际质量好坏，主要是看用户的评价。因此企业的质量管理工作必须从生产过程延伸到使用过程。使用过程的质量管理主要应抓好以下工作：积极开展技术服务工作；进行使用效果与使用要求的调查；认真处理出厂产品的质量问题。

1.5.4　质量管理体系认证

质量管理体系认证，是指由公正的第三方体系认证机构，依据正式发布的质量管理体系标准，对组织的质量管理体系实施评定，并颁发体系认证证书和发布注册名录，向公众证明组织的质量管理体系符合质量管理体系标准，有能力按规定的质量要求提供产品，可以相信组织在产品质量方面能够说到做到。

目前世界上体系认证通用的质量管理体系标准是 ISO 9000 系列国际标准。组织的管理结构、人员和技术能力、各项规章制度和技术文件、内部监督机制等是体现其质量管理能力的内容，它们既是体系认证机构要评定的内容，也是质量管理体系标准规定的内容。体系认证的基本标准不是产品技术标准，因为体系认证中并不对认证企业的产品实物进行第三方审核或检测，体系认证中使用的基本标准仅是证明组织有能力按政府法规、用户合同、组织内部规定等技术要求生产和提供产品。此外，各国在采用 ISO 9000 系列标准时都需要翻译为本国文字，并作为本国标准发布实施，各国证书对企业提供产品质量保证能力和质量管理水平的证明是等效的。我国等同 ISO 9000 系列的国家标准是 GB/T 19000 系列标准，是 ISO 承认的 ISO 9000 系列的中文标准，已列入 ISO 发布的名录。

1.6　本书主要内容

本书内容除第 1 章绪论外，又分为两篇内容。第 1 篇为"过程装备智能制造工艺基础"，包括第 2～7 章。第 2 篇为"典型过程装备制造工艺"，包括第 8～12 章。第 1 篇先介绍了智能制造的关键技术，然后从过程设备与过程机械两个方向介绍各自的制造工艺基础知识。在第 2 篇"典型过程装备制造工艺"中选取了管壳式换热器、往复式压缩机活塞、机体、叶轮机械叶片以及叶轮机械主轴等 5 种典型过程设备或机器零件的制造工艺进行了介绍。

第 1 章，首先介绍了过程装备的分类与发展，然后引入智能制造的概念，再对装备制造

的标准进行简要概述，最后介绍了装备制造的质量保证体系。

第2章简要说明了智能制造系统，然后分别介绍了工业物联网、人工智能技术、工业机器人技术、3D打印技术等智能制造关键技术的定义、特点、分类及应用。

第3章较为全面地介绍了过程设备零部件制造成形工序的典型加工工艺，另外对过程设备的组装工艺、技术和设备进行了描述，最后介绍了零件智能制造案例。

第4章主要介绍了过程设备电弧焊接原理、焊接冶金过程、常用熔化焊接方法等内容，然后分析了智能数字化焊接案例、智能焊接未来发展。

第5章介绍了过程设备焊接的主要工艺规程，包括焊接裂纹的产生和控制方法、焊接工艺分析及工艺评定方法、焊接件的结构工艺性和焊接常用钢材特点。

第6章主要对机械加工表面质量、加工精度、典型表面加工路线、工件定位与夹紧、工艺尺寸链、机加工工艺规程和结构工艺性等内容进行了阐述，最后介绍了智能加工案例。

第7章首先介绍了装配的单元划分、装配精度、装配尺寸链等概念。然后介绍了常用的装配方法、生产类型及其应用特点。最后介绍了先进装配案例和装配技术的未来发展。

第8章内容包括管壳式换热器主要零部件制造、换热器与管板的连接方式和换热器整体装配要求等，并介绍了管壳式换热器的热处理、无损检测、耐压试验与泄漏试验等。

第9章讲述了往复式压缩机活塞加工工艺。介绍了活塞加工技术要求、活塞材料特征与毛坯，最后详细讲述了常用的筒形和盘形活塞加工技术。

第10章主要介绍了机体的加工方法，从材料选择、毛坯铸造到加工工艺，着重介绍了机体加工工艺的设计原则，最后以烟气轮机机体为例介绍了实际生产加工要点。

第11章介绍了叶轮机械叶片制造，包括材料选择原则、叶片毛坯制造、叶片加工工艺制订原则及典型叶片制造流程等内容，并以烟气轮机为例介绍了叶片制造规程。

第12章介绍了叶轮机械主轴的功用、结构特点、技术要求以及材料与毛坯的选择依据，以实际生产为例，完整列出了一台烟气轮机主轴的加工过程，并对主要工序进行了工艺分析。

 习题

一、单项选择题

1. 以下有关智能制造总体架构说法正确的是＿＿＿。
　A. 数字化制造在企业间以及用户间实现了信息互联
　B. 智能制造的价值实现主要体现在智能产品、智能生产、智能销售三个方面
　C. 智能服务包括以用户为中心的产品全生命周期的各种服务
　D. 从组织维度来看，智能制造主要体现在智能零件、智能单元、智能系统三个层面

2. 预测与健康管理技术（PHM）属于的数字制造层面是＿＿＿。
　A. 数字化远程维护　　B. 数字化装配　　　C. 数字化控制　　　D. 数字化生产管理

3. 过程质量管理环节，＿＿＿"先天"地决定了产品质量。
　A. 设计质量　　　　B. 生产制造　　　　C. 辅助生产　　　　D. 使用过程

二、填空题

1. 智能制造是一个大系统工程。其中，＿＿＿＿＿＿＿是主体，＿＿＿＿＿＿＿是主线，＿＿＿＿＿＿＿是主题，以＿＿＿＿＿＿＿为基础。

2. 智能制造总体架构可从_____、_____、_____三个维度进行解析。

3. 数控加工设备具有_____、_____、_____、_____等发展特点。

4. 智能制造标准体系框架包括_____、_____、_____三个部分。

5. 从目的不同出发，质量保证分为_____和_____。

6. 质量保证体系的基本组成部分是：_____、_____、_____、_____的质量管理。

三、问答题

1. 过程装备从制造手段的不同出发可分为哪两类？并列举各自的典型装备。

2. 智能制造总体架构技术维的进步包含了哪几个阶段？并尝试总结不同阶段的技术特点以及优势所在。

3. 智能制造是在数字制造的基础上发展的更前沿的阶段，两类制造的特点与区别是什么？

第 2 章
智能制造关键技术

20 世纪 80 年代以来，各类制造技术得到了不同程度的发展，传统的设计、制造、加工和管理方法已无法有效解决现代制造工艺系统中存在的诸多问题。这促使传统的制造技术在原有的基础上，利用各领域最新研究成果，借助现代的工具和方法，演变出一种新型的制造技术与系统，即智能制造技术与智能制造系统。

相比传统制造技术，智能制造技术的改进和提升主要体现在 3 个维度，即智能系统、智能装备和智能服务，覆盖了产品从设计研发到生产制造再到售后服务的整个生命周期。其中，智能服务主要体现在客户与生产厂家的对接过程，包括售前的大规模个性化定制、售后的运维服务、网络协同制造等内容，后文不做赘述。

以智能制造为载体的智能工厂，与传统工厂相似，同样完成着设计、生产、管理和物流等任务，但它是一种新型制造模式，能够实现高效、优质、清洁、安全、敏捷制造产品并给用户提供全面服务。智能系统和智能装备作为智能工厂的两大组成部分，承载着诸多智能制造的关键技术，如为智能系统服务的工业物联网技术、云计算技术、大数据技术、虚拟现实技术与人工智能技术；为智能装备服务的工业机器人技术、3D 打印技术、射频识别技术等。

2.1 工业物联网

随着计算机科学与技术的高速发展，互联网技术应运而生并且正深刻改变着人类的生产和生活方式。而"物联网"被称为继计算机、互联网之后，世界信息产业的第三次浪潮。

所谓物联网（Internet of Things），简单理解就是"物物相连的互联网"。较完整的定义为：通过各种信息传感器、射频识别技术、全球定位系统、红外感应器、激光扫描器等各种装置与技术，实时采集任何需要监控、连接、互动的物体或过程，采集其声、光、热、电、力学、化学、生物、位置等各种需要的信息，通过各类可能的网络接入，实现物与物、物与人的泛在连接，实现对物品和过程的智能化感知、识别和管理。物联网具备的三大特征：联网的每一个物件均可寻址；联网的每一个物件均可通信；联网的每一个物件均可控制。

通过物联网技术感知工业全流程、实施优化控制，已经成为企业提高设备可靠性和产品质量、降低人工成本与减少生产消耗、增强核心竞争力的主要手段。以工业无线为代表的工业物联网技术是继现场总线之后，工业控制领域的又一个热点技术，是降低自动化成本、提高自动化系统应用范围、实现工业化与信息化深度融合的最佳技术，也是未来工业自动化产品新的增长点。

2.1.1 工业物联网的发展历程

工业物联网作为一种在实时性与确定性、可靠性与环境适应性、互操作性与安全性、移动性与组网灵活性等方面满足工业自动化应用需求的无线通信技术，为现场仪表、控制设备和操作人员间的信息交互提供了一种低成本的有效手段。在计算机、通信、网络和嵌入式技术发展的推动下，经过几个阶段的发展，工业物联网技术正在逐渐成熟并被广泛应用。

第一阶段，20 世纪 60～70 年代模拟仪表控制系统占主导地位，现场仪表之间使用二线制的 4～20mA 电流和 1～5V 电压标准的模拟信号通信，只是初步实现了信息的单向传递，其缺点是布线复杂、抗干扰性差。虽然目前仍有应用，但随着技术的进步，最终将被淘汰。

第二阶段，集散控制系统（Distributed Control System，DCS）于 20 世纪 80～90 年代占主导地位，实现分布式控制，各上下机之间通过控制网络互连实现相互之间的信息传递。现场控制站间的通信是数字化的，数据通信标准 RS-232、RS-485 等被广泛应用，克服了模拟仪表控制系统中模拟信号精度低的缺陷，提高了系统的抗干扰能力。

第三阶段，现场总线控制系统（Fieldbus Control System，FCS）在 21 世纪初占主导地位。FCS 采用全数字、开放式的双向通信网络互连现场各控制器与仪表设备，将控制功能彻底下放到现场，进一步提高了系统的可靠性和易用性。同时，随着以太网技术的迅速发展和广泛应用，FCS 已从信息层渗透到控制层和设备层，工业以太网已经成为现场总线控制网络的重要成员，逐步向现场层延伸。

第四阶段，随着组网灵活、扩展方便、使用简单的工业无线通信技术的出现，智能终端、泛在计算、移动互连等技术被应用到工业生产的各个环节，实现了对工业生产实施全流程的"泛在感知"和优化控制，为提高设备可靠性与产品质量、降低生产与人工成本、节能降耗、建设资源节约与环境友好型社会、促进产业结构调整与产品优化升级等提供了有效手段。

工业物联网技术是工业化与信息化深度融合的强大推手，有效地提高了智能化和大规模定制化生产能力，促进生产型制造向服务型制造转变。无论从生产过程控制、故障诊断方面，还是从节能减排、提高效率、降低成本、增加产品附加值等各个方面，工业物联网技术都会带来新的发展机遇。

2.1.2 工业物联网的体系架构

典型的物联网系统架构共有 3 个层次。一是感知层，即利用射频识别、传感器、二维码等随时随地获取物体的信息；二是网络层，通过电信网络与互联网的融合，将物体的信息实时准确地传递出去；三是应用层，把感知层得到的信息进行处理，实现智能化识别、定位、跟踪、监控和管理等实际应用。

在工业环境的应用中，工业物联网与一般物联网系统架构有两个主要的不同点：一是在感知层中，大多数工业控制指令的下发以及传感器数据的上传有实时性的要求；二是在现有的工业系统中，不同的企业有属于自己的一套数据采集与监视控制系统（Supervisory Control and Data Acquisition，SCADA）系统。

工业物联网的典型系统架构如图 2-1 所示，与一般物联网架构相比，该架构中增加了现场管理层，是工厂的本地调度管理中心。其作用类似于一个应用子层，可以在较低层次进行数据的预处理，是实现工业应用中的实时控制、实时报警以及数据的实时记录等功能所不可或缺的层次。工业物联网其他各层为：感知层，由现场设备和控制设备组成，主要进行工业机器信息的感知以及控制指令的下发；网络层，利用电信网或者以太网，为工厂的本地数据以及在远端的数据分析中心搭建起传输通道，使得数据可以随时随地进行传送；应用层，是工业物联网的最终价值体现者，针对工业应用的需求，与行业专业技术深度融合，利用大数据处理技术对来自于感知层的数据进行分析。在各个层次之间，数据信息可以双向交互传递，使得工业机器能按照优化后的作业流程开展生产过程，实现智能化生产。

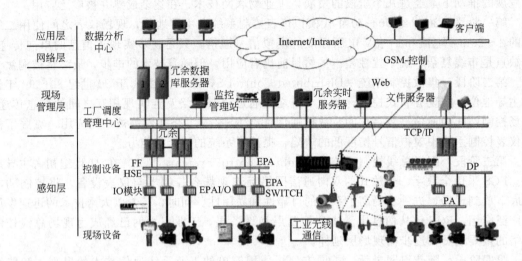

图 2-1　工业物联网系统架构

2.1.3　工业物联网关键技术

工业物联网技术的研究是一个跨学科的工程，它涉及自动化、通信、计算机以及管理科学等领域。如图 2-2，工业物联网的广泛应用需要解决众多关键技术问题。

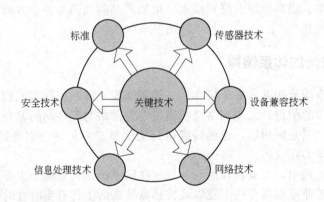

图 2-2　工业物联网涉及的关键技术

① 传感器技术　价格低廉、性能良好的传感器是工业物联网应用的基石，工业物联网的发展需要更准确、更智能、更高效以及兼容性更强的传感器技术。智能数据采集技术是传感器技术发展的一个新方向。

② 设备兼容技术　大部分情况下，企业会基于现有的工业系统建造工业物联网，如何实现工业物联网中所用的传感器能够与原有设备已应用的传感器相兼容是工业物联网推广所面临的问题之一。

③ 网络技术　网络是构成工业物联网的核心之一，数据在系统不同的层次之间通过网

络进行传输。网络分为有线网络与无线网络，有线网络一般应用于数据处理中心的集群服务器、工厂内部的局域网以及部分现场总线控制网络中，能提供高速率高带宽的数据传输通道。工业无线传感器网络则是一种利用无线技术进行传感器组网以及数据传输的技术，无线网络技术的应用可以使得工业传感器的布线成本大大降低，有利于传感器功能的扩展。

④ 信息处理技术　工业信息出现爆炸式增长，工业生产过程中产生的大量数据对于工业物联网来说是一个挑战，如何有效处理、分析、记录这些数据，提炼出对工业生产有指导性建议的结果，是工业物联网的核心所在，也是难点所在。

⑤ 安全技术　工业物联网安全主要涉及数据采集安全、网络传输安全等过程，信息安全对于企业运营起到关键作用，如何保证在长时间的连续数据采集以及传输过程中信息的准确无误是工业物联网应用于实际生产的前提。

⑥ 标准　一套完整准确的标准体系包括基础标准文件、网络传输协议、通信技术协议等。标准体系建立能够为工业物联网技术的规范与成熟奠定基础，能够促进工业物联网中各关键技术的相互协调与配合。

2.2　云计算技术

互联网的高速发展孕育了云计算。云计算模式的出现使用户能享受高性能的计算资源、软件资源、硬件资源和服务资源。随着高速网络的发展，互联网已连接全球各地，网络带宽极大提高，可以传递大容量数据。技术上，并行计算、分布式计算，特别是网格计算的日益成熟和应用，提供了很多利用大规模计算资源的方式。互联网上一些大型数据中心的计算和存储能力出现冗余，特别是一些大型的互联网公司具备了出租计算资源的条件，各种计算、存储、软件、应用都可以以服务的形式提供给客户。

2.2.1　云计算的概念

简单来说，云计算是以应用为目的，通过互联网将大量必需的软、硬件按照一定的形式连接起来，并且随着需求的变化而灵活调整的一种低消耗、高效率的虚拟资源服务的集合形式。相比于物联网对原有技术进行升级的特点，云计算则更有"创造"的意味。它借助不同物体间的相关性，把不同的事物进行有效的联系，从而创造出一个新的功能。

如果从云计算服务的使用者角度来看，云计算可以用"云"来形象地表达。一切的一切都在云里边，它可以为使用者提供云计算、云存储以及各类应用服务。作为云计算的使用者，不需要关心云里面到底是什么、云里的 CPU 是什么型号的、硬盘的容量是多少、服务器在哪里、计算机是怎么连接的、应用软件是谁开发的等问题，而需要关心的是随时随地可以接入、有无限的存储可供使用、有无限的计算能力为其提供安全可靠的服务和按实际使用情况计量付费。

2.2.2　云计算的特征

云计算是效用计算（Utility Computing）、并行计算（Parallel Computing）、分布式计算（Distributed Computing）、网格计算（Grid Computing）、网络存储（Network Storage）、虚拟化（Virtualization）和负载均衡（Load Balance）等传统计算机和网络技术发展融合的产物。云计算的基本原理是令计算分布在大量的分布式计算机上，而非本地计算机或远程服务器中，它通过网络把多个成本相对较低的计算实体整合成一个具有强大计算能力的完美系统，并借助一些先进的商业模式把这个强大的计算能力分布到终端用户手中。

云计算的一个核心理念就是通过不断提高"云"的处理能力，进而减少用户终端的处理负担，最终使用户终端简化成一个单纯的输入输出设备，并能按需享受"云"强大的计算处理能力。云计算的特征主要表现在以下几个方面。

① 超大规模。"云"具有相当的规模，现有商业云计算已经拥有上百万台服务器。"云"能赋予用户前所未有的计算能力。云业务的需求和使用与具体的物理资源无关，IT 应用和业务运行在虚拟平台之上。云计算支持用户在任何有互联网的地方，使用任何上网终端获取应用服务。

② 高可扩展性。"云"的规模超大，可以动态伸缩，满足应用和用户规模增长的需要。

③ 虚拟化。云计算是一个虚拟的资源池，用户所请求的资源来自"云"，而不是固定的有形的实体。用户只需要一台笔记本或者一部手机，就可以通过网络服务来实现自己需要的一切，甚至包括超级计算这样的任务。

④ 高可靠性。用户无须担心个人计算机崩溃导致的数据丢失，因为其所有的数据都保存在云里。

⑤ 通用性。云计算没有特定的应用，同一个"云"可以同时支撑不同的应用运行。

⑥ 廉价性。由于"云"的特殊容错措施，因而可以采用极其廉价的节点来构成云。云计算将数据送到互联网的超级计算机集群中处理，个人只需支付低廉的服务费用，就可完成数据的计算和处理。企业无须负担日益高昂的数据中心管理费用，从而大大降低了成本。

⑦ 灵活定制。用户可以根据自己的需要定制相应的服务、应用及资源，根据用户的需求，"云"来提供相应的服务。

2.2.3 云计算的未来发展

从云计算的发展现状来看，未来云计算的发展会向构建大规模的、能够与应用程序密切结合的底层基础设施的方向发展，包括以下几个方面。

（1）高可靠的网络系统技术

支撑云计算的是大规模的服务器集群系统，在系统规模增大后，可靠性和稳定性就成了最大的挑战之一。大量服务器进行同一个计算时，单节点故障不应该影响计算的正常运行，同时为了保证云计算的服务高质量地传给需要的用户，网络中必须具备高性能的通信设施。

（2）数据安全技术

数据的安全包括两个方面：一是保证数据不会丢失；二是保证数据不会被泄露和非法访问。对用户而言，数据安全性依旧是最重要的顾虑，将原先保存在本地、为自己所掌控的数据交给看不到、摸不着的云计算服务中心，这样一个改变并不容易。从技术角度说，云计算的安全跟其他信息系统的安全实际上没有大的差别，更多的是法规、诚信、习惯、观念等非技术因素。

（3）可发展的并行计算技术

并行计算技术是云计算的核心技术，要求能随着用户请求、系统规模的增大而有效地扩展计算能力。目前大部分并行应用在超过一定处理器数量时会难以获得有效的加速性能，未来的许多并行应用必须能有效扩展到更多处理器上。

（4）海量数据的挖掘技术

如何从海量数据中获取有用的信息，将是决定云计算应用成败的关键。除了利用并行计算技术加速数据处理的速度外，还需要新的思路、方法和算法处理海量数据的存储和管理。

（5）网络协议与标准问题

当一个云系统需要访问另一个云系统的计算资源时，必须要对云计算的接口制定交互协议，这样才能使得不同的云计算服务提供者相互合作，以便提供更好、更强大的服务。如此就必须制定出一个统一的云计算公共标准，为企业间的云计算应用程序、数据迁移提供可能。

（6）推广问题

当进入云计算时代时，在传统方式和未来方向之间如何选择成为企业必须直面的问题，制造企业需要不断适应并做出选择。

2.3　大数据技术

2.3.1　大数据的概念

随着人与人、人与机器、机器与机器在交易、沟通、通信中产生的数据量越来越大，人类开始走进大数据时代。对大数据其中一个定义是：大小超出常规的数据库工具获取、存储、管理和分析能力的数据集。另外还有一个对大数据概念的科学性描述供参考：大数据是来源多样、类型多样、大而复杂、具有潜在价值，但难以在期望时间内处理和分析的数据集。通俗地讲，大数据是数字化生存时代的新型战略资源，是驱动创新的重要因素，正在改变人类的生产和生活方式。

2.3.2　大数据的来源

美国互联网数据中心指出：互联网上的数据每年将增长 50%，每两年便翻一番。目前世界上 90% 以上的数据是最近几年才产生的。全世界的工业设备、汽车、电表上有着无数的数码传感器，随时测量和传递着有关位置、运动、震动、温度、湿度乃至空气中化学物质变化的信息，产生了海量的数据信息，且呈现指数级的增长。

随着制造行业的智能化发展和现代化管理理念的普及，制造业企业的运营越来越依赖于大数据技术。制造业生产的数据采集、使用范围逐步加大。尤其在装备制造领域，机器与机器、设备与网络中产生的数据量极为庞大，企业需要管理的数据种类繁多，涉及产品数据、运营数据、价值链数据等大量结构化和非结构化数据。

在能源化工行业，企业的进步与改革同样伴随着大数据的产生和应用。企业间的对接效率提升依赖管理软件和报告报表；工业生产中大型机组可通过机组运行数据的纵向和横向比较分析提高能效；企业的总体能耗和碳排放依赖大数据平台进行预测预警等。大数据技术的嵌入，让企业更加信息化与现代化。

2.3.3　大数据的特征

大数据的核心能力，是发现规律和预测未来，其有以下四个特征。

（1）数据体量巨大（Volume）

截至目前，人类生产的所有印刷材料的数据量是 200PB（1PB＝1024TB），而历史上全人类所有对话的数据量大约是 5EB（1EB＝1024PB）。当前，典型个人计算机硬盘的容量为

TB 量级，而一些大企业的数据量已经在 EB 量级。

（2）处理速度快（Velocity）

大数据技术能够从大量的数据中通过算法高效搜索隐藏于其中的信息。截至 2020 年，全球数据量已达到了 60ZB（1ZB＝1024EB），并且还会随着时间推移呈指数型增长。在海量的数据背景下，处理数据的效率已然成为企业的生命。智能工厂的运行伴随着大量数据和繁杂的信息流，更加快速的数据挖掘为制造和生产的智能化奠定了基础。

（3）数据类型繁多（Variety）

这种类型的多样性也让数据被分为结构化数据和非结构化数据。相对于以往便于存储的以文本为主的结构化数据，非结构化数据越来越多，包括网络日志、音频、视频、图片、地理位置信息等，这些多类型的数据对数据的处理能力提出了更高要求。

（4）价值密度低（Value）

大数据具有巨大的工业价值，但不可否认的是，大数据价值密度的高低与数据总量的大小成反比。以视频为例，一部 1h 的视频，在连续不间断的监控中，有用数据可能仅有一两秒。如何通过强大的机器算法更迅速地完成数据的价值"提纯"成为目前大数据背景下亟待解决的难题。

2.3.4　云计算与大数据的关系

云计算是由易于使用的虚拟资源构成的一个巨大资源池，包括硬件资源、部署平台以及相应的服务，根据不同的负载，这些资源可以动态地重新配置，以达到一个理想的资源使用状态。数据量的爆炸式增长使得数据的存储、管理以及分析具有很高的复杂性，因此大数据对存储环境有着很高的要求。云计算将大量的硬件资源虚拟化之后再进行分配使用，有效地优化现有的资源，作为计算资源的底层，支撑着上层的大数据处理。大数据的最终目的是充分挖掘海量数据中的信息，发现数据中的价值。云计算主要为数据提供了保管、访问的场所和渠道，而数据才是真正有价值的资产。

在大数据和云计算的关系上，两者都关注对资源的调度，它们都是为数据存储和处理服务的，都需要占用大量的存储和计算资源。云计算为大数据提供强大的存储和计算能力，更加迅速地处理大数据，并提供更方便的服务；而来自大数据的业务需求，能为云计算的落地找到更多更好的实际应用。云计算和大数据实际上是工具与用途的关系，即云计算为大数据提供了有力的工具和途径，大数据为云计算提供了很有价值的用武之地。从所使用的技术来看，大数据可以理解为云计算的延伸。

2.4　虚拟现实技术

2.4.1　虚拟现实技术概述

关于虚拟现实（Virtual Reality，VR）的概念，目前尚无统一的标准，有多种不同的概念，主要分为狭义和广义两种。狭义层面虚拟现实的定义，是指综合利用计算机系统和各种显示及控制等接口设备，在计算机上生成的可交互三维环境中提供沉浸感觉的技术。由此，可以将虚拟现实看成是一种具有人机交互特征的人机交互方式，即可称为"基于自然的人机接口"。在此环境中人可以如感受真实世界一样来感受计算机生成的虚拟世界，并且有一种身临其境的感觉。即用户可以看到彩色的、立体的景象，可以听到虚拟环境中的声响，可以感受到虚拟环境反馈给用户的作用力。

广义层面虚拟现实的定义，是将虚拟现实看成对虚拟想象的或真实三维世界的模拟。它不仅仅是人机接口，更主要的是利用计算机技术、传感与测量技术、仿真技术、微电子技术等现代技术手段构建一个模拟虚拟世界的内部，使某个特定环境真实再现后，用户通过接受和响应模拟环境的各种感官刺激，与虚拟世界中的人或物进行交互，进而产生身临其境的感觉。

由此可见，虚拟现实这一术语包含了三个方面的含义：①虚拟现实是一种基于计算机图形学的多视点、实时动态的三维环境，这个环境可以是现实世界的真实再现，也可以是超越现实的虚构世界；②用户可以通过人的视、听、触等多种感官，直接以人的自然技能和思维方式与所投入的环境交互；③在操作过程中，人是以一种实时数据源的形式沉浸在虚拟环境中的行为主体，而不仅仅是窗口外部的观察者。

虚拟现实技术具备"3I"特征：Immersion（沉浸感）、Interaction（交互性）和 Imagination（构想性）。

沉浸感是指用户感到作为主角存在于模拟环境中的真实程度。虚拟现实技术根据人类视觉、听觉的生理、心理特点，由计算机产生逼真的三维立体图像，在使用者戴上头盔显示器和数据手套等设备后，便将自己置身于虚拟环境中，并可与虚拟环境中的各种对象相互作用。理想的模拟环境应该使用户难以分辨真假，使用户全身心地投入到计算机创建的三维虚拟环境中，如同在现实世界中的感觉一样。

交互性是指用户对模拟环境内物体的可操作程度、从环境得到反馈的自然程度（包括实时性）、虚拟场景中对象依据物理学定律运动的程度等，它是人机和谐的关键性因素。用户进入虚拟环境后，通过多种传感器与多维化信息的环境发生交互作用，用户可以进行必要的操作，虚拟环境中做出的相应响应，亦与真实的一样。

构想性是指强调虚拟现实技术应具有广阔的可想象空间，可拓宽人类认知范围，不仅可再现真实存在的环境，也可以随意构想客观不存在的甚至是不可能发生的环境。用户沉浸在"真实的"虚拟环境中，与虚拟环境进行了各种交互作用，使用户获取新的知识，从定性和定量综合集成的环境中得到感性和理性的认识，从而产生新的构思和认识上的飞跃。因而可以说，虚拟现实是启发人的创造性思维的活动。

2.4.2　虚拟现实技术在智能制造中的应用

虚拟现实作为推动制造业智能化数字化转型的主要技术之一，在专业人才培训方面已经得到广泛推广，《中国虚拟现实应用状况白皮书（2018）》中指出："通过所见即所得的沉浸感极大地提高了人员的培训效率，成为当前虚拟现实在工业生产中应用数量最多的方式。"

虚拟现实系统不仅可以展示外观的状态，还可以演示一些复杂的、抽象的、不宜直接观察的内部结构和现象，在专业人才培训方面让学员全方位、多角度地认识作业的核心内容，真正做到操作与知识相结合的培训标准。

（1）在模拟设备操作方面的应用

大型机械装备价格昂贵，操作过程不易掌握，某些设备操作过程具有危险性，现有培训过程大多数在真实设备上进行，具有一定风险且成本较高。采用虚拟现实技术开发模拟操作系统，可以建立逼真的虚拟环境，仿真操作过程做出实时响应，并在虚拟环境中同步指导工人操作。通过仿真实训获得基本操作技能和接近真实的操作环境体验，从而降低真实机械设备操作实训时间，增强培训效果。

（2）在设备虚拟维修中的应用

传统的设备维修的技术重点在于寻找故障、分析成因；拆散相关零件，对有问题的零件进行维修。而虚拟现实技术的引入营造了包括故障分析、零部件拆解、维修与重组的仿真维修环境，使得设备维修与数据管理同步进行，构建人机交互板块，模拟样机进行实际维修，智能化生成设备故障解决方案，使得维修过程准确简便。

（3）在机器装配中的应用

在复杂机器装配中，人工的刚性定位占主要部分，但由于机器零部件种类繁多，装配精度要求高，难度大，且不同型号的机器需要不同的装配工艺，造成生产周期长，制造成本高。现有的人工装配难以满足现代复杂机器的生产需求。随着虚拟现实技术的不断成熟，可以利用其对机器进行三维模型的虚拟装配，提高人工对机器装配的熟练度，大大减少产品装配过程中人为失误，以实现产品可装配性和经济性。

2.5　人工智能技术

2.5.1　人工智能技术概述

人工智能（Artificial Intelligence，AI）是计算机科学中涉及研究、设计和应用智能机器的一个分支。人工智能是相对于人的自然智能而言的，从广义上解释就是"人造智能"，指用人工的方法和技术在计算机上实现智能，以模拟延伸和扩展人类的智能。由于人工智能是在机器上实现的，所以又称机器智能。

人工智能的精确定义较为困难，但从不同领域的研究者的描述来看，其本质就是研究如何制造出智能机器或智能系统，来模拟人类的智能活动，以延伸人类智能的科学。人工智能包括有规律的智能行为，这是计算机能解决的。而无规律的智能行为，如洞察力、创造力，计算机目前还未能完全解决。

2.5.2　人工智能技术的研究目标

人工智能的研究目标可分为远期目标和近期目标。远期目标是构造可实现人类智能的智能计算机或智能系统，从目前的技术水平来看，要全面实现上述目标，还存在很多困难。近期目标是使现有的电子数字计算机更聪明、更有用，使它不仅能做一般的数值计算及非数值信息的数据处理，而且能运用知识处理问题，能模拟人类的部分智能行为。为此，就要根据现有计算机的特点研究实现智能的有关理论、技术和方法，建立相应的智能系统。

远期目标为近期目标指明了方向，而近期目标的研究则为远期目标的最终实现奠定基础，作好理论及技术上的准备。另外，近期目标的研究成果不仅可以造福于当代社会，还可进一步增强人们对实现远期目标的信心，消除疑虑，以更多的研究成果证明人工智能是可以实现的，而非虚幻。

2.5.3　人工智能在制造业中的应用

（1）智能设计与加工

产品的设计是一项具有创造力的智能活动，是一个综合决策、迭代、寻优的过程。人工智能在现代产品设计领域的应用，可以将机械设计中不精确的经验数据与海量实测数据进行简化，同时利用先进算法等可实现产品在设计阶段的性能模拟、运动分析、功能仿真与评价，最大程度满足产品设计自动化和智能化的要求。

（2）智能工艺规划

由于数控机床、可重构工装、自动钻铆等制造装备的技术进步和广泛应用，制造工艺路线的柔性和加工效率有了大幅提高，但由于制造产品趋于多品种、小批量的动态需求，产品工艺规划的复杂程度越来越高，传统的计算机辅助工艺规划（CAPP）无法对用户订单的更改、内部设备的增添等制造环境的变化做出快速响应。因此，人工智能技术在产品加工制造的工艺规划中具有巨大的应用潜力。

知识库的建立与管理是人工智能在 CAPP 中应用最多的领域。基于专家系统，通过工艺设计知识库、工艺决策方法库及加工资源库完成各种任务的决策，同时利用专家系统良好的人际交互功能，可对接收到的信息进行推理。有些复杂的工艺，其知识模糊性和不确定性较强，如工序的选择、特殊工序的安排、定位装夹方案选择等，可以利用模糊逻辑、遗传算法等其他技术与专家系统相结合对问题进行建模和求解。

（3）智能调度

制造系统的生产调度一般具有多目标性、不确定性和高度复杂性等特点。车间级调度优化问题可理解为利用传统的手段无法在可接受的时间内找到问题的最优解，借助人工智能的优化方法，或人工智能与运筹学结合的优化方法，可以较好地解决这类问题。

人工智能在调度问题上的应用主要分为集中式和分布式两类。集中式方法利用专家系统、遗传算法、模糊逻辑等方法，极大地加快了对问题求解的速度，例如专家系统利用知识库与推理机，可在决策处理过程中同时采用定性和定量的知识，生成启发式规则，并在整个车间信息基础上选择最优规则。然而，集中式人工智能方法仅仅加快了复杂问题求解的速度，但因其并不具备足够的柔性与鲁棒性，所以并未从实质上解决这类问题。相反，分布式方法主要基于多智能体系统（MAS），以及 MAS 与蚁群算法、遗传算法等其他人工智能技术相结合的方法，利用问题分解、彼此协商、任务指派、解决冲突等步骤，有效地将复杂的问题简化，在系统总目标的指引下单独求解子问题。

2.6　工业机器人

得益于机器人技术的快速发展，机器人的种类发展呈现多样化。其中，应用于工业制造的机器人被称为工业机器人。随着智能装备的发展，机器人在工业制造中的优势越来越显著，工业机器人是实现智能制造的关键基础技术之一。

2.6.1　工业机器人的定义和特点

工业机器人作为机器人的一种，是仿人操作、自动控制、可重复编程、能在三维空间完成各种作业的机电一体化自动化生产设备，特别适用于多品种、多批量的柔性生产。它对稳定、提高产品质量、提高生产效率、改善劳动条件和促进产品的快速更新换代起着十分重要的作用。

根据定义不难看出，工业机器人有如下几个显著特点。

① 拟人化。工业机器人具有特定的机械结构（如手臂、手爪等），其动作具有类似于人

或者其他生物的某些器官（肢体、感受等）的功能。此外，更加智能的机器人还有诸多类似人类的生物传感器，如力传感器、视觉传感器、声觉传感器等。传感器提高了工业机器人对周围环境的自适应能力。

② 通用性。一般工业机器人都能够完成多种任务和工作。它可以通过灵活改变动作程序或者更换其身体的某些部件达到完成不同作业任务的目的。

③ 可编程。工业机器人可以随其工作环境变化或者作业任务变化而再次编程，因此它能在小批量、多品种、具有均衡高效率的柔性制造过程中发挥很好的功用，是柔性制造系统中的一个重要组成部分。

④ 独立性。一个硬件完好、程序完善的完整工业机器人系统在工作中可以不依赖人的干预。

2.6.2　工业机器人的系统组成

工业机器人主要由执行机构、驱动系统、控制系统和传感系统四部分组成。

（1）执行机构

执行机构也称为操作机，由一系列连杆、关节或其他形式的运动副所组成，可实现各个方向的运动，它包括基座、腰、臂和手等部分。

① 基座。基座是机器人的基础部分，整个执行机构和驱动系统都安装在基座上，有时为了能够使机器人达成较远距离的操作，可以增加行走机构，如连杆机构。

② 腰。腰是臂的支撑部分，根据执行机构坐标系的不同，腰可以在基座上转动，也可以和基座做成一体。有时腰也可以通过导杆和导槽在基座上移动，从而增大工作空间。腰的转动大多采用回转油缸来实现，腰的移动则多数用直线油缸来实现。

③ 臂。臂是执行机构中的主要运动部件，用来支撑腕部和手部，并使它们在工作空间内运动。为了使手能够达到工作空间的任意位置，臂至少应具有 3 个自由度，少数专用的工业机器人臂自由度可以少于 3 个。臂的运动可以归结为直线运动和回转运动两种形式。直线运动多数通过油缸（气缸）驱动来实现；回转运动的实现手段有很多，如蜗轮蜗杆式，油缸活塞杆上的齿条驱动齿轮的方式，以及油缸通过链条驱动链轮转动等。

④ 其他部件。腕是连接臂与手的部件，用于调整手的方向和姿态。手一般指夹持装置，主要用来按操作顺序和位置传送工件。夹持装置可分为机械夹紧式、真空抽吸式、气压（液压）张紧式和磁力式四种。

（2）驱动系统

要使机器人运行起来，需要给各个关节提供动力，这个动力源就是驱动系统。驱动系统传动部分可以是液压传动系统、电动传动系统、气动传动系统，也可以是几种系统结合而成的综合传动系统。

（3）控制系统

控制系统是机器人的重要组成部分，控制系统的作用是支配执行机构按照所需的顺序，沿规定的位置或轨迹运动。从控制系统的构成看，可分为开环控制系统和闭环控制系统，从控制的方式看可分为程序控制系统、适应性控制系统和智能控制系统。

（4）传感系统

传感系统是工业机器人中比较重要的系统，传感器将有关机械手的信息传递给机器人的控制器。信息传递可以连续进行，或者在预定动作结束时进行。在有些机器人中，传感器提供各连杆的瞬时速度、位置、加速度和力等信息，这些信息反馈到控制单元，产生控制信号。工业机器人所用的传感器可分为视觉传感器和非视觉传感器两大类。非视觉传感器包括限位开关（如接近式、光电式和机械式）、位置传感器（如光学编码器、电位器）、速度传感器（如转速计）以及力和触觉传感器。视觉传感器包括光导摄像管、电荷耦合器件（CCD）或电荷注入器件（CID）、TV摄像机。它们用于手眼系统跟踪、目标识别或目标捕捉等。

2.6.3　工业机器人的应用

工业机器人不仅仅是简单意义上代替人工的劳动，它可作为一个可编程的高度柔性、开放的加工单元集成到先进制造系统，适用于多品种、大批量的柔性生产，可以提升产品的稳定性和一致性，在提高生产效率的同时加快产品的更新换代，对提高制造业自动化水平起到很大作用。工业机器人及成套设备目前已广泛应用于智能制造各个领域，如焊接机器人、搬运机器人及码垛机器人等工业机器人都已经被大量采用。

（1）焊接机器人

焊接机器人是从事焊接作业（包括切割与喷涂）的工业机器人，是最广的工业机器人应用领域，占工业机器人总数的四分之一左右。其作为当前广泛使用的先进自动化焊接设备，具有通用性强、工作稳定的优点，并且操作简便、功能丰富，越来越受到人们的重视。归纳起来，引入工业机器人进行自动焊接有如下几方面优势。

① 机器人完全适应产品多样化的要求，具有很强的柔性加工能力，即在同一条生产线上，可以混合生产若干产品。同时，对于生产量的变动以及型号的变更等，可以通过修改程序迅速进行生产线的调整。

② 可以提高产品的质量，即为了使焊接作业机器人化，需要改变加工方法和加工工序，所以不可避免地要提高供给的零件、夹具、搬运工具等的精度，这些都关系到产品的质量提高。另外一方面，采用机器人进行焊接时，每条焊缝的焊接参数（如焊接电流、电压及焊接速度等）都是恒定的，焊接质量很稳定。而人工焊接则难以避免操作时的偏差，很难保证产品质量的均一性。

③ 能提高生产率，即机器人的作业效率，不再随着操作者的变动而变动，机器人可以做到连续生产，因此可以稳定生产计划，最终提高生产率。

④ 改善了工人的劳动条件。焊接生产中存在大量的烟尘、弧光、金属飞溅等情况，导致焊接的工作环境恶劣，若劳动保护不够会对人体造成伤害。引入机器人进行自动焊接可以将工人从焊接过程中解放出来，只做一些装拆工件等工作，改善了工人的劳动条件。

根据焊接方式的不同，焊接机器人主要可以分为弧焊机器人和点焊机器人两大类。点焊机器人是用于点焊自动作业的工业机器人，其末端持握的作业工具是焊钳，点焊机器人的典型应用领域是汽车工业。弧焊机器人是用于弧焊（主要有熔化极气体保护焊和非熔化极气体保护焊）自动作业的工业机器人，其末端持握的工具是弧焊作业用的各种焊枪。它可以在计算机的控制下实现连续轨迹控制和点位控制，还可以利用直线插补和圆弧插补功能焊接由直线及圆弧组成的空间焊缝。

（2）搬运机器人

搬运机器人是经历人工搬运、机械手搬运两个阶段而出现的自动化搬运作业设备。它可以安装不同的末端操作器（如机械手爪、真空吸盘、电磁吸盘等）以完成各种不同形态和状态的工件搬运。通过编程控制，可以让多台机器人配合各道工序不同设备的工作时间，实现作业的最优化。搬运机器人的出现，不仅可以提高产品的质量与产量，而且对保障人身安全、改善劳动环境、减轻劳动强度、提高劳动生产率、节约原材料消耗以及降低生产成本有着十分重要的意义。

（3）码垛机器人

码垛机器人可按照要求的编组方式和层数，完成对料带、胶块、箱体等各种产品的码垛。码垛机器人替代人工搬运、码垛，能迅速提高企业的生产效率和产量，同时能减少人工搬运造成的错误。码垛机器人的出现，不仅可改善劳动环境，而且对减轻劳动强度、保障人身安全、降低能耗、减少辅助设备资源和提高劳动生产率具有重要意义。

2.7　3D 打印技术

3D 打印技术是一种增材制造技术，相对于传统的材料去除（如车、铣、磨等）技术，增材制造是一种"自下而上"材料累加的制造工艺。3D 打印技术以计算机三维设计模型为蓝本，通过软件分层离散和计算机数字控制系统，利用激光束、热熔喷嘴等方式将金属粉末、陶瓷粉末、塑料、细胞组织等特殊材料进行逐层堆积黏结，最终叠加成形，制造出实体产品。与传统制造业通过模具、车床等机械加工方式对原材料进行定型、切削并最终生产出成品不同，3D 打印将三维实体变为若干个二维平面，通过对材料处理并逐层叠加进行生产，大大降低了制造的复杂度。这种数字化制造模式不需要复杂的工序，不需要庞大的机床，不需要众多的人力，直接从计算机图形数据便可生成任何形状的零件，使生产制造的中间加工环节减到最小。

2.7.1　3D 打印的主要技术

熔融沉积成形技术（Fused Deposition Modeling，FDM）是用加热头将 ABS（Acrylo-nitrile Butadiene Styrene）树脂、尼龙和蜡等热熔性材料加热到临界状态，使其呈现半流体状态，然后在软件控制下沿 CAD 确定的二维几何轨迹运动，并通过喷头将半流动状态的材料挤压出来，材料瞬时凝固形成有轮廓形状的薄层。薄层逐层累积，最终打印出设计好的三维物体。其工艺路线为：用 CAD 做好三维模型→对模型进行切片处理→设置扫描路径→对材料进行加热→喷头按照设置好的路径进行涂敷→快速冷却→喷头上移→再次按设置好的路径进行涂敷→继续重复以上涂敷工序，最后得到逐层堆积而成的完整工件。该技术主要用于中、小型部件的成形，其生产成本低、污染小，材料可回收，但成品精度较差、成形速度慢且使用的材料类型受限。

光固化成形技术（Stereo Lithography Apparatus，SLA）是以光敏树脂为材料，通过紫外光或者其他光源照射，选择性地让需要成形的液态光敏树脂发生聚合反应并变硬，逐层固化，最终得到完整的产品。其工艺路线为：用 CAD 做好三维模型→对模型进行切片处理→设计扫描路径→激光光束按设计的扫描路径照射液态光敏树脂表面→形成树脂固化层，生成零件的一个截面→升降台下降一个层片的高度→固化层上覆盖另一层液态树脂→再进行第二次扫描→第二固化层牢固地粘接于前一固化层上→重复以上工序，得到层层叠加而成的三维模型原型。SLA 技术具有成形速度快、表面质量好、打印精度高和打印模型尺寸大等优点，但树脂固化过程中易产生收缩、应力或引起变形。

选择性激光烧结技术（Selective Laser Sintering，SLS）是用高功率激光根据三维数据（如制作的 CAD 文件或扫描数据）所生成的切面数据，选择性地融化粉末层表面的粉末材料，然后每扫描一个粉末层，工作平台就下降一个层的厚度，一个新的材料层又被施加在上面，然后烧结形成粘接，接着不断重复铺粉、烧结的过程，直至完成整个模型成形。其工艺路线为：用 CAD 做好三维模型→对模型进行切片处理→选择性烧结切片表面粉末→调整工作台，粉末覆盖产生新材料层→对新材料层进行烧结→重复工序直至完成三维模型→产生零件原型。SLS 技术可选用很多种材料，如石蜡、高分子、金属粉或合金粉、陶瓷粉以及其复合粉末，其制品的相对密度约达 100%，且产品性能可与传统制造工艺相媲美。

叠层堆积成形技术又叫分层实体制造法（Laminated Object Manufacturing，LOM），是根据三维 CAD 模型每个截面的轮廓线，使激光切割头做二维方向的平面移动。供料机构将底面涂有热熔胶的箔材（如涂覆纸、涂覆陶瓷箔等）送至工作台的上方。激光切割系统按照计算机提取的横截面轮廓用二氧化碳激光束对箔材沿轮廓线将工作台上的纸割出轮廓线，并将纸的无轮廓区切割成小碎片，然后由热压机构将一层层纸压紧并黏合在一起。升降台支撑正在成形的工件，并在每层成形之后，降低一个纸厚，以便送进、黏合和切割新的一层纸，形成由许多小废料块包围的三维原型零件。然后将三维原型零件取出，将多余的废料小块剔除，最终获得三维产品。该技术多使用纸材，具有成本低廉、制件速度快、精度高且外观优美等优点。

2.7.2　3D 打印技术的应用

在工业制造领域，3D 打印技术越来越发挥其重要作用，主要包含模具加工、重大装备制造等领域。

模具是以特定的结构形式通过一定方式使材料成形的一种工业产品，同时也是能成批生产出具有一定形状和尺寸要求的工业产品零部件的一种生产工具。3D 打印技术的出现，使传统的模具制造技术有了重大的改革和突破，有效解决了模具开发技术难度大和结构复杂等难题，是快速模具技术。

在大型飞机框架结构制造中，采用电子束熔融 3D 打印技术，主要是将金属线材作为打印材料，并使用功率强大的电子束在真空环境中通过高达 1000℃的高温来融化打印金属零部件。电子束定向能量沉积、逐层增加的方法建造出来的任何金属部件都近乎纯净，并且不需要任何类型的打印后热处理。该技术也可以用于修复受损的部件或者增加模块化部件，并且不会产生传统焊接或金属连接技术中常见的接缝缺陷或者其他弱点。

在核电装备制造中，采用重型金属 3D 打印技术，以金属线材与辅料为原材料，在电熔冶金的环境下，利用高能热源熔化原料丝材，根据成形构件的分层数据，采用计算机控制，实现原材料逐层快速激冷凝固堆积，最终得到超低碳、超细晶、组织均匀、综合力学性能达到甚至优于传统锻造工艺成形的金属构件。

号称工业皇冠的燃气轮机制造，过去传统上由大量零件、组件、部件通过焊接、螺栓连接等方式组装而成。3D 打印能够将几十上百个零部件合而为一，将此前通过传统工艺制造的多达上千个零部件结构优化为十几个部件，降低了制造复杂性。无论是轴承座还是机器壳体，都属于多部件集成而来的一体化、大尺寸零件。它无法通过传统铸造或机械加工制造，只有 3D 打印能够实现一体成形。由此产生的结果在于该部件不再需要装配，不仅减轻了重量，更排除了磨损的可能性。零件数量的减少极大地提高了生产效率，并带来整机性能的提高，显示出 3D 打印的集成制造优势。

2.8 射频识别技术

射频识别技术又叫作无线射频识别技术（Radio Frequency Identification，RFID），能够通过无线射频方式进行非接触双向数据通信，利用无线射频方式对记录媒体（电子标签或射频卡）进行读写，从而达到识别目标和数据交换的目的。射频识别技术和传统应用紧密相关，同时也充满活力，在生产、销售和流通等领域有着广阔的应用前景。

2.8.1 射频识别技术的工作原理

电子标签与读卡器之间通过耦合元件实现射频信号的空间（无接触）耦合。在耦合通道内，根据时序关系，实现能量的传递、数据的交换。发生在读卡器和高频电子标签之间的射频信号的耦合主要采用电感耦合，其本质依据为电磁感应定律。

电感耦合的原理是：两电感线圈在同一介质中，各自的电磁场通过该介质传导到对方，形成耦合。最常见的电感耦合是变压器，即用一个波动的电流或电压在一个线圈（称为初级线圈）内产生磁场，在该磁场中的另外一组或几组线圈（称为次级线圈）上就会产生相应比例的磁场，它是电感耦合的经典杰作。电感耦合方式一般用于高、低频工作的近距离射频识别系统中。

电子标签与读卡器之间的耦合通过天线完成。这里的天线通常可以理解为电磁波传播的天线，有时也指电感耦合的天线。

如图 2-3 所示，一套完整的射频识别系统由 3 部分组成：电子标签（应答器）、读卡器和应用系统。其工作原理是读卡器发射一定频率的电磁波能量给应答器，用于驱动应答器电路将内部的数据送出，读卡器依序接收并解读数据，送给应用系统中的软件程序做相应的处理。

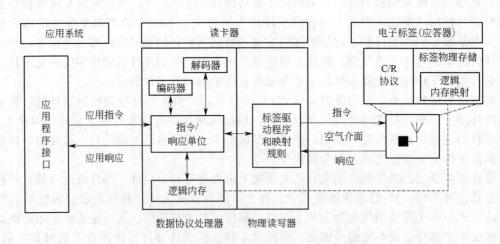

图 2-3 射频识别系统工作原理结构图

射频识别技术的工作原理是：首先，读卡器通过天线发送某种频率的射频信号，电子标签产生引导电流，当引导电流到达天线工作区的时候，电子标签被激活；之后，电子标签通过内部天线发送自己的代码信号集；天线接收到由电子标签发射的载体信号后把信号发送给读卡器；读卡器对信号进行调整并进行译码，并将调整和译码后的信号发送给应用软件系统；然后，应用软件系统通过逻辑操作判断信号的合法性，再根据不同的设置进行相应的操作。

读卡器根据使用的结构和技术的不同可以是读装置或读/写装置，它是射频识别系统信息的控制和处理中心。读卡器通常由耦合模块、收发模块、控制模块和接口单元组成。读卡器和应答器之间一般采用半双工通信方式进行信息交换，它通过耦合给无源应答器提供能量和时序。在实际应用中，可进一步通过以太网或无线局域网等实现对物体识别信息的采集、处理及远程传送等管理功能。目前读卡器大多数是由耦合元件（线圈、微带天线等）和微芯片组成的无源单元。

2.8.2　射频识别技术的特征

（1）数据的无线读写

只要通过读卡器（不需接触）即可直接读取信息至数据库内，且可一次处理多个标签，并可以将物流处理的状态写入标签，供下一阶段物流处理使用。

（2）形状容易小型化和多样化

射频识别系统在读取下并不受尺寸和形状的限制，不需为了读取精确度而配合纸张的固定尺寸和印刷品质。此外，系统中的电子标签更可往小型化发展并应用于不同产品中。因此，它可以更加灵活地控制产品的生产，特别是在生产线上的应用。

（3）耐环境性

射频识别模块对水、油和药品等物质具有很强的抗污性，在黑暗或肮脏的环境之中，也可以读取数据，完成信息识别与传递的任务。

（4）可重复使用

由于整个系统传递的均为电子数据，可以被反复读写，可以回收标签进行重复使用。

（5）穿透性

由于射频识别系统基于电磁感应原理工作，对纸张、木材和塑料等非金属有较好的穿透性，能够用这些非透明材质进行包覆，完成穿透性通信。

（6）数据的记忆容量大

数据容量会随着记忆规格的发展而扩大，未来物品所需携带的信息量越来越大，而射频识别系统记忆容量大，受到的限制较小。

（7）系统安全

射频识别技术将产品数据从中央计算机转存到工件上，为系统提供安全保障，从而大大提高系统的安全性。

（8）数据安全

通过校验或循环冗余校验的方法，可保证射频标签中储存数据的准确性。

2.8.3　射频识别技术在工厂生产中的实践应用

生产车间中的各个生产环节的信息包含车间操作工作者、生产原料、生产机械、工票、工人服装、加工程序等，牵涉到车间的诸多方面。RFID 技术可以迅速、精准地提供即时信息，运用信息采集器现场获取制造环节的有关数据，比在制造现场放置多台计算机以人工的方式进行输入更快捷、高效。

在制造车间广泛运用 RFID 技术，能够把由 RFID 获取的各类信息加以高效集成处理。该技术能够和智能化的生产线结合，在生产管理的优化方面，RFID 技术的作用主要体现在下述四点。

① 在生产计划调度方面，比如安装、加工等机械的 RFID 能够提供机械的运行时长、运行状态、功能特点等，如此便能够基于产品订单对车间即时生产状况加以监督，且安排车间的具体生产计划。

② 物料和仓储方面，运用 RFID 技术，能够在短时间内让生产环节以可视化形态出现，有利于仓库第一时间了解物料使用状况。在确保零部件和原料供给充足的基础上，调整库存水平，降低库存所占用的资本。

③ 在零部件跟踪方面，可以达成由原料到成品的全部流程的追踪。当零部件出现在生产线或者完工区时，RFID 技术能够智能化记录生产过程、机械、工人编码、生产时长，防止了人力录错信息、条形码扫描错误等操作失误问题的出现。

④ 在质量控制方面，获取产品能够追溯的信息（如产品制造与出厂的相关信息）是实施产品召回措施的前提。RFID 技术能够提供最新的即时信息流，能够确保科学运用人工、机械、生产工艺等，进而达成无纸化制造且缩短不同生产环节的衔接时间，以确保制造流程和产品品质的稳定性。经过原料与成品上粘贴的 RFID 标签便能够即时获取有关数据。

 习题

一、单项选择题

1. 相比传统物联网，工业物联网的架构增加了____。
   A. 感知层　　　　　B. 现场管理层　　　　C. 网络层　　　　　D. 应用层
2. 云计算支持用户在任何有互联网的地方，使用任何上网终端获取应用服务，这主要体现了其____。
   A. 超大规模　　　　B. 扩展性好　　　　　C. 可靠性高　　　　D. 价格便宜
3. ____是大数据的特征。
   A. 数据体量小　　　B. 处理速度快　　　　C. 价值密度高　　　D. 数据类型少
4. ____是工业机器人的特点。
   A. 依赖人操作　　　B. 通用性差　　　　　C. 不可编程　　　　D. 拟人化程度高
5. 射频识别技术作为快速、实时、准确采集与处理信息的高新技术，又叫作____。
   A. 频率识别技术　　　　　　　　　　　B. 无线射频识别技术
   C. 有线射频识别技术　　　　　　　　　D. 电磁波识别技术

二、填空题

1. 相比传统制造技术，智能制造的改进和提升主要体现在_____、_____、_____这三个方面。
2. 智能制造的关键技术有_____、_____、_____、_____、_____、_____、_____等。
3. 工业物联网的关键技术有_____、_____、_____、_____。
4. 云计算发展面临的问题有_____、_____、_____、_____、_____。

5. 虚拟现实技术的"3I"特征指的是：_____、_____、_____。

6. 人工智能在制造业中的应用有_____、_____、_____。

7. 工业机器人的系统组成有_____、_____、_____、_____这四部分。

8.3D 打印的主要技术有_____、_____、_____、_____。

9. 一套完整的射频识别系统的组成部分为_____、_____、_____。

三、问答题

1. 物联网有哪些显著特征？分为哪几个层次？

2. 简述云计算的概念和基本原理。

3. 什么是大数据？简述云计算与大数据之间的关系。

4. 虚拟现实包括哪些含义？

5. 什么是机器人？什么是工业机器人？简述机器人可以应用在哪些领域。

6. 3D 打印技术能够应用在哪些领域？试列举几项具体应用。

7. 什么是射频识别技术？工作原理是什么？列举几个射频识别技术的特征。

8. 结合本章所学内容，谈谈你对智能制造技术发展前景的看法。

第 3 章
过程设备零件制造及组装

过程设备主要由筒体、封头、接管、支座等零部件组成。本章主要介绍过程设备零部件制造的材料选择、净化、矫形、展开、划线、切割、边缘加工、筒节弯卷、管材的弯曲、封头的冲压和旋压加工等主要成形工序的加工工艺，另外对过程设备的组装工艺和典型的过程设备零件智能制造案例进行了介绍。

3.1 加工材料的准备

3.1.1 加工材料的验收和管理

加工过程设备所用原材料的规格和质量都应符合国家标准关于工件材料（各种钢材、锻件、铸件等）和焊接材料的规定。原材料的实际质量是否符合标准是保证设备制造质量的基础，必须严格验收才能投产。材料的保管和发放也很重要，应避免保管不当而降低质量（如焊条受潮等），或因管理制度不严造成错乱。

3.1.2 材料的净化

原材料在轧制以后以及在运输和库存期间，表面常产生铁锈和氧化皮，粘上油污和泥土。经过划线、切割、成形、焊接等工序之后，工件表面会粘上铁渣，产生伤痕，焊缝及近缝区会产生氧化膜。这些污物的存在，将影响设备制造质量，所以必须净化。

3.1.2.1 净化的作用

① 试验证明，钢材的腐蚀速度与除锈质量的优劣至关重要。不同的除锈方法对钢材的保护寿命也不同，经抛丸或喷砂除锈后涂漆的钢板比自然风化后经钢丝刷除锈涂漆的钢板耐腐蚀寿命要长五倍之多。从腐蚀机理上，用喷砂法去除氧化皮的部分形成阳极区，未去除氧化皮的部分成为阴极区，阴极和阳极电位差不同，形成电偶腐蚀，钢板表面氧化皮存在的多少对腐蚀速度的影响参见表 3-1。

表 3-1 钢板表面氧化皮的多少对腐蚀速度的影响

样板型号	用喷砂法除氧化皮的面积/%	阴极与阳极面积比	去除氧化皮部分钢材腐蚀速度/(mm/y)
1	5	19:1	1.140
2	10	9:1	0.840
3	25	3:1	0.384
4	50	1:1	0.200
5	100	—	0.125

另外，铝、不锈钢制造的零件应先进行酸洗再进行纯化处理，以形成均匀的金属保护膜，提高其耐腐蚀性能。

② 对焊接接头尤其是坡口处进行净化处理，清除锈、氧化物、油污等，可以保证焊接质量。例如，铝及铝合金、低合金高强钢、钛及钛合金在焊接前必须进行严格清洗，才能保证焊接质量，保证耐腐蚀性能。

③ 可以提高下道工序的配合质量。例如，净化处理对于需要进行喷镀、搪瓷、衬里的设备以及多层包扎式和热套式高压容器的制造是很重要的一道工序。

3.1.2.2　净化方法

（1）手工净化

手工净化即用砂布、钢丝刷、手提砂轮打磨或用锉刀、刮刀磨削，该方法灵活方便，但劳动强度大、效率低，常用于局部维修等净化处理。

（2）机械净化

① 喷砂法　喷砂是采用压缩空气为动力，以形成高速喷射束将喷料（铜矿砂、石英砂、金刚砂、铁砂等）高速喷射到需要处理的工件表面。由于磨料对工件表面的冲击和切削作用，使工件的表面除锈或除氧化皮，形成有一定粗糙度的均匀表面，增加了表面和涂覆层之间的附着力，使工件表面的力学性能得到改善，提高了工件的抗疲劳性。喷砂法效率较高但粉尘大，对人体有害，应在封闭的喷砂室内进行。喷砂装置的示意图如图 3-1 所示。压缩空气的压力一般为 0.5～0.7MPa，喷嘴常用硬质合金或陶瓷等耐磨材料制成以减轻冲刷磨损。

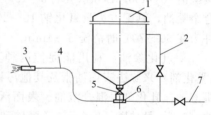

图 3-1　喷砂装置示意图
1—砂斗；2—平衡管；3—喷砂嘴；4—橡胶软管；5—放砂旋塞；6—混砂管；7—导管

② 抛丸法　用电动机带动叶轮体旋转，靠离心力的作用，将直径约在 0.2～3.0mm 的弹丸（有铸钢丸、钢丝切丸、不锈钢丸等不同类型）抛向工件的表面，使工件的表面达到一定的粗糙度，改变工件的表面应力状态，提高工件的使用寿命。抛丸法改善了劳动条件，易实现自动化，对材料表面质量控制方便。例如，对不锈钢表面的处理，使表面产生压应力，可提高抗应力腐蚀的能力。表面粗糙度的不同要求可通过选择抛丸机的型号、数量和安装分布方式来实现。

（3）化学净化

化学净化处理主要是对金属材料表面进行除锈、除油、除污物、氧化、磷化及钝化处理。氧化、磷化和钝化的目的是将清洁后的金属表面经化学作用，形成保护膜，以提高防腐能力和增加金属与漆膜的附着力。

① 金属表面除锈　金属表面除锈的化学净化法包括用有机溶剂擦洗、酸洗和碱洗。

a. 有机溶剂擦洗的方法：有机溶剂擦洗常用于清洗管道衬里（如衬橡胶）的内表面以及在喷砂或抛丸净化后进一步清洗设备外表面。

b. 酸、碱洗的方法：是先将酸液（或碱液）按一定的配方装入槽内，清洗时将工件放入浸泡一定时间，然后取出用水冲洗干净，以防止余酸的腐蚀。若工件过大不能放入槽内，则配制成酸膏（或碱膏）涂刷在工件表面，一定时间后用水冲洗干净。酸、碱洗也可采用喷淋的方法，即用泵将洗液加压，经导管并由喷嘴喷出，冲刷工件表面，去除污物。酸、碱液的配方很多，如碳钢酸洗去氧化皮，可以采用质量分数 5%～10% 的硫酸、10%～15% 的盐酸，约 0.5％的若丁（有效成分是二邻甲苯硫脲），混合配成水溶液，溶液温度 50～60℃，浸泡 30～60min；不锈钢酸洗软膏，采用质量分数 20％浓硝酸配 80％浓盐酸，与白土或滑石粉调成糊状，在室温下涂覆表面 30～40min；铝及其合金酸洗，采用质量分数 20％硝酸和 10％～15％氢氟酸水溶液，在室温下浸泡数秒钟。

② 金属表面除油

a. 有机溶剂除油是一种普遍采用的方法。主要利用油脂能溶于有机溶剂，能发生皂化反应等特性，将金属表面上的油污除掉。所用溶剂要求溶解力强、不易着火、毒性小、便于操作、挥发慢。常用溶剂有汽油、石油溶剂、松节油、丙乙酮、酒精、甲苯、二甲苯、二氯乙烷、三氯乙烯、四氯乙烯等。除油时一般采用浸渍法，此外还有蒸汽法和超声波法，其速度快、质量好。

b. 碱液除油：借助碱的化学作用，清除金属表面的油脂和轻微锈蚀。主要适用于黑色金属，如钢、铸铁和不溶于碱溶液的金属，如镍、铜等。以碳钢为例，当其表面存在少量污物时，碱液配方为氢氧化钠 20～30g/L、磷酸钠 30～50g/L 和水玻璃 3～5g/L，工作条件为在 80～90℃时清洗 10～40min；当其表面存在大量污物时，碱液配方为氢氧化钠 40～50g/L、碳酸钠 80～100g/L 和水玻璃 5～15g/L，工作条件为在 80～90℃时清洗 15～18min。铝及铝合金除油，其配方为氢氧化钠 10～20g/L、磷酸钠 50～60g/L 和水玻璃 20～30g/L，工作条件为在 60～70℃时清洗 3～4min。

c. 乳化除油：利用能促使两种互不相溶的液体，如油和水，形成稳定乳浊液的物质（乳化剂）来除去表面油脂及其他污物。此法在室温下比碱液效率高。乳化除油液主要由有机溶剂、乳化剂、混合溶剂、表面活性剂组成，其配方为质量分数 67％煤油、22.5％松节油、5.4％月桂酸、3.6％三乙醇胺和 1.5％丁基溶纤剂。

③ 氧化处理　金属表面与氧或氧化剂作用，形成保护性的氧化膜，防止金属被进一步腐蚀。黑色金属的氧化处理主要有酸性氧化法和碱性氧化法。通过将金属表面置入一定温度下的含有氧化剂的酸性或者碱性溶液中进行，形成的氧化膜性能好，但颜色不够美观。有色金属可以进行化学氧化和阳极氧化处理。

④ 磷化处理　用锰、锌等的正磷酸盐溶液处理金属，使表面生成一层不溶性磷酸盐保护膜的过程称为金属的磷化处理。此薄膜可提高金属的耐腐蚀性和绝缘性，并能作为油漆的良好底层。

⑤ 钝化处理　金属与铬酸盐作用，生成三价或六价铬化层，该铬化层具有一定的耐腐蚀性，多用于不锈钢、铝等金属。

（4）火焰净化

火焰净化可以除油去锈。火焰可以烧掉油脂，但常留下烧不净的"炭灰"。在火焰加热和其后的冷却过程中，由于锈层和金属的膨胀量不同，故彼此产生滑移，导致锈与金属分离，再用钢刷刷净。

3.1.3　材料的矫形

设备制造所用的钢板、型钢、钢管等，在运输和存放过程中，由于自重、支承不当或装卸条件不良，会产生弯曲、波浪形或扭曲变形。这些变形给尺寸的度量、划线、切割都带来困难，而且会影响到成形后零件的尺寸和几何形状精度。例如钢板波浪度的存在，将使卷圆后筒节直径产生误差，增大了环缝对口错边量。同时波浪度也是形成筒节母线不平直的主要因素，因此应该矫平。当然不是所有的钢材都要矫形，当变形对划线及以后各工序的影响在允许范围内时，可以不矫形。例如一般中低压设备，壁厚在 12mm 以上时，钢板变形量小，很少进行矫平。但对热套容器筒节这样的零件，尺寸和几何形状精度要求都较高，即使钢板厚度为 50mm，矫平仍是很重要的工序。此外，焊接工件也常产生各种变形，除工艺上采取措施避免之外，也需矫形。

钢材变形的原因是局部受力超过材料的屈服极限，使其"纤维"产生局部塑性伸长或缩短。因此矫形的实质就是使局部伸长的纤维缩短或局部缩短的纤维伸长，以恢复原状；或者使其他部分的纤维也伸长或缩短，产生与局部纤维相同的变形，从而达到矫形的目的。

矫形的方法有手工矫形、机械矫形和火焰加热矫形。

（1）手工矫形

手工矫形是在常温下（或加热后）把工件放在平台上用锤敲打。手工矫形用的工具主要有大锤、手锤以及用于型钢的各种型锤。对于中间凸起的各种板料，矫平时不可直接敲打凸起处，应于凸起的四周呈辐射状对称方向由远渐近地敲打，使板料产生塑性变形而延展，凸起部位逐渐消除。型钢的弯曲可以直接敲打凸起部位，使其反向弯曲，以达到矫形的目的。手工矫形劳动强度大，效率低，但操作灵活，主要用于无法机械矫形的场合。

（2）机械矫形

① 钢板的矫形　滚弯式矫形机用于钢板的矫形。矫形机种类较多，常用的矫形机有五辊、七辊和九辊等几种。图 3-2 所示为七辊矫形机工作原理。三个下辊 3 和两个上辊 2 交错排列，是矫正辊子。下辊由电机经减速机带动旋转。两个上辊装在可以同时上下活动的横梁上，以便按钢板厚度调节上、下辊的间距，工作时靠钢板与辊子间摩擦力而转动。辊 1 是导向辊，可单独上、下调节，以保证钢板顺利引入和导出矫形机。为加强辊子刚性，防止其工作时产生弯曲，还装有托辊 4。

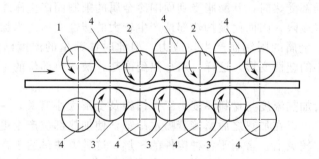

图 3-2　七辊矫形机工作原理

1—导向辊子；2，3—矫正辊子；4—托辊

矫板时将钢板放入转动的上、下辊之间，钢板在上、下辊压力的作用下，受到多次反复的弯曲变形，其应力超过材料的屈服极限，而得到均匀的伸长，钢板就被矫平了。一般要来回进行 3~5 次才能矫平。钢板被矫平的程度，除了与板料在辊子间移动的次数有关外，还与钢板的厚度有关。钢板越厚越易矫平，反之就难矫平，生产中薄钢板常常重叠在一起矫形，有时也将薄板放在厚板上一起矫形。

② 型、线材的矫形　压弯式矫形机主要用于断面较小的型、线材，如型钢的矫形。矫形原理为在两支点间加压力，使工件原始变形部位产生反向弯曲变形。图 3-3 所示为型钢弯曲矫形机。图中两支承块间距可以调节，冲头靠液压推顶对工件施加压力。型钢也可在辊式型钢矫直机上矫直，矫直机的工作原理与辊式矫板机相同，但矫正辊的形状应与型钢的断面

相吻合，如图 3-4 所示。

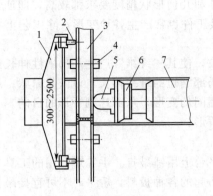 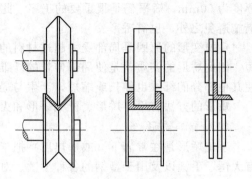

图 3-3　型钢弯曲矫形机　　　　　　　　　图 3-4　型钢矫正辊的形状
1—后横梁；2—支承块；3—工件；4—支承辊；
5—冲压头；6—滑块；7—主缸

③ 管材的矫形　端面较小的管材和线材主要用拉伸法矫形。在设备制造中有色金属管可在拉床上矫直。弯曲件被拉直时，以纤维最长处为准，使断面上各处的纤维最后相等。拉伸量最好使原来纤维最长处达到屈服，此时，最短处产生的塑性拉伸量相对最大。这种矫形方法最大的优点是，可以避免在弯曲法矫形时由于接触应力过大，使工件产生压痕。

（3）火焰加热矫形

火焰加热矫形就是在工件局部（通常加热金属纤维较长的部位）进行加热，然后冷却来进行矫形。当金属局部受热时，其膨胀受到周围冷金属的限制而产生压缩应力，此压应力超过金属高温下的屈服极限，因而使被加热部位产生较大的塑性变形。当加热区冷却时，产生的收缩也受到周围冷金属的限制而产生拉应力。但此时该部位的温度已降低，屈服极限升高，因而只产生较小的塑性变形。这样，从加热到冷却，被加热部位的金属纤维缩短了，从而达到矫形的目的。

火焰加热矫形时加热温度与材料厚度、工件结构及变形大小有关，一般为 600～900℃。为了提高矫形效果，可以在加热之后紧接着喷水冷却，使加热部位产生更大的收缩量。

火焰加热矫形比较灵活，常用于各种构件的矫形。这种方法最适于在压力容器制造过程中因组装、焊接、运输等因素引起的变形，因为这些变形一般已不可能再采用机械矫正的方法进行矫正。

3.2　划线

把立体表面依次摊平在平面上，称为立体表面的展开。设备零件是一个空间的几何形体，其立体表面展开所得的平面图形，称为零件表面的展开图。将零件展开图按 1∶1 比例直接划在钢板上，或先划在薄铁板（或纸板）上做成样板，再按样板划线的过程，称为放样。在钢板上划好线以后，打上标记符号称为打标号。划线工序是包括展开、放样、打标号等一系列操作过程的总称。

划线是一道重要的工序，它直接决定着零件成形后的尺寸和几何形状精度，对以后的组对和焊接工序都有影响。划线常用到几何学和投影作图方面的知识，还要有金属成形工艺和设备组装焊接方面的经验。对形状比较简单的零件，可直接在钢板上展开划线，形状复杂或成批生产的零件，则先做成样板，然后按样板划线。对球片等近似展开成的样板，在试冲压成形之后，还要对样板进行修正。

3.2.1　零件的展开计算

零件的曲面有直线曲面和曲线曲面两种。所有的曲线曲面都是不可展开的。在直线曲面中，相邻两素线位于同一平面内才是可展开曲面。例如，柱面的相邻两素线是平行的两条直线，可以构成平面；锥面的相邻两素线是相交的两直线，也可组成平面。所以设备零件中常用到的圆柱、圆锥以及它们的相贯体，都是可展开的。从制造过程看，在用坯料制成零件后，可展开零件中性层尺寸理论上不变，因此它们可以用算式计算或用投影作图准确展开。

球形、椭球形、折边锥形封头等零件的表面是曲线曲面，属于不可展开零件。这类零件在制造过程中的特点是：从坯料制成零件后，中性层尺寸将发生变化。因此在生产中，这类零件只能用近似方法展开或用经验算式计算。

展图方法包括计算法、变形近似法、经验算式计算法、作图法和近似作图法

（1）可展零件的展开计算

例 3-1　某容器筒体的展开计算如图 3-5 所示。已知筒体长度 H、公称直径 D_g、中性层直径 D_m、壁厚 δ。

解：圆柱形筒体展开后为矩形，所需确定的几何参数分别为长 l 和宽 h。计算时以中性层为准。则

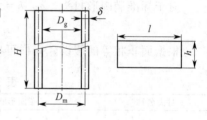

$$l = \pi D_m = \pi (D_g + \delta) \tag{3-1}$$
$$h = H \tag{3-2}$$

图 3-5　筒体的展开

例 3-2　60°无折边锥形封头的展开计算如图 3-6 所示。已知大端直径 D_m，小端直径 d_m，半锥角 $\beta/2 = 30°$。

解：60°无折边锥形封头展开后的图形为扇形，需要确定的几何参数为展开后的圆心角 α，锥形封头展开后的小端半径 r 和大端半径 R。

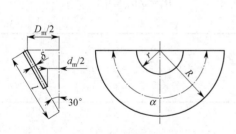

$$\alpha = 360° \frac{D_m/2}{l} = 360° \sin \frac{\beta}{2} = 360° \sin 30° = 180° \tag{3-3}$$

$$R = l = \frac{D_m/2}{\sin 30°} = D_m \tag{3-4}$$

$$r = \frac{d_m/2}{\sin 30°} = d_m \tag{3-5}$$

图 3-6　无折边锥形封头的展开

（2）不可展零件的展开计算

① 等面积法　等面积法是假设零件中性层曲面的面积与零件的展开面积相等。这是一个可行的方法，因为金属在成形前后体积不变，而且厚度变化很小，有变薄部分也有变厚部分，可以互相抵消。以椭圆形封头的展开为例。

例 3-3　椭圆形封头的展开计算如图 3-7 所示。已知公称直径 DN、壁厚 δ、封头的曲面深度 h_g、封头直边高度 h。

解：椭圆形封头由半椭圆球面和直边圆柱面组成。它的展开图为一圆面。椭圆形封头展开前的表面积由直边部分的表面积和半椭球表面积组成，即

$$A_{展前} = A_1 + A_2 = \pi D_m h + \left(\pi a^2 + \frac{\pi b^2}{2e} \ln \frac{1+e}{1-e} \right) \tag{3-6}$$

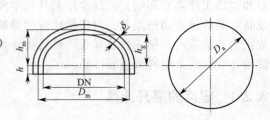

式中　D_m——封头中性层直径；

　　　a——椭圆中性层长轴半径，$a = D_m/2$；

　　　b——椭圆中性层短轴半径；

　　　e——椭圆率，$e = \sqrt{a^2 - b^2}/a$。

图 3-7　椭圆形封头的展开计算

椭圆形封头展开后的表面积

$$A_{展后} = \frac{\pi D_a^2}{4} \tag{3-7}$$

则

$$\frac{\pi D_a^2}{4} = \pi D_m h + \left(\pi a^2 + \frac{\pi b^2}{2e} \ln \frac{1+e}{1-e} \right) \tag{3-8}$$

可得

$$D_a^2 = 8ah + 4a^2 + \frac{2b^2}{e} \ln \frac{1+e}{1-e} \tag{3-9}$$

对于标准椭圆形封头，$a : b = 2$，代入上式可得展开后的圆面直径为：

$$D_a = \sqrt{1.38 D_m^2 + 4 D_m h} \tag{3-10}$$

根据面积相等的假设，同样可导出其他几种封头的展开直径，如表 3-2 所示。

表 3-2　几种封头的展开算式

封头名称	端面形状	展开直径公式
折边平底封头		$D_a = \sqrt{D_i^2 + 2\pi D_i r + 8r^2}$
球片封头		$D_a = \sqrt{D_m^2 + 4h^2}$
球形封头		$D_a = \sqrt{2D_m^2} = 1.414 D_m$
带直边球形封头		$D_a = \sqrt{2D_m^2 + 4D_m h} = 1.414 \sqrt{D_m^2 + 2D_m h}$
碟形封头		$D_a = 2\sqrt{D_m(h + ra) + 2R^2(1 - \sin\alpha) + 2r^2(\sin\alpha - \alpha)}$ $\alpha = \arccos[(D_m/2 - r)/(R - r)]$，$\alpha$ 是弧度

② 等弧长法　等弧长法假设零件主断面上的中性层弧长在成形前后相等，虽然根据这

种假设计算出的展开尺寸偏大，但是计算较为简单，适于曲面面积较小的带折边锥形封头和膨胀节等零件的展开。

例 3-4　带折边锥形封头的展开计算如图 3-8 所示。已知大端中性层直径 D_m，小端中性层直径 d_m，折边中性层半径 r_m，直边高度 h，锥顶角 $\beta=90°$。

解：带折边锥形封头展开成平面后，仍为扇形，展开后的圆心角 α 和小端半径 r' 的求解同例 3-2。

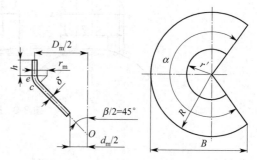

图 3-8　折边锥形封头的展开

$$\alpha=360°\sin\frac{\beta}{2}=360°\sin\frac{90°}{2}\approx254°34' \tag{3-11}$$

$$r'\approx\frac{d_m/2}{\sin45°}=0.707d_m \tag{3-12}$$

利用等弧长法求展开后大端展开半径 R，展开后中性层处的半径等于展开前中性层处的弧长。

$$R=\overline{oc}+\overset{\frown}{ce}+h \tag{3-13}$$

对 90°折边锥形封头：

$$\overline{oc}=\cos\frac{\beta}{2}\left[D_m-2r_m\left(1-\cos\frac{\beta}{2}\right)\right]=0.707D_m-0.414r_m \tag{3-14}$$

$$\overset{\frown}{ce}=\pi r_m/4=0.785r_m \tag{3-15}$$

则

$$R=0.707D_m+0.371r_m+h \tag{3-16}$$

③ 经验算式计算　通过长期的生产实践，总结出一些经验算式或图表来确定展开尺寸，既简单又适于各工厂的条件和习惯，如标准椭圆形封头的展开算式为：

$$D_0=KD_m+2h \tag{3-17}$$

式中，D_0 为包括了加工余量的展开直径；K 为经验系数，可查表 3-3。

表 3-3　不同椭圆长轴与短轴之比（a/b）下的经验系数 K 值

a/b	1.0	1.1	1.2	1.3	1.4	1.5	1.6	1.7	1.8	1.9	2.0	2.1	2.2	2.3	2.4	2.5	2.6	2.7	2.8	2.9	3.0
K	1.42	1.38	1.34	1.31	1.29	1.27	1.25	1.23	1.22	1.21	1.19	1.18	1.17	1.16	1.16	1.15	1.14	1.13	1.13	1.12	1.12

④ 作图法　可展面采用此法较为简单，如图 3-9 所示。在实际操作中要重视技巧和经验，小尺寸的展图可考虑采用电脑展图，也可以考虑计算机与自动氧气切割机联机运行。实际生产中工程技术人员总结了下述经验：精心选择投影图，把作图量减至最少；适当合并投影图，把作图面积减至最少；略去无关线图，把干扰减至最少；充分利用对称，把重复减至最少；求相贯与展图相结合，把无谓作业减至最少。

⑤ 近似作图法　不可展面多采用近似作图法展开。如球片的近似展开，见图 3-10。

3.2.2　号料（放样）

工厂里把零件的展开图配置在钢板上的过程称为号料（或放样）。实际上它是划线的具体操作。号料过程中主要注意两个方面的问题：全面考虑各道工序的加工余量；考虑划线的

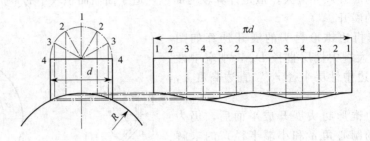

图 3-9 接管的展开作图

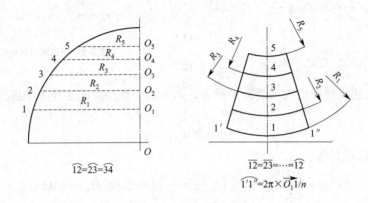

图 3-10 球片的近似展开法

技术要求。

（1）加工余量

上述展开尺寸只是理论计算尺寸，号料时还要考虑零件在全部加工工艺过程中各道工序的加工余量，如成形变形量、机械加工余量、切割余量、焊接工艺余量等。由于实际加工制造方法、设备、工艺过程等内容不尽相同，因此加工余量的最后确定会比较复杂，要根据具体条件来确定。下面简单介绍几个方面的内容作为参考。

① 筒节卷制伸长量 筒节的卷制伸长量与被卷材质、板厚、卷制直径大小、卷制次数、加热等条件有关。钢板冷卷时伸长量较小，约 7～8mm，通常可忽略。钢板热卷伸长量较大，不容忽略，可用经验算式估算伸长量 Δl。

$$\Delta l = (1 - K)\pi D_\mathrm{m} \tag{3-18}$$

式中，K 为修正系数，$K = 0.9931 \sim 0.9960$。

热卷筒节展开后长度 l 的计算式为

$$l = K\pi D_\mathrm{m} \tag{3-19}$$

对 π 的修正 $K\pi$ 值可参考表 3-4。

表 3-4 $K\pi$ 值

材质	冷卷三辊	冷卷四辊	热卷
低碳钢、奥氏体不锈钢	3.14	3.137～3.14	3.12～3.129
低合金钢、合金钢		3.14	

注：热卷温度高、卷制次数多、直径小时，宜取小值。

② 边缘加工余量 包括焊接坡口余量、机加工（切削加工）余量和热切割加工余量。边缘机加工余量见表 3-5，边缘加工余量与加工长度关系见表 3-6，钢板切割加工余量见表 3-7。

表 3-5 边缘机加工余量 单位：mm

不加工	机加工		要去除热影响区
	厚度≤25	厚度＞25	
0	3	5	＞25

表 3-6 边缘加工余量与加工长度关系 单位：mm

加工长度	＜500	510～1000	1000～2000	2000～4000
每边加工余量	3	4	6	10

表 3-7 钢板切割加工余量 单位：mm

钢板厚度	火焰切割		等离子切割	
	手工	自动及半自动	手工	自动及半自动
＜10	3	2	9	6
10～30	4	3	11	8
32～50	5	4	14	10
52～65	6	4	16	12
70～130	8	5	20	14
135～200	10	6	24	16

焊接坡口余量主要考虑坡口间隙。坡口间隙的大小主要由坡口形式、焊接工艺、焊接方法等因素来确定。由于影响因素较多，坡口形式也较多，所以实际焊接坡口余量（间隙）要由具体情况来确定，可参见国家标准 GB/T 985.1《气焊、焊条电弧焊、气体保护焊和高能束焊的推荐坡口》和国家标准 GB/T 985.2《埋弧焊的推荐坡口》。坡口间隙确定举例见表 3-8。

表 3-8 坡口间隙确定举例 单位：mm

坡口形式及坡口间隙	参数	焊接方法和焊接工艺				备注
		埋弧自动焊		手工电弧焊		
		单面焊	双面焊	单面焊	双面焊	
I 字形坡口	δ	3～12	3～20	≤4	≤8	b——对接 I 形坡口间隙；δ——板厚；单面埋弧自动焊应加衬垫，衬垫厚度至少为 5mm 或 0.5δ
	b	≤0.5δ,最大 5	≤2	≈δ	≈0.5δ	
V 形坡口（带钝边）	δ	10～20	10～35	5～40	＞10	b——V 形坡口间隙；δ——板厚；p——钝边高度；α——坡口角度；单面埋弧自动焊应加衬垫，衬垫厚度至少为 5mm 或 0.5δ
	α	30°～50°	30°～60°	≈60°	≈60°	
	b	4～8	≤4	1～4	1～3	
	p	≤2	4～10	2～4	2～4	

③ 焊缝变形量 对于尺寸要求严格的焊接结构件，划线时要考虑焊缝收缩量。焊缝收缩量近似值参见表 3-9 和表 3-10。

表 3-9　焊缝横向收缩量近似值（电弧焊）

接头形式	焊缝收缩量/mm						
	板厚/mm						
	3～4	4～8	8～12	12～16	16～20	20～24	24～30
V 形坡口对接接头	0.7～1.3	1.3～1.4	1.4～1.8	1.8～2.1	2.1～2.6	2.6～3.1	—
X 形坡口对接接头	—	—	—	1.6～1.9	1.9～2.4	2.4～2.8	2.8～3.2
单面坡口十字接头	1.5～1.6	1.6～1.8	1.8～2.1	2.1～2.5	2.5～3.0	3.0～3.5	3.5～4.0
单面坡口角焊缝	0.8			0.7	0.6	0.4	—
无坡口单面角焊缝	0.9			0.8	0.7	0.4	—
双面断续角焊缝	0.4	0.3		0.2	—	—	—

表 3-10　焊缝纵向收缩量近似值

焊缝形式	焊缝收缩量/(mm/m)
对接焊缝	0.15～0.30
连续角焊缝	0.20～0.40
断续角焊缝	0～0.10

对一些简单结构在自由状态下进行电弧焊接时，也可以对焊缝收缩量等变形进行大致估算。如单层焊对接接头焊缝纵向收缩量可估算为：

$$\Delta l = \frac{K_1 A_H L}{A} \tag{3-20}$$

式中　Δl——焊缝纵向收缩量，mm；

K_1——与焊接方法有关的系数，手工电弧焊 $K_1 = 0.052 \sim 0.057$，埋弧自动焊 $K_1 = 0.071 \sim 0.076$；

A_H——焊缝熔敷（熔化）金属截面积，mm²；

L——构件长度，如纵向焊缝长度比构件短，则取焊缝长度，mm；

A——构件截面积，mm²。

（2）划线技术要求

① 加工余量与尺寸线的关系　在实际生产中经常划出零件展开图形的实际用料线和切割下料线。筒体（节）划线如下：

实际用料线尺寸＝展开尺寸－卷制伸长量＋焊缝收缩量－焊缝坡口间隙＋边缘加工余量

切割下料线尺寸＝实际用料线尺寸＋切割余量＋划线公差

② 划线公差　目前划线尚无统一标准，各制造单位根据具体情况制定内部要求，来保证产品符合国家制造标准。图 3-11 所示为某厂对一般筒节划线的公差要求，长度 l 和宽度 h 公差要求如图所示；对角线（l_1、l_2）不大于 1mm；两平行线的不平行度不大于 1mm。若再考虑相对长度、宽度的关系则更为完善。一般情况下划线公差也可以考虑为制造公差的一半。

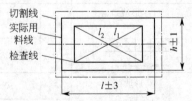

图 3-11　筒节的划线及公差要求

③ 合理排料　在钢板上画展开图的时候，首先应合理配置使钢材获得充分利用。例如在大的坯料之间配置小零件的坯料，充分利用边角余料，使钢材利用率达到 90％以上。其次，排料时还应考虑到切割方便可行，例如剪板机下料必须是贯通的直线等。筒节下料时注意保证筒节的卷制方向应与钢板的轧制方向（轧制纤维方向）一致。

④ 合理配置焊缝　设备上的焊缝不但增加制造过程中的焊接和检验等工时，而且焊缝区是

设备强度及耐腐蚀性较差的区域，因此应该尽量减少。但由于钢板的宽度和长度都是有限制的，所以很多零件必须拼焊而成。此时应考虑到设备组装和焊接时的技术要求，使焊缝配置合理。

例如，图 3-12 所示为一设备壳体，在进行划线前应在图纸上作出划线方案。筒体的纵焊缝数由筒体直径和钢板长度确定，焊缝应该互相平行，两相邻焊缝间的弧长距离应符合以下要求：碳钢和低合金钢不小于 300mm；不锈钢不小于 200mm；当板厚大于 20mm 时，不小于 800mm。否则由于焊缝区的刚度较大，使筒体不圆度加大并产生较大的棱角度，而且不易矫圆。筒节的长度由钢板的宽度确定，其最短一节长度为：碳钢和低合金钢不小于 300mm；不锈钢不小于 200mm。

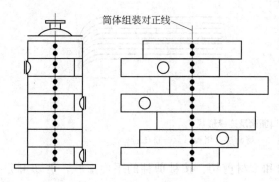

图 3-12　筒体划线方案示意图

划线方案确定后，便可在钢板上按配置方案划线，并划出装配中心线，以便装配时各筒节按此线对正。

另外，公称直径 DN 不大于 2200mm 时，封头、管板的拼接焊缝数量不多于 1 条；DN 大于 2200mm 时，拼接焊缝不多于 2 条。

当焊缝需要进行无损检测时，要使检验方便进行。例如需要进行超声波检测时，在焊缝两侧要留有适当的探头操作移动空间范围。

3.2.3　标记和标记移植

在钢板上划好线以后，打上标记符号也是一件十分重要的工作。划线后要在图形轮廓上每隔 40~60mm 打一冲眼，装配中心线和接管中心线等处也要打上冲眼，应用油漆标出指示性符号（如中心位置等）、工件编号、划线代号等，以指导切割、成形、组焊等后续工序。但是必须注意，不锈钢设备不允许在板料表面打眼，常用记号笔或油漆做出标记，以防止钢板表面氧化膜被破坏而影响耐蚀性能。

如原有确认标记可能被截掉或材料分成几块，应于材料切割前完成标记移植工作，以保证材料及加工尺寸的准确、清晰，而有利于后续工序顺利进行，且有利于材料的管理、待查和核准。

3.3　切割及边缘加工

划线后的下一道工序就是按所划线条切割出零件的毛坯。常用的切割方法有机械切割、氧气切割、等离子弧切割、碳弧气刨、高压水射流切割和边缘加工。

3.3.1　机械切割

机械切割是指利用机械力切割材料的方法，包括锯切和剪切两种类型。锯切装置有普通锯床和砂轮锯，剪切装置有闸门式斜口剪板机、圆盘剪板机、振动剪床、型材剪切机等。

（1）剪切

剪切是将剪刀压入工件使剪切应力超过材料抗剪强度而导致分离的方法。剪切时在钢板剪切面内存在 4 个区域：圆角层、剪切层、剪断层和挤压层，如图 3-13(a) 所示，约有 1/4 的板厚是光滑的剪切层，其余是粗糙的剪断层。另外，圆角层和挤压层经受强烈的塑性变形，形成所谓的毛刺，产生如图 3-13(b) 所示的边缘形状。同时在切口边缘 2~3mm 内，产生冷作硬化现象。对于重要设备的构件，这部分材质变化应设法消除（如刨边或退火处理）。

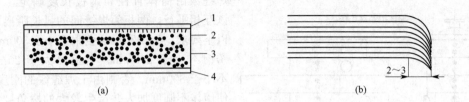

图 3-13　钢板切口断面及边缘形状
1—圆角层；2—剪切层（光滑）；3—剪断层（粗糙）；4—挤压层

按被剪件材料品种，剪切可分为板材剪切和型材剪切；按被剪件的平面形状，剪切可分为直线剪切和曲线剪切。

① 板材的直线剪切　设备制造厂切割钢板的主要装置是闸门式剪床（或称剪切机、剪板机），剪床的工作原理如图 3-14(a) 所示。把被切钢板放在上下剪刀之间，用压夹具将其压紧固定。下剪刀固定在工作台上，上剪刀随刀架一起上下运动，向下运动时切入钢板深度约 1/4~1/3 时，作用在钢板上的剪切力超过其抗剪强度而切断钢板。为了提高剪切质量及减少动力消耗，上下两剪刀口应在同一垂直面上，使过程接近纯剪切。但实际上两刀口间总要留一定侧间隙 S，S 值与被剪钢板厚度和材质有关，剪切厚板及不锈钢材料时间隙较大。一般侧间隙 S 不超过 0.5mm。

剪床分斜口和平口两种。斜口剪床的上剪刀对下剪刀斜交成一定角度，如图 3-14 (b) 所示。斜口剪床适于剪切薄而宽的板料。平口剪床的上、下两剪刀相互平行，如图 3-14 (c) 所示。平口剪床适用于剪切厚而窄的条料。由于窄料抗变形能力较差，使用斜口剪床剪切后常发生扭转变形而需要矫形。

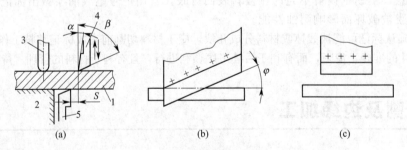

图 3-14　剪床切割示意
1—被剪切的钢板；2—工作台；3—压夹具；4—上剪刀；5—下剪刀

② 板材的曲线剪切　曲线剪切的剪切机有滚剪机和振动剪床两种。

a. 滚剪机。图 3-15 所示为滚剪机工作原理。它是利用一对倾斜安装的上、下滚刀片进行剪切，既能剪切曲线外形，又能剪切圆形内孔。图中 $a=1/3\delta$，$b=1/4\delta$。因精度较低，剪切面质量较差，故用于剪切要求不高的薄板坯料。

b. 振动剪床。图 3-16 所示为振动剪床示意，它的剪刀约为 20~30mm 长。下剪刀固定在床身上，上剪刀固定在刀座上，偏心轴由电动机直接带动。这样，当电动机转动时，上剪刀相对于下剪刀做快速的上、下振动（1500~2000 次/min），从而将板料切断。上、下剪刀刀口

夹角为 $20°\sim30°$，两剪刀间隙约为 $0.2\sim0.3$mm，两剪刀重叠部分可根据板厚调节，如图 3-17 所示。振动剪床用于板厚小于 2mm 的内外曲线轮廓剪切以及成形件的切边工作，但剪切面比较粗糙，剪切后需将边缘磨光。

③ 型材的剪切　型材可以使用联合冲剪机剪切。该剪床更换不同的剪刀后，可以切割圆钢、方钢、角钢、工字钢等。

（2）锯切

锯切属于切削加工，锯切设备有弓锯床、圆盘锯和摩擦锯。过程设备制造中主要采用圆盘锯来锯切管料、棒料、细长条状材料。

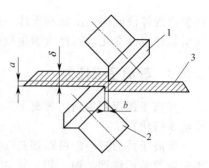

图 3-15　滚剪机工作原理

1—上滚刀；2—下滚刀；3—钢板

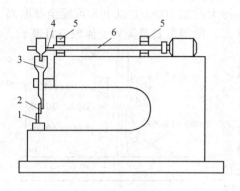

图 3-16　振动剪床示意

1—下剪刀；2—上剪刀；3—刀座；
4—连杆；5—轴承；6—偏心轴

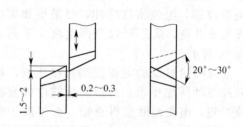

图 3-17　振动剪刀

3.3.2　氧气切割

氧气切割俗称气割，也称火焰切割。氧气切割具有生产效率高、成本低、设备简单等优点。它适于切割厚工件，而且在钢板上可以实现任意位置的切割工作，割出形状复杂的零部件。因此，气割被广泛应用于钢板下料、铸钢件切割、钢材表面清理、焊接坡口加工等。

氧气切割原理是利用可燃气体（乙炔、天然气、石油气等）与氧气混合燃烧的预热火焰，将被切割的金属加热到燃点，并在氧气的射流中剧烈燃烧，金属燃烧时生成的氧化物在熔化状态时被切割氧气流吹走，使金属切割开。金属进行氧气切割的条件为：金属在氧气中的燃点须低于其熔点；金属氧化物的熔点须低于金属本身熔点；金属燃烧时放出的热量应足以维持切割过程的连续进行。综上所述，只有低、中碳钢和低合金钢能满足上述条件，因而能顺利地进行气割。

氧气切割对金属性质的影响包括对切口边缘化学成分、金属组织和硬度的影响。在切割含有碳、镍、铜、铬、硅、锰等元素的钢时，在切割边缘的表层中，碳、镍及铜的含量比钢中的原始含量高，而铬、硅含量减少。钢中含锰量不大时，锰能保持原始的含量。各种合金元素在切割边缘表层的含量增多或减少，取决于它与氧的化合力。切割时切口边缘局部经受加热冷却过程，切口附近的金属将发生组织变化，其深度称为热影响区。低碳钢在热影响区中不会产生淬硬现象，主要表现是晶粒粗大。但对于中碳钢和某些低合金高强钢，在热影响区会出现淬硬倾向，出现马氏体、屈氏体等组织。切口附近硬度的变化、金属组织的变化往往引起硬度的变化，因此含碳量较高的有淬硬倾向的钢，切口边缘会发生硬度增高现象。

3.3.3　等离子弧切割

等离子弧切割是利用等离子弧的高温、高速来切割金属的方法，属于熔割（离子弧高温使金属熔化）。

等离子弧切割不但可以切割气割可以切割的低碳钢、低合金钢等金属，还可以切割气割不能切割的不锈钢、铜、铝、铸铁、高熔点金属及非金属。目前生产上主要用于切割不锈钢、铜、铝、镍及其合金。

（1）等离子弧及其产生

完全电离成正、负离子的物质称等离子体，是气液固三态之外物质存在的第四种状态。必须具有足够高的温度才能使物质成为等离子体，即大约在 10000℃ 以上才可能全部电离。

普通电弧具有较高温度，虽不足以达到等离子态，但却是制造等离子体的良好基础。目前生产上建立等离子体的主要方法是压缩电弧，迫使电弧收缩，电流密度增加，热量更加集中，因而温度显著升高，最后导致全部电离成等离子体，如图 3-18 所示。

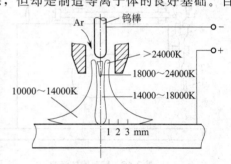

图 3-18　等离子体发生

通过喷嘴燃烧的电弧受到机械压缩、热压缩和磁压缩三种压缩作用。自由燃烧的电弧直径一般有数毫米粗，电流大时变得更粗，而等离子喷嘴孔径一般不超过 3mm。当自由电弧被强制通过喷嘴孔时其断面必然受到明显压缩，此压缩作用称机械压缩效应。气流在电弧外周冷却，使电弧表面温度降低，割嘴夹套中的冷却水亦使电弧冷却收缩，从而使得中心电流密度更集中，此压缩作用称热压缩效应。带电离子在弧柱中运动，产生环形磁场，在磁场力的作用下将对电弧进一步压缩，此压缩作用称为磁压缩效应。

（2）等离子弧的类型

根据电极的不同接法，等离子弧分为转移型、非转移型和混合型三种。

① 非转移型等离子弧（间接弧）　如图 3-19（a）所示，电极接电源负极，喷嘴接电源正极，等离子弧产生在电极与喷嘴之间。它依靠从喷嘴喷出来的等离子焰流来熔化工件。这种形式下工件不经过电加热预热，而是靠焰流传热。而且由于喷嘴的电加热和辐射散热会消耗部分电功，所以温度比转移型低，切割速度慢得多。但是非转移型切口质量好，容易控制，用于切割薄板及不导电的材料，也常用于喷镀、焊接等工艺。

② 转移型等离子弧（直接弧）　如图 3-19（b）所示，电极接电源负极，工件接电源正极，等离子弧产生在电极与工件之间。由于高温的阳极斑点直接落在工件上，工件受到的热量高而集中，所以适于切割各种金属材料，特别是较厚的材料。

③ 混合型等离子弧　为综合上述两种类型的优点，现多做成混合型。可用一个电源分流于喷嘴和工件间，电流主要通过工件，或用两个电源共用钨棒分别向喷嘴和工件供电。

（3）等离子弧切割技术的特点

等离子体能切割任何材料是其最突出的特点，因为任何物质在它的高温、大功率、强冲刷力作用下都会迅速被熔化吹走。因为等离子体维持的长度是有限的，故目前用机械移动割

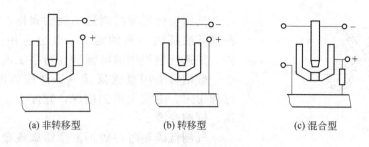

(a) 非转移型　　　　(b) 转移型　　　　(c) 混合型

图 3-19　等离子弧的类型

枪的装置可切厚度约为 100mm；手工操作为 60mm；空气等离子切割机只能切割 10mm 左右的板材。

等离子切割用于中等厚度以下的板时，其切割速度快于普通气割。由于等离子切割加大功率、提高气体流速并非易事，故不仅在增加切割厚度上受到限制，同时在提高切速上也受到限制，尤其在板厚增加时更明显。

等离子体的切口精度不如气割的氧气流，因喷嘴的形状及流量都要首先保证等离子体的形成及稳定，故等离子切割的切口精度和光洁度都不及气割，且切口较宽。

在使用灵活性方面等离子切割比气割稍有逊色，因为它基本上不能离开专门的切割场地，但在割炬所及的范围内仍不受工件形状、切口形状及空间位置的限制。

等离子切割的成本是目前设备制造用到的几种切割方法中最贵的一种，主要用于气割无法应用的不锈钢、铜、铝等工件，特别是厚板和曲线切口。

（4）等离子弧切割设备

等离子切割设备包括电源、控制箱、水路系统、气路系统及割炬几部分，如图 3-20 所示。由于等离子体电流密度大，单位弧长上的电压降大，故要求电源的空载电压和工作电压较高。目前多用直流电源。气源是气体等离子切割机工作气体的来源地。工作气体可以是空气、氮气或氩气，也可以是混合气体，如氢气与氩气的混合气。氮气、氩气通常用气瓶储藏，设备制造中应用最多的是空气等离子切割机，压缩空气通常由空气压缩机直接产生使用。割炬由喷嘴、电极、腔体等部分组成，是切割工作的主要实施部件。控制箱主要是电气设备，用来控制电路、气路和冷却水。

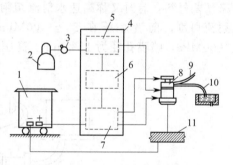

图 3-20　等离子弧切割设备
1—电源；2—气源；3—调压表；4—控制箱；
5—气路控制装置；6—程序控制装置；
7—高频发生器；8—割炬；9—进水管；
10—出水管；11—工件

3.3.4　碳弧气刨

碳弧气刨是用碳棒作为电极产生电弧，利用电弧热将金属局部熔化，同时用压缩空气（0.4～0.6MPa）吹去熔化金属而实现切割和刨削的加工方法，如图 3-21 所示。碳弧气刨即通常所说的气刨。

碳弧气刨虽然电弧温度高，不受金属种类限制，但生产率低，切口精度太差，故只在制造条件较差的地方作为气割以外的补充手段，目前主要用于焊缝返修、铲根、刨平焊缝余高、除去毛刺等作业中。有时也用来开坡口，特别是曲面上的坡口和平面上的曲线坡口。

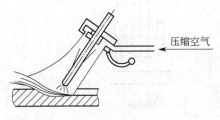

图 3-21　碳弧气刨

气刨电极用专门制造的镀铜碳棒，在无等离子切割设备或其达不到的地方，气刨也用来切割较薄工件。碳弧气刨采用的电源特性与手工电弧焊相同，对于一般钢材采用直流反接（工件接负极），可使刨削过程稳定。电流大则刨槽深，宽度大，而且刨削速度高、刨槽光滑。

气刨低碳钢时一般不发生渗碳现象，刨后直接焊接不影响焊接质量。不锈钢气刨作业后切口金属表面无明显增碳，只要无渣残留即可直接焊接。但对于超低碳不锈钢（如 316L），气刨后最好将刨口打磨干净再进行焊接。渣的表面是氧化铁，内部金属含碳高，若渣残留于焊口，焊接时熔入焊缝会使焊缝增碳，降低其耐腐蚀性，故焊前要仔细清理。对于有淬火倾向的钢（如低合金高强钢），气刨时要考虑预热，由于气刨的热过程比焊接快得多，故预热温度应等于甚至略高于焊接规范规定的预热温度，以免气刨表面出现淬火、裂纹等缺陷。导热能力强的铜、铝很难用气刨加工，尤其是厚板。

3.3.5　高压水射流切割

高压水射流加工技术是用水作为携带能量的载体，对各类材料进行切割、穿孔和去除表层材料的新加工方法。高压水喷射的流速达到约 2～3 倍声速，具有极大的冲击力，故可用来切割材料，有时又称高速水射流切割。高压水射流加工技术一般分为纯水射流切割和磨料射流切割，前者水压在 20～400MPa，喷嘴孔径为 0.1～0.5mm；后者水压在 300～1000MPa，喷嘴孔径为 1～2mm。高压水射流加工装置示意如图 3-22 所示

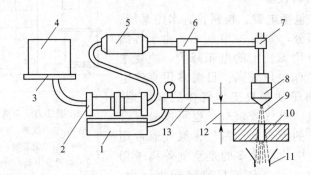

图 3-22　高压水射流加工装置示意

1—增压器；2—泵；3—混合过滤器；4—供水器；5—蓄能器；6—控制器；7—阀；8—喷嘴；9—射流；
10—工件；11—排水道；12—喷口至工件表面的距离；13—液压装置

高压水射流加工具有下列优点：

① 几乎适用于加工所有的材料，除钢铁、铜、铝等金属材料外，还能加工特别硬脆、柔软的非金属材料，如塑料、皮革、木材、陶瓷和复合材料等；

② 加工质量高，无撕裂或应变硬化现象，切口平整，无毛边和飞刺；

③ 切削时无火花，对工件不会产生任何热效应，也不会引起表面组织的变化，这种冷加工很适合对易爆易燃物件的加工；

④ 加工清洁，不产生烟尘或有毒气体，减少空气污染，提高操作人员的安全性；

⑤ 减少了刀具准备、磨刀和设置刀偏量等工序，并能显著缩短安装调整时间。

高压水射流加工技术目前主要用在汽车制造、石油化工、航空航天、建筑、造船、造纸、皮革及食品等工业领域。纯水型射流加工设备主要适用于切割橡胶、布、纸、木板、皮革、泡沫塑料、玻璃、毛织品、地毯、碳纤维织物、纤维增强材料和其他层压材料；加磨料型设备主要适用于切割对热敏感的金属材料、硬质合金、表面堆焊硬化层的零件、外包或内衬异种金属和非金属材料的钢质容器和管子、陶瓷、钢筋混凝土、花岗岩及各种复合材料等。此外高压水射流加工技术还可用于各种材料的打孔、开凹槽、焊接接头清根、焊缝整形加工和清除焊缝中的缺陷等。

3.3.6　边缘加工

边缘加工有两方面的目的：首先，按照划线切除余量，消除切割时边缘可能产生的加工硬化、裂纹、热影响区及其他切割缺陷；其次，根据图样规定，加工各种形式、尺寸的坡口。边缘加工常用以下几种加工方法。

（1）手工加工

用手提式砂轮机、扁铲等工具进行边缘加工。该法灵活，不受位置和工件形状限制，但是劳动强度大，效率低，精度低，适用于复杂工件边缘加工或者边缘修正。

（2）机械加工

采用机械设备进行加工，效率高，劳动强度低，表面质量好，精度高，无热影响区，是一种应用广泛，优先考虑使用的边缘加工方法，根据具体要求可以采用刨边、铣边和车边的加工方法。

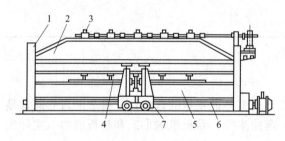

图 3-23　刨边机示意图
1—立柱；2—横梁；3—夹紧机构；
4—钢板；5—工作台；6—丝杠；7—刀架

① 刨边　刨边用的机床称为刨边机，如图 3-23 所示。刨边机上的边缘加工属于直线型刨削加工，常用作筒节板坯的周边加工。工件放在工作台上，用夹紧机构将钢板压紧。机床侧边的刀架上装有刨刀，借助于丝杠或齿条沿导轨来回移动，进行加工切削。刨刀在刀架上可做水平和垂直方向移动，也可装成一定角度，以便加工不同坡口。刨边机的主要技术规格是其刨边长度，一般为 3～15m。

② 铣边　铣边用的机床称为铣边机。其结构类似于刨边机，不同的是采用盘状铣刀代替刨刀，但铣刀的传动系统相应复杂些。这种边缘加工方法的效率高于刨边。

③ 车边　车边用的机床一般采用立式车床。这种车边加工方法用于化工设备的筒节、封头和法兰等的边缘加工。

（3）热切割加工

热切割加工包括氧气切割、等离子切割和碳弧气刨。其中氧气切割及等离子切割加工应用最广，灵活方便，可以加工各种形状工件，既可用手工切割，也易实现机械化和自动化。在小车式气割机上装上 2～3 个割嘴，便可在一次行程中切出 V 形或 X 形坡口，如图 3-24 所示。等离子弧切割主要用于不锈钢、铜、铝、镍及其合金材料的边缘加工。

图 3-25 所示为封头切割机。切割机架上固定气割割炬，可以用来对低碳钢、低合金钢封头进行边缘加工（即通常所说的齐边和开坡口），当固定等离子割炬时可以加工不锈钢、铝制封头。

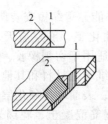
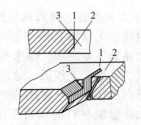

(a) 两个割嘴1、2同时切割V形坡口　　　　　　　　(b) 三个割嘴1～3同时切割X形坡口

图 3-24　气割 V 形或 X 形坡口

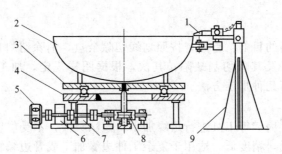

图 3-25　封头切割机

1—割嘴；2—封头；3—转盘；4—平盘；5—电机；6—减速机；7—机架；8—涡轮减速器；9—切割机架

3.4　弯曲

3.4.1　筒节的弯曲

过程设备的筒体往往由若干筒节拼接而成，筒节是最基本的弯曲件。筒节的弯卷通常是在卷板机上完成的，根据钢板的材质、厚度、弯曲半径、卷板机的形式和卷板能力，实际生产中筒节的弯卷基本上可分为冷卷和热卷。

（1）冷卷成形的特点

① 冷卷成形通常是指在室温下的弯卷成形，不需要加热设备，不产生氧化皮，操作工艺简单，费用低。

② 钢板弯卷的变形率与最小冷卷半径。

a. 钢板弯卷的变形率、临界变形率。钢板弯卷时的塑性变形程度可以用变形率 ε 表示。钢板弯卷的塑性变形沿钢板外侧伸长，内侧缩短，中性层可以认为长度不变。钢板越厚、筒节的弯卷半径越小，则变形率越大。变形率的大小在很大程度上影响着金属再结晶晶粒的大小。金属材料冷弯后产生粗大再结晶晶粒时的变形率，称为金属的临界变形率。

钢材的理论临界变形率范围为 $5\%\sim10\%$。钢板的实际变形率应该小于理论临界变形率，否则粗大的再结晶晶粒将会降低后续加工工序（如热切割、焊接等）的力学性能。因此实际生产中，要求 $\varepsilon<5\%$，一般 $\varepsilon\leqslant2.5\%\sim3\%$。

b. 最小冷弯半径 $R_{\min}$。最小冷弯半径可由冷成形后的允许变形率 ε 确定，钢板冷弯卷制筒节时，筒节的半径要大于或等于最小冷弯半径 $R_{\min}$，否则可以考虑进行热处理。最小冷弯半径与钢板名义厚度 δ 有关，用最小冷弯半径 $R_{\min}$ 代替变形率 ε 可得：

碳素钢、16MnR

$$R_{min} = 16.78\delta （单向拉伸）$$
$$R_{min} = 10\delta （双向拉伸）$$

其他低合金钢

$$R_{min} = 20\delta （单向拉伸）$$
$$R_{min} = 10\delta （双向拉伸）$$

奥氏体不锈钢

$$R_{min} = 3.3\delta$$

c. 在冷卷成形过程中随着变形率的增大，即塑性变形增大，金属晶格严重歪扭和畸变，金属的强度、硬度上升，而塑性、韧性下降，称为冷加工硬化。冷加工硬化产生的组织使变形抗力增加，弯曲的动力消耗增加，影响弯曲质量。

（2）热卷成形的特点

① 钢板在再结晶温度以上的弯卷称为热卷。热卷可以防止冷加工硬化的产生，塑性和韧性大为提高，不产生内应力，减轻卷板机工作负担。钢板加热到 $500\sim600℃$ 进行弯卷，由于是在钢材的再结晶温度以下，因此其实质仍属于冷卷，但它具备热卷的一些特点。

金属的再结晶温度 T_Z 与金属熔点 T_U 之间的关系为：

$$T_Z = (0.35\sim0.4)T_U \quad （K） \tag{3-21}$$

② 应控制合适的加热温度。热卷筒节时温度高、塑性好、易于成形，变形的能量消耗少。但温度过高会使钢板产生过热或过烧，也会使钢板的氧化、脱碳等现象加重。过热是由于加热温度过高或保温时间较长，使钢中奥氏体晶粒显著增大，钢的力学性能变坏，尤其是塑性明显下降。过烧是由于晶界的低熔点杂质或共晶物开始有熔化现象，氧气沿晶界渗入，晶界发生氧化变脆，使钢的强度和塑性大大下降。过烧后的钢材不能再通过热处理恢复其性能。因此，加热温度应适当。钢板的加热温度一般取 $900\sim1100℃$，弯曲终止温度不应低于 $800℃$。对普通低合金钢还要注意缓冷。

③ 应控制适当的加热速度。钢板在加热过程中，其表面与炉内氧化性气体 H_2O、CO_2、O_2 等进行化学反应，生成氧化皮。氧化皮不但损耗金属，而且坚硬的氧化皮被压入钢板表面，会产生麻点、压坑等缺陷。同时氧化皮的导热性差，延长了加热时间。钢在加热时，由于 H_2O、CO_2、O_2、H_2 等气体与钢中的碳化合生成 CO 和 CH_4 等气体，从而使钢板表面碳化物遭到破坏，这种现象称为脱碳。脱碳使钢的硬度和耐磨性、疲劳强度降低。因此，钢材在具有氧化性气体的炉子中加热时，钢材既产生氧化，又产生脱碳。

实践证明，在保证钢材表里温差不太大，膨胀均匀的前提下，加热速度越快越好。只有导热性较差的高碳钢和高合金钢或截面尺寸较大的工件，因其产生裂纹的可能性较大，才需要低温预热或在 $600℃$ 以下缓慢加热。而对于一般低碳钢或合金钢板，在任何温度范围内都可以快速加热。

④ 热卷需要加热设备，费用较高，在高温下加工，操作麻烦，钢板减薄严重。

⑤ 对于厚板或小直径筒节通常采用热卷。当卷板时变形率超过要求、卷板机功率不能满足要求时，都需采用热卷。

（3）卷板机的工作原理

筒节弯卷使用的设备是卷板机，卷板机主要有对称式和不对称式三辊卷板机、四辊卷板机和立式卷板机等。

图 3-26 为对称式三辊卷板机工作原理图，它的上辊可在垂直平面内上、下移动，两个下辊为主动辊，可正反旋转，并对称于上辊中心线排列。

弯卷时将钢板放入上、下辊之间，然后上辊向下将钢板压弯到一定程度。此时钢板弯曲部分的内层受压，外层受拉，钢板中间部分弯矩最大，达到塑性弯曲状态。再驱动两下辊旋转，并借助于钢板与辊子之间的摩擦力使钢板左、右移动，同时上辊也随着转动。这样就使钢板连续通过上下辊的间隙，受到相同弯曲，产生相同的变形。即钢板变成了曲率相同的弧形板。一次行程之后，再将上辊下压一定距离（减小 h），又驱动下辊，使钢板进一步受到弯卷。上辊几次下压，就将钢板弯卷到需要的曲率半径。

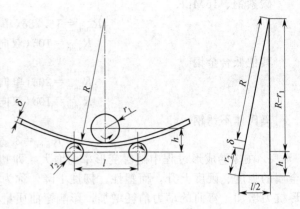

图 3-26　对称式三辊卷板机工作原理

钢板弯卷的可调参量是上、下辊的垂直距离 h，h 取决于弯曲半径 R 的大小，其大小可由图 3-26 求得。

由

$$(R+\delta+r_2)^2=(R-r_1+h)^2+\left(\frac{l}{2}\right)^2 \tag{3-22}$$

可得

$$h=\sqrt{(R+\delta+r_2)^2-\left(\frac{l}{2}\right)^2}-(R-r_1) \tag{3-23}$$

由式(3-23)也可求出钢板弯曲半径 R 与各参数之间的关系。

$$R=\frac{(\delta+r^2)^2-(h-r_1)^2-\left(\frac{l}{2}\right)^2}{2(h-r_1-r_2-\delta)} \tag{3-24}$$

式中　R——钢板的弯曲半径，mm；

$\quad\quad l$——两下辊间的中心距，mm；

$\quad\quad \delta$——钢板的厚度，mm；

$\quad\quad h$——上下辊中心距，mm；

$\quad\quad r_1$——上辊半径，mm；

$\quad\quad r_2$——下辊半径，mm。

在对称式三辊卷板机上弯卷时，钢板移动的极限位置如图 3-27 所示。从图上可以看出板边缘 ce 段和 de 段都不可能通过最大弯矩 e 点处，因此不能受到最大弯曲而形成直边。

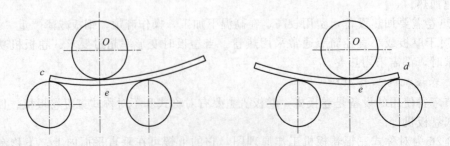

图 3-27　钢板弯曲时直边的产生

直边必须在卷圆之前采取预弯等工艺措施处理，对厚钢板一般在压力机上冲压预弯，如图 3-28(a) 所示。这种方法需要较大型的压力机和模具。对较薄的钢板，常在三辊卷板机上借助于预弯模预弯，如图 3-28(b) 所示。也可采用预留直边待卷圆后切除的方法，如图 3-29 所示。这种方法要浪费直边部分的钢材，而且工艺上比较麻烦，它需要在预卷圆之后切除直边部分，最后卷圆。这种方法的优点是它能完全消除直边。因此，常用于对筒体直径、不圆度、焊缝棱角度都有较严格要求时，如多层包扎容器的内筒和层板、热套容器等。

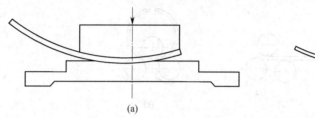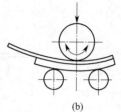

(a)　　　　　　　　　　　(b)

图 3-28　板边预弯

由于直边的处理比较麻烦，特别是厚钢板更为突出，所以出现了其他形式的卷板机。

图 3-30 为对称式四辊卷板机工作原理图。其上辊为主动辊，下辊可以垂直上、下调节，两侧辊可以沿 K 方向调节。由于板边都可以受到弯曲，所以可使直边宽度减小到 $1.5 \sim 2$ 倍板厚，通过矫圆便可消除。四辊卷板机克服了对称式三辊卷板机产生直边的缺点，但是辊筒要由昂贵的合金钢锻制而成，加工要求高，所以造价比较高。

与对称式三辊卷板机和四辊卷板机相比较，不对称式三辊卷板机的优点是只用三个辊筒，又能消除直边。因此它获得了愈来愈广泛的应用。不对称式三辊卷板机的结构有很多种，其中两下辊可单独做垂直方向调节的三辊卷板机应用最广。它的两下辊不但可上、下移动，而且是主动辊。其工作原理如图 3-31 所示。卷板时，将钢板置于上、下辊之间，如图 3-31(a)，升起一侧辊预弯板边，如图 3-31(b)，侧辊退回原位，驱动两下辊使钢板移至图 3-31(c) 所示

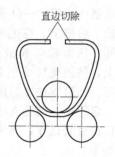

直边切除

图 3-29　预留直边

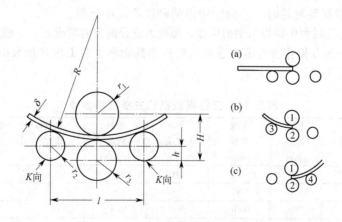

图 3-30　对称式四辊卷板机的工作原理

位置，升起另一侧辊，预弯另一板边，如图 3-31(d)，像对称式三辊卷板机一样弯卷钢板成筒节，如图 3-31(e)。

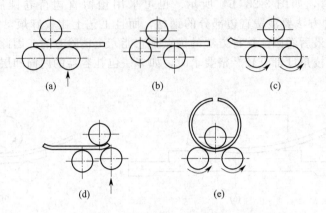

图 3-31　两下辊垂直移动三辊卷板机工作原理图

立式卷板机如图 3-32 所示。图(a) 中轧辊 1 为主动辊，两个侧支柱 2 之间的距离可沿机器中心线 $O—O$ 平行移动而调节，压紧轮 3 可前、后调节。弯卷时，钢板放入辊 1 和柱 2 之间，压紧轮 3 靠液压力始终将钢板紧压在辊 1 上，两侧支柱 2 朝辊 1 方向推进将钢板局部压弯。然后支柱 2 退回原位，驱动辊 1 使钢板移动一定距离，两侧支柱 2 再向前将钢板压弯。这样依次重复动作，将钢板压弯成圆形筒节。其特点如下：

① 不像卧式卷板机那样连续弯板，而是间歇地、分级地将钢板压弯成筒节；压弯力强，钢板一次通过便弯卷成形。

② 热卷厚钢板时，氧化皮不会落入辊筒与钢板之间，因而可避免表面产生压坑等缺陷。

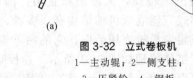

图 3-32　立式卷板机
1—主动辊；2—侧支柱；
3—压紧轮；4—钢板

③ 大直径薄壁筒节弯卷时，不会因钢板的刚度不足而下塌。

④ 其缺点是弯卷过程中钢板与地面摩擦，薄壁大直径筒节有弯成上、下圆弧不一致的可能。

卷板机的工作能力和卷制范围由卷板机的技术性能和主要工作参数来决定。三辊卷板机几种规格参数见表 3-11。

表 3-11　三辊卷板机的主要规格参数

规格 （最大板厚×最大宽度） /mm	上辊 直径 /mm	下辊 直径 /mm	下辊 中心距 /mm	卷板 速度 /(m/s)	下辊升降 速度 /(m/s)	主电机 功率 /kW	下辊升降 电机功率 /kW
40×4000	550	530	610	3.35	100	80	40×2
50×4000	650	600	750	4	100	100	50×2
70×4000	700	666	800	3.45	100	125	65×2
95×4000	900	850	1000	3.5	100	80×2	液压系统

（4）弯卷缺陷

① 失稳。用卧式卷板机弯卷曲率半径与厚度比很大的圆筒时，已卷过部分呈弧形从辊间伸出，当伸出过长时，可能失去稳定性而向内或者向外倒下去，如图 3-33 所示。失稳会使弯卷工作无法进行下去，应加设支承防止失稳的发生。

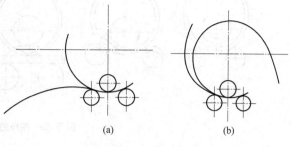

(a)　　　(b)

图 3-33　弯卷失稳现象

② 外形缺陷。图 3-34（a）为过弯，指弯卷后筒体曲率半径小于规定值。为了防止弯卷过度，在弯卷时注意每次调节上辊或侧辊的量，并不断用弧形样板检查卷圆件的弯曲度。如发现已经过弯，则可以用大锤击打筒体，使直径扩大。

图 3-34（b）为锥形，由于上辊或侧辊两端的调节量不同，致使上、下辊或上、下、侧辊的轴线互不平行而产生此缺陷。为防止锥形，在卷制过程中，应时刻检查卷圆件两端的曲率半径是否相同。如已产生锥形，应在曲率半径大的一端增大滚辊的进给量。

图 3-34（c）为鼓形，是滚辊的刚性不足所致。为防止滚辊在卷圆时的弯曲，可在其中间部分增设支承辊。

图 3-34（d）为束腰，是上辊压力或下辊顶力太大所致。为防止束腰，应适当减小压力或顶力。

图 3-34（e）为歪斜，是卷圆前板料放入卷板机时，板边与上下辊中心线不平行或板料不是矩形所致。因此在弯卷前应对坯料进行校方，对卷板机上、下辊的平行度进行检查，需要时调整使之平行。

图 3-34（f）为棱角。预弯不足造成外棱角；预弯过大引起内棱角。为防止棱角产生，应使预弯量准确。如已产生棱角，则采用如图 3-35 所示矫正棱角的方法消除。

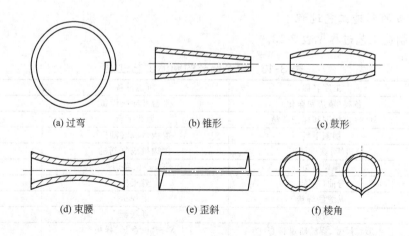

(a) 过弯　　　(b) 锥形　　　(c) 鼓形

(d) 束腰　　　(e) 歪斜　　　(f) 棱角

图 3-34　常见的外形缺陷

（5）筒节弯卷的回弹

弯卷钢板在辊子压力下既有塑性弯曲，又有弹性弯曲，故钢板卸载后，会有一定的弹性

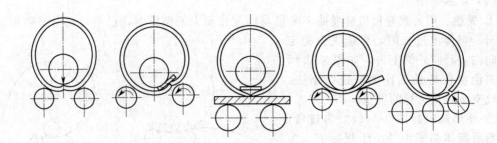

图 3-35   棱角的矫正

恢复，即回弹。筒节在热弯卷时，回弹量很小，不予考虑。只要掌握好筒节的下料尺寸，使弯卷钢板两端面刚好闭合即可，直至钢板温度下降到 500℃ 以下为止。

筒节在冷弯卷时，回弹量较大，钢材的强度越大，回弹越大。为了尽量控制回弹量，冷弯卷时要估算过卷，如图 3-36 所示。同时，在最终成形前进行一次退火处理。

(6) 筒节弯卷的工艺减薄量

不同弯卷工艺下筒节的减薄量见表 3-12。

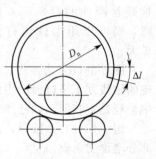

图 3-36   冷弯卷的过卷

表 3-12   不同弯卷工艺下筒节的减薄量

弯卷工艺	筒节类别	减薄量/mm
热弯卷	高压、超高压锅炉筒节	4
	中压锅炉筒节	3
冷卷、热矫	薄壁筒节	1
冷卷、冷矫	薄壁筒节	0

(7) 筒节的制造工艺过程

筒节的制造工艺过程见表 3-13。

表 3-13   单个筒节的制造工艺过程

工序号	工序名称	所需设备	备注
05	备料(矫形和净化)	平台及净化设备	
10	划线(打标记和标记移植)	划线平台	划线工具
15	切割下料	剪板机或气割机	割具
20	边缘、坡口加工	刨边机或气割机	
25	预弯直边	油压机、卷板机	
30	弯曲(滚圆)	卷板机	
35	纵缝的焊接	电焊机	
40	矫形	卷板机	
45	形状尺寸、焊缝质量检查	X光机、量具、样板	

3.4.2   锥形壳体的弯曲

锥形壳体常见于锥形封头及设备的变径段，它的曲率半径由小端到大端逐渐变大，它的展开面为一扇形。弯卷锥体的最大困难是，如无相对滑动，则要求卷板机辊筒表面的线速度从小端到大端逐渐变大，变化规律要适合各种锥角和直径锥体的速度变化要求，这在生产中是不现实的。生产中的锥形壳体的制造方法有以下几种。

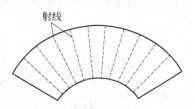

图 3-37　压弯成形示意图

（1）压弯成形法

在锥体的扇形坯料上，均匀地划出若干条射线，如图 3-37 所示。然后在压力机或卷板机上按射线压弯，待两边缘对合后，将两对合边点焊牢，最后进行矫正和焊接。这种整体压弯成形适用于薄壁锥体。当钢板比较厚时，扇形坯料分成几块小扇形板，按射线压弯后再组合焊接成锥体。对于小直径锥体，卷板机不能卷制时尤其适用。这种方法费工时，劳动量大。

（2）卷制法

在卷板机的活动轴承架上装上图 3-38 所示的阻力工具，或直接在轴承架上焊上两段耐磨块。弯卷时，将扇形板的小头端部紧压在耐磨块上。由于小端与耐磨块间产生摩擦，阻止小端移动，因而使其移动速度较大头慢，这样就完成了卷制锥体的运动。但是从扇形板大头到小头，钢板与辊子间的摩擦力（带动钢板移动）和小头端部与耐磨块间的摩擦力（阻止钢板移动）都不能控制，因此其速度变化不可能满足卷锥体的速度变化要求，而且其曲率半径也有差别，故在卷制过程中和卷制后都要矫正。

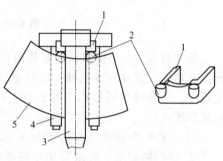

图 3-38　小端减速法卷制锥形壳体示意

1—阻力工具；2—耐磨块；
3—上辊；4—下辊；5—扇形坯料

必须指出，这种方法使卷板机承受很大的轴向力，因而大大加快了卷板机轴承等构件的磨损，甚至会损坏活动轴承等零件。应用此方法时，应考虑其不良后果。

（3）卷板机辊子倾斜

这一方法常用于锥角较小、板材不太厚的锥体弯卷。其方法是将卷板机上辊（对称式）或侧辊（不对称式）适当倾斜，使扇形板小端受到的弯曲比大端大，以产生较小的曲率半径而成为锥形。

3.4.3　管子的弯曲

3.4.3.1　管子弯曲的应力分析和变形计算

（1）应力分析及易产生的缺陷

如图 3-39（a）所示，管子在弯矩 M 作用下发生纯弯曲变形时，中性轴外侧管壁受拉应力 σ_1 的作用，随着变形率的增大，σ_1 逐渐增大，管壁可能减薄，严重时可产生微裂纹；内侧管壁受压应力 σ_2 的作用，管壁可能增厚，严重时可使管壁失稳产生褶皱。同时在合力 N_1 与 N_2 作用下，使管子横截面变形，若管子是自由弯曲，变形将近似为椭圆形，如图 3-39（b）所示。若管子是利用具有半圆槽的弯管模具进行弯曲，则内侧基本上保持半圆形，而外侧变扁，如图 3-39（c）所示。

上述缺陷一般情况下不能同时发生，当相对弯曲半径 R/d_w 和相对弯曲壁厚 δ/d_w 越小，即弯曲半径 R 越小，管子公称外径 d_w 越大，管子壁厚越薄时，上述弯管缺陷越容易产生。

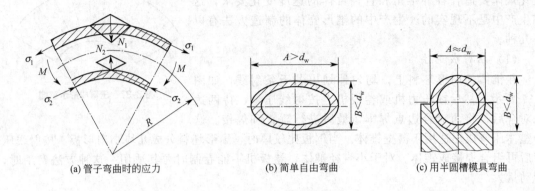

（a）管子弯曲时的应力　　（b）简单自由弯曲　　（c）用半圆槽模具弯曲

图 3-39　管子弯曲的应力和变形分析

管子外径 d_w 和壁厚 δ 通常是由结构与强度设计决定的，而管子弯曲半径 R 应根据结构要求和弯管工艺条件来选择。为尽量预防弯管缺陷的产生，管子弯曲半径不宜过小，以减小变形度。若弯曲半径较小，可适当采取相应的工艺措施，如管内充砂、加芯棒、管子外用槽轮压紧等。

（2）变形率要求及变形量计算

① 变形率要求　在国家化工行业标准 HG/T 20584《钢制化工容器制造技术要求》中对钢管冷弯曲的变形率做出如下规定。

钢管冷弯后，如变形率超过下列范围，应进行恢复力学性能热处理：

a. 碳素钢、低合金钢的钢管弯管后的外层纤维变形率不应大于钢管标准规定伸长率的 1/2，或外层材料的剩余伸长率应小于 10％；

b. 不锈钢钢管弯管后的外层纤维变形率应不大于钢管标准规定伸长率的 1/2，或外层材料的剩余伸长率应小于 15％；

c. 对于有冲击韧性要求的钢管，其外层纤维最大变形率应小于 5％。

在实际生产中控制管子弯曲变形率的主要方式是控制管子弯曲的半径。弯曲半径越小，变形率越大，就越容易产生弯管缺陷。不同材质、规格的管子弯曲半径，有关标准和资料作了一些规定。国家标准 GB/T 151《热交换器》中要求 U 形管弯管段的弯曲半径 R（见图 3-40）不宜小于两倍的换热管外径。常用 U 形换热管的最小弯曲半径 R_{min} 按表 3-14 选取。

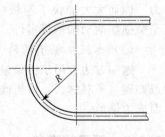

图 3-40　U 形换热管弯曲半径 R

表 3-14　常用 U 形换热管最小弯曲半径 R_{min}　　　　单位：mm

换热管外径	10	12	14	16	19	20	22	25	30	32	35	38	45	50	55	57
R_{min}	20	24	30	32	40	40	45	50	60	65	70	76	90	100	110	115

需要指出的是，上述介绍的管子弯曲半径不但与管子外径 d_w 和壁厚 δ 有关，还与管子材质、弯管工艺、弯管方法等因素有关。

② 变形量计算

　　a. 椭圆率 α。管子进行简单的自由弯曲，其横截面将成为近似的椭圆形，其椭圆程度用椭圆率 α 表示，可按下式计算。

$$\alpha = \frac{d_{max} - d_{min}}{d_w} \times 100\% \tag{3-25}$$

式中　d_{max}——弯管（弯头）横截面上最大外径，mm；

　　　　d_{min}——弯管（弯头）横截面上最小外径，mm；

　　　　d_w——管子公称外径，mm。

　　b. 弯管外侧壁厚减薄量。

弯管最薄处壁厚 δ_{min}：

$$\delta_{min} = \left(1 - \frac{d_w}{4R}\right)\delta \tag{3-26}$$

式中　δ——弯管前管子壁厚，mm；

　　　R——管子弯曲半径，参见图 3-39(a)，mm。

其他符号意义同上。

管子弯头处壁厚减薄量 b：

$$b = \frac{\delta - \delta_{min}}{\delta} \times 100\% \tag{3-27}$$

式中符号意义同上。

　　c. 弯管伸长量。管子弯曲后产生的塑性变形将使管子的总长度增加，弯管后的伸长量与诸多因素有关，如冷弯或热弯、管子材质、弯曲半径、弯管方法、弯管工艺等，生产中常按经验估算。

不同直径的管子弯曲不同角度时，伸长量可按表 3-15 进行近似的估算。

表 3-15　弯曲不同角度时伸长量的估算

d_w/mm	16～18	25	32～42	51～89	108	133	159
$(\Delta l/\alpha)$ /[mm/(°)]	5/180	(8～9)/180	(9～10)/180	(0.8～1.3)/10	(1.3～1.5)/10	(1.5～1.7)/10	(2～2.5)/10

弯头伸长量 Δl 的计算公式：

$$\Delta l = \frac{\pi \alpha}{180°} e \tag{3-28}$$

$$e \approx \frac{r}{2}\sqrt{\frac{r}{R}} \tag{3-29}$$

$$r = \frac{d_w - \delta}{2} \tag{3-30}$$

式中　α——弯管弯曲角度，(°)；

　　　e——中性层偏移量，mm；

　　　r——管子平均半径，mm。

其他符号意义同上。

3.4.3.2　弯管方法

生产弯管的方法很多，有冷弯管和热弯管、有芯弯管和无芯弯管、手工弯管和机动弯管等，按外力作用方式又有压（顶）弯、滚压弯、拉弯和冲弯等。其主要目的是在保证弯管形状和尺寸的同时，尽量减少和防止弯管缺陷。

下面以冷弯、热弯为主，同时介绍其他弯管方法。

（1）冷弯或热弯方法的选择

选择冷弯或热弯方法主要考虑如下内容。

① 管子的尺寸规格和弯曲半径。通常管子的外径大、管壁较厚、弯曲半径较小时，多采用热弯，相反则采用冷弯。同时，注意表 3-16 的内容（其中，管子相对弯曲壁厚 $\delta_x = \delta/d_w$，相对弯曲半径 $R_x = R/d_w$），并且注意管子冷弯、热弯方法的特点及有关工艺要求。

表 3-16 冷弯和热弯的使用范围

		无芯				有芯	
		弯管机回转	挤弯	简单弯曲	滚弯		
冷弯	$d_w < 108mm$（或 DN < 100mm）	$\delta_x \approx 0.1$	$\delta_x \geq 0.06$	$\delta_x \geq 0.06$	$\delta_x \geq 0.06$	$\delta_x \geq 0.05$	$\delta_x \geq 0.035$
	$R > 4DN$	$R_x \geq 1.5$	$R_x \geq 1$	$R_x \geq 10$	$R_x > 1.5$	$R_x \geq 2$	$R_x \geq 3$
热弯	DN < 400mm	充砂	热挤	—	—	热挤	
	中低压管路 $R \geq 3.5DN$	$\delta_x \geq 0.06$	$\delta_x \geq 0.06$	—	—	$\delta_x \geq 0.06$	
	高压管路 $R \geq 5DN$	$R_x \geq 4$	$R_x \geq 1$			$R_x \geq 1$	

② 管子材质为低碳钢、低合金钢时，可以冷弯或热弯；管子材质为高合金钢应选择热弯。

③ 弯管形状较复杂，无法冷弯，可采用热弯。

④ 不具备冷弯设备，采用热弯。

（2）冷弯方法及特点

冷弯不需要加热，效率较高，操作方便，所以直径在 108mm 以下的管子大多采用冷弯，直径在 60mm 以下的厚壁管也可以采取适当工艺措施进行冷弯。冷弯方法有手动弯管法和机动弯管法。

① 手动弯管法 通常使用手动弯管器来完成弯管，手动弯管器的结构如图 3-41 所示。这种手动弯管器适用于弯制外径在 32mm 以下的无缝钢管和公称直径在 25.4mm 以下的焊接管。它由固定扇轮、活动滚轮、夹叉等主要零件组成，并由螺栓固定在工作台上。弯管时，将管子插入工作扇

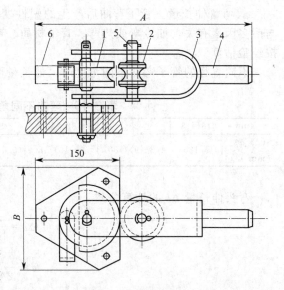

图 3-41 手动弯管器
1—固定扇轮；2—活动滚轮；3—夹叉；
4—手柄；5—轴；6—夹子

轮和活动滚轮的中间，使管子的起弯点在工作扇轮和活动滚轮的中心连线上，用夹子将管子插入端夹牢，推动手柄带动活动滚轮绕固定工作扇轮转动，把管子压贴在工作扇轮槽中，直到所需要的弯曲角度为止。这种弯管器是利用一对不可调换的固定扇轮和滚轮滚压弯管，故只能弯曲一种规格管子与一种弯曲直径，其弯曲半径由工作扇轮的半径来决定。从保证弯管质量合格考虑，凭经验一般取最小弯曲半径为管子直径的 4 倍。手动弯管法劳动量大，生产

率低，但设备简单，并且能弯曲各种弯曲半径和各种弯曲角度的管子，所以应用广泛，尤其是现场组对、安装和修配时。

② 机动弯管法 冷弯机是应用极其广泛的弯管设备，它是在冷态、管子内不灌任何填料的情况下，用芯棒或不用芯棒对管子进行弯曲。

a. 有芯弯管。图 3-42 为有芯棒的有芯弯管机工作原理图。扇形轮 1 为主动辊轮，通过夹头 2 将管子固定在扇形轮的周边上，当扇形轮回转时，管子就缠绕在它的周边上，获得所需要的弯曲半径。芯棒 6、压紧辊 3 和导向辊 4 在弯管时相对位置不动，它们从管子内外两面支撑管壁。

为了保证弯管的质量，避免褶皱和断面变为扁圆，扇形轮和压紧辊都具有与管子外表面完全吻合的型槽，将管子外壁卡紧，同时芯棒从内表面将管壁支撑住。

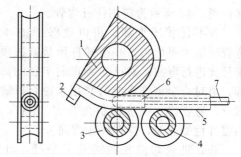

图 3-42　辊轮式弯管机有芯弯管
1—扇形轮；2—夹头；3—压紧辊；4—导向辊；
5—管子；6—芯棒；7—芯杆

芯棒的尺寸及其伸入管内的位置对弯管的质量影响很大。芯棒的直径 d 一般取管子内径 d_i 的 90% 以上，通常比管内径小 0.5～1.5mm。芯棒的长度 L 一般取 （3～5）d，d 大时系数取小值，d 小时系数取大值。芯棒伸入弯管区的距离 e 可按式(3-31) 选取。

$$e = \sqrt{2(R + d_i/2)Z - Z^2} \tag{3-31}$$

式中，Z 为管子内径与芯棒间的间隙，mm。

必须指出，不同的管子直径需要不同的扇形轮、压紧辊、导向辊和芯棒，不同的弯曲半径需要不同的扇形轮，同一外径而壁厚不同的管子，则需用不同的芯棒。因此，要制造不同直径和各种弯曲半径的弯管，就必须配备很多套扇形轮、压紧辊和芯棒。在生产中为了降低设备费用和减少辅助时间，对各种直径的管子的弯曲半径，都作了一些规定，设计时应根据企业标准或设计规范选用。考虑到冷弯时弯管将产生一定的回弹量，扇形轮的设计半径应比需要的弯曲半径小，其值可按经验确定。

b. 无芯弯管。无芯弯管机比有芯弯管机简单，它省去了芯棒和芯棒的固定调整装置，因此应用最为广泛。当然也可在有芯弯管机上进行无芯弯管。无芯弯管机的工作原理与有芯弯管相同，只是没用芯棒支撑内管壁。为了防止弯管时产生椭圆断面等缺陷，无芯弯管机压紧辊的型槽为三圆弧或双圆弧结构，如图 3-43 所示。具体尺寸需按经验确定，但要求 b 略小于管子外直径，a 略大于管子外半径，$R_2 > R_1$。

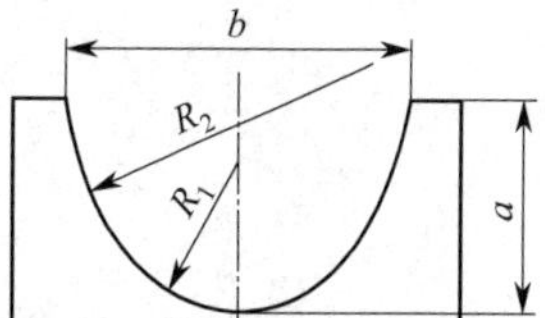

此外，要求压紧辊的位置应在弯曲平面前一段距离，如图 3-44 中的 e，该值可在 0～12mm 内调整。这样可使管子断面

图 3-43　双圆弧形槽辊

在弯曲平面前有一个预变形，其变形方向与弯曲时的变形相反，因而抵消或降低了弯曲时的变形，保证了弯管断面的正圆度。为便于装卸管子，压紧辊和导向辊的中心线应与扇形轮中心线倾斜 3°～4°。

（3）热弯方法及特点

当将碳钢管加热到 950～1000℃，低合金钢管加热到 1050℃ 左右，304 不锈钢管加热到 1000～1200℃ 时，进行弯曲加工，通常称为管子的热弯加工。生产中常用的热弯管方法有手工热弯管法、中频感应加热弯管法等。

①手工热弯管法　手工热弯管前，在管内装实烘干纯净的砂子，并将管口封堵好。管子被弯曲部位加热要均匀，达到加热温度后立即送至弯曲平台，夹在插销之间。图 3-45 所示为应用样杆弯管。

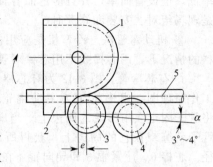

图 3-44　辊轮式弯管机无芯弯管
1—扇形轮；2—夹头；3—压紧辊；
4—导向辊；5—管子

为不使管子夹坏，可以放保护垫（钢板或木板）。弯管时施力要均匀，并按样杆形状或按预先划出的弯曲半径线进行弯曲。对已达到弯曲半径的部位，可用水冷却，但对合金钢管弯曲时禁用水冷，以防淬硬、出现微裂纹。弯管终止温度控制在 800℃ 左右，即当管壁颜色由樱红色变黑时，立即停止弯曲。

若是批量弯曲相同的管子半径，可以应用样板弯管，其结构类似样杆弯管。将样板用插销固定在弯管平台上。这种方法弯曲的半径、弯曲角较准确，效率较高。管径较大时，可以利用卷板机代替手工弯管。

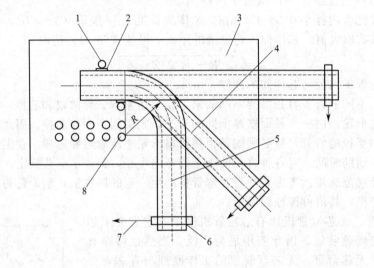

图 3-45　手工热弯管
1—插销；2—垫片；3—弯管平台；4—管子；5—样杆；6—夹箍；7—钢丝绳；8—插销孔

②中频加热弯管法　中频加热弯管法是将特制的中频感应圈套在管子适当位置上，依靠中频（通常为 2500Hz）电流产生的热效应，将管子局部迅速加热到需要的高温（900℃ 左右），采用机械或液压传动，使管子边加热边拉弯或推弯成形。该方法分为拉弯式和推弯式两种。

中频加热弯管的优点是弯管机结构简单，不需模具，消耗功率小；转臂长度可调，以弯曲不同的半径，可弯制相对弯曲半径 $R_x = 1.5 \sim 2$ 的管件；加热速度快，加热效率高，弯管表面不产生氧化皮；弯管质量好，椭圆变形和壁厚减薄小，不易产生褶皱；拉弯式可弯制 180°弯头。其缺点是投资较大，耗电量大。

图 3-46 为拉弯式中频加热弯管机示意图。套在感应圈内的待弯曲管子，靠导向辊保持它与感应圈和夹头同心。管子的一端用夹头固定在转臂上，另一端自由放在支承辊或机床面上。工作时，感应圈将管子局部加热到 900~950℃，然后转臂回转将管子拉弯，并紧接着

拉弯之后喷水冷却。

中频加热弯管在较小的相对弯曲半径下，不用型槽辊轮及芯棒等模具，仍能保证较好的弯管质量。原因主要为：管子瞬间加热，塑性增高，高温区窄，管壁拉薄也不大；弯制后强制喷水冷却至200℃左右，强度可达原高温强度的10倍，保持管子断面为正圆形；拉弯时管子内外侧壁都受到拉伸应力的作用，因而可完全避免褶皱的产生。

推弯式中频加热弯管的原理如图3-47所示。它与拉弯式的不同点是它的动力在管子的末端。

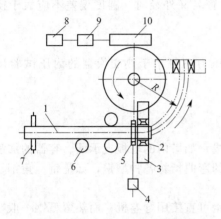

图 3-46　拉弯式中频加热弯管
1—管子；2—夹头；3—转臂；4—变压器；
5—中频感应圈；6—导向辊；7—支撑辊；
8—电动机；9—减速器；10—蜗轮副

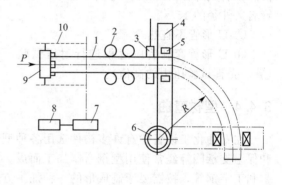

图 3-47　推弯式中频加热弯管
1—管子；2—导向辊；3—感应圈；4—转臂；
5—夹头；6—立轴；7—变速箱；8—调速电动机；
9—推力挡板；10—链条

3.4.3.3　管件制造的技术要求

用于不同过程设备（如换热器、锅炉等）的管件，其具体的技术要求有所不同，但总的原则一致。按照国家标准 GB 151《热交换器》等相应标准，以换热管和 U 形管的设计、制造为例介绍技术要求。

（1）换热管的拼接

换热管直管或直管段长度大于 6000mm 时允许拼接，须符合下列要求：

① 对焊缝应进行焊接工艺评定，评定时试件的数量、尺寸、试验方法应符合国家能源行业标准 NB/T 47014《承压设备焊接工艺评定》的规定。

② 直管换热管的对接焊缝不得超过一条；U 形管的对接焊缝不得超过两条，包括至少 50mm 直管段的 U 形管段范围内不得有拼接接头；最短直管长不得小于 300mm，且应大于管板厚度 50mm 以上。

③ 对接接头的管端坡口应采用机械方法加工，焊前应清洗干净。

④ 对口错边量应不超过换热管壁厚的 15%，且不大于 0.5mm，并不得影响穿管。

⑤ 对接后应进行通球检查，以钢球通过为合格，按表 3-17 选取钢球直径。

表 3-17　钢球直径

换热管外径 d/mm	$d \leqslant 25$	$25 < d \leqslant 40$	$d > 40$
钢球直径	$0.75d_i$	$0.8d_i$	$0.85d_i$

注：d_i 为换热管内径。

　　⑥ 对焊接接头应按国家能源行业标准 NB/T 47013.2《承压设备无损检测 第 2 部分 射线检测》进行 100％射线检测，合格级别不应低于 Ⅲ 级，检测技术等级不应低于 AB 级（A 级—低灵敏度技术；AB 级—中灵敏度技术；B 级—高灵敏度技术）。

　　⑦ 对接后应逐根进行耐压试验，试验压力不得小于热交换器的耐压试验压力（管、壳程试验压力的高值）。

　　（2）U 形管的弯制

　　① 弯曲半径大于或等于 2.5 倍换热管名义外径时，U 形管弯管段的圆度偏差不应大于换热管名义外径的 10％；弯曲半径小于 2.5 倍换热管名义外径时，圆度偏差不应大于换热管名义外径的 15％。

　　② U 形管不宜热弯。

　　③ U 形管弯制后应逐根进行耐压试验，试验压力不得小于热交换器的耐压试验压力（管、壳程试验压力的高值）。

3.4.4　型材弯曲

　　在石油化工设备中有许多构件选用各种型钢制成，如塔内的塔板支承圈、容器的加强圈和保温支承圈等经常使用型钢弯制加工而成。型钢的弯曲指将各种型钢，如扁钢、角钢、槽钢和工字钢等，按需要弯制成形的一种加工方法。

　　型钢的弯曲也可分为冷弯和热弯两种。冷弯型钢可直接用弯卷机；而热弯型钢一般在平台上用胎具进行。在型钢的弯曲中，以弯曲角钢、槽钢最为常见，因为冷弯生产效率高，质量可保证，劳动条件比热弯好，所以冷弯角钢很普遍。

　　型钢弯卷机与卷板机工作原理大致相同，只不过由于型钢弯卷时容易丧失稳定性，所以弯卷辊轴应有对应的形状，以阻止型钢发生扭曲和褶皱。又因型钢宽度较小，故辊轴长度也相应短些；对于同种型钢截面形状相同，但弯卷方向不同时，辊轴应有不同的形状。为了更换辊轴和型钢弯卷装卸方便，弯卷机可以设计成开式直立悬臂结构。

　　图 3-48 所示为三辊角钢弯卷机。上辊是从动辊，可以上下移动，以调节适应工件弯曲半径。下辊均为主动辊。为控制角钢扭曲和褶皱的发生，可在上辊或下辊上开出环槽。图 3-48（a）为弯卷法兰外边的情形，此时，将角钢外边缘嵌在下辊环槽中。相反，当弯卷法兰内边时，在上辊开环槽，如图 3-48（b）所示。由于弯卷角钢边缘是嵌在辊轴环槽中进行，故完全控制了角钢弯卷中可能发生的扭转与褶皱问题。

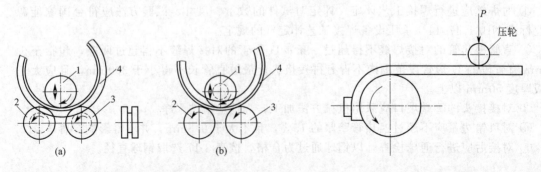

图 3-48　三辊角钢弯卷机　　　　　　图 3-49　转胎弯卷原理
1—上辊；2，3—下辊；4—角钢

　　与用对称式三辊卷板机卷圆筒一样，弯卷角钢箍时，角钢两头各有一段 100～300mm

的直边，可以加长角钢下料尺寸，待卷制完成后割去两头直边；或者将角钢两端先在压弯机上使用胎具（模）压弯，以解决直边处的成形问题。

图 3-49 所示为转胎式型钢弯卷机弯卷原理，工作时被弯型钢的一端固定在转胎上，通过压轮施加的压力使型钢得以弯曲，当转胎按一定方向转动时，型钢便绕在卷胎上成形。

转胎式型钢弯卷机的转轴是直立的，转胎表面形状与被弯型钢相适应，为了弯卷型钢不起褶皱，除了转胎压轮外还采用辅助轮将型钢压紧到转胎上。如图 3-50 所示为转胎式型钢弯卷机的工作简图。同样，弯卷不同型钢需要更换形状不同的转胎、压轮和辅助轮。

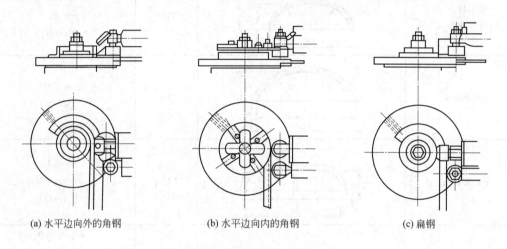

(a) 水平边向外的角钢　　　　(b) 水平边向内的角钢　　　　(c) 扁钢

图 3-50　转胎式型钢弯卷机工作原理

3.5　成形

3.5.1　封头的成形

参照国家标准 GB/T 25198《压力容器封头》内容，常用封头名称、断面形状、类型代号及形状参数示例见表 3-18。

表 3-18　常用封头名称、断面形状、类型代号及形状参数示例

名称	断面形状	类型代号	常用形状参数示例
椭圆形封头 （以内径为基准）		EHA	$D_i/[2(H-h)]=2$ $DN=D_i$
椭圆形封头 （以外径为基准）		EHB	$D_o/[2(H_o-h)]=2$ $DN=D_o$

名称	断面形状	类型代号	常用形状参数示例
碟形封头 （以内径为基准）		THA	$R_i=1.0D_i$ $r_i=0.10D_i$ $DN=D_i$
碟形封头 （以外径为基准）		THB	$R_o=1.0D_o$ $r=0.10D_o$ $DN=D_o$
球冠形封头		SDH	$R_i=1.0D_i$ $DN=D_o$
平底形封头		FHA	$r_i\geqslant3d_n$ $H=r_i+h$ $DN=D_i$
锥形封头		CHA(30)	$r_i\geqslant0.10D_i$ 且 $r_i\geqslant3\delta_n$ $\alpha=30°$ DN 以 D_i/D_{is} 表示
		CHA(45)	$r_i\geqslant0.10D_i$ 且 $r_i\geqslant3\delta_n$ $\alpha=45°$ DN 以 D_i/D_{is} 表示
		CHA(60)	$r_i\geqslant0.10D_i$ 且 $r_i\geqslant3d_n$ $r_s\geqslant0.05D_{is}$ 且 $r_s\geqslant3d_n$ $\alpha=60°$ DN 以 D_i/D_{is} 表示
半球形封头		HHA	$D_i=2R_i$ $DN=D_i$

3.5.1.1　冲压成形

封头的成形方法主要有冲压成形、旋压成形和爆炸成形。

（1）冷、热冲压条件

按冲压前毛坯是否预热分为冷冲压和热冲压，主要选择依据如下。

① 材料的性能。对于常温下塑性较好的材料，可采用冷冲压；对于热塑性较好的材料，可以采用热冲压。

② 依据毛坯的厚度 δ 与毛坯料直径 $D_{\circ}$ 之比即相对厚度 $\delta/D_{\circ}$ 来选择冷、热冲压（参见表 3-19）。

表 3-19　封头冷、热冲压与相对厚度的关系

冲压状态	碳素钢、低合金钢	合金钢、不锈钢
冷冲压	$\dfrac{\delta}{D_{\circ}}\times100<0.5$	$\dfrac{\delta}{D_{\circ}}\times100<0.7$
热冲压	$\dfrac{\delta}{D_{\circ}}\times100\geqslant0.5$	$\dfrac{\delta}{D_{\circ}}\times100\geqslant0.7$

（2）毛坯热冲压的加热过程

加热温度高可降低冲压力且有利于钢板变形，但温度过高会使钢材的晶粒显著长大，甚至形成过热组织，使钢材的塑性和韧性降低。严重时会产生过烧组织，毛坯冲压可能发生碎裂。几种常用封头材料的加热规范参见表 3-20。

表 3-20　常用封头材料的加热规范

钢材牌号	加热温度/℃	终压温度/℃	冲压后的热处理温度/℃
Q235	≤1100	≥700	880～920
Q245R	≤1100	≥750	880～910
Q345R	≤1050	≥850	870～900
15MnVR	≤1050	≥850	870～900
12Cr1MoV	≤1100	≥850	880～910
0Cr18Ni9Ti	≤1150	≥950	—

钢板在加热过程中会发生氧化，造成材料损耗。加热温度越高，加热时间越长，氧化也越严重。因此，在保证钢板加热的温度分布均匀和不产生过大热应力的情况下，应缩短钢板的加热时间。对于导热性较差的合金钢，可以增加保温时间，减慢加热速度。生产上为了减少加热时间，常采用热炉装料的方法，并按一定的加热规范进行加热。碳素结构钢 20g 中压锅炉封头的典型加热过程如图 3-51 所示。

（3）封头冲压制造过程

封头的冲压成形通常是在水压机或油压机上进行。图 3-52 所示为水压机冲压封头的过程。将封头毛坯 4 对中放在下模（冲环）5 上，如图 3-52(a) 所示。然后开动水压机使活动横梁 1 空程向下，当压边圈 2 与毛坯接触后，开动压边缸将毛坯的边缘压紧。接着上模（冲头）3 空程下降，如图 3-52(b) 所示，当与毛坯接触时，开动主缸使上模向下冲压，对毛坯进行拉伸，至毛坯完全通过下模后，封头便冲压成形。最后开动提升缸和回程缸，将上模和压边圈向上提起，与此同时用脱模装置 6（挡铁）将包在上模上的封头脱下，并将封头从下模支座

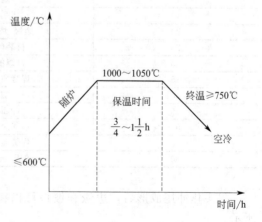

图 3-51　20g 中压锅炉封头加热过程

取出，冲压过程即告结束。

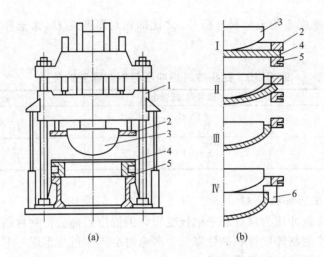

图 3-52 水压机冲压封头过程
1—活动横梁；2—压边圈；3—上模（冲头）；4—毛坯；5—下模（冲环）；6—脱模装置

上述冲压过程称为一次成形冲压法，对于低碳钢或普通低合金钢制成一定尺寸（$\delta \leqslant D_{po} - D_m \leqslant 45\delta$，$D_{po}$ 为毛坯外径，D_m 为封头中性层直径，δ 为厚度）的封头，均可一次冲压成形。封头的热冲压成形制造工艺规程见表 3-21。

表 3-21 封头的制造工艺规程（有焊缝封头）

工序号	工序名称	所需设备
05	备料(矫形和净化)	平台及净化设备
10	划线	划线平台
15	切割下料	气割机
20	边缘、坡口加工	气割机（或刨边机）
25	拼装(组对)	平台
30	拼缝的焊接	电焊机
35	焊缝质量检查	X光机
40	加热	加热炉
45	冲压成形	油压机、冲压模具
50	形状尺寸检查	量具、样板
55	焊缝质量检查	X光机
60	边缘、坡口加工	气割机（或车床）

封头热冲压成形后，边缘和坡口可以在封头切割机上气割加工，封头切割机如图 3-53 所示。

（4）冲压封头的典型缺陷分析

封头冲压时常出现的缺陷主要有拉薄、褶皱和鼓包等。其影响因素很多，简要分析如下。

① 拉薄 碳钢封头冲压后，其壁厚变化如图 3-54 所示。对于椭圆形封头，直边部分壁厚增加，其余部分壁厚减薄，最小厚度为 $(0.90 \sim 0.94)\delta$。球形封头由于深度大，底部拉伸减薄最多。

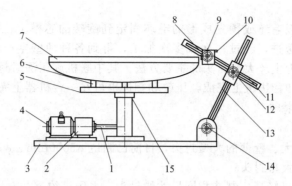

图 3-53　封头切割机示意图

1—传动轴；2—变速器；3—底座；4—电动机；5—转盘；6—支撑柱；7—椭圆封头；
8—组合割嘴；9—调节紧固手轮；10—进气嘴；11—支撑杆（Ⅰ）；12—支撑杆（Ⅰ）
调节紧固手轮；13—支撑杆（Ⅱ）；14—支撑杆（Ⅱ）调节紧固手轮；15—轴承座

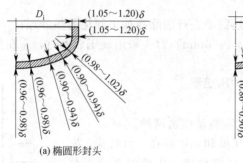
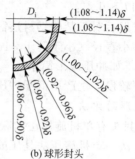

(a) 椭圆形封头　　　　　　　　(b) 球形封头

图 3-54　碳钢封头壁厚变化示意

② 褶皱　如图 3-55 所示，冲压时板坯周边的压缩量最大。封头越深，毛坯直径越大，周向缩短量也越大。周向缩短产生两个结果，一个是工件周边区的厚度和径向长度均有所增加，另一个是过分的压应变使板料产生失稳而褶皱。板料加热温度不均、搬运或夹持不当造成坯料不平，也会造成褶皱。有的工厂根据实践总结出碳钢和低合金钢封头不产生褶皱的条件是：$D_{po}-D_m \leqslant 20\delta$ 肯定无褶皱，而 $D_{po}-D_m \geqslant 45\delta$ 必然有褶皱。

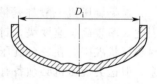

图 3-55　封头褶皱示意图

③ 鼓包　如图 3-56 所示，产生原因与褶皱类似，但主要影响因素是拼接焊缝余量的大小以及冲压工艺，如加热不均匀、压边力太小或不均匀、冲头与下模间隙太大以及下模圆角太大等。为了防止封头冲压时产生缺陷，必须采取下列措施：板坯加热均匀；保持适当而均匀的压边力；选定合适的下模圆角半径；降低模具（包括压边圈）表面的粗糙程度；合理润滑以及在大批量冲压封头时应适当冷却模具。

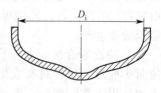

图 3-56　封头鼓包示意图

3.5.1.2　旋压成形

旋压成形是将平板毛坯或预先成形的毛坯固定到旋转的芯模上，用旋轮对毛坯施加压力，旋轮同时做轴向送进，经过一次或多次加工，得到各种薄壁空心回转体制品的工艺方法。目前旋压法已成为生产大型封头的主要方法。其中联机旋压法对封头可采取压鼓和翻边操作，分别在压鼓机和翻边机上完成，压鼓和翻边也可在一台机器上完成。

（1）旋压成形的特点

主要有以下优点：

① 适合制造尺寸大、壁薄的大型封头，目前已制造 $\phi5000mm$、$\phi7000mm$、$\phi8000mm$，甚至 $\phi20000mm$ 的超大型封头；

② 旋压机比水压机轻巧，制造相同尺寸的封头，水压机约重 2.5 倍；

③ 旋压模具比冲压模具简单、尺寸小、成本低，同一模具可制造直径相同而壁厚不同的封头；

④ 工艺装备更换时间短，占冲压加工的 1/5 左右，适于单件小批生产；

⑤ 封头成形质量好，不易减薄和产生褶皱；

⑥ 压鼓机配有自动操作系统，翻边机的自动化程度也很高，操作条件好。

不足之处有以下几点：

① 冷旋压成形后对于某些钢材还需要进行消除冷加工硬化的热处理；

② 对于厚壁小直径（小于等于 $\phi1400mm$）封头采用旋压成形时，需在旋压机上增加附件，比较麻烦，不如冲压成形简单；

③ 旋压过程较慢，生产率低于冲压成形。

（2）旋压成形的方法

旋压法制造封头有单机旋压法和联机旋压法两种。

① 单机旋压法　单机旋压法是压鼓和翻边都在一台机器上完成。它具有占地面积小、不需半成品堆放地、生产效率高等优点。单机旋压法又分为有模旋压法、无模旋压法和冲旋联合法。

a. 有模旋压法。这类旋压机具有一个与封头内壁形状形同的模具，封头毛坯被碾压在模具上成形，如图 3-57 所示。

这类旋压机一般都是液压传动，旋压所需动力由液压提供。因此效率较高、速度快，封头旋压可一次完成，时间短。旋压的封头形状准确。在一台旋压机上可具有旋压、边缘加工等多种用途。但这类旋压机必须备有旋压不同尺寸封头所需的模具，因而工装费用较大。

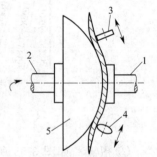

图 3-57　有模旋压法
1—右主轴；2—左主轴；
3—外旋辊Ⅰ；4—外旋辊Ⅱ；
5—模具

b. 无模旋压法。除用于夹紧毛坯的模具外，这类旋压机不需要其他的成形模具，封头的旋压全靠外旋辊并由内旋辊配合完成，如图 3-58 所示。下（或左）主轴一般是主动轴，由它带动毛坯旋转，外旋辊有两个或一个，旋压过程可数控。该装备构造与控制比较复杂，适于批量生产。

c. 冲旋联合法。在一台装备上先以冲压法将毛坯压鼓成碟形，再以旋压法进行翻边使封头成形，这种封头成形方法称为冲旋联合法。图 3-59 所示是立式冲旋联合法生产封头的过程示意。图(a) 表示加热的毛坯 2 放到旋压机下模 3 的凸面上，用专用的定中心装置 5 定位，接着有凹面的上模 1 从上向下将毛坯压紧，并继续进行模压，使毛坯变成碟形，如图(b) 所示。然后上下压紧装置夹住毛坯一起旋转，外旋辊 6 开始旋压并使封头

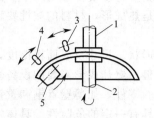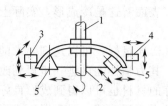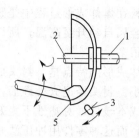

图 3-58　无模旋压法
1—上（右）主轴；2—下（左）主轴；3—外旋辊Ⅰ；4—外旋辊Ⅱ；5—内旋辊

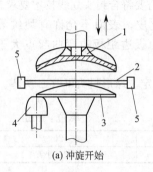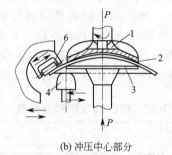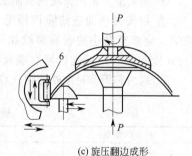

(a) 冲旋开始　　　　　　(b) 冲压中心部分　　　　　　(c) 旋压翻边成形

图 3-59　立式冲旋联合法生产封头的过程示意图
1—上模；2—毛坯；3—下模；4—内旋辊；5—定中心装置；6—外旋辊

边缘成形，内旋辊 4 起靠模支撑作用，内外辊相互配合，将旋转的毛坯旋压成所需形状，如图（c）所示。这种装置可旋压直径 $\phi1600\sim4000\text{mm}$、厚度 $18\sim120\text{mm}$ 的封头。这类旋压机虽然不需要大型模具，但仍然需要用比较大的压鼓模具来冲压碟形，功率消耗较大。这种方法大都采用热旋压，需配有加热装置和装料设备，较适于制造大型、单件的厚壁封头。

　　② 联机旋压法　联机旋压法是用压鼓机和旋压机先后对封头毛坯进行旋压成形的方法。首先用一台压鼓机，将圆形坯料逐点压成凸鼓形，完成封头曲率半径较大部分的成形。然后再用一台旋压翻边机，将其边缘部分逐点旋压，完成封头曲率半径较小部分的成形。这种方法占地面积大，需半成品存放地，工序间的装夹、运输等辅助操作多。但是机器结构简单，不需大型胎具，而且可以组成封头生产线。因此目前采用此法仍然较多。

3.5.1.3　爆炸成形

　　封头的爆炸成形，是利用高能源炸药在极短时间内爆炸，放出巨大能量，产生几千到几万个大气压的冲击波，并通过水或泥土等介质作用在坯料上，迫使坯料产生塑性变形并通过模具而成形。封头的爆炸成形装置如图 3-60 所示。爆炸冲击波代替了冲压法的设备拉伸力，也代替了冲头，模具则与冲环相类似。

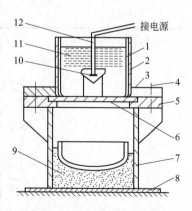

图 3-60　封头的爆炸成形装置
1—塑料布；2—护筒；3—压板；
4—螺栓；5—模具；6—毛坯；
7—支架；8—底板；9—砂；
10—炸药包；11—水；12—雷管导线

坯料在爆炸成形过程中是瞬时完成塑性变形的。极高的变形速度使变形功几乎全部转化成热，金属自动升至高温，所以表面看这是冷成形，实际上是热成形，材料的塑性要比冷变形时好很多。

爆炸成形的特点是，封头成形质量好，可以达到要求的形状、尺寸及表面粗糙度，壁厚减薄较小。封头经退火处理后，其力学性能可进一步得到改善。爆炸成形需要的设备和模具简单，成本较低，对塑性不太好的材料也可以得到成形良好的零件，如薄壁青铜和黄铜半球形封头，而这种零件用冲压法是无法制造的。封头爆炸成形具有一定的危险性，具体实施必须做好安全防护工作，并得到有关部门的认可和批准。

3.5.1.4 封头制造的质量要求

① 封头应尽量用整块钢板制成，必须拼接时，焊缝数量及位置需要符合封头划线技术要求。

② 封头冲压前应清除钢板毛刺，冲压后去除内外表面的氧化皮，表面不允许有裂纹等缺陷。应修整微小的表面裂纹和高度达 3mm 的个别凸起。人孔内板边距板边弯曲起点大于 5mm 处的裂口，可进行修磨或补焊，缺陷补焊后应进行无损检测。

③ 封头和筒体对接处的圆柱直边部分长度 L 应符合表 3-22 的规定。球形封头可取 L 为零。

表 3-22　封头圆柱形部分长度　　　　单位：mm

封头壁厚 δ	$\delta \leqslant 10$	$10 < \delta \leqslant 20$	$\delta > 20$
长度 L	$L \geqslant 25$	$L \geqslant \delta + 15$	$L \geqslant 0.5\delta + 25$ 且 $L \leqslant 10$

④ 封头的几何形状和尺寸偏差不应超过表 3-23 的规定（参见图 3-61）。

表 3-23　封头几何形状和尺寸偏差　　　　单位：mm

公称内径 DN	内径偏差 ΔD_n	椭圆度 $D_{max} - D_{min}$	端面倾斜度 Δf	人孔板边处厚度 δ_1
DN $\leqslant$ 1000	$+3$ -2	4	1.5	
$1000 <$ DN $\leqslant 1500$	$+5$ -3	6	1.5	$\delta_1 \geqslant 0.7\delta$
DN > 1500	$+7$ -4	8	2.0	

注：δ 为公称壁厚。

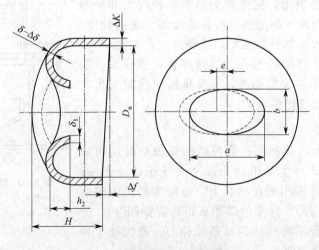

图 3-61　椭圆形封头中心开椭圆形人孔

3.5.2　膨胀节的成形

温度较高的热交换器和管道需要膨胀节（补偿器）进行热补偿，其结构形式多采用波形，断面如图 3-62。补偿量大时应采用多波膨胀节。设备上用的膨胀节尺寸较大，一般采用冲压焊接法制造，也有用滚压法制造的，如图 3-63 和图 3-64 所示。

冲压式膨胀节先冲成两半，然后组焊而成。冲压的坯料是一环形板，先在外周翻边，类似于冲压封头，然后在内孔翻边。内孔翻边时主要是控制内周厚度减薄量，即限制原始孔径与成品孔径差。

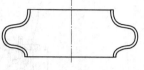

图 3-62　波形膨胀节

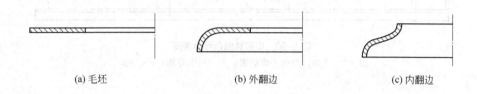

(a) 毛坯　　　　　　　　(b) 外翻边　　　　　　　　(c) 内翻边

图 3-63　膨胀节的冲压成形过程

滚压法要先焊制一个圆筒，其内径与膨胀节的内径相同，然后放在滚压机上滚压成形。滚轮形状和膨胀节的圆弧半径相同。滚轮下压时在筒体轴向上应加一推力，减小轴向长度以便尽量使鼓出去的部分在轴向主要是弯曲变形。但在周向上必然会有拉伸变形，若能使轴向缩短量有富余去补偿周向拉伸，则滚压后膨胀节的壁厚减薄量较小。

管道上用的直径较小的膨胀节也可以采用液压成形的方法，将需成形的管段放在模具中，管段两端封闭，管内充满液体加压鼓胀使管壁在模具的限制下成形。

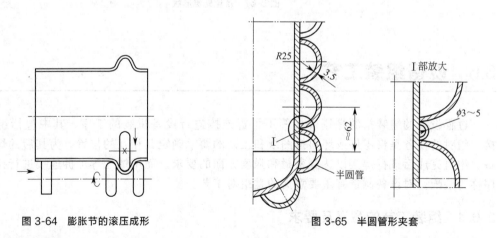

图 3-64　膨胀节的滚压成形　　　　　　　图 3-65　半圆管形夹套

3.5.3　半管成形

半管又称螺旋夹套，是将半圆形螺旋管盘绕在筒体上形成的夹套，是大规格反应釜及发酵罐类设备的主要换热结构之一，如图 3-65 所示。其具有筒体稳定性好、传热效果好、节省金属用量、设备造价低等优点。

其是用 3～4mm 的板条在专用的机械设备上轧制而成。半管轧制过程示意如图 3-66 所示。板条经过平辊 1、2，成形辊 3～6 将板条逐步轧制成所需断面形状的半圆管形（或椭圆形）直条，7、8 辊则将半圆管形（或椭圆形）直条弯曲成所需的曲率半径。各道轧辊形状如图 3-67 所示。

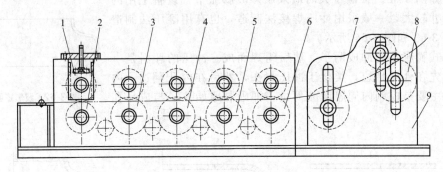

图 3-66　半管轧制过程示意图

1，2—平辊；3～6—成形辊；7，8—引导辊；9—机座

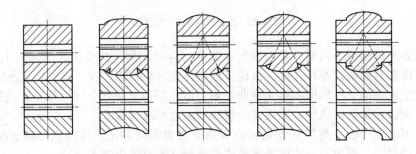

图 3-67　各道轧辊形状

3.6　设备组装工艺

过程设备的组装指的是用焊接等不可拆连接进行设备拼装的工序，其中包括组对和焊接。组对的任务是将零件或坯料按图纸和工艺的要求确定其相互的位置，为其后的焊接做准备。组对完成后进行焊接以达到密封和强度方面的要求。而用螺栓等可拆连接进行拼装的工序称为装配。对设备制造有重要意义的是组对工艺。

3.6.1　组装工艺的意义及要求

3.6.1.1　设备组装的意义

（1）精度

组装直接决定着设备的整体尺寸和形状精度，此外，对焊接质量有重要意义的焊口精度也是由组装决定的。

① 错边　焊口错边造成的危害不仅影响外观，还会降低接头强度、影响装配以及改变

流体阻力和传热等性能，如图 3-68(a) 所示。焊缝错边会使焊缝区的有效厚度减小，同时因为对接不平而造成附加应力，使焊缝成为明显的薄弱环节。当材料的焊接性较差，设备承受动载时，错边的危害性更大。有的设备如列管式换热器、合成塔的筒体对焊口错边量限制更严，否则内

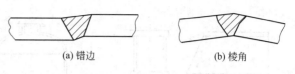

(a) 错边　　　　　　　　(b) 棱角

图 3-68　焊口的错边与棱角

件安装困难；错边的存在使筒体与内件之间增加间隙导致设备的使用性能受到损害。

② 棱角　棱角的不良作用与错边类似，它对设备的整体精度损害更大，并往往具有更大的应力集中，如图 3-68(b) 所示。

③ 间隙　焊口处的间隙有以下作用。

a. 保证焊接熔深：这对于手工电弧焊特别重要，因为当坡口形状确定以后，焊条末端到焊口底部的距离随间隙的增大而减小，如图 3-69 所示。间隙增大后，熔化金属在间隙底部形成的表面张力减小，对液态金属的支承能力下降，使液体金属下陷，有利于电弧对更深的金属加热，使底部熔透。当采用手工电弧焊完成单面焊双面成形焊缝时，必要的间隙是其重要条件。

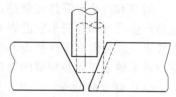

图 3-69　间隙对熔深的影响

b. 补偿焊缝收缩：对焊缝横向收缩的补偿一般是下料时留有余量，但调节间隙也是一个辅助措施。多层包扎式高压容器的层板组对时，故意加大间隙提高焊缝的横向收缩量来促进层间贴紧是间隙的一个特殊用途。

c. 调整焊缝化学成分：坡口形式和间隙能一起调节焊缝中母材金属所占的比例，故对调整焊缝成分有一定作用。

d. 电渣焊和气体保护电弧窄间隙焊时，间隙是重要的焊接参数。

(2) 生产周期

设备组装工艺有时占去很多时间，这是因为组装本身的技术和工装有它特定的难度。首先，设备组装时零件或坯料不像机器零件组装时那样，有基准面和安装面可以互相依靠，零件彼此较好定位，而设备组装时几乎是无依无靠，各组装面均有间隙，需要制作必要的组装用工装。其次，设备的零件和坯料常常精度不高，组装时既要使设备的整体形位尺寸要求得到满足，还要使焊口局部精度合格，不得不常在组装时修配。

(3) 为焊接提供良好条件

焊口处的组装质量（特别是均匀性）直接影响焊接质量。妥善的组装安排还可给焊接操作以较大的作业空间及较好的焊接位置，并易于克服变形，这对提高焊接质量是有利的。这个问题的关键是组装与焊接良好配合，如图 3-70 所示。

支座应当在组装完后再焊接，否则变形问题突出，如图 3-70(a)。小直径深顶盖的接管内焊缝在完全组装好后就不太好焊，应该在筒节与封头组装前进行焊接，如图 3-70(b)。筋板在内的减速箱体应以箱体的每边为组焊单元，这不仅焊接方便，而且焊后基本是一块板，其变形可利用压力机矫平，最后组焊时焊缝少，较易保证精度，如图 3-70(c)。波形膨胀节若组装一个就焊接，这一圈环焊缝需要一个适当的旋转机构，若将两个膨胀节组对好后点焊在一起，环焊缝焊接时的旋转问题就得到较好解决，甚至就地滚动也可用手工电弧焊完成。

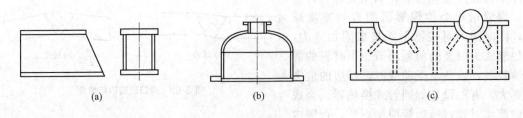

图 3-70　焊接零件结构图

3.6.1.2　设备组装的技术要求

筒节和封头等零件在制造过程中，由于划线、切割、边缘加工、成形等工序，都不可避免地产生尺寸和几何形状的误差，为了保证设备的制造质量和便于加工，就必须提出一些技术要求，综合限制零件制造和组装中产生的误差。设备制造中，所有对接焊缝在组焊方面的重要技术要求是限制焊缝的对口错边量和棱角度，避免引起附加的弯曲应力。

（1）对口错边量

根据国家标准 GB 150《压力容器》规定，A、B 类焊接接头对口错边量 b 如图 3-71 所示，应符合表 3-24 的规定。锻焊容器 B 类焊接接头对口错边量 b 应不大于对口处钢材厚度 δ_s 的 1/8，且不大于 5mm。复合钢板对口错边量 b 应不大于钢板覆层厚度的 50%，且不大于 2mm，如图 3-72 所示。

表 3-24　对口错边量的规定

对口处钢材厚度 δ_s/mm	按焊接接头类别划分的对口错边量 b/mm	
	A	B
≤12	≤$1/4\delta_s$	≤$1/4\delta_s$
>12~20	≤3	≤$1/4\delta_s$
>20~40	≤3	≤5
>40~50	≤3	≤$1/8\delta_s$
>50	≤$1/16\delta_s$，且≤10	≤$1/8\delta_s$，且≤20

　　注：球形封头与圆筒连接的环向接头以及嵌入式接管与圆筒或封头对接连接的 A 类接头，按 B 类焊接接头的对口错边量要求。

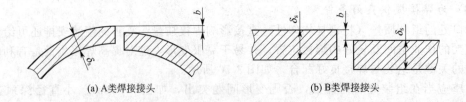

(a) A类焊接接头　　　　　　　　　　(b) B类焊接接头

图 3-71　A、B 类焊接接头对口错边量

（2）棱角度

根据国家标准 GB 150《压力容器》规定，在焊接接头环向、轴向形成的棱角 E，宜分别用弦长等于 1/6 内径 D_i，且不小于 300mm 的内样板（或外样板）和直尺检查，如图 3-73 和图 3-74 所示。其 E 值不得大于 $\delta_s/10+2$(mm)，且不大于 5mm。

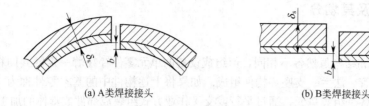

(a) A类焊接接头　　　　　　　　　(b) B类焊接接头

图 3-72　复合钢板 A、B 类焊接接头对口错边量

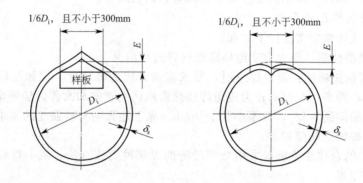

图 3-73　焊接接头处的环向棱角

（3）筒体直线度

筒体直线度检查是检查通过中心线的水平面和垂直面，即沿圆周 0°、90°、180°、270°四个部位拉 $\phi 0.5\mathrm{mm}$ 的细钢丝测量。测量位置离 A 类接头焊缝中心线（不含球形封头与圆筒连接以及嵌入式接管与壳体对接连接的接头）的距离不小于 100mm。当壳体厚度不同时，计算直线度应减去厚

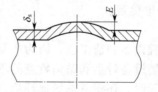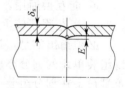

图 3-74　焊接接头处的轴向棱角

度差。除图样另有规定外，筒体直线度允差应不大于筒体长度（L）的千分之一。当直立容器的壳体长度超过 30m 时，其筒体直线度允差应不大于 $0.5L/1000+15$。

（4）不等厚连接

容器壳体各段或封头与壳体常常出现不等厚连接，此处便会出现承载截面突变，会产生附加应力。因此，必须对厚度差超过一定限度的厚板边缘进行削薄处理，使截面连续缓慢过渡。具体要求是：

① B 类焊接接头以及圆筒与球形封头相连的 A 类焊接接头，当两侧钢材厚度不等时，若薄板厚度不大于 10mm，两板厚度差超过 3mm；若薄板厚度大于 10mm，两板厚度差大于薄板厚度的 30%，或超过 5mm 时，均应按标准要求单面或双面削薄厚板边缘，或按同样要求采用堆焊方法将薄板边缘焊成斜面。

② 当两板厚度差小于上列数值时，则对口错边量 b 按表 3-24 要求，且对口错边量 b 以较薄板厚度为基准确定。在测量对口错边量 b 时，不应计入两板厚度的差值。

3.6.2 组装单元及其划分

（1）组装单元

过程设备的种类和结构虽然各不相同，但组成设备的单元零件存在着一定的共同特征，即都是由筒体、封头、接管、法兰、支座等构件组成。如果将上述构件中的基本零件称为一个组装单元，那么组装就是把各个组装单元，通过平行或交叉作业方式组装成部件或整体的加工工序。

在过程设备中，组装单元的大小没有一定的规定，在满足相关标准的前提下，可以由钢材规格的大小和制造厂的加工能力来决定。组装单元划分的合理与否不仅影响到设备的受力状态和制造质量，而且还影响到生产成本和原材料的利用率。

（2）划分组装单元的要求

划分组装单元通常应考虑以下方面：

① 材料的经济性能：最大限度地提高原材料的利用率。

② 焊缝位置的正确性：设置焊缝时，要求能避开应力峰值区。例如拼板封头的对接焊缝要求距封头中心距离<1/4DN；为避免焊接热影响区的重叠和改善焊接残余应力的分布状况，两相邻焊缝的间距>3δ_s，且不小于100mm。除上述影响材料强度的要求外，还应使焊缝处于有利于施焊的空间位置上。

③ 焊接工艺的合理性要求：采用合理经济的焊接种类或方法，减少焊缝长度，有利于减少焊接应力和变形。

④ 制造工艺的可能性要求：为制造厂加工能力所允许。例如分瓣封头瓣片大小的确定、弯管形状及其类别的确定。

⑤ 符合技术规范的要求：组装单元划分应满足有关规范的要求。

⑥ 能互换通用，外形美观。

⑦ 工艺程序较少。

必须指出的是，过程设备制造工艺，因为产品具有单件、小批、多品种生产的特点，所以组装单元的划分亦应随设备种类和结构特点的不同而有所不同。例如体积庞大、重量大的重型设备在划分组装单元时，还得考虑场地环境、起重能力、工艺装备、运输条件等因素的影响。有时即使是同一类、同一种或同样规格的设备，因条件的变化也可能有不同的划分方法。当然，划分组装单元的工作不是在组装工作开始时才考虑，而是在展图划线时就要考虑好，因为不可能在组装时才来考虑分瓣封头的瓣片尺寸、筒体各个筒节的长短。但组装人员如何按单元进行组装，对组装效果有一定的影响。

3.6.3 组装工艺及设备

（1）纵缝组装

纵缝组装的要求比环缝高很多，但纵缝的组装比环缝简单。对薄壁小直径筒节，可在卷圆后直接在卷板机上焊接。对厚壁大直径筒节要在滚轮座上组对。组对时需用各种工具或机械化装置来校正两板边的偏移、对口错边量和对口间隙，以保证对口错边量和棱角度的要求。最简单的工具是用撬棍或在板边焊上角钢用螺栓拉紧，如图3-75所示。

图3-76所示为杠杆-螺旋拉紧器，两个U形铁2分别卡住纵缝两边，用螺栓1顶紧，转动带有左右旋螺纹的丝杠4可使

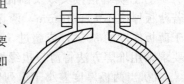

图 3-75　螺栓拉紧器

板边对齐，转动带有左右旋螺纹的丝杆 5 可调节焊缝间隙。

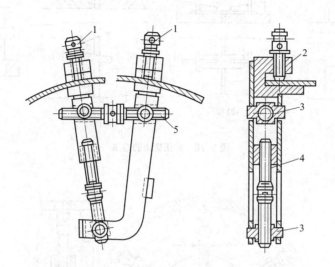

图 3-76 杠杆-螺旋拉紧器
1—螺栓；2—U 形铁；3—螺母；4，5—丝杠

图 3-77 所示为单缸油压顶圆器，它类似油压千斤顶，其活塞与活动顶头连成一体，当高压油进入油缸时，推动活塞，顶头便将圆筒顶圆。这种装置能校正较厚的筒节。

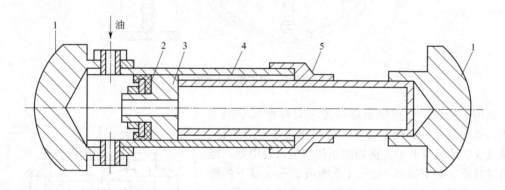

图 3-77 单缸油压顶圆器
1—顶头；2—皮碗；3—活塞；4—油缸；5—活塞盖

（2）环缝组装

因为筒节或封头的端面在成形后，可能存在椭圆度或各曲率不同等缺陷，故环缝组对要比纵缝组对困难。如板边对不齐会产生对口错边量过大或不同轴等缺陷，因此环缝组对较复杂，工作量较大。

组对时所用工具形式较多，除上述几种外，还可用图 3-78 所示的四种方法来调整环缝间隙及对齐板边，所用数目根据筒节直径的大小可安装 4、6、8 个，均布在圆周上。

筒节刚性较差时，可用图 3-79 所示的螺旋推撑器调整筒节端面，对齐板边。它有 6 或 8 根推杆，分别调整各推杆可矫圆，它适用于大直径筒节组焊。大直径刚性较差的筒节也可采取立式组对。

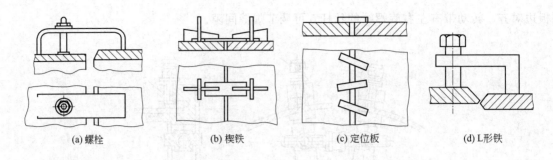

(a) 螺栓　　(b) 楔铁　　(c) 定位板　　(d) L形铁

图 3-78　矫正错边的方法

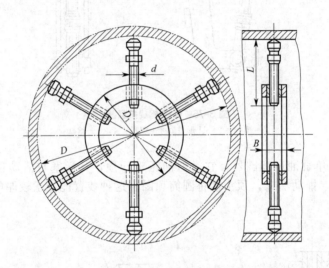

图 3-79　环形螺旋推撑器

利用 L 形铁、环形螺旋推撑器组对焊缝属于手工操作，劳动量大，消耗工时多。机械化装备有对中器、气动或液动的组对卡子。例如液压传动的内对中器，能在组对时矫正筒节端部 100mm 范围内 20mm 以下的圆度，它的主要工作部件是对中机构。如图 3-80 所示，包括两个对称布置的油缸、活塞、撑紧锥和推杆。推杆有两套，分别作用在两个筒节的端部。活塞带动撑紧锥，使各推杆向外移动相同的距离，从而使筒节端部矫正为正确的几何形状。两套撑胀器装在同一刚性壳体内，处于同一中心线上，所以两个筒节端部轴线也在一条直线上。每根推杆上有两个滚轮，备有几套长度不同的推杆，可根据筒节直径更换。

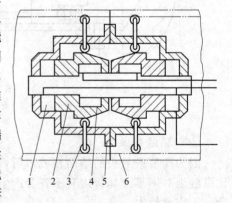

图 3-80　对中器

1—油缸；2—活塞；3—推杆；
4—撑紧锥；5—壳体；6—筒节

（3）吊车进行筒体的组装

筒体在吊车的配合下进行手工组装是过程设备制造厂的主要组装形式。由于不需要专门的组装机械，又不必设置固定的组装场地，因此为众多的中小型企业广泛采用。即使是组装机械化程度较高的设备制造厂，在制造大型

（φ4000mm 以上）薄壁容器时，也常常要在吊车配合下，对筒体进行手工组装。筒体的组装（包括筒体与封头的组装）有立式吊装和卧式吊装两种形式。立式吊装就是借助吊车（或行车）先将一个筒节（或封头）吊置于平台上，再逐一地将其他的筒节搁置其上，如图 3-81 所示。为使筒节准确到位，可用定位挡铁，当调整好间隙后，即可逐点点焊固定。筒体卧式吊装的组装形式如图 3-82 所示。当起吊零件为薄壁筒体时，应当避免筒体发生圆度变形，如筒体内装撑圆支架等。

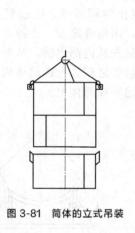

图 3-81　筒体的立式吊装

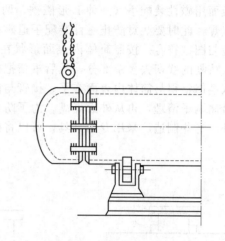

图 3-82　筒体的卧式吊装

（4）附件组装

① 筒体开孔　为了连接接管和人孔、手孔短管，首先在筒体上找孔中心，画好中心线并用色漆写上中心线编号，按图纸画出接管的孔，在中心和圆周上打冲印，然后切出孔，同时切出焊接坡口。装接管或人孔、手孔的孔中心位置的允许偏差为 ±10mm。对直径在 150mm 以下的孔，其偏差为 −0.5～1.5mm；直径在 150～300mm 之间，偏差为 −0.5～2.0mm；直径在 300mm 以上，偏差为 −0.5～3.0mm，开孔可用手工气割或机械化气割。

② 接管组焊　接管组焊有平焊法兰或对焊法兰的短管节等。

把平焊法兰焊到短管上，必须保证短管与法兰间环向间隙的均匀性。短管外表面与平焊法兰孔壁间的间隙不应超过 2.5mm。组对平法兰接管时，应把平法兰的密封面安放在组装平台上，见图 3-83(a)，孔内放一垫板，板厚度等于短管端部到法兰密封面距离 k。短管插入法兰，端部顶在垫板上。保持管中心线对法兰密封面的垂直度及短管与法兰的间隙，定位

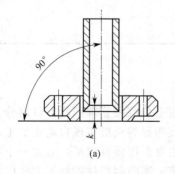

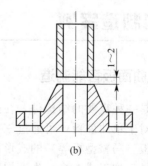

图 3-83　法兰接管

点焊后再把短管焊到法兰上。

组对对焊法兰接管时，先将法兰密封面向下，放在组装平台上。在法兰上放置短管，用垫板保持 1~2mm 间隙，见图 3-83(b)。注意保持管中心线对法兰密封面的垂直度，并防止出现短管与法兰焊接坡口相错的现象。短管定位点焊后再将短管与法兰焊牢。

管在设备筒体上的安装和对焊，可采用下述办法，如图 3-84 所示。先确定两块支板的位置（沿中心线），将支板点焊在短管上，以确保接管伸出长度与图纸尺寸符合，如果不用支板而用磁性装配手（一种 L 形磁铁，两边互相垂直），就不需点焊；有时为了可靠，也进行点焊，此时要注意防止磁性装配手退磁。当把接管插在筒体上时，接管应垂直，各有关尺寸应与图纸符合。按照筒体内表面形状在短管上划相贯线作为切断线，把接管从筒体上取下，按划的线切去多余部分，然后重新把接管插到筒体上，用电焊定位。去掉支板，把短管插入端修整得与筒体内表面齐平。接管与筒体的焊接顺序是先从内部焊满，从外面挑焊根后用金属刷子清理，再从外面焊满。为了防止筒体变形，焊接管之前，先在筒体内装入一个支承环。有些制造厂采用专用夹具，可以将接管迅速而正确地装在筒体上。

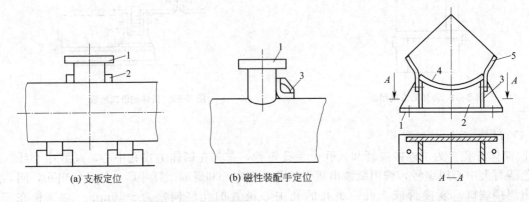

(a) 支板定位　　　　(b) 磁性装配手定位　　　　　　　　　A—A

图 3-84　接管在筒体上的安装方法　　　　　　　　图 3-85　卧式设备支座
1—接管；2—支板；3—磁性装配手　　　　　1—底板；2—腹板；3—立筋；4—托板；5—翼板

③ 支座组焊　卧式设备的支座主要结构如图 3-85 所示。组焊顺序为：在底板上划好线后，焊上腹板和立筋，保证其与底板垂直。组焊鞍式支座时，将弯好的托板焊在腹板和立筋上。各底板应在同一平面内。翼板弯成筒体的形状，装在立筋上，然后焊在筒体预先划好支座的位置线上。

3.7　智能制造案例

3.7.1　三维曲面板智能制造

金属板材是一种重要的结构件，在过程设备制造中应用非常广泛，可划分为单曲度板和三维曲面板。对于单曲度板，可通过三辊卷板机或四辊卷板机实现自动化加工，而对于三维曲面板（帆形板、马鞍型板等）的成形加工方法主要采用模具成形，通常一个零件就需要数套或数十套模具，加工成本高，生产周期长。传统三维曲面板件的加工方法已经远远不能满足现代化制造技术的要求，迫切需要结合自动控制和计算机技术的智能制造方法的出现。

多点成形技术可以省去传统板材成形中的模具，实现板材三维曲面的数字化加工。多点成形是金属三维曲面柔性成形新技术，钢板多点数字化成形系统以多点成形技术为核心，集成多点 CAD/CAM（Computer Aided Design/Computer Aided Manufacturing）软件、计算机集散控制系统以及压力机等，可以实现三维曲面钢板从形状输入到成形过程的数字化。多点成形的基本思想是将传统的整体模具离散化，由一系列规则排列、高度可调的基本体组成"柔性多点模具"来代替整体模具，通过"柔性多点模具"来实现各种形状、规格和材质的规则曲面或非规则曲面的成形，如图 3-86 所示。各基本体的行程可通过计算机独立调节，改变各基本体的位置即改变了成形曲面，相当于重新构造了成形模具。这种方法的优点主要体现在：无须另配模具，采用高度可调的基本体即可实现不同形状曲面的成形；可以优化成形路径，在成形过程中可以随时调整基本体的位置，从而获得合理路径；可以分段成形，从而实现小型设备加工大型零件。

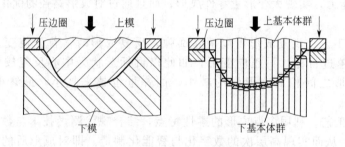

图 3-86　多点成形原理

多点成形的设备则是以计算机辅助设计、辅助制造、辅助测试（CAD/CAM/CAT）技术为主要手段的板材柔性加工新装备，它以可控的基本体群为核心，板类件的设计、规划、成形、测试都由计算机辅助完成，从而可以快速经济地实现三维曲面自动成形。采用工业级一体化工作站作为运算和自动控制的核心，主要包括基本体调形、压力机控制及辅助动作控制三部分功能，其中基本体调形为控制系统的主要功能。在多点成形中，基本体群的调整方式有两种：串行调形与并行调形。在串行方式中，计算机通过专用机械手逐个或逐行调整基本体的高度，从而改变基本体群的整体型面；在并行调形中，每个基本体都有独立的数控单元，所有基本体可以同时调整，从而缩短调形时间。无论哪种方式，上下基本体群型面都能在计算机的控制下快速改变到 CAD 软件设计的形状，在压力机的作用下压制板材。

三维曲面板材的多点数字化成形流程如图 3-87 所示。第一步生成 CAD 模型，建立目标曲面形状。第二步选择成形工艺，根据板材厚度及材料参数确定回弹系数，人机交互确定工件的定位关系。第三步进行工艺计算，得到上下基本体群的型面数据，并进行成形工艺校验；如果出现错误情况，返回第二步重新确定工艺参数，无误后转换为数控代码。第四步通过总线将控制命令传递给各数控子系统，调整基本体群到设计的形状。第五步在接送料装置的支撑下，将需要成形的板材定位，控制压力机成形，得到需要的曲面形状。

图 3-87　三维曲面板材的多点数字化成形流程

多点成形加工工艺主要有一次成形工艺、分段成形工艺、多道成形工艺、反复成形工艺和闭环成形工艺。

① 一次成形工艺。这种工艺与传统的冲压成形类似，根据零件的几何形状设计出成形面，在成形前调整各基本体的位置，按调整后基本体群成形面一次完成零件成形。对于中厚板，成形变形量不太剧烈的曲面零件时，可直接进行多点成形，不需要压边。如果板材坯料计算准确，这种成形方法的材料利用率最高，且可省去后续的切边工序。

② 分段成形工艺。通过改变基本体群成形面的形状，在不分离工件的前提下，对大型工件逐段、分区域地分别成形，可以使用小设备成形大尺寸、大变形量的板件。分段成形根据具体情况，还可以分为单向分段成形和双向分段成形。

③ 多道成形工艺。多道成形的实质是将一个较大的目标变形量分成多步，逐渐实现，用一步步的小变形，最终累积成所需的大变形。多道成形是一种变路径成形方式，不仅可以提高板材的成形能力，实现大变形量零件成形；而且通过对成形路径的优化，能够实现大变形量的板材成形。

④ 反复成形工艺。反复成形可以消除回弹，反复成形时，首先使变形超过目标，然后再反向变形并越过目标，再正向变形，如此以目标形状为中心反复成形。随着反复成形中前后两次成形之间相对变形量的减小，回弹量也越来越小，最终形状收敛于目标形状。

⑤ 闭环成形工艺。利用多点成形的柔性特点，结合现代测量技术与数据处理技术，可以实现闭环成形，从而实现高层次的数字化与智能化制造。即对成形后的工件进行曲面测量，经过数据处理后，与目标形状进行比较，计算出误差，并将修整量反馈到 CAD 系统，重新计算并调整多点成形面进行再次成形，如图 3-88 所示。这一过程重复若干次，即可获得精确的工件。

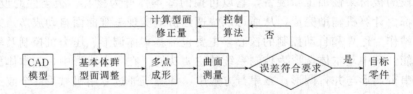

图 3-88　多点成形误差修正

3.7.2　管子智能加工

管子智能加工是在数字化车间的基础上利用物联网技术、设备监控技术等加强信息和数据的通信，提升生产过程的可控性；准确地采集生产线以及设备实时数据，运用物理系统数字孪生及大数据分析技术，合理编排生产计划与控制生产进度；研究应用智能识别、先焊后弯、焊接同步等技术，研制管子加工智能生产线、附件集配系统等先进装备，减少生产线上的人工干预，实现智能车间的自感知、自决策、自执行，最终达到最优生产、最佳效益、动态平衡的目标。

管子加工智能车间总体架构可分为基础设施层、设备层、控制层、执行层、决策层共 5 个层面，如图 3-89 所示，各层相关描述如下。

① 基础设施层。管子加工智能车间的基础设施层由网络系统、工位一体机、车间大屏、安防监控、综合布线等组成，保证车间各项数据能够稳定、安全地进行传输。

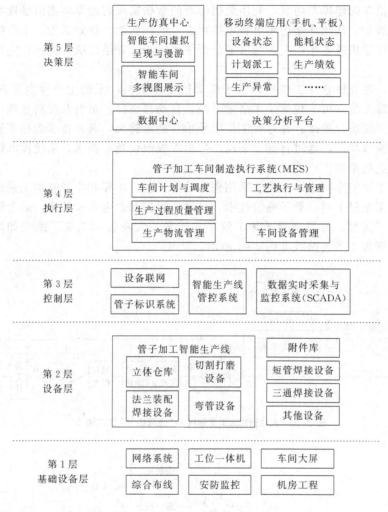

图 3-89　管子加工智能车间总体架构图

② 设备层。管子加工智能车间的设备层包括由立体仓库、切割打磨设备、法兰装配焊接设备、弯管设备等组成的管子加工智能生产线，以及附件库、短管焊接设备、三通焊接设备等。车间加工设备应实现加工数据、工艺信息的网络化传递、数字化控制和智能化加工。

③ 控制层。管子加工智能车间的控制层包括设备联网、管子智能加工生产线管控系统和数据实时采集与监控系统。加工和检测数据实时采集，达到数据实时感知、分析和处理的动态管理等目的。管子在加工过程中采用统一编码标识，便于对其加工全过程进行跟踪和追溯。

④ 执行层。执行层是管子加工智能车间总体架构的核心层，主要包括车间计划与调度、工艺执行与管理、生产过程质量管理、生产物流管理、车间设备管理等功能模块。通过制造执行系统，从上层系统接收管子加工的生产任务，经过分解处理后向下层系统发出生产指令及工艺技术文件，实现管子加工车间生产计划、工艺文件、设备等制造资源的智能化管理。

⑤ 决策层。决策层包括数据中心、决策分析平台、生产仿真中心、移动终端应用等模块。数据中心主要应用大数据分析技术进行数据挖掘、预测性分析，其具备数据仓储的功能；决策分析平台利用数据中心分析预测的结论形成可视化的"领导驾驶舱"；生产仿真中

心基于三维虚拟车间建模与仿真，利用数据中心的数据实现智能车间虚拟呈现与漫游以及智能车间多视图展示；移动终端应用可将设备状态、能耗状态、计划派工、生产绩效、生产异常等信息显示在手机或者平板上，与决策分析平台同步，并给出决策指令，实现管子加工车间的自决策。

在设备层，在立体仓库工位中，管子按规格自动上料，根据生产计划实现管子自动取料；在切割打磨工位，可实现管子无余量下料、自动开坡口、余料及废料分理、马鞍口及相贯线的切割和两端坡口处理；在弯管工位中采用智能弯管机，其具备多管径弯管、自动在线测量、无料报警等功能，通过自动上下料、数据库提前设置补偿量，系统读取模型信息，智能切换弯模，达到柔性生产的目的。

在管子加工智能车间中，大径管采用先弯后焊工艺，小径和中径加工采用先焊后弯工艺，应用管子无余量下料、管子测量技术、自动化焊接和数控弯管技术，最大限度地实现管子先焊后弯加工流程，可提高管子加工效率和质量。大径管加工工艺路线如图 3-90 所示，小径管和中径管加工工艺路线如图 3-91 所示。

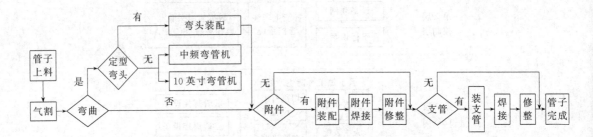

图 3-90　大径管加工工艺路线（"先弯后焊"工艺路线）

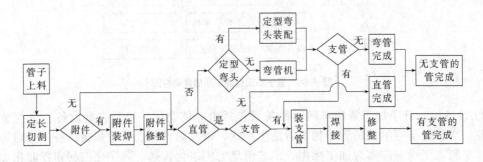

图 3-91　小径管和中径管加工工艺路线（"先焊后弯"工艺路线）

 习题

一、单项选择题

1. 以下设备零件可展开的是____。
   A. 圆锥　　　　　B. 球形　　　　　C. 椭球形　　　　　D. 折边锥形封头
2. 下面不是氧气切割需要满足的条件是____。
   A. 金属在氧气中的燃点须低于其熔点
   B. 金属氧化物的熔点须低于金属本身熔点

　　C. 金属燃烧时放出的热量应足以维持切割过程的连续进行

　　D. 金属燃烧放出的热量小，金属热导率高

3. 等离子弧切割时，电极接电源负极，喷嘴接电源正极，产生的等离子弧类型是____。

　　A. 转移型　　　　　B. 直接弧　　　　　C. 非转移型　　　　D. 混合型

4. 封头冲压成形后，壁厚的变化情况是____。

　　A. 直边部分和其余部分壁厚均减薄　　　　B. 直边部分壁厚减薄，其余部分壁厚增加

　　C. 直边部分和其余部分壁厚均增加　　　　D. 直边部分壁厚增加，其余部分壁厚减薄

5. 不能用于氧气切割的金属是____。

　　A. 低碳钢　　　　　B. 中碳钢　　　　　C. 低合金钢　　　　D. 不锈钢、铜、铝、铸铁

6. 钢板冷卷过程中，钢材的理论临界变形率范围为____。

　　A. 小于 5%　　　　B. 5%～10%　　　　C. 10%～15%　　　　D. 大于 15%

二、填空题

1. 机械净化的两种主要方法是____和____。

2. 矫形的方法有____、____和____。

3. 工厂里把零件的展开图配置在钢板上的过程称为____。

4. 常用的切割方法有____、____、____、____、____和____。

5. 根据电极的不同接法，等离子弧分为____、____和____三种。

6. 实际生产中筒节的弯卷基本上可分为____和____两种。

7. 封头的成形方法主要有____、____和____。

8. 过程设备的组装指的是用焊接等不可拆连接进行设备拼装的工序，包括____和____。

三、问答题

1. 简述净化的作用和常用的净化方法。

2. 简述筒节冷卷成形和热卷成形的特点。

3. 简述单个筒节的制造工艺过程，包括工序名称和所需设备。

4. 简述弯管过程中冷弯或热弯方法的选取原则。

5. 请观看过程设备零件制造及组装各环节加工视频并分别截图提交。

第 4 章
过程设备的焊接

过程设备很多是焊接结构,焊接是过程设备制造中的关键工艺,它直接影响产品的质量、生产率和成本。焊接方法一般可分为熔化焊(以加热为主)、压力焊(以加压为主)和钎焊三大类。电弧焊接是过程设备焊接的一种常用方式,其以电弧作为热源,利用空气放电的物理现象,将电能转换为焊接所需的热能和机械能,从而达到连接金属的目的。电弧焊接方法主要有焊条电弧焊、埋弧焊、气体保护焊等,是应用最广泛、最重要的熔化焊方法,占焊接生产总量的60%以上。

4.1 电弧焊接的基本原理

4.1.1 电弧焊接过程及特点

(1) 电弧焊接过程

以焊条电弧焊为例,电弧焊接的一般过程可分为引燃电弧、正常焊接和熄弧收尾三个部分。在焊接过程中,由弧焊电源、焊接电缆、焊钳、焊条、焊件和焊接电弧构成焊接回路,焊条与焊件通过焊接电缆,分别接在焊接电源的两个输出端上。当焊条与焊件接触时,焊接回路处于短路状态,产生强大的短路电流,会在焊条端部和焊件局部产生大量的电阻热使接触部位金属迅速熔化甚至部分蒸发。随着焊条被提起2~4mm,焊条端部与焊件间隙处的气体被强烈加热并电离,在电弧力及高温作用下,熔化的焊条金属和焊件母材在焊缝处形成具有一定形状和体积的熔池。

焊条熔化后,金属焊芯以熔滴形式向焊缝熔池过渡,而焊条药皮在熔化过程中会产生一定量的气体和液态熔渣。产生的气体包围在焊条、电弧和焊缝熔池周围,使之与空气隔离,避免液态金属被空气氧化。液态熔渣浮在熔池表面,阻止液态金属与空气接触,起到隔离保护作用。焊缝的形成过程如图4-1所示,随着焊接电弧的移动,焊条和熔池前方的焊件母材继续被熔化,而后面的焊缝熔池液体金属逐渐冷却结晶形成焊缝。此时焊缝表面覆盖的液态熔渣凝固后形成渣壳,继续保护高温的焊缝金属不被氧化,减慢焊缝金属的冷却速度。在整个焊接过程中,焊接区发生液态金属、液态熔渣和电弧气氛三者之间的冶金反应,起到脱氧、硫、磷、氢的作用。

(2) 电弧焊接的工艺特点

① 工艺灵活、适应性强。电弧焊可以用来焊接所有的金属材料,例如碳钢、低合金结构钢以及不锈钢等材料,还用于铝、镁、铜、镍及其合金的焊接;能够全位置焊接;适用于不同的接头形式、焊件厚度。

② 设备简单、生产成本低。工艺相对简单,容易掌握,技术发展比较成熟。

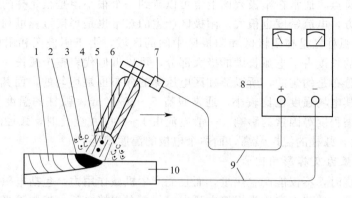

图 4-1 焊条电弧焊焊缝形成过程

1—焊缝；2—熔池；3—保护性气体；4—电弧；5—熔滴；
6—焊条；7—焊钳；8—电焊机；9—焊接电缆；10—工件

③ 方便控制焊接应力和变形。应用合理的焊接工艺、合适的焊接参数，能够有效改善焊接应力和减少焊接变形。

4.1.2 焊接电弧

（1）焊接电弧基本概念

焊接电弧把由焊接电源输出的电能转换成热能，加热和熔化金属，形成焊接接头，因此电弧是所有电弧焊焊接能源的直接来源。

通常气体不导电，焊接电弧就是在一定的电场作用下，将电弧空间的气体介质电离，使中性分子或原子离解为带正电荷的正离子和带负电荷的电子（或负离子），这两种带电质点分别向着电场的两极方向运动，使局部气体空间导电形成电弧。焊接电弧是由阳极区、阴极区和弧柱区三部分构成的，这三部分尺寸不同，电压降也不同，各区的电压分布如图 4-2 所示。

对于每一个焊接电弧，电弧的电压 U_a 都等于阴极电压降 U_K、弧柱电压降 U_C 和阳极电压降 U_A 之和，即：

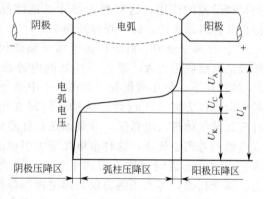

图 4-2 电弧各区的电压分布

$$U_a = U_K + U_C + U_A \tag{4-1}$$

① 阴极区 是从阴极表面起靠近阴极的地方。阴极区很窄，约为 10^{-8} m，由于阴极表面堆积有正离子，所以形成阴极电压降。在阴极表面发射电子最集中的地方，往往形成一个或几个很亮的斑点，称为阴极斑点。阴极斑点是阴极区温度最高的部分，阴极斑点具有主动寻找氧化膜、破碎氧化膜的特点。在焊接铝合金等易氧化金属时，把焊件接在直流电源的负极就充分利用了阴极斑点的这一特性。

② 阳极区 是从阳极表面起靠近阳极的地方。与阴极区相比较宽，约为 10^{-6} m，由于阳极表面堆积有电子，所以在阳极区形成阳极电压降。从弧柱区飞来的电子进入阳极表面的

区域，称为阳极斑点，通常在阳极表面上也可以看到一个很小但是很光亮的阳极斑点，是集中接收电子的地方，电流密度也很大。阳极区产生的热量也是焊接过程可利用的能量。

③ 弧柱区　弧柱区是在阴极区和阳极区中间的区域，由于阴极区和阳极区的长度都极短，所以弧柱区的长度占了电弧长度的极大部分，可以近似代表整个弧长。在弧柱的长度方向上带电质点的分布是均匀的，所以弧柱区电压降的分布也是均匀的，而其电压降 U_C 比前两者均小，因此其电场强度也比较小，通常只有 5～10V/cm。弧柱的温度受气体介质、电流大小、弧柱压缩程度等因素的影响。一般电流由 1～1000A 变化时，弧柱温度可在 5000～30000K 之间变化，弧柱的温度最高，而两个电极的温度较低。

（2）焊接电弧力及其影响因素

焊接电弧燃烧时，不仅能产生热量，而且能产生机械作用力，包括电磁收缩力、等离子流力、斑点压力等，这些力统称为焊接电弧力。如果对焊接电弧力控制不当，它将破坏焊接过程。焊接电弧力对熔滴过渡、熔深尺寸、焊缝成形、飞溅大小，以及焊缝的外观缺陷（咬边、焊瘤、烧穿等）均会产生很大的影响。

① 电磁收缩力　由于两个平行导体的电流方向相同而产生的相互吸引力称为电磁收缩力，它的大小与导体中流过的电流大小成正比，与两导线间的距离成反比。焊接电弧可以看成是由许多平行的电流线组成的导体，这些电流线之间也将产生相互吸引力，使导体断面产生电磁收缩效应。如果导体是固体，这种收缩力不能改变导体的外形，而如果导体是气体或液体，则将产生收缩，如图 4-3 所示。由电弧导电引起的电磁收缩力，会使熔池下凹，同时还起到搅拌熔池的作用，这有利于细化熔池结晶晶粒，排出熔池内气体以及夹渣，改善焊缝质量。

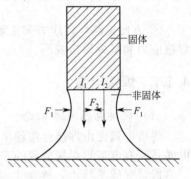

图 4-3　非固体导体电磁力的收缩效应

② 等离子流力　由于焊接电弧呈圆锥状，使得靠近电极处的电磁收缩力大，靠近焊件处的电磁收缩力小，因而形成沿弧柱轴线的推力 $F_{推}$。在 $F_{推}$ 的作用下，较小截面处（如图 4-4 中 A 点处）的高温粒子向焊件方向（B 点处）流动，同时在电极上方不断补充新的气体进入电弧区，并被加热和强烈电离，从而形成连续的等离子气流，这种由电弧推力引起的等离子气流高速运动所形成的力称为等离子流力，也称为电弧动压力。应当指出，等离子流力仅是因电极与焊件的几何尺寸差异形成锥形电弧而引起的，因而焊接回路无论用直流正接法或直流反接法都会产生，且等离子流的运动方向总是由电极指向焊件。

等离子流力与等离子气流的速度、焊接电流值、电极状态、电弧形态、电弧长度等因素均有密切关系。电弧轴向推力在电弧横截面上分布不均匀，在弧柱轴线处最大，

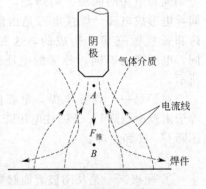

图 4-4　电弧等离子气流的产生

向外逐渐减小，对熔池产生电磁静压力，这种力作用在熔池中，则形成碗状熔深焊缝，如图 4-5（a）所示。

电弧中等离子气流的速度很大，可以达到数百米每秒，其中电弧中心线上的速度最大，因此电弧中心线上的动压力大于周边的动压力；焊接电流越大，中心线上的动压力越大，而分布的区间越小。当钨极氩弧焊的钨极锥角较小、电流较大时，或熔化极氩弧焊采用射流过

渡工艺时，等离子流力很显著，容易形成如图 4-5(b) 所示的指状熔深焊缝。

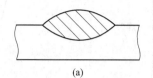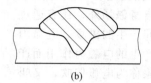

(a)　　　　　　　　　　　　　　　(b)

图 4-5　焊缝形状示意图

③ 斑点压力　斑点压力是由于斑点处受到带电粒子的撞击或金属蒸发的反作用而对斑点产生的压力。斑点压力包括以下几种：正离子或电子对电极的撞击力、电磁收缩力和电极材料蒸发产生的反作用力。斑点压力在一定条件下将阻碍焊条熔化金属的过渡。

④ 影响电弧力的因素　电弧力对熔滴过渡、焊缝成形及焊接过程等均影响很大。产生及影响电弧力的因素较多，电弧形态、焊接规范参数与电弧力大小有直接关系。

a. 气体介质。由于气体种类不同，物理性质有差异。导热性强或多原子气体皆能引起弧柱收缩，导致电弧压力的增加。气体流量或电弧空间气体压力增加，也会引起电弧收缩并使电弧压力增加，同时引起斑点收缩，进一步加大了斑点压力。这将阻止熔滴过渡，使熔滴颗粒增大。

b. 电流和电弧电压。电流增大时电磁收缩力和等离子流力皆增大，故电弧力也增大，而电弧电压升高即电弧长度增加时，电弧力降低。

c. 焊丝直径。焊丝直径越细则电磁收缩力越大，造成电弧锥形越明显，导致等离子流力越大，从而总的电弧力增大。

d. 焊条（焊丝）的极性。对于钨极氩弧焊，当钨极接负时，允许流过的电流大，阴极导电区收缩的程度大，将形成锥度较大的锥形电弧，产生的锥向推力较大，电弧压力也大；反之钨极接正，则形成较小的电弧压力。对于熔化极气体保护焊，不仅极区的导电面积对电弧力有影响，而且要考虑熔滴过渡形式。直流正接时，因焊丝接负受到较大的斑点压力，使熔滴长大不能顺利过渡，不能形成很强的电磁力与等离子流力，因此电弧压力小。直流反接时，焊丝端部熔滴受到的斑点压力小，形成细小的熔滴，有较大的电磁收缩力与等离子流力，电弧力较大。

e. 钨极端部的几何形状。钨极端部的几何形状与电弧作用在熔池上的力有密切关系。钨极端部角度越小，则电弧力越大。

f. 电流的脉动。当电流以某一规律变化时，电弧压力也变化。钨极氩弧焊时交流电弧压力低于直流正接，高于直流反接。采用高频钨极脉冲氩弧焊，当脉冲电流频率在几千赫兹以上时，在同样平均电流的条件下，由于高频电磁效应，随着电流脉冲频率的增加，电弧力增大。

（3）焊接电弧的稳定性

在正常情况下，电弧的轴线总是沿着焊条中心线的方向，即使在焊条倾斜于焊件时（如图 4-6 所示），仍有保持轴线方向的倾向。受到电磁收缩等效应的作用下，电弧沿电极轴向挺直的程度称为电弧挺度。电弧挺度对焊接操作十分有利，可以利用它来控制焊缝的成形和位置。焊接电弧的稳定性，是指电弧保持稳定燃烧（具备一定电弧挺度，不产生断弧、飘移和磁偏吹等）的能力。电弧燃烧是否稳定，直接影响到焊接质量的好坏和焊接过程的正常进行。电弧燃烧的稳定大致与以下几个方面有关：磁偏吹、焊接电源、焊接电流、气流、焊条药皮等。

　　① 磁偏吹　直流电弧焊时，除了在电弧周围产生自身磁场外，还有通过焊件的电流在空间产生的磁场。电弧因受到焊接回路所产生的电磁力作用而产生的电弧偏移现象称为电弧偏吹，又叫磁偏吹。如果导线位置在焊件左侧，则在电弧左侧的空间为两个磁场相叠加，而在电弧右侧则为单一磁场，电弧两侧的磁场分布失去平衡，因此磁力线密度大的左侧对电弧产生推力，使电弧偏离轴线，向右方倾斜，产生磁偏吹；如果

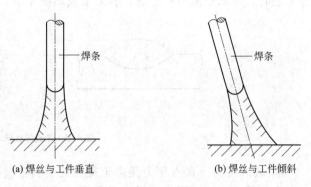

(a) 焊丝与工件垂直　　(b) 焊丝与工件倾斜

图 4-6　电弧挺度示意图

导线在电弧中心线下面将不会产生磁偏吹；如果在电弧附近有铁磁物质存在，如焊接 T 形接头的角焊缝，则电弧也将偏向铁磁物质引起偏吹。

　　因为磁偏吹的力量与焊接电路内的电流平方值几乎成正比，所以，磁偏吹的强烈程度随着焊接电流的增加而猛烈增加。因此为了减小磁偏吹，可以适当降低焊接电流。此外，在操作时可以将焊条朝着磁偏吹方向倾斜一个角度，调整电弧左右两侧空间的大小，使磁力线密度趋向均匀，这是生产中减少磁偏吹的常用方法。使用交流电焊接时，焊件中由于交变磁通的通过会引起涡流，而涡流本身又产生新的磁通，合成磁通要比原来的磁通小，磁偏吹现象要比直流电弧小得多。

　　② 焊接电源　采用直流电源比交流电源的稳弧性好。因为采用交流电源焊接时，电弧的极性周期地改变，工频交流电源，每秒钟电弧的燃烧和熄灭要重复 100 次，因此电弧不如直流电源稳定。所以对于稳弧性较差的碱性焊条，必须采用直流电源焊接。一般弧焊交流电源过零点时比较缓慢，因此再引弧比较困难。但是，交流电源基本没有磁偏吹的影响，因此在焊接过程中电弧挺度好。方波交流电源综合了交直流两者的优点，由于方波交流在过零点时电流变化很陡，因此正常电压就足以使电弧引燃，而且稳定性好。

　　③ 焊接电流　一般来说，焊接电流越大，电弧燃烧越稳定。

　　④ 气流　气流对电弧稳定性的影响也很大。在露天大风中操作或在气流速度大的管道中焊接时，电弧偏吹很严重，甚至施焊困难。因此风较大时，一般要求采取遮挡措施。

　　⑤ 焊条药皮　当焊条药皮中含有较多易电离元素（K、Na、Ca 等）或它们的化合物时，电弧燃烧较稳定。当药皮中含有较多氟化物时，会降低电弧燃烧的稳定性。碱性焊条药皮中就有一定量的 CaF_2，因此电弧稳定性较差。

4.2　焊接冶金过程

4.2.1　焊接冶金过程的特点和作用

　　在由母材和填充金属（焊条、焊丝）熔化形成的高温液态熔池中，液态金属内部以及其与周围介质发生的一系列激烈的物理过程和化学反应，称为焊接冶金过程。焊接冶金过程与一般金属冶炼过程的区别在于：它的温度高（电弧可达 6000～8000℃），反应时间短（熔池存在的时间一般仅几十秒钟），熔池体积很小，液态金属在熔池中搅拌均匀且与周围气体、

熔渣等的接触面积相对比较大。

在焊接冶金过程中，由于氧化反应，许多有益金属元素可能被烧损，但同时也可利用这些反应去除某些有害元素，甚至通过冶金反应添加一些合金元素以取得有益效果。焊接过程中，有害气体的溶解和析出是焊缝出现裂纹、气孔的重要原因之一。

焊缝的性能受许多因素的影响，如母材和焊接材料（焊条、焊丝、焊剂、保护气体等）的化学成分、焊接方法、施焊环境、焊接前后的处理以及焊接接头的几何形状等。焊缝的化学成分是决定其性能的基础，而焊接冶金反应又对焊缝化学成分起主要影响作用。

4.2.2　焊接区内的气体

（1）气体的来源

在焊接过程中，焊接区内充满了大量的气体。它们主要来源于以下四个方面。

① 热源周围的气体介质，如空气。空气的主要成分是氧和氮，空气是焊缝中氮的唯一来源。

② 焊条药皮。药皮中的造气剂和高价氧化物在高温下发生分解，析出大量气体，如 O_2、H_2、CO_2 等。当使用潮湿焊条焊接时还会析出水汽。

③ 焊条和母材金属表面的杂质。油污、铁锈、油漆等杂质因受热析出气体，如 O_2、H_2、CO、CO_2、H_2O 等。

④ 高温蒸发产生的气体，如金属和熔渣的蒸气。

使用不同药皮的焊条，气体成分也不同。对于酸性焊条，气体的主要成分是 CO、H_2、H_2O 和少量的 CO_2、O_2、N_2；对于碱性低氢型焊条，气体的主要成分是 CO、CO_2 和少量的 H_2O、H_2。这些气体由于高温分解成原子状态，它们的活性极大地增加，从而与液态金属发生激烈反应。

（2）氮对焊缝金属的影响

氮进入焊缝后，常以一氧化氮（NO）和氮化物（MnN、Si_3N_4、Fe_4N）形式存在。铁的氮化物是以针状夹杂物分布于焊缝金属中，它严重降低了焊缝的塑性和韧性（尤其是低温韧性），而强度和硬度则显著增加，对动载下工作的焊接结构极为不利。氮一旦进入焊缝就很难排除，减少氮气唯一有效的办法是对熔池严加保护，防止空气侵入。目前使用的焊条一般都有良好的气-渣联合保护作用，基本上能满足这一要求。

（3）氢对焊缝金属的影响

氢以原子状态溶解于液态金属中，其溶解度随温度的降低而急剧下降，由于焊缝冷却速度快，氢来不及逸出而过饱和地存在于焊缝金属中。

① 氢对焊接接头性能的影响　氢气属于还原气体，当电弧中有大量氢存在时，能防止金属的氧化和氮化，将铁从氧化物中还原出来。但一般情况下，焊接时析出的氢气量很少，同时还有不少的氧存在，实际上起不到还原作用。焊缝中的氢属于有害气体，会引起以下一系列的焊缝缺陷。

a. 在焊缝和熔合区中形成微裂纹。这是由于过饱和氢原子在晶格缺陷处聚集成气态氢分子，造成局部巨大压力。

b. 在焊缝中形成氢气孔。

c. 焊接强度等级较高的低合金钢和中碳钢时，在近缝区形成冷裂纹。

d. 使金属屈服强度稍有升高，而塑性、韧性严重下降。

e. 在焊缝中形成氢白点。碳钢和低合金钢（尤其是含铬、镍、钼元素较多的合金钢）

焊缝，若含氢量较多，在其拉伸或弯曲试件的断面上，会发现有光亮圆形或椭圆形的白点，其直径一般为 $0.5\sim5mm$。很多情况下，白点的中心有非金属夹杂物或气孔，呈现鱼眼状，故氢白点又称"鱼眼"。

产生白点的原因主要与氢的扩散聚集有关。在试件受塑性变形时，促使氢原子向非金属夹杂物边缘或气孔中扩散聚集而成氢分子。随着这个过程的进行，氢分子的压力不断增大，形成阻碍塑性变形的高压区，以致金属局部脆化。白点对强度无明显影响，但使塑性严重下降。

② 控制氢的措施　控制焊缝中氢的措施，主要有以下几点。

a. 限制焊接材料中的含氢量。清除焊件焊接区的油污、锈蚀和水分，尤其是当使用低氢型焊条时应注意，要制订合理的焊接工艺；采用短弧焊接；严格烘干焊条等。

b. 通过冶金处理降低气相中氢的分压，以减少氢在液态金属中的溶解度。主要措施是：在药皮或焊剂中加入 CaF_2 和 SiO_2，使焊接时发生如下反应：

$$2CaF_2+3SiO_2 =\!\!=\!\!= 2CaSiO_3+SiF_4$$

生成物 SiF_4 的沸点只有 $90℃$，在电弧中全部以气态存在，并与氢原子和水发生激烈反应生成 HF。使用碱性焊条时，SiO_2 含量很少，生成 SiF_4 可能性不大，但在电弧温度下，CaF_2 蒸气可直接与氢原子和水作用生成 HF。

c. 适当增加焊接材料的氧化性。从限制氢的角度考虑，希望气体具有一定的氧化性，以夺取氢生成稳定的 OH，比如：

$$CO_2+H =\!\!=\!\!= CO+OH$$

在碱性焊条中含有较多的 $CaCO_3$，它受热分解出 CO_2，通过上述反应达到除氢的目的。CO_2 保护焊时，尽管 CO_2 中含有一定水分，但焊缝中含氢量很低，采用氩弧焊焊接不锈钢、铝、铜、镍时，为消除氢气孔也常在氩气中加入少量（$\leqslant 5\%$）的氧气，原因均在于此。

生成物 HF、OH 均比 H_2O 稳定且不溶于熔池，故上述措施可达到降低氢在液态金属中溶解度的目的，其中氟的脱氢能力比氧大得多。

d. 对易产生冷裂纹的焊件，常于焊后进行脱氢处理，就是焊后把焊件加热到 $350℃$ 以上并经过一定时间的保温，其作用在于提高焊接接头塑性，减少白点。

（4）氧对焊缝金属的影响

氧对焊缝金属的直接作用是使焊缝金属中大量有益元素被氧化。一方面，氧在高温下分解成活泼的氧原子，直接氧化熔池中的金属元素，如：

$$Fe+O =\!\!=\!\!= FeO \quad Si+2O =\!\!=\!\!= SiO_2 \quad Mn+O =\!\!=\!\!= MnO \quad 2Cr+3O =\!\!=\!\!= Cr_2O_3$$

另一方面，熔池中的 FeO 能使其他比铁活泼的元素间接被氧化，如：

$$FeO+Mn =\!\!=\!\!= MnO+Fe \quad 2FeO+Si =\!\!=\!\!= SiO_2+2Fe \quad 2FeO+C =\!\!=\!\!= CO_2+2Fe$$

由于上述氧化反应，对焊缝质量有如下危害。

① 烧损合金元素。锰、硅等的合金元素都是为保证焊缝金属性能所必需的，故它们的烧损对焊缝的性能影响是很不利的。

② 阻碍焊接过程的顺利进行。一方面，上述氧化反应属吸热反应，因而将降低熔池温度，对焊接不利；另一方面，有些金属的氧化物熔点很高，如铝、铬等，或黏度大，如硅等，不除去它们，金属继续加热或流动都很困难，因而使焊接过程难以顺利进行。

③ 产生气孔、夹杂物。FeO 是钢中产生气孔的因素之一，氧化物留在焊缝中即成为夹杂物。

④ 降低焊缝性能。氧化物在晶界上而使焊缝塑性、韧性、持久性和腐蚀性能等都会降低。

为最大限度地消除氧的有害作用，除加强保护、尽量采用短弧焊以外，还应利用熔渣与液态金属的冶金反应来进行脱氧。

4.2.3 熔渣的脱氧、脱硫及脱磷反应

4.2.3.1 熔渣的脱氧反应

（1）熔渣的酸碱性

焊接熔渣由金属氧化物、非金属氧化物及其他盐类组成。根据氧化物的性质可分为三类。

① 碱性氧化物。Na_2O、K_2O、CaO、MgO、BaO、FeO、MnO 等。

② 酸性氧化物。SiO_2、TiO_2、P_2O_5、B_2O_3 等。

③ 中性氧化物。Al_2O_3、Fe_2O_3、Cr_2O_3、V_2O_5 等。

中性氧化物的性质视熔渣的成分而定，可呈弱酸性，也可呈弱碱性。此外，熔渣中有时还有 CaF_2 等。为了鉴定熔渣的酸碱性，通常采用如下酸碱度的定义：

$$K=\frac{各种碱性氧化物的总质量}{各种酸性氧化物的总质量} \tag{4-2}$$

当 $K>1.5$ 时，为碱性熔渣，碱性渣系的焊条称为碱性焊条；当 $K<1$ 时，为酸性熔渣，酸性渣系的焊条称为酸性焊条。熔渣的酸碱度对焊接冶金反应和熔渣的物理性质具有重要的影响。

（2）常用脱氧方法

氧在熔池中主要以 FeO 形式存在。脱氧主要就是排除熔池中的 FeO，常用脱氧方法有两种：

① 置换脱氧法（又称沉淀脱氧） 此法主要是在熔池中利用脱氧剂直接把 FeO 还原，而脱氧产物则由于相对密度小、熔点低、不溶于液态金属而从熔池中浮入熔渣被排除。这是减少焊缝含氧量最后的具有决定意义的一环。

常用脱氧剂有锰、硅、铝、钛等。它们与氧的亲和力大于铁，故能起到脱氧作用。

a. 用锰、硅脱氧。反应式如下：

$$Mn+FeO=\!\!=\!\!=Fe+MnO \quad Si+2FeO=\!\!=\!\!=2Fe+SiO_2$$

为提高脱氧效果，应不断增加 Mn、Si 或不断排除 MnO、SiO_2。排除 MnO 较容易，而 SiO_2 由于熔点高、黏度大，不易排出，易形成夹渣。现多采用同时加硅、锰的办法，并保持二者比例一定（以 $Mn：Si=3\sim7$ 为宜），以使 MnO 与 SiO_2 化合生成稳定的硅酸盐。这种硅酸盐熔点低、相对密度小，易浮到渣中，脱氧效果甚佳。

b. 用铝脱氧。用铝脱氧时，脱氧产物 Al_2O_3 不溶于液态金属而进入渣中。生成 Al_2O_3 时发生强烈的放热反应，使熔池温度升高，既可提高生产率又可使电弧稳定。但用铝脱氧时，常产生大量飞溅物，易生成夹杂物，焊缝成形不良，故不常采用。

c. 用钛脱氧。反应产物 TiO_2 不溶于液态金属，相对密度又轻，故易浮于渣中排除。

上述四种脱氧剂中，其脱氧能力从强到弱依次为铝、钛、硅、锰。用它们进行脱氧的生成物只有 MnO 是碱性氧化物。为此，酸性焊条常用锰脱氧，而碱性焊条常用硅、钛脱氧，以便脱氧生成物易结合成盐而进入熔渣中，提高脱氧效果。

置换脱氧是焊接时普遍采用的一种脱氧方法，但由于焊接时冷却速度快，脱氧生成物常来不及浮出熔池而形成夹杂物。

② 扩散脱氧法　FeO 是一种既溶于液态金属又溶于熔渣的碱性氧化物，FeO 在液态金属和熔渣中的比例处于平衡状态。设比例常数为 L，则：

$$L = \frac{\text{FeO 在液态金属中的含量}}{\text{FeO 在熔渣中的含量}} = \text{常数} \qquad (4\text{-}3)$$

若能不断减少熔渣中 FeO 的量，为维持平衡状态，则液态金属中的 FeO 将不断扩散过渡到熔渣中去，从而达到焊缝脱氧的目的，这种脱氧方法就称为扩散脱氧法。减少 FeO 最简便的方法就是当存在 SiO_2、TiO_2 等酸性氧化物时，使酸性氧化物与 FeO 结合成稳定的复合物 $FeO \cdot SiO_2$ 等，这部分 FeO 就不再参加溶解平衡，从而不断减少 FeO 在液态金属中的浓度。这种脱氧法只有酸性焊条才能实现。

可见，在酸性焊条中，既有置换脱氧又有扩散脱氧，而在碱性焊条中则只能采用强脱氧剂进行置换脱氧。

4.2.3.2　熔渣的脱硫反应

硫在钢中主要以 FeS 形式存在。FeS 与铁在液态可无限互溶，而在固态仅有 0.01%～0.02% FeS 溶于铁中。当焊接熔池结晶时，FeS 与铁形成低熔点的共晶体（熔点 988℃）聚集在晶粒周界，破坏了晶粒之间的联系，引起热裂纹。硫易引起偏析，使金属的成分不均并降低材料的韧性、塑性和耐腐蚀性能。为此，要求硫在焊缝金属中的含量越低越好。

在生产中可用 MnO、CaO 来脱硫。

（1）用锰脱硫

用锰脱硫的反应式为：

$$Mn + FeS = MnS + Fe$$

生成物 MnS 熔点高且不溶于液态金属，使硫不再产生有害影响。在焊接生产中多利用熔渣中的 MnO 来脱硫，并不用纯锰。其反应式为：

$$FeS + MnO = MnS + FeO$$

为使反应向右进行以达到脱硫目的，必须不断增加 MnO 或不断减少 FeO。具体措施是提高液态金属中锰的浓度，因此只有采用碱性焊条才能收到较好脱硫效果。由于用锰脱硫属放热反应，故熔池冷却过程有利于反应进行。

（2）用 CaO 脱硫

钙可与硫组成稳定的硫化物，此硫化物不溶于液态金属，易于排除，因此也是主要的脱硫方法。其反应式为：

$$FeS + CaO = FeO + CaS$$

不断增加 CaO 或不断减少 FeO 均有利于提高脱硫效果。对于碱性焊条，这些要求易实现。故实际上，焊条碱度越高，焊缝的含硫量越低。

如上所示，碱性渣比酸性渣的脱硫能力高，但由于反应时间短，而且由于焊接工艺上的要求，碱度不宜无限制提高，故焊接时脱硫效果并不理想，主要还是控制母材和焊接材料中的含硫量。

4.2.3.3　熔渣的脱磷反应

磷在钢中主要以 Fe_2P、Fe_3P 的形式存在，它们与铁的共晶体聚在晶粒交界处，削弱了晶粒之间的结合力，加上它本身硬而脆，故磷对钢的最大危害是增大冷脆倾向，恶化钢的力学性能，尤其是降低了冲击韧性，但对热裂纹的影响较硫小。

脱除液态金属中 Fe_2P、Fe_3P 的反应分两步进行。第一步，用熔渣中的 FeO 将磷化铁氧化，生成 P_2O_5，反应式为：

$$2Fe_2P + 5FeO = P_2O_5 + 9Fe$$

由于 P_2O_5 在高温下很不稳定，易发生如下反应：

$$P_2O_5 + 5Fe = 5FeO + 2P$$

而无法脱磷，故应立即使 P_2O_5 与碱性氧化物（CaO、MgO、MnO 等）化合生成复杂的磷酸盐，浮入渣中排出方可脱磷，故脱磷的第二步反应是：

$$P_2O_5 + 3CaO = (CaO)_3 \cdot P_2O_5$$

为完成第二步反应，必须增加渣中游离 FeO 和 CaO 的浓度，排除生成物 $(CaO)_3 \cdot P_2O_5$。碱性焊条中，游离的 CaO 较多，同时还含有 CaF_2，有利于脱磷。但碱性焊条中不允许含较多的 FeO，而且 FeO 含量高也不利脱硫，故碱性焊条脱磷效果并不理想。至于酸性焊条则由于含 CaO 很少，其脱磷能力比碱性焊条更差。磷的氧化还原反应是放热反应，只有在熔池降温时才有利于脱磷，而此时由于温度低，渣的黏度增加，故实际脱磷效果比脱硫还差。实际上有效办法仍是严格控制母材和焊接材料中的含磷量，尤其是药皮中的含磷量。

4.2.4　焊缝金属掺合金

（1）掺合金的目的

向焊缝掺合金的目的是：补偿焊接过程合金元素由于氧化和蒸发而造成的损失，以维持焊缝金属的合金成分和力学性能；为了使焊缝金属得到某些特殊性能，如高塑性、抗裂性、耐磨性、耐腐蚀性等，如掺加一定量（过量反而有害）的锰、硅可提高强度和塑性，掺钛可细化晶粒提高塑性等；获得具有特殊性能的堆焊金属，如用堆焊法制造"双层金属"以达到耐磨、耐腐蚀、耐热等目的。

（2）掺合金的方法

掺合金的方法很多，常用的有以下三种。

① 通过合金焊条芯掺合金　此法是把合金元素加入焊条芯。优点是方法可靠，掺入量稳定、均匀，合金元素的利用率高。缺点是焊芯需专门熔炼，同时有些合金还不易轧制、拔丝。为减少掺入合金的烧损，可配合使用氧化性很小的碱性焊条，从而保证有较高的合金过渡系数。合金过渡系数可用下式表示：

合金过渡系数＝该元素在焊缝中的实际含量/向焊缝掺入的该元素的计算含量

② 通过合金药皮掺合金　此法是将要掺入的合金元素以铁合金的形式加入焊条药皮中，焊接时药皮中的铁合金熔化进入液态金属中。其优点是简便灵活，缺点是合金元素烧损严重，有的合金元素残留于渣中，故合金元素的利用率低，均匀性较差。此外，合金过渡系数还受到焊接规范的影响。

③ 通过管状焊条掺合金　管状焊条的结构是将低碳钢带卷制成圆管，管内充满要掺的铁合金粉末，管外涂上碱性药皮以防合金元素烧损。焊接时，管内的铁合金粉末与低碳钢管和药皮一起熔化。它兼具以上两方法的优点，合金元素的掺入比例既可以任意调整，合金元素的烧损又不严重。缺点是焊条的制造比较复杂，通常用于堆焊合金层，在一般焊接中较少采用。

4.2.5　焊接接头的组织和性能

在焊接热源（电弧）作用下，焊接接头各部位相当于经历了一次不同规范的特殊热处理，因而使接头的各部位组织和性能都有差异。

焊接接头的金相组织及其性能是由焊缝区和热影响区所决定的，焊缝区金属由熔池的液态金属凝固而成，热影响区的金属受焊接热源影响造成与母材有较大的不同。

（1）焊缝区

以低碳钢为例，焊缝金属由高温液态冷却到室温要经过两次组织变化：“一次结晶”是从液态到固态（奥氏体）；“二次结晶”是从固相线冷却到常温组织。

① 一次结晶　液态金属沿着垂直熔合面的方向向熔池中心不断形成层状组织的柱状晶粒并长大，晶粒内部存在成分不均匀现象，称作微观偏析或枝晶偏析。整个焊缝区也存在成分不均匀现象，称作宏观偏析或区域偏析。区域偏析除与成分、部位等因素有关外，还与焊缝形状系数 ϕ（$\phi=$熔池宽度/熔池深度）的大小有关。

$\phi \leqslant 1$ 时，焊缝截面相对窄而深，杂质易集中在焊缝中间，见图 4-7(a)，易形成热裂纹；$\phi > 1.3 \sim 2.0$ 时，焊缝截面相对宽而浅，杂质易聚集在焊缝上部，见图 4-7(b)，不会造成薄弱截面。

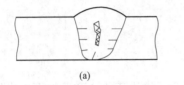 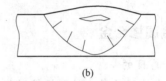

(a)　　　　　　　　　　　　(b)

图 4-7　不同焊缝的区域偏析

② 二次结晶　即由奥氏体冷却至室温组织的转变，与热影响区的金属组织转变很相似。

（2）热影响区

对于低碳钢，其热影响区可近似看作是在最高加热温度下的正火热处理组织，如图 4-8 所示。根据其组织特征，低碳钢的热影响区可分为以下六个温度区。

① 半熔化区（熔合区）　此区在焊缝与母材的交界处，处于半熔化状态，是过热组织。冷却后晶粒粗大，化学成分和组织都不均匀。当异种金属焊接时，这种情况更为严重，因此塑性较低。此区虽较窄，但是与母材相连，对焊接接头的影响很大。

② 过热区　金属处于过热状态，奥氏体晶粒产生严重增大现象，冷却后得到过热组织，冲击韧性约下降 25%～30% 左右，刚性较大的结构常在此区开裂。过热程度与高温停留时间有关，气焊比电弧焊过热严重。对同一种焊接方法，线能量越大，过热现象越严重。

③ 正火区（完全重结晶区）　此区温度范围如图示，焊接时，金属在 A_3 线（冷却时奥氏体析出铁素体的开始线，或加热时铁素体熔入奥氏体的终止线）与 1100℃ 之间的温度范围内将发生重结晶，使晶粒细化，室温组织相当于正火组织，力学性能较好。

④ 部分相变区（不完全重结晶区）　此区的温度范围在 A_1 线（共析转变线，固态奥氏体冷却到此线共析转变为珠光体）和 A_3 线之间。焊接时加热温度稍高于 A_{c1} 线（实际加热中珠光体开始转变为奥氏体的温度）时，便开始有珠光体转变为奥氏体，随着温度升高，有部分铁素体逐步溶解到奥氏体中；冷却时又由奥氏体析出细微的铁素体，直到 A_{r1} 线（冷却时奥氏体开始转变为珠光体的温度），残余的奥氏体转变为珠光体，晶粒也很细。在上述转变过程中，始终未溶入奥氏体的部分铁素体不断长大，变成粗大的铁素体组织。所以，此区金属组织是不均匀的，晶粒大小不同，力学性能不好。此区越窄，焊接接头性能越好。

⑤ 再结晶区　此区温度范围为 450～500℃ 到 A_{c1} 线之间，没有奥氏体的转变。若焊前

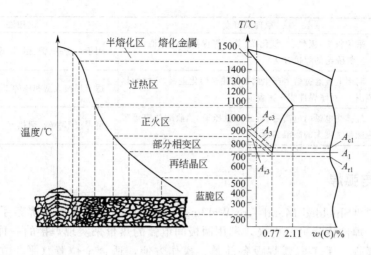

图 4-8　低碳钢热影响区的温度分布

经过冷变形，则有加工硬化组织，加热到此区后产生再结晶，加工硬化现象得到消除，性能有所改善。若焊前没有冷变形，则无上述过程。

⑥ 蓝脆区　此区温度范围在 200～500℃。由于加热、冷却速度较快，强度稍有增加，塑性下降，可能会出现裂纹。此区的显微组织与母材相同。

上述六个区虽一同构成热影响区，但在显微镜下一般只能见到过热区、正火区和部分相变区。总的来说，热影响区的性能比母材焊前性能差，是焊接接头较薄弱的部位。一般情况下，热影响区越窄越好。

综上所述，熔合区和过热区是焊接接头中力学性能最差的部位，应尽量减小其宽度。影响各区宽度的主要因素有焊接材料（如焊条、焊丝、焊剂）、焊接方法、焊接工艺参数、接头与坡口形式、焊后冷却速度等。用不同焊接方法焊接低碳钢时，热影响区的宽度有很大区别。

焊接热影响区在电弧焊焊接接头中是不可避免的。用焊条电弧焊和埋弧焊方法焊接一般低碳钢结构时，因热影响区较小，焊后可不进行处理直接使用。对于重要的碳钢构件、合金钢构件或电渣焊焊接的构件，焊后一般采用正火处理。

4.3　常用熔化焊接方法

熔化焊是过程设备制造采用的主要焊接方法，主要有焊条电弧焊、埋弧焊、气体保护焊、电渣焊、等离子弧焊等，其基本原理与应用对比见表 4-1。大多数熔化焊都是以电弧为热源进行焊接的，因此电弧和电源的特性是焊接过程稳定进行的关键因素。

表 4-1　过程设备常用熔化焊的焊接方法基本原理与应用

焊接方法	原理及特点	用法
焊条电弧焊	利用电弧热量熔化焊条和母材，形成焊缝	应用范围广泛，可于各种位置处进行焊接
埋弧焊	电弧在焊剂层下燃烧，焊缝成形美观，质量好	适用于长焊缝、深厚焊缝的焊接，生产率高

续表

焊接方法	原理及特点	用法
气体保护焊	采用氩气、氮气、二氧化碳、氢气等保护焊接熔池,使之与空气隔绝的焊接方法	用于合金钢、铜、铝、钛等有色金属的焊接
电渣焊	利用电流通过熔渣产生的电阻热来熔化金属,它的加热范围大,对厚焊件能一次焊成	适于焊接大型和厚的工件
等离子弧焊	气体在电弧内电离后,再经机械压缩、热收缩效应等产生能量密度大的高温热源	可焊接不锈钢、耐热钢、高强钢及有色金属

4.3.1　焊条电弧焊

焊条电弧焊(Shielded Metal Arc Welding,SMAW)是指用涂药焊条手工操作,焊条作为一个电极,焊件作为另一电极,利用两极间电弧的热量来实现焊接的一种工艺方法,通常称为手工电弧焊。手工电弧焊设备简单、操作方便,适合全位置(平、立、仰、横)焊接,使用灵活方便,可以在室内、室外和高空等各种位置施焊,是过程设备制造中广泛应用的一种焊接方法。

在锅炉和压力容器等设备制造中,手工电弧焊多用于设备内部附件的焊接,以及支座、接管与开孔补强等部位的焊接。对于单件生产的设备,其他焊缝也采用手工电弧焊。对于某些特殊类型的设备,如绕带容器,或空间位置焊缝较多、短焊缝多等也主要采用手工电弧焊。有些压力容器的打底焊,同样采用手工电弧焊。图 4-9 是手工电弧焊示意图。

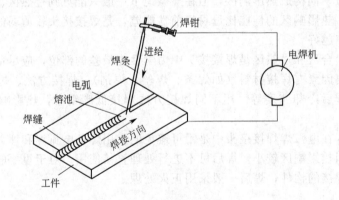

图 4-9　手工电弧焊

(1) 装备

① 设备　手工电弧焊的设备有三类,分别为弧焊变压器(交流电焊机)、弧焊发电机(直流电焊机)和弧焊整流器(用整流元件将交流电整流为直流电的焊接电源)。三类手工电弧焊设备的比较见表 4-2。

表 4-2　三类手工电弧焊设备比较

项目	弧焊变压器	弧焊发电机	弧焊整流器
稳弧性	较差	好	较好
电网电压波动影响	较小	小	较大
噪声	小	大	小

续表

项目	弧焊变压器	弧焊发电机	弧焊整流器
硅钢片与铜导线需要量	少	多	较少
结构与维修	简单	复杂	较复杂
功率因数	较低	较高	较高
空载消耗	较小	较大	较小
成本	低	高	较高
质量	小	大	较小

选择弧焊设备首先要考虑的是焊条药皮类型和被焊接头、装备的重要性。例如，对于低氢钠型（碱性）焊条、重要的焊接接头、压力容器等装备的焊接，尽管其成本高、结构较复杂，但必须选用直流电焊机或弧焊整流器，因其电弧稳定性好，较易保证焊接质量。对于酸性焊条、一般的焊接结构，虽然直流电焊机都可以用，但通常都选择价格低、结构简单的交流电焊机。

另外，还要考虑焊接产品所需要的焊接电流大小、负载持续率等要求，以选择焊机的容量和额定电流。

② 焊钳、焊接电缆　选择焊钳和焊接电缆主要考虑的是允许通过的电流密度。焊钳要绝缘好、轻便（表 4-3）；焊接电缆应采用多股细铜线电缆（有 YHH 型电焊橡皮套电缆或 YHHR 型电焊橡皮套特软电缆），电缆截面可根据焊机额定焊接电流（表 4-4）选择，电缆长度一般不超过 30m。

表 4-3　焊钳技术参数

型号	额定电流/A	电缆孔径/mm	焊条直径/mm	质量/kg	外形尺寸/mm
G325	300	14	2～5	0.5	250×80×40
G582	500	18	4～8	0.7	290×100×45

表 4-4　额定电流与相应铜芯电缆最大截面积关系

额定电流/A	100	125	160	200	250	315	400	500	630
电缆截面积/mm^2	16	16	25	35	50	70	95	120	150

③ 面罩　面罩是为了防止焊接时的飞溅物、弧光及其辐射伤害焊工的保护工具，有手持式和头盔式两种。面罩上的护目遮光镜片可按表 4-5 选择，镜片号越大，镜片越暗。

表 4-5　焊工护目遮光镜片选用表

工种	遮光镜片号			
	焊接电流 I/A			
	$I \leqslant 30$	$30 < I \leqslant 75$	$75 < I \leqslant 200$	$200 < I \leqslant 400$
电弧焊	5～6	7～8	8～10	11～12
碳弧气刨	—	—	10～11	12～14
焊接辅助工	3～4			

（2）焊条

① 型号分类　参照国家标准 GB/T 5117《非合金钢及细晶粒钢焊条》，焊条型号根据熔敷金属的力学性能、药皮类型、焊接位置、电流类型、熔敷金属化学成分和焊后状态等进行划分。

焊条型号由五部分组成：第一部分用字母"E"表示焊条；第二部分为字母"E"后面

的紧邻两位数字，表示熔敷金属的最小抗拉强度代号；第三部分为字母"E"后面的第三和第四位数字，表示药皮类型、焊接位置和电流类型；第四部分为熔敷金属的化学成分分类代号，可为"无标记"或短划"-"后的字母、数字或字母和数字的组合；第五部分为熔敷金属的化学成分代号之后的焊后状态代号，其中"无标记"表示焊态，"P"表示热处理状态，"AP"表示焊态和焊后热处理两种状态均可。

除以上强制分类代号外，根据供需双方协商，可在型号后依次附加可选代号：字母"U"，表示在规定实验温度下，冲击吸收能量可以达到47J以上；扩散氢代号"HX"，其中X代表15、10或5，分别表示每100g熔敷金属中扩散氢含量的最大值（mL）。

焊条型号示例如下：

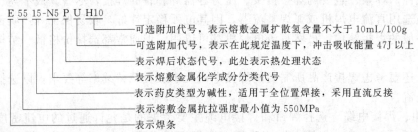

E 55 15-N5 P U H10

可选附加代号，表示熔敷金属扩散氢含量不大于10mL/100g
可选附加代号，表示在此规定温度下，冲击吸收能量47J以上
表示焊后状态代号，此处表示热处理状态
表示熔敷金属化学成分分类代号
表示药皮类型为碱性，适用于全位置焊接，采用直流反接
表示熔敷金属抗拉强度最小值为550MPa
表示焊条

② 焊条标准　除了国标 GB/T 5117《非合金钢及细晶粒钢焊条》外，根据焊件材料不同，还有 GB/T 5118《热强钢焊条》和 GB/T 983《不锈钢焊条》等多个标准对焊条型号代号进行了规定。

4.3.2　埋弧焊

埋弧焊（Submerged Arc Welding，SAW）是利用在焊剂层下光焊丝和焊件之间电弧燃烧产生的热量，来熔化焊丝、焊剂和母材金属而形成焊缝的焊接方法。在焊接过程中，颗粒状的焊剂及其熔渣保护了电弧和焊接区，光焊丝提供填充金属。

埋弧焊是过程设备制造中使用的重要焊接方法之一，埋弧焊焊接过程如图 4-10 所示。在埋弧焊过程中，焊丝连续地送入覆盖焊缝的焊剂层，电弧引燃后，焊剂焊丝和母材立即熔化并形成熔池。熔化的熔渣覆盖住熔池及高温焊接区，产生良好的保护作用。

（1）设备

埋弧自动焊设备可分为两部分：埋弧焊电源和埋弧焊焊机。

① 埋弧焊电源　可采用直流、交流，或交直流并用。直流电源电弧稳定，常用于焊接工艺参数稳定性要求较高的场合：窄电流范围（300～500A）、快速引弧、短焊缝、高速焊接。采用直流正接（焊丝接负极）时，焊丝的熔敷率高；采用直流反接（焊丝接正极）时，焊缝熔深大。交

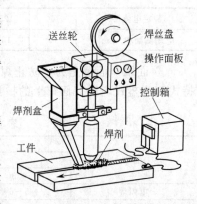

图 4-10　埋弧焊过程

流电源焊丝的熔敷率和焊缝熔深介于直流正接和直流反接之间，而且电弧的磁偏吹小。交流电源多用于大电流埋弧焊和采用直流时磁偏吹严重的场合。在实际焊接生产中为进一步加大熔深、提高生产率，可以应用多丝埋弧自动焊。目前应用较多的是双丝和三丝埋弧自动焊。

② 埋弧焊焊机　埋弧焊焊机分为半自动焊机和自动焊机两类。

半自动焊机的主要功能是：将焊丝通过软管连续不断地送入焊接区；传输焊接电流；控

制焊接的启动和停止。半自动焊机的焊接速度是由操作者（焊工）来控制的，因此有半自动之称。自动焊机的主要功能是：连续不断地向焊接区送进焊丝；传输焊接电流；使电弧沿接缝移动，自动控制焊接速度；控制电弧的主要参数；控制焊接的启动和停止；向焊接区铺施焊剂；焊接前调节焊丝位置。自动焊机既完成了送丝速度的调节又完成了焊接速度的调节，这两项为其主要动作。

③ 辅助设备　埋弧自动焊机工作时，为了调整焊接机头使其处于最佳施焊位置，或为了达到预期的工艺目的，一般都需要有相应的辅助设备与焊机相配合。埋弧自动焊的辅助设备大致有以下几种。

a. 焊接夹具。使用焊接夹具的主要目的是使被焊工件能准确定位并夹紧，以便焊接。这样可以减少或免除定位焊缝所需的工作量，也可以减少焊接变形，或达到其他工艺目的。

b. 工件变位设备。埋弧自动焊中常用的工件变位设备有滚轮架、翻转机、万能变位装置等。这种设备的主要功能是使工件旋转、倾斜，使其在三维空间中处于最佳施焊位置、装配位置等，以保证焊接质量、提高生产效率、减轻劳动强度。

c. 焊机变位设备。这种设备的主要功能是将焊接机头准确地送到待焊位置，也称作焊接操作机。它们大多与工件变位机、焊接滚轮架等配合工作，完成各种形状复杂工件的焊接。其基本形式有平台式、悬臂式、伸缩式、龙门式等。

d. 焊缝成形设备。埋弧焊的功率较大，焊接时为防止熔化金属烧穿流失，并使焊缝背面成形，经常在焊缝背面加衬垫。常用的焊缝成形设备除铜垫板外，还有焊剂垫。焊剂垫有用于纵缝的和环缝的两种基本形式。

e. 焊剂回收输送设备。用来自动回收并输送焊接后未烧损的焊剂颗粒。

（2）焊丝与焊剂

焊丝与焊剂是包括埋弧焊的多种焊接方法使用的焊接材料。其主要作用与焊条、焊芯和药皮相似。焊丝与焊剂是各自独立的焊接材料，但在焊接时要正确地选择焊丝和焊剂，而且必须配合使用，这也是埋弧焊的一项重要焊接工艺内容。

① 焊丝的种类、特点及应用　埋弧焊使用实心焊丝。总的来说，焊丝按形状结构分类有实心焊丝、药芯焊丝和活性焊丝；按焊接方法分类有埋弧焊焊丝、电渣焊焊丝、CO_2 焊焊丝、氩弧焊焊丝；按化学成分分类有低碳钢焊丝、高合金钢焊丝、各种有色金属焊丝、堆焊用的特殊合金焊丝等。

② 焊剂的种类、特点及应用　埋弧焊使用的焊剂是颗粒状可熔化的物质。按制造方法分类有熔炼焊剂、烧结焊剂、陶质焊剂。国内目前用量较大的是熔炼焊剂和烧结焊剂。除了按制造方法分类，还可以按化学成分分类、按化学性质分类、按颗粒结构分类等。

③ 焊丝与焊剂标准　我国现行焊丝与焊剂标准主要有：GB/T 5293《埋弧焊用非合金钢及细晶粒钢实心焊丝、药芯焊丝和焊丝-焊剂组合分类要求》、GB/T 12470《埋弧焊用热强钢实心焊丝、药芯焊丝和焊丝-焊剂组合分类要求》和 GB/T 17854《埋弧焊用不锈钢焊丝-焊剂组合分类要求》等。

4.3.3　其他焊接方法

（1）钨极氩弧焊

非熔化极气体保护电弧焊指利用不熔化的电极与工件间产生的电弧的热量来熔化母材和填充金属（可不添加金属）形成熔池，在惰性气体保护下，熔池冷却结晶后形成焊缝的焊接方法。所有惰性气体都可以用来作保护气体，最常用的是氩气、氦气。常用钨或钨合金（钍钨、铈钨等）棒作不熔化电极，故叫钨极惰性气体保护焊（Tungsten Inert Gas Welding，TIG）。采用氩气保护的 TIG 焊为钨极氩弧焊，钨极氩弧焊与其他焊接方法相比有如下特点：

①可焊金属多　氩气能有效隔绝焊接区域周围的空气，它本身又不溶于金属，不和金属反应；TIG 焊接过程中电弧还有自动清除焊件表面氧化膜的作用。因此，可成功地焊接其他焊接方法不易焊接的易氧化、氮化、化学活泼性强的有色金属、不锈钢和各种合金。

②适应能力强　钨极电弧稳定，即使在很小的焊接电流（<10A）下也能稳定燃烧；不会产生飞溅，焊缝成形美观；热源和焊丝可分别控制，因而热输入量容易调节，特别适合于厚度在 6mm 以下的薄件、超薄件的焊接；可进行各种位置的焊接，易于实现机械化和自动化焊接。

③焊接生产率低　钨极承载电流能力较差，过大的电流会引起钨极熔化和蒸发，其颗粒可能进入熔池，造成夹钨。因而 TIG 焊使用的电流小，焊缝熔深浅，熔敷速度小，生产率低。

④生产成本高　由于惰性气体较贵，与其他焊接方法相比生产成本高，故主要用于要求较高产品的焊接。

（2）二氧化碳（CO_2）气体保护电弧焊

CO_2 气体保护电弧焊是利用 CO_2 作为保护气体，以焊丝作为电极的熔化极气体保护焊（Gas Metal Arc Welding，GMAW）。GMAW 有两个重要分支：熔化极惰性气体保护焊（Metal Inert-Gas Welding，MIG）和熔化极活性气体保护焊（Metal Active-Gas Welding，MAG）。CO_2 焊主要焊接低碳钢及低合金钢等黑色金属。对于不锈钢，由于焊缝金属有增碳现象，影响抗晶间腐蚀性能。所以只能用于对焊缝性能要求不高的不锈钢焊件。此外，CO_2 焊还可用于耐磨零件的堆焊、铸钢件的焊补等加工。

①其优点为：

a. 焊接生产率高。由于焊接电流密度较大，电弧热量利用率较高，以及焊后不需清渣，因此提高了生产率。CO_2 焊生产率比普通的焊条电弧焊高 2～4 倍。

b. 焊接成本低。CO_2 气体来源广，价格便宜，而且电能消耗少，故焊接成本降低。通常 CO_2 焊的成本只有埋弧焊或焊条电弧焊的 40%～50%。

c. 焊接变形小。由于电弧加热集中，焊件受热面积小，同时 CO_2 气流有较强的冷却作用，所以焊接变形小，特别适用于薄板焊接。

d. 焊接品质较高。对铁锈敏感性小，焊缝含氢量少，抗裂性能好。

e. 适用范围广。可实现全位置焊接，并且对于薄板、中厚板甚至厚板都能焊接。

f. 操作简便。焊后不需清渣，且是明弧，便于监控，有利于实现机械化和自动化焊接。

②其缺点是：

a. 飞溅率较大，并且焊缝表面成形较差。金属飞溅是 CO_2 焊中较为突出的问题，这是主要缺点。

b. 很难用交流电源进行焊接，焊接设备比较复杂。

c. 抗风能力差，给室外作业带来一定困难。

d. 不能焊接容易氧化的有色金属。

CO_2 焊的缺点可以通过提高技术水准和改进焊接材料、焊接设备加以解决，而其优点却是其他焊接方法所不能比的。因此，可以认为 CO_2 焊是一种高效率低成本的节能焊接方法。

（3）电渣焊

电渣焊是利用电流通过液体熔渣产生的电阻热作为热源，将工件和填充金属熔合成焊缝的焊接方法，电渣焊过程的示意图见图 4-11。

根据采用电极的形状及其是否固定，电渣焊方法分为丝极电渣焊、熔嘴电渣焊（包括管极电渣焊）和板极电渣焊。电渣焊最主要的特点是适合焊接厚件，且一次焊成，但由于焊接接头的焊缝区、热影响区都较大，高温停留时间长，易产生粗大晶粒和过热组织，接头冲击韧性较低，一般焊后必须进行正火和回火处理。丝极电渣焊设备主要包括电源、机头及成形块等；丝级电渣焊焊接材料为焊丝（电极）和焊剂。电渣焊的主要焊接工艺参数有焊接电流 I、焊接电压 U、渣池深度 H 和装配间隙 C_0，它们直接决定电渣焊过程的稳定性、焊接接头质量、焊接生产率及焊接成本。

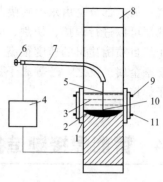

图 4-11　电渣焊过程示意图

1—水冷成形滑块；2—金属熔池；3—渣池；
4—焊接电源；5—焊丝；6—送丝轮；
7—导电杆；8—引出板；9—出水管；
10—金属熔滴；11—进水管

（4）窄间隙焊

随着厚壁压力容器等装备的发展，对厚壁的焊接质量和生产效率提出了新的要求。以往厚壁的焊接一般采用电渣焊和埋弧自动焊，而电渣焊晶粒粗大、热影响区宽，焊后必须进行热处理，周期长，成本高，质量不十分稳定；埋弧自动焊随着壁厚的增加热影响区增大，特别是对高强度钢，会严重影响接头的断裂韧性，降低抗脆断的能力。20 世纪 60 年代后期出现了窄间隙焊，由于其焊接坡口的截面积比其他类型有很大的缩小，故称之为窄间隙焊。目前采用的窄间隙焊接多属于熔化极气体保护电弧焊（也有埋弧窄间隙焊）。其主要特点为：

① 坡口狭小，大大减小了焊缝截面面积，提高了焊接速度，一般常用 I 形坡口，宽度约为 8～12mm，焊接材料的消耗比其他方法低。

② 主要适用于焊接厚壁工件，焊接热输入量小，热影响区狭小（两侧壁的熔池仅为 0.5～1mm），接头冲击韧性高。

③ 由于坡口狭窄，采用惰性气体保护，电弧作热源，焊后残余应力低。焊缝中含氢量少，产生冷裂纹和热裂纹的敏感性也随之降低。

④ 对于低合金高强度钢及可焊性较差的钢的焊接，可以简化焊接工艺。

⑤ 可以进行全位置焊接。

⑥ 与电渣焊和埋弧自动焊相比，加工同样一台设备，总成本可降低 30％～40％左右。

（5）等离子弧焊

一般电弧焊所产生的电弧，因不受外界的约束，故也称为自由电弧。通常自由电弧的温度都不高，一般平均只有 6000～8000K 左右。对自由电弧的弧柱进行强迫"压缩"，从而使能量更加集中，弧柱中气体充分电离，这样的电弧称为等离子弧，又称压缩电弧。自由电弧受三个压缩效应作用形成等离子弧，即电磁收缩效应、机械压缩效应和热压缩效应。机械压缩效应是指电弧经过一定孔径的水冷喷嘴通道，使电弧截面受到拘束，不能自由扩展而受到压缩。热压缩效应是指保护气冷气流均匀地包围着电弧，使电弧外围受到强烈冷却，电离度大大降低，迫使电弧电流更多从弧柱中心通过，导致导电截面进一步缩小，电流密度增加。

等离子弧焊接（Plasma Arc Welding，PAW）以钨或钨合金作为电弧的电极，用氩气作为保护气体，但是其钨极不是伸出喷嘴，而是内缩到喷嘴之内，其喷嘴采用水冷，又称为水冷喷嘴。其惰性气体分为两部分：一部分是由钨极与水冷喷嘴之间喷出的气体，被称为离子气；另一部分是由水冷喷嘴与保护气罩之间喷出的气体，被称为保护气。利用等离子弧作为热源可以进行焊接、切割、喷涂及堆焊等。当喷嘴直径小、气体流量大和电流增大时，等离子焰自喷嘴喷出的速度很高，具有很大的冲击力，这种等离子弧称为"刚性弧"，主要用于切割金属。反之，若等离子弧温度较低、冲击力较小，该等离子弧称为"柔性弧"，主要用于焊接。

4.4　智能焊接制造技术

4.4.1　智能焊接制造系统

随着现代重大装备正趋向各类"极限"工作环境，以及对大型、超大型装备和结构提出的长寿命、高可靠要求，产品所包含的设计信息、工艺信息、制造过程信息的数据量显著增加，促使传统焊接制造向提高制造信息处理能力、效率及规模方向发展，即由传统的能量驱动型转变为信息驱动型，逐步形成了焊接制造的信息化、数字化、智能化等新的发展理念。图 4-12 是从当前技术发展视角所提出的智能焊接制造的系统框架。

图 4-12　焊接智能化制造系统框架

智能焊接制造的目标是通过知识库的信息支持和计算机人工智能控制，自动完成设计、加工、质量管理过程，关注产品的可制造、可装配、可检测以及产品使役期的可维护、可保障，能适应高度变化环境。与传统制造相比，智能焊接制造系统应具有以下几方面的特征：

① 设计优化能力　即搜集与理解应用环境信息和用户需求信息，作出定量的分析和规划，完成焊接结构的优化设计。其中，强有力的动态知识库和基于知识的产品模型生成是信息化设计能力的基础。

② 人机一体化　一方面突出人在制造系统中的核心地位，使人机之间表现出一种相互理解、相互协作的关系，使两者在不同的层次上各显其能、相辅相成，形成一种混合智能。

③ 虚拟现实技术　以计算机和人工智能为基础，将信号处理、动画技术、智能推理、预测、仿真和多媒体技术融为一体。它是智能焊接制造的一个显著特征，是实现高水平人机一体化的关键技术之一。

④ 学习能力与自我维护能力　能够在焊接工程实践中不断地充实知识库，具有自学功能。同时，在运行过程中自行进行故障诊断，并具备对故障自行排除、自行维护的能力，能够自我优化并适应各种复杂的工作环境。

4.4.2　焊接制造的数字化

4.4.2.1　数字化焊接技术

数字化焊接技术是指用计算机技术来控制焊接设备的运行状态，使其满足和达到焊接工艺所提出的要求，以得到完全合格的焊缝。数字化焊接技术是智能焊接制造的一个重要组成部分。焊接制造数字化集先进焊接技术、先进数控和计算机技术、CAD/CAM 技术、先进材料技术、先进检测技术为一体，可以制造预定形状的零件，也可以使损坏的零件复原到原有尺寸，而且性能达到或超过原有材料水平。

数字化焊接技术主要依托于计算机与网络技术，通过对数字信息进行处理来实现焊接全过程数字化控制，从而达到自动化焊接目标。基于计算机与互联网技术，焊接工艺参数可以建立专家数据库，实现焊接设备制造模块化、工艺参数专家化、过程控制数字化、生产过程智能化以及技术管理网络化等。研发和推广应用数字化焊机是数字化焊接技术的基础，也是实现现代化焊接工艺的重要标志和必由之路。

4.4.2.2　数字化焊接设备

数字化焊接设备概念包括两大方面：一是采用数字量控制的焊接电源；二是带有智能控制系统的焊接设备，如焊接机器人等（其电源不一定是数字电源）。

数字信号处理器是一种适合于进行数字信号处理运算的微处理器。已有的数字化焊接设备，由数字信号处理器集中处理所有焊接数据，检测和控制整个焊接过程，焊机具有引弧、精确控制电弧、专家系统、一机多功能、焊接数据接口和评价系统等功能。一机多功能表现为一台数字化焊机上实现了熔化极脉冲气体保护焊、手工电弧焊、钨极氩弧焊等多种工艺方法的不同材质、不同焊丝直径的焊接功能。

数字化焊接电源的发展促使焊接技术向着焊接工艺高效化、焊接质量控制智能化、焊接生产过程机器人化的方向发展。例如，多年来 CO_2 气体保护焊焊接过程飞溅较大一直是亟待解决的问题。数字化焊接可以实现焊接电压、电流波形在线快速检测并计算短路过渡特征参数，进行自适应最优控制，用现代控制理论算法使特征参数和焊接规范始终调整于最佳范围内，对短路过渡电流波形的上升时间、燃弧时间及下降时间以及各时段的电流峰值进行精确控制、达成了进一步减小 CO_2 气体保护焊焊接飞溅、改善焊接质量的目的。

4.4.2.3　数字化焊接数据库系统与专家系统

（1）数据库系统

随着计算机技术的发展，焊接数据库也得到飞速的发展，包括试验钢材、焊接方法、坡口外形、焊接材料、焊接条件、焊缝金属化学成分、预热处理等条件及焊接接头性能的数据库等。焊接数据库部分存储着所用的数据与信息，数据库管理系统为用户提供了一个管理数据库的平台，应用程序为用户提供了应用数据库的界面。焊接数据库的种类非常多，有焊材数据库、焊接工艺数据库、焊工档案数据库和焊接生产计划数据库等。焊接数据库将焊接领域内各种数据、信息、资料和文件等有规律地组织保存起来，可以快速地查阅，方便地使用。由于焊接生产的复杂性，焊接数据库能极大地提高工作效率和准确率。

图 4-13 为某企业焊接数据库系统平台。平台基于 B/S（Browser/Server，浏览器/服务器）和 C/S（Client/Server，客户机/服务器）混合网络结构的焊接数据信息建模技术，提出了焊接数据分布式模型。内部用户通过局域网直接访问数据库服务器，外部用户通过 Internet 访问 Web 服务器，再通过 Web 服务器访问数据库服务器。

焊接数据库共享系统分析柔性化信息的特点和因素，总结系统整体功能结构，通过面向对象技术建立了信息远程共享平台，并从焊接标准、焊接材料、焊接工艺 3 个方面进行研究，归纳相应的数据。内容涵盖了焊接作业中材料、成分、设计、工艺的各个方面，在合理利用资源的范围内考虑系统的先进性，使其具备了及时更新的能力，达到运行效率高、安全性好、界面美观的效果。

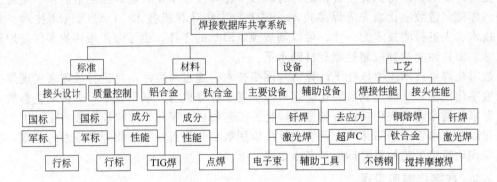

图 4-13　焊接数据库系统

（2）专家系统

所谓专家系统是将众多的焊接规范以数据库的形式存储到计算机中，这些焊接规范都是成功的经验数据。每一条数据都包含诸多信息，如焊接方法、被焊材料、板厚、坡口形状、焊丝直径、送丝速度、焊接电流、焊接电压等。当操作者输入某几项参数后就可以查询到最佳的焊接规范，通过数模转换器（D/A 转换）把焊接规范转换成焊机的给定信号以控制焊接设备的运行。焊接机器人的专家系统装在工控机中；大型成套专用焊接设备的专家系统装在上位机 PC 机中，PC 机与焊接电源内的数字微处理器可以进行数据通信交换；小型成套专用焊接设备可以把焊接规范直接存储到数字微处理器中。

4.4.2.4　数字化焊接车间

（1）数字化焊接车间控制结构

数字化焊接车间将是未来几年焊接工厂建设的发展方向，在保证产品质量稳定性、生产管理高效性、生产故障的可追溯性等方面展现出重要的作用。一个完整的数字化焊接车间由监控服务器、自动化焊接设备、监控客户端、网络摄像机、视频服务器、焊接摄像头、网络交换机、路由器、网络防火墙等组成。数字化车间系统的各种功能服务器和客户端都作为网络节点接入到车间的工业以太网中。

图 4-14 是一套数字化焊接车间控制结构图，整个控制结构分为 3 个层次，最顶层是车间网络控制中心，中间层是自动化焊接设备的实时控制器，最底层是焊接设备中具体动作的数字信号处理（Digital Signal Process，DSP）控制单元。通过这种自上而下的控制模式，管理人员便可以很直观、快捷地知道焊接设备的工作状态以及焊接参数。在焊接设备中添加相应的功能模块即可完成焊接设备功能升级，车间生产网络可以被设定一定的权限共享给其他相关部门，甚至接入这个工厂的生产管理网络，与其他工序如加工、物流、仓储等管理网络并网。

（2）数字化焊接车间体系架构

数字化焊接车间以制造车间为基础，以信息技术等为手段，用数据连接分段生产运营过

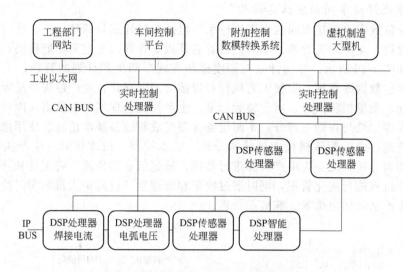

图 4-14　数字化焊接车间控制结构简图

程的不同单元，对生产进行规划、管理、诊断和优化，实现产品制造的高效率、低成本、高质量。

　　某大型设备数字化焊接车间体系架构由车间执行层、控制层、设备层三个层面构成，如图 4-15 所示。车间执行层是大型设备数字化焊接车间的核心层，包括车间生产计划与执行、车间工艺管理、车间设备管理、质量控制、生产物流、成本管理等功能模块。企业可根据自身业务进行增减。通过执行层，从上层信息系统接受设备的生产计划，车间执行层进行生产任务分解及处理后，将生产指令及工艺文件下达到控制层；同时，车间执行层从控制层接收生产现场的人员、设备、物料及当前工艺参数等数据，通过对实时数据进行处理，向上层系统反馈生产计划的执行结果，实现焊接车间设备、物料、工艺文件等制造资源的数字化管理和制造过程集中管控。控制层主要实现设备联网、数据采集与监控以及焊机管控等功能，同时提供进行二次开发的工具和中间件接口。设备层主要包括制造设备、物流设备、检测设备及网络通信基础设备，设备层采用现场总线技术实现其统一联网。

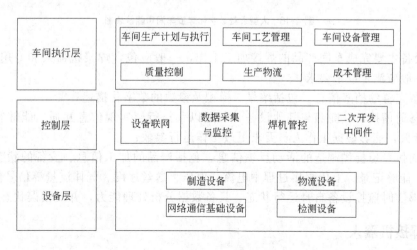

图 4-15　大型设备数字化焊接车间体系架构

（3）数字化焊接车间功能信息结构

某大型设备数字化焊接车间的生产执行系统包括车间计划与调度、工艺执行与管理、生产过程质量管理、生产物流管理、车间设备管理及成本管理六个主要功能模块，其功能模块与信息结构如图 4-16 所示。车间计划与调度模块实现车间生产计划的管理；工艺执行与管理模块实现工艺数据库管理、焊接工艺执行和焊接工艺可视化；生产过程质量管理模块实现质量检验计划、质量检验执行、质量检验记录；生产物流管理主要包括出入库过程管理、库存管理、出入库记录与查询三部分；车间设备管理完成对设备基本信息、使用信息及维保信息的全过程管理；成本管理模块实现成本分析、成本控制、成本核算。生产执行系统将设备、人力、物料、过程统一为生产资源进行管理，通过信息的传递，将工件从开始加工到完成的整个生产过程进行优化管理，同时通过收集和处理生产过程中大量的实时数据和事件对焊接车间的生产活动做出指导、响应和报告。

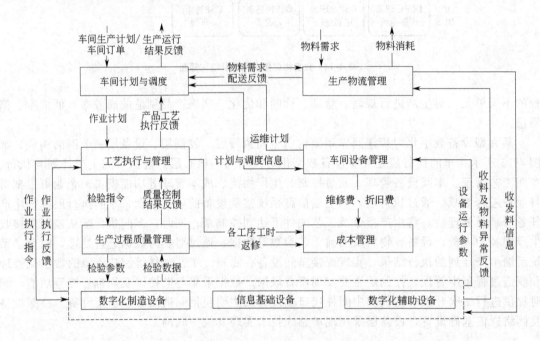

图 4-16　大型设备数字化焊接车间功能信息图

焊接设备主要完成车间产品的焊接加工工作，一般应包含焊接机器人和专用焊接设备。生产设备一般应满足以下要求：

① 具备完善的档案信息，包括编号、模型及参数的数字化描述；

② 具备通信接口，能够与其他设备、装置以及执行层实现信息互通，能够实时显示设备的工作参数，能够根据工作人员要求更改工作运行参数；

③ 能向执行层提供制造的活动反馈信息，包括产品的加工信息、设备的状态信息及故障信息等，能够记录、上传焊接过程中电流、电压、送丝速度、气体流量等信号信息；

④ 能够实时监控设备自身运行状态，具备数据分析处理能力，并对错误状态进行报警。

4.4.3　焊接机器人

焊接机器人是焊接智能化发展的代表。19 世纪末出现了最早的现代化焊接技术，在 20

世纪中期出现了焊接机器人，从此焊接逐渐由传统的手工焊向智能化、自动化焊接转变。讨论焊接机器人智能化，离不开机器人电源的焊接参数和机器人实施焊接的运动参数的整定。焊缝跟踪系统、离线编程与路径规划技术、遥控焊接技术、虚拟仿真与人机交互技术等是目前智能化焊接的关键技术。

（1）焊接机器人智能化技术

① 焊缝跟踪系统 在智能化焊接中，焊接机器人工作时产生强烈的弧光辐射、高温、飞溅焊渣、粉尘、氧化、加热形变等都会使焊枪偏离焊缝，从而导致焊接的整体质量下降。焊缝跟踪系统则能够在这种不利条件下，通过实时检测焊缝偏差，调整焊接路径和焊接参数，保证焊接质量。

焊缝识别与跟踪传感器可分为非接触式和接触式两种。因激光具有方向性和抗干扰性好、能量密度高等优点，非接触式中基于激光的视觉传感技术具有以下特点而应用广泛：与焊接回路无关且与工件无接触；可实时实现对焊缝的跟踪和焊接条件控制；适用于各种形状的坡口。

虽然激光视觉传感器可以替代人眼观测焊缝，但受焊接过程中弧光及背景光等因素的干扰，采集到的噪声多，从而导致跟踪精度低。采用接触式，如利用特制导轮与坡口紧密接触，当坡口位置发生偏移，利用光电转化原理转化为电信号的变化，从而实时指引焊枪的运动。由于采用机械接触传感，避免了弧光、背景光等因素的干扰，使传感器具有强抗干扰能力，稳定性和可靠性得到提高。

② 离线编程与路径规划技术 离线编程技术是在不使用焊接机器人的情况下，利用计算机图形学成果模拟焊接机器人工作环境，并运用相应算法，通过对图形的控制和操作，对焊接机器人的焊接路径实施编程。离线编程技术相比在线编程技术而言，可使编程者远离危险环境，提升工作效率，便于做到 CAD/CAM/机器人一体化等。离线编程技术正在向着全自动、更加智能化的方向发展。

③ 焊接遥控技术 遥控焊接是指操作者远离有毒、深水、核辐射、易燃易爆等危险工作环境对焊接设备和焊接过程进行远程操控。目前的焊接技术还不能完全实现使用智能化焊接技术来进行自主焊接，所以需要采用遥控焊接远程操控焊接设备以保证焊接的精确性和质量。主动视觉传感是遥控焊接中主要应用的传感方式，但也存在一定的缺陷，因为在焊接机器人遥控操作系统中，不仅自主控制的视觉传感器体积会影响焊枪的可达性，而且焊缝轨迹以及工作环境也会影响传感器的适用条件，所以由传感器引导的机器人对工作环境缺乏适应力，遇到某些意外情况凭自身难以解决。目前焊接遥控技术也是焊接智能化发展的重点研究问题。

④ 虚拟仿真与人机交互技术 在智能化焊接中，焊接过程会涉及几何学、运动学、动力学等许多参数，所以焊接前需要进行大量的高难度设计和实验。若将智能化焊接的机械臂进行虚拟仿真，并使用 CAD 技术和计算机仿真技术将焊接过程用动画方式表现出来，并结合相应的几何学、动力学等多次实验，就能预判并解决可能会在实际操作中出现的问题。在复杂、恶劣的环境中将远端焊接机器人与虚拟现实结合起来并实施人机交互，机器人模型给工作人员反馈机器人的位置与姿态，人机交互界面负责机器人运动信息反馈和机器人的控制，焊接工人再通过人机交互界面对焊接机器人实施远端操作，从而达到人机交互，既能保证焊接工人的安全又能高效地完成焊接作业。

（2）焊接机器人的应用

目前广泛使用的焊接机器人可分为点焊机器人和弧焊机器人两大类。点焊机器人主要由机器人本体、控制系统、焊接系统组成，分直角、圆柱坐标、极坐标型等若干种，具有操作简便、生产率高等优点，尤其适用于薄板金属结构的焊接。弧焊机器人主要有熔化极焊接作业和非熔化极焊接作业两种类型，具有可长期进行焊接作业并保证焊接作业的高生产率、高质量和高稳定性等特点。

随着焊接机器人的智能化发展，逐渐发展出一些典型的焊接机器人系统，如"机器人＋焊接""机器人＋焊接工作站""机器人＋焊接生产线"。其中"机器人＋焊接"系统最为简单，"机器人＋焊接生产线"系统最为复杂，其包括备料、组对、上料、焊接、检验、下料、分拣等一系列工序，不仅对单一生产线有技术要求，还对整个焊接过程的协调性有很强的技术要求。而作为一个相对独立的工作单元系统，"机器人＋焊接工作站"则是最有可实施性的。在该系统下，采用双工位的焊接方法，焊接机器人与操作者分别在不同工位交替完成焊接任务，有效减少或避免了机器人的等待时间，提高了生产率。

随着工业的发展，对工业产品的需求增多，多智能化焊接协调技术成为重要的发展方向。多智能化焊接协调技术是在完成某个任务的同时使用多个焊接设备来完成工作，主要分为多机器人合作与多机器人协调。在车间里分配给各机器人相应的工作，使其在完成各自工作的基础上实现合作；在合作的基础上各焊接单位互不干扰，在确立各自的焊接工作后，各焊接单位再保持运动的协调一致。而在整个多智能化焊接协调技术系统中，智能体技术是解决机器人有效合作的关键。

4.4.4 智能焊接制造技术的发展趋势

由传统焊接向现代焊接的战略转型和核心技术的实质提升，是制造的难点从"控形"转为"控性"。目前推行的具有"数字化控制"特征的机器人人机交互、焊缝跟踪、起始点定位、路径规划等技术，从机理上仍属于"控形"的层面。而焊接接头的性能、热影响区组织冶金缺陷、焊接过程与焊后整体构件的应力与变形等"控性"能力的提高，已成为当前和未来焊接制造中迫切需要解决的核心技术，这正是信息与智能技术所面对的巨大开拓空间和发展前景。在工业4.0时代，焊接作为主要的工业加工方法之一，正朝着智能化和自动化方向发展。

 习题

一、单项选择题

1. 以下焊接方法属于电弧焊接的是____。
    A. 电阻焊   B. 摩擦焊   C. 等离子弧焊   D. 钎焊

2. 焊接接头中最薄弱的区域是____。
    A. 蓝脆区   B. 熔合区   C. 正火区   D. 再结晶区

3. 在焊接接头中，由熔化母材和填充金属组成的部分叫____。
    A. 焊缝   B. 熔合区   C. 热影响区   D. 过热区

二、填空题

1. 对于电渣焊和埋弧焊，焊丝必须与____配套使用。

2. 电弧焊接的过程一般分为____、____和____三个部分。

3. 焊接电弧由____、____和____三部分组成，其中____的温度最高。

4. 焊条电弧焊焊接区的气体主要来自____。

5. 扩散脱氧法是指将液态金属中的＿＿＿不断扩散到熔渣中去，从而达到焊缝脱氧的目的。

6. 焊条电弧焊时，采用＿＿＿保护，起到防止空气危害的作用。

7. 焊缝中的硫常以＿＿＿形式存在于钢中。

8. 焊接区周围的空气是焊缝中＿＿＿元素的唯一来源。

三、问答题

1. 简述氧对焊接质量的影响及控制方法。

2. 焊条电弧焊常用的焊接设备有哪些？设备的特点分别是什么？

3. 请观看三种以上焊接视频并分别截图提交。

4. 焊接冶金有何特点？

5. 氮以什么状态存在于焊缝金属？它对焊缝质量的危害及控制该危害的方法是什么？

第5章
过程设备焊接工艺规程

过程设备制造的焊接工艺规程，是指结合一定的生产条件，依照科学理论和必要的焊接工艺试验数据，在实践经验的基础上分析总结制订出来的指导过程设备焊接生产的工艺文件。通常包括焊接检验流程、关键焊缝和重要焊缝、焊工资格、焊接工艺评定、焊接设备、焊材使用、焊前准备、焊接作业环境、装配要求、焊缝返修等内容的规定。编制焊接工艺规程的依据资料包括：产品的整套装配图纸和零部件图、产品的有关焊接技术标准和法规、产品验收的质量标准、产品的生产类型、工厂现有的生产条件等资料。焊接工艺规程通常应包括焊接工艺评定报告、通用的焊接工艺守则和指导具体焊点操作的焊接工艺细则卡。本章重点介绍与过程设备焊接工艺规程有关的焊接接头与坡口形式、焊缝符号与标注、焊接应力与变形、焊接工艺要素和规范、焊接工艺分析与评定、焊接裂纹及控制、焊接件的结构工艺性，以及焊接用钢的工艺特点等相关内容。

5.1 焊接接头与坡口形式

焊接接头是指两个或两个以上零件或一个零件的两端需要用焊接组合的接点，或用焊接方法已经焊合的接头（包括焊缝和热影响区）。在焊接过程或使用中，焊接接头要发生许多有别于母材的变化，除组织和性能变化外，还存在焊接缺陷、焊接残余应力等不利因素。因此，为保证过程设备的安全运行，正确地设计焊接接头、合理地制订焊接工艺规程非常必要。

5.1.1 焊接接头的分类

过程设备中压力容器属于典型的焊接结构。国家标准 GB/T 150.1《压力容器 第 1 部分：通用要求》根据焊接接头在容器上的位置，即根据该焊接接头所连接两元件的结构类型以及由此而确定的应力水平，把压力容器中可能遇到的焊接接头分成 A、B、C、D 四类，如图 5-1 所示。

① 圆筒部分（包括接管）和锥壳部分的纵向接头（多层包扎容器层板层纵向接头除外）、球形封头与圆筒连接的环向接头、各类凸形封头和平封头中的所有拼焊接头以及嵌入式接管或凸缘与壳体对接连接的接头，均属 A 类焊接接头。

② 壳体部分的环向接头、锥形封头小端与接管连接的接头、长颈法兰与壳体或接管连接的接头、平盖或管板与圆筒对接连接的接头以及接管间的对接环向接头，均属 B 类焊接接头，但已规定为 A 类的焊接接头除外。

③ 球冠形封头、平盖、管板与圆筒非对接连接的接头，法兰与壳体或接管连接的接头，内封头与圆筒的搭接接头以及多层包扎容器层板层纵向接头，均属 C 类焊接接头，但已规定为 A、B 类的焊接接头除外。

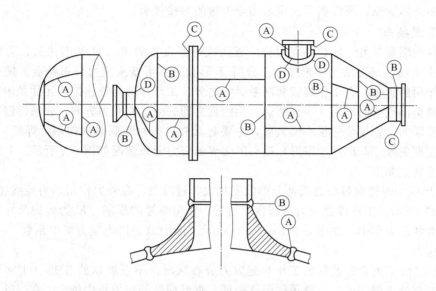

图 5-1　压力容器焊接接头分类

④ 接管（包括人孔圆筒）、凸缘、补强圈等与壳体连接的接头，均属 D 类焊接接头，但已规定为 A、B、C 类的焊接接头除外。

5.1.2　焊接接头的基本形式和特点

焊接接头可分为对接接头、T 形接头、角接接头、搭接接头、端接接头、套管接头、斜对接接头、卷边接头和锁底对接接头等共 10 种，其中对接、T 形、角接、搭接这 4 种接头使用较为广泛。

（1）对接接头

对接接头是指两焊件表面构成大于或等于 135°，且小于或等于 180°夹角的接头。这种接头从力学角度看是较理想的接头形式，受力状况较好，应力集中较小，能承受较大的静载荷或动载荷，是焊接结构中采用最多的一种接头形式，如图 5-2 所示。

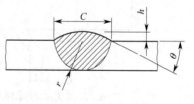

图 5-2　对接接头

对接接头的特点如下：

① 对接接头焊接后产生的余高使焊接接头中实际工作应力分布是不均匀的，焊趾处将产生应力集中。应力集中系数（焊接接头局部最大应力值比名义应力值）的大小取决于焊缝宽度 C、焊缝余高 h、焊趾处焊缝曲线与工件表面的夹角 θ 及转角半径 r。θ 增加、转角半径 r 减小、焊缝余高 h 增加，都将使应力集中系数增大，即工作应力分布更加不均匀，造成焊接接头的强度下降。因此，焊缝余高越高越不利，如果焊接后将余高磨平，则可以消除或减小应力集中。一般情况下，遵守焊接工艺规程要求，对接接头的应力集中系数应不大于 2.0。

② 当对接接头的母材厚度大于 8mm 时，为保证焊接接头的强度，常要求焊接接头要熔透，为此需要在焊接之前在钢板端面开设焊接坡口。

③ 在几种焊接接头的连接形式中，从接头的受力状态、接头的焊接工艺性能等多方面比较，对接接头是比较理想的焊接接头形式，应尽量选用。在过程设备制造中，承压壳体的

主焊缝（如壳体的纵、环焊缝等）应采用全焊透的对接接头。

（2）T形接头

一焊件的端面与另一件焊件表面构成直角或近似直角的接头叫T形接头，常见用三个零件通过T形接头装配成十字形接头。分析T形和十字形接头应力分布特点，需要区分接头受载荷作用的状态，有工作焊缝和联系焊缝之分。工作焊缝与被连接的元件是串联的，它承担着传递全部载荷的作用，一旦断裂，结构就立即失效。在受力方向，联系焊缝与被连接的元件是并联的，它仅传递很小的载荷，主要起元件之间相互联系的作用，焊缝一旦断裂，结构不会立即失效。T形（十字形）接头工作焊缝应力分布情况如图5-3所示。T形（十字形）接头的特点如下：

① T形接头焊缝向母材过渡部分形状变化大、过渡急，在外力作用下力流线扭曲很大，如图5-3(a)所示。工作焊缝应力分布很不均匀，在角焊缝的根部（K 为焊脚尺寸）和过渡处都有很大的应力集中，如图5-3(b)、(c)所示。图中数字代表应力集中系数，σ_0 为截面上的平均应力。

② 图5-3(b)为未开坡口的工作焊缝应力分布状况。不开坡口的T形（十字形）焊接接头，通常都是不焊透的，焊缝承载强度较低，焊缝根部的应力集中较大，在焊趾截面B—B上应力分布也是不均匀的。

③ 图5-3(c)为开坡口的工作焊缝应力分布状况，开坡口后再焊接通常是保证焊透，焊缝承载强度大大提高，具有较小的应力集中系数，可以按对接接头强度计算。

④ 联系焊缝如图5-3(d)所示。联系焊缝不承受工作应力，但此时在角焊缝根部的 A

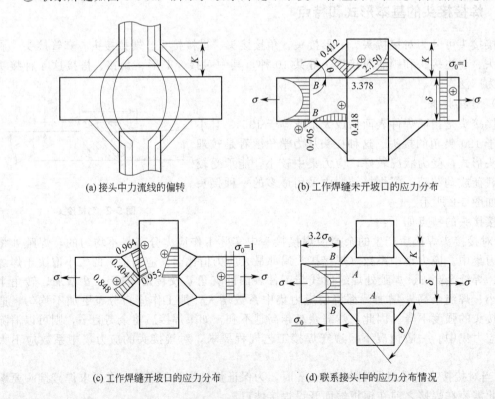

(a) 接头中力流线的偏转   (b) 工作焊缝未开坡口的应力分布

(c) 工作焊缝开坡口的应力分布   (d) 联系接头中的应力分布情况

图 5-3   T形（十字形）接头工作焊缝应力分布情况

点处和焊趾 B 点处有应力集中。当 $\theta = 45°$，$K = 0.8\delta$ 时，在 B 点处的应力为 $3.2\sigma_0$ 左右（σ_0 为截面上的平均应力）。

⑤ 在外形、尺寸相同的情况下，工作焊缝的应力集中系数大于联系焊缝的应力集中系数，应力集中系数随角焊缝 θ 角的增大而增大。

⑥ 应避免采用单面角焊缝，因为这种接头形式的焊缝根部往往有很深的缺口，承载能力较低。对要求完全焊透的 T 形接头，实践证明采用单边 V 形坡口从一面焊比采用 K 形坡口施焊可靠。

（3）角接接头

两焊件端面构成大于 $30°$、小于 $135°$ 夹角的接头叫作角接接头。常用角接接头的形式如图 5-4 所示。这种接头受力状况不太好，常用于不重要的结构中。

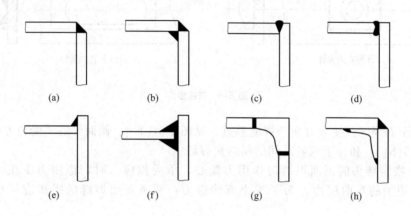

图 5-4　角接接头形式

各种角接接头的比较如下：

① 图 5-4(a) 所示为最简单的角接接头，但承载能力差；

② 图 5-4(b) 所示为采用双面焊接、从内部加强的角接接头，承载能力较大；

③ 图 5-4(c) 和（d）所示为开坡口焊接的角接接头，易焊透，有较高的强度，而且在外观上具有很好的棱角，但要注意层状撕裂的问题；

④ 图 5-4(e) 和（f）所示的角接接头易装配、省工时，是最经济的角接接头形式；

⑤ 图 5-4(g) 所示的角接接头，利用角钢做 $90°$ 角过渡，有准确的直角，并且刚性大，但要注意角钢厚度应大于板厚；

⑥ 图 5-4(h) 所示为不合理的角接接头，焊缝多且不易施焊。

（4）搭接接头

两焊件部分重叠构成的接头叫搭接接头，搭接接头的形式如图 5-5 所示。根据结构形式和对强度的要求不同，搭接接头可分为不开坡口、圆孔内塞焊以及长孔内角焊三种形式。不开坡口的搭接接头采用双面焊接，这种接头强度较差，多用于不重要的一些结构中。当重叠钢板的面积较大时，为保证结构强度，根据需要可分别选用圆孔内塞焊和长孔内角焊的形式，这种接头形式特别适用于被焊结构狭小以及密闭的焊接结构。

搭接接头的特点如下：

① 搭接接头形状变化较大，应力集中比对接接头的情况复杂得多。根据焊缝的受力方

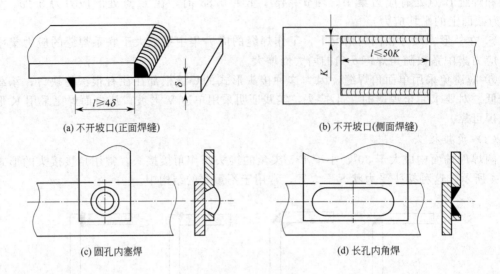

(a) 不开坡口(正面焊缝)　　　　　　(b) 不开坡口(侧面焊缝)

(c) 圆孔内塞焊　　　　　　　　　　(d) 长孔内角焊

图 5-5　搭接接头

向，可分为正面焊缝〔受力方向与焊缝垂直，见图 5-5(a)〕、侧面焊缝〔受力方向与焊缝平行，见图 5-5(b)〕和介于两者之间的斜向角焊缝。

② 由于搭接接头的正面焊缝与作用力偏心，承受拉应力时，作用力不在一个作用点上，产生了附加的弯曲应力。为了减小弯曲应力，两条正面焊缝的距离应不小于其板厚的 4 倍。

③ 搭接接头中侧面焊缝的应力集中，应力分布更为复杂。在侧面焊缝中既有正应力又有切应力，而且切应力沿侧面焊缝长度上的分布是不平均的，在侧面焊缝的两端存在最大应力，中部应力较小，且侧面焊缝越长应力分布越不均匀，一般规定 $l \leqslant 50K$（K 为焊脚尺寸）。

④ 正面焊缝强度高于侧面焊缝，斜向焊缝介于两者之间，随着倾角的增大，斜向焊缝强度也增大。

5.1.3　焊缝坡口

为满足实际焊接工艺的要求，对不同的焊接接头，经常在焊接之前，把接头加工成一定尺寸和形状的坡口。对于过程设备中的焊接接头，当厚度较大时，为了使焊缝全部熔透，避免产生焊接缺陷，均应开设坡口。

坡口设计和加工参照国家推荐标准 GB/T 985，标准分为如下 4 个部分：

① GB/T 985.1《气焊、焊条电弧焊、气体保护焊和高能束焊的推荐坡口》；

② GB/T 985.2《埋弧焊的推荐坡口》；

③ GB/T 985.3《铝及铝合金气体保护焊的推荐坡口》；

④ GB/T 985.4《复合钢的推荐坡口》。

手工电弧焊板厚 6mm 以上对接时，一般要开设坡口，对于重要结构，板厚超过 3mm 就要开设坡口。坡口的基本形式有 I 形、V 形、Y 形、X 形、U 形等，关于坡口尺寸符号见表 5-1。Y 形和 U 形坡口只需一面焊，可焊到性较好，但焊后角变形大，焊条消耗量也大些。双 Y 形和双面 U 形坡口两面施焊，受热均匀，变形较小，焊条消耗量较小，在板厚相同的情况下，双 Y 形坡口比 Y 形坡口节省焊接材料 1/2 左右，但必须两面都焊到，所以有时受到结构形状限制。U 形和双面 U 形坡口根部较宽，容易焊透，且焊条消耗量也较小，但坡口制备成本较高，一般只在重要的受动载的厚板结构中采用。

表 5-1　尺寸符号

符号	名称	示意图	符号	名称	示意图
δ	工件厚度		c	焊缝宽度	
α	坡口角度		K	焊脚尺寸	
β	坡口面角度		d	点焊:熔核直径 塞焊:孔径	
b	根部间隙		n	焊缝段数	
p	钝边		l	焊缝长度	
R	根部半径		e	焊缝间距	
H	坡口深度		N	相同焊缝数量	
S	焊缝有效厚度		h	余高	

　　对于坡口表面有如下要求（国家标准 GB 150.4《压力容器 第 4 部分：制造、检验和验收》、国家能源行业标准 NB/T 47015《压力容器焊接规程》）。

　　① 坡口表面不得有裂纹、分层、夹杂等缺陷。

　　② 标准抗拉强度下限值 $R_m \geqslant 540MPa$ 的低合金钢材及铬钼低合金钢材经热切割的坡口表面，加工完成后应按国家能源行业标准 NB/T 47013《承压设备无损检测》进行磁粉检测，Ⅰ级合格。

　　③ 施焊前，应清除坡口及母材两侧表面至少 20mm 范围内（以离坡口边缘的距离计）的氧化皮、油污、熔渣及其他有害杂质。

　　④ 奥氏体高合金钢焊件坡口两侧各 100mm 范围内应刷涂料，以防止焊接飞溅物黏附在焊件上。

　　⑤ B 类焊接接头以及圆筒与球形封头相连的 A 类焊接接头，当两侧钢材厚度不等时，不论薄板厚度 $\delta_1 \leqslant 10mm$，两板厚度差超过 3mm，还是薄板厚度 $\delta_1 > 10mm$，两板厚度差

大于薄板厚度的 30%，或超过 5mm，均应按图 5-6 的要求单面或双面削薄厚板边缘，应满足 L_1，$L_2 \geqslant 3(\delta - \delta_1)$，或按同样要求采用堆焊方法将薄板边缘焊成斜面。当两板厚度差小于上列数值时，则对口错边量 b 按表 5-2 要求，且对口错边量 b 以较薄板厚度为基准确定。在测量对口错边量 b 时，不应计入两板厚度的差值。

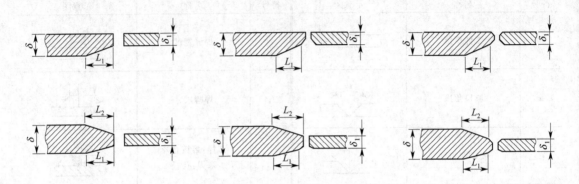

图 5-6   不同钢板厚度对接的单面或双面削薄

表 5-2   A、B 类焊接接头对口错边量

对口处钢材厚度 δ/mm	按焊接接头类别划分的对口错边量 b/mm	
	A 类焊接接头	B 类焊接接头
$\delta \leqslant 12$	$b \leqslant 1/4\delta$	$b \leqslant 1/4\delta$
$12 < \delta \leqslant 20$	$b \leqslant 3$	$b \leqslant 1/4\delta$
$20 < \delta \leqslant 40$	$b \leqslant 3$	$b \leqslant 5$
$40 < \delta \leqslant 50$	$b \leqslant 3$	$b \leqslant 1/8\delta$
$\delta > 50$	$b \leqslant 1/16\delta$，且 b 不大于 10	$b \leqslant 1/8\delta$，且 b 不大于 20

注：球形封头与圆筒连接的环向接头，以及嵌入式接管与圆筒或封头对接连接的 A 类接头，按 B 类焊接接头的对口错边量要求。

5.2   焊缝符号与标注

5.2.1   焊缝的表示符号

国家标准 GB/T 324《焊缝符号表示法》规定，图纸上的接头和焊缝推荐采用标准规定的焊缝符号表示，也可采用技术制图方法表示。焊缝符号一般由基本符号与指引线组成，必要时可以加上辅助符号、补充符号和焊缝尺寸符号。基本符号是表示焊缝截面形状的符号，见表 5-3。在标注双面焊焊缝或接头时，基本符号可以组合使用，如表 5-4 所示。补充符号用来补充说明有关焊缝或接头的某些特征（诸如表面形状、衬垫、焊缝分布、施焊地点等）。补充符号见表 5-5。

表 5-3　基本符号

序号	名称	示意图	符号	序号	名称	示意图	符号
1	卷边焊缝（卷边完全熔化）		八	11	塞焊缝或槽焊缝		⊓
2	I 形焊缝		‖	12	点焊缝		○
3	V 形焊缝		∨	13	缝焊缝		⊖
4	单边 V 形焊缝		⌐	14	陡边 V 形焊缝		⊔
5	带钝边 V 形焊缝		Y	15	陡边单 V 形焊缝		⊩
6	带钝边单边 V 形焊缝		⊢	16	端焊缝		‖‖
7	带钝边 U 形焊缝		Y	17	堆焊缝		⌒⌒
8	带钝边单边 J 形焊缝		⊢	18	平面连接（钎焊）		＝
9	封底焊缝		⌣	19	斜面连接（钎焊）		∕∕
10	角焊缝		△	20	折叠连接（钎焊）		乙

表 5-4　基本符号的组合

序号	名称	示意图	符号	序号	名称	示意图	符号
1	双面 V 形焊缝（X 焊缝）		X	4	带钝边的双面单 V 形焊缝		K
2	双面单 V 形焊缝（K 焊缝）		K	5	双面 U 形焊缝		X
3	带钝边的双面 V 形焊缝		X				

表 5-5　补充符号

序号	名称	示意图	说明
1	平面	▬	焊缝表面通常经过加工后平整
2	凹面	⌣	焊缝表面凹陷
3	凸面	⌢	焊缝表面凸起
4	圆滑过渡	⌣	焊趾处过渡圆滑
5	永久衬垫	M	衬垫永久保留
6	临时衬垫	MR	衬垫在焊接完成后拆除

续表

序号	名称	示意图	说明
7	三面焊缝		三面带有焊缝
8	周围焊缝		沿着工件周围施焊的焊缝 标注位置为基准线与箭头线的交点处
9	现场焊缝		在现场焊接的焊缝
10	尾部		可以表示所需的信息

5.2.2　焊缝的标注

（1）图示法标注

如图 5-7 所示，焊缝正面用细实线短划表示［图 5-7(a)］，或用比轮廓粗 2～3 倍的粗实线表示［图 5-7(b)］。在同一图样中，上述两种方法只能用一种。焊缝端面用粗实线画出焊缝的轮廓，必要时用细实线画出坡口形状［图 5-7(c)］。剖面图上焊缝区应涂黑［图 5-7(d)］。用图示法表示的焊缝还应该有相应的标注，或另有说明［图 5-7(e)］。

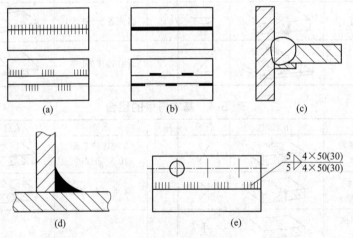

图 5-7　用图示法表示焊缝

（2）焊缝的符号标注

为了使焊接结构图样清晰，并减轻绘图工作量，一般不按图示法画出焊缝，而是采用符号对焊缝进行标注，如表 5-6 所示。国家标准 GB/T 324《焊缝符号表示法》、GB/T 12212《技术制图焊缝符号的尺寸、比例及简化表示法》和 GB/T 5185《焊接及相关工艺方法代号》中分别对焊缝符号和标注方法作了明确规定。

焊缝符号通过指引线标注在图样的焊缝位置，如图 5-8 所示。指引线一般由箭头线和两条基准线（一条为实线，另一条为虚线，虚线画在实线的上侧或下侧）组成，箭头指在焊缝处。标注对称焊缝或双面焊缝时，可免去基准线中的虚线［如图 5-8(c) 和 (d)］。必要时，焊缝符号可附带尺寸符号和数据（如焊缝截面、长度、数量、坡口等）。还可以画焊缝的局部放大图，并表明有关尺寸。

表 5-6　气焊、手工电弧焊和气体保护焊焊缝坡口形式和焊缝标注举例

母材厚度 t/mm	坡口/接头种类	基本符号	坡口形式与坡口尺寸/mm	焊缝示意图	焊缝标注方法
$t \leqslant 4$ $(b \approx t)$ $3 < t \leqslant 8$ $(b \approx t)$ $t \leqslant 15$ $(b = 0)$	I 形坡口	‖	b t		b b
$5 \leqslant t \leqslant 40$	带钝边 V 形坡口	Y	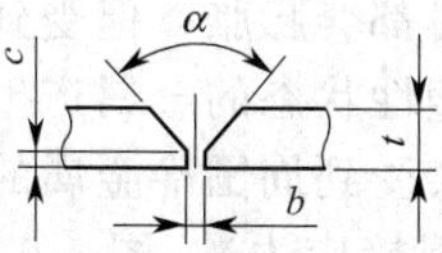 $\alpha \approx 60°$ $1 \leqslant b \leqslant 4$ $2 \leqslant c \leqslant 4$		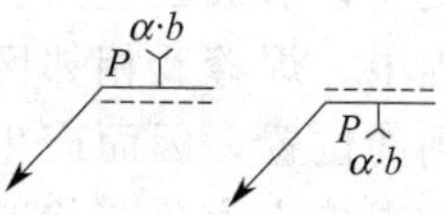 $P \cdot b$ $\alpha \cdot b$ P $\alpha \cdot b$
$t > 10$	带钝边 V 形坡口 （双面对接）	 Y̱	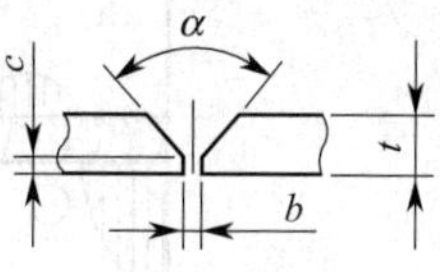 $40° \leqslant \alpha \leqslant 60°$ $1 \leqslant b \leqslant 3$ $2 \leqslant c \leqslant 4$	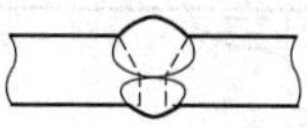	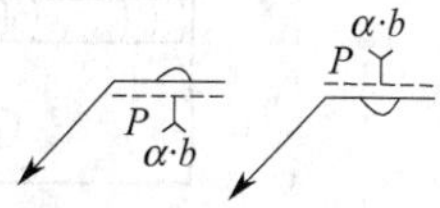 $\alpha \cdot b$ P P $\alpha \cdot b$
$t > 12$	U 形坡口	 Y	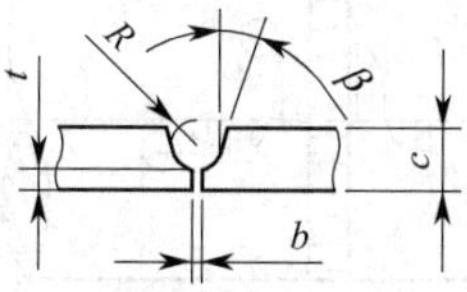 $8° \leqslant \beta \leqslant 12°$ $b \leqslant 4$ $c \leqslant 3$	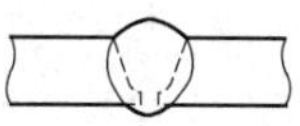	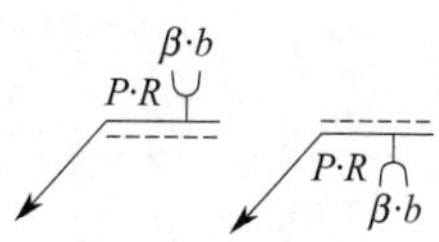 $\beta \cdot b$ $P \cdot R$ $P \cdot R$ $\beta \cdot b$

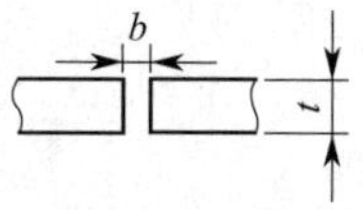

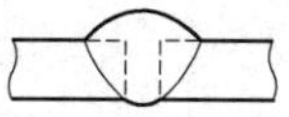

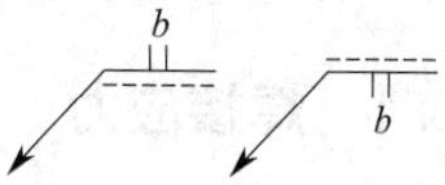

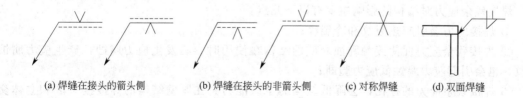

(a) 焊缝在接头的箭头侧　　(b) 焊缝在接头的非箭头侧　　(c) 对称焊缝　　(d) 双面焊缝

图 5-8　焊缝标注方法

5.3　焊接应力与变形

在焊接过程中，焊缝及其周围的金属由室温被加热至母材熔化，然后再快速冷却下来。在此过程中，焊件各个部分的温度不同，冷却速度也各不相同，使焊件在热胀冷缩和塑性变形的影响下，产生内应力和变形。

5.3.1　焊接应力

5.3.1.1　焊接应力的产生

焊接应力的形成、大小和分布情况较为复杂。为简化问题，假定整条焊缝同时形成。当焊缝及其相邻区域的金属处于加热阶段时都会膨胀，但受到周围冷金属的阻碍不能自由伸长而受压，形成压应力。该压应力使处于塑性状态的金属产生压缩变形，随后在冷却到室温的过程中，焊缝及相邻区域金属的收缩又会受到周围冷金属的阻碍，不能缩短到自由收缩所应达到的位置，因而产生残余拉应力（即焊接应力）。图 5-9 所示为平板对接焊缝和圆筒形焊缝的焊接应力分布状况。

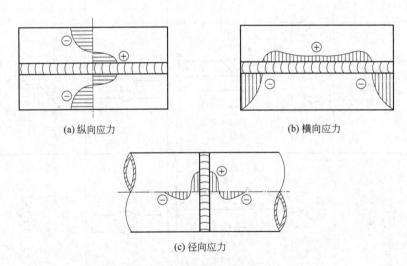

(a) 纵向应力　　　　　　　　　　　　　(b) 横向应力

(c) 径向应力

图 5-9　平板对接焊缝和圆筒形焊缝的焊接应力分布

5.3.1.2　焊接应力对焊件使用性能的影响

焊接残余应力对结构的影响主要有以下几点：

① 焊接应力会引起热裂纹和冷裂纹；

② 焊接残余应力促使接触腐蚀介质的结构在使用时容易发生应力腐蚀，产生应力腐蚀裂纹，也会引起应力腐蚀低应力脆断；

③ 焊接残余应力的存在，会降低结构的承载能力。在厚壁结构的焊接接头区和立体交叉焊缝交汇处等部位，存在三向焊接残余应力，提高了结构在使用时的应力水平，使材料的塑性变形能力降低；

④ 在结构应力集中部位、结构刚性拘束大的部位或焊接缺陷较多的部位，存在拉伸焊

接残余应力会降低结构使用寿命，并易导致低应力脆断事故的发生；

⑤ 有较大的焊接残余应力的结构，在长期使用中，由于残余应力逐渐松弛、衰减，会产生一定程度的变形；

⑥ 有焊接残余应力的构件，在机械加工之后，原来平衡的应力状态改变，导致切削加工后构件形状发生变化，从而影响构件机械加工精度和尺寸稳定性。

因此，对于塑性较差的高强钢焊接结构，低温下使用的结构，刚性拘束度大的厚壁容器，存在较大的三向拉伸残余应力的结构，焊接接头中存在着难以控制和避免的微小裂纹的结构，有可能产生应力腐蚀破坏的结构，以及对尺寸稳定性和机械加工精度要求较高的结构，通常均应采取消除焊接残余应力的措施，以提高结构使用寿命，并防止低应力脆性破坏事故的发生。

同时也要说明，在低碳钢、低合金结构钢等一般性结构中存在的焊接残余应力对结构使用的安全性影响并不大，所以对于这样的结构，焊后不必采取消除残余应力的措施。

5.3.1.3　降低焊接残余应力的措施

焊接残余应力是由于焊接热过程中因加热或冷却使局部变形受到约束而产生的，降低焊接应力的措施包括设计和工艺两个方面。

（1）设计方面

① 焊缝彼此尽量分散并避免交叉，以削弱焊缝局部重复加热的影响。

一般情况下，尽量不采用交叉焊缝，以免出现复杂的三向应力，但并非交叉焊缝绝对不可以有。在制造大型容器时，为便于采用自动化程度较高的工艺装备，提高生产率，对塑性较好的材料（低碳钢、低合金结构钢等）也常采用十字交叉焊缝结构。此外，对大型球形容器我国也规定了两种并行的焊缝拼接法（图 5-10），但应尽可能避免设计交叉焊缝。

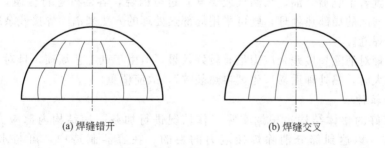

（a）焊缝错开　　　　　　　　　　　（b）焊缝交叉

图 5-10　球形容器的两种拼接法

② 避免在断面剧烈过渡区设置焊缝。断面剧烈过渡区存在应力集中现象，断面粗细（厚薄）悬殊会造成刚性差异和受热差异悬殊，增大了焊接应力，故应避免。如圆角半径很小时的折边封头过渡区、非等厚连接处等属于断面剧烈过渡区。当不可避免时，应将厚件削薄实现等厚连接。

③ 焊缝应尽量分布在结构应力最简单、最小处。这样布置焊缝，而使焊缝有缺陷也不致对结构承载能力带来严重影响。由于焊缝力学性能指标中塑性、韧性指标较差，强度指标中抗拉强度较差，而抗压、抗剪和硬度较好，故在零件动载应力大，拉伸应力大的地方不要布置焊缝，而受压、受剪处则关系不大。对卧式容器环缝应尽量位于支座以外，纵缝则尽量位于壳体下部 140° 范围以外。

④ 改进结构设计，降低局部焊件刚性，减小焊接应力。厚度大的工件刚性大，为减小焊接应力可开缓和槽。

（2）工艺措施

① 采用合理的焊接顺序　基本原则是让大多数焊缝在刚性较小的情况下施焊，以便都能自由收缩而降低焊接应力；收缩量最大的焊缝先焊；当对接平面上带有交叉焊缝时，应采用保证交叉点部位不易产生裂纹的焊接顺序。

② 缩小焊接区与结构整体之间的温差　常用的办法主要有整体预热、采用低的线能量、间歇施焊等。

③ 锤击焊缝　在每道焊缝的冷却过程中，用小锤锤击焊缝，使焊缝金属受到锤击减薄而向四周延展，补偿焊缝的一部分收缩从而减小焊接应力与变形。此法对裂纹倾向较敏感的焊件较为有效。

5.3.1.4　消除焊接残余应力的措施

对于有应力腐蚀和要求尺寸稳定的结构，承受交变载荷要求有较大抗疲劳强度的焊接结构，以及低温下使用的结构，为了防止低应力脆断破坏，焊后一般都须消除焊接应力。只有当材料的塑性、韧性都很好时才可以不考虑消除焊接应力的措施。

（1）进行焊后热处理

它利用材料在高温下屈服极限降低的性能，使应力高的地方产生塑性流动，从而达到消除焊接应力的目的。焊后热处理是消除焊接残余应力最常用的方法，一般采用退火消除应力。消除应力的效果，除与温度有关外，还与保温时间有关。由于内应力的消除效果随时间延长而迅速降低，故过长的保温时间亦无必要。一般每毫米厚度 1～2min 为宜，最短不少于 30min，最长不必超过 3h，具体情况视钢种而异。

热处理一般在炉内进行。大型容器在炉内进行有困难而又必须整体热处理时，则可在容器内均匀地设置若干烧嘴（油、天然气或煤气）进行内烧，容器外进行保温，效果也很好。若允许进行焊缝区的局部热处理，则可采用局部热处理的方法来消除焊接残余应力，如大型容器的总装环焊缝。

焊后热处理对消除焊接残余应力虽有较好效果，但由于其工艺烦琐，且对某些合金钢材尤其当板厚较大时，热处理后易产生"再热裂纹"，故应慎重。

（2）机械拉伸法

把已焊接好的整体结构，根据实际工作情况进行加载，使结构内部应力接近屈服强度，然后卸载，以达到部分消除焊接应力的目的。在容器制造中，可与水压试验一并进行。

（3）低温消除应力法

又称低温拉伸法，焊缝两侧各用一个适当宽度的氧乙炔焰加热器进行加热，在加热器后一定距离处喷水冷却。加热器与喷水管以相同速度向前移动，这样可造成一个两侧高（温度峰值约 200℃）焊缝区低（约 100℃）的温度差，与焊接时的温度分布正好相反。这样可抵消一部分焊缝的纵向收缩变形，缓和应力峰值。若焊缝规范选择适当，此法可收到较好效果。对于焊缝比较规则的容器板壳结构有一定的实用价值。

5.3.2　焊接变形

（1）焊接变形的种类

焊接变形的基本类型主要有五种。

① 收缩变形　焊件焊接后沿纵向（沿焊缝方向）和横向（垂直于焊缝方向）收缩引起的变形，使构件的纵向和横向尺寸缩小，如图 5-11(a) 所示。

② 角变形　V 形坡口对接焊后，由于焊缝截面形状上下不对称、焊缝收缩不均而引起的变形，如图 5-11(b) 所示。

③ 弯曲变形。长梁形工件焊缝偏于一侧边缘时，由于焊缝布置不对称，焊缝纵向收缩后引起工件向焊缝一侧弯曲，如图 5-11(c) 所示。

④ 波浪形变形　焊接薄板时，由于焊缝收缩使局部产生较大压应力，使结构整体失去稳定所导致的，如图 5-11(d) 所示。

⑤ 扭曲变形　由于焊缝在构件横截面上布置的不对称或焊接工艺不合理，使工件产生纵向扭曲变形，如图 5-11(e) 所示。

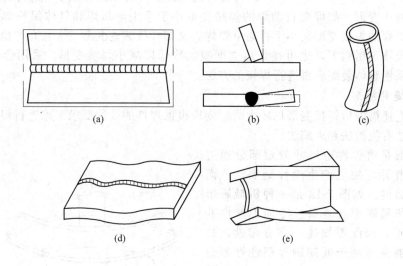

图 5-11　焊接变形的基本形式

(2) 减小焊接的变形措施

焊接变形对设备制造是不利的，其直接危害是降低制造精度，变形严重时甚至无法进行装配。由于变形或变形后的矫形，而使内部应力状态复杂化，增加了不少附加应力，降低了设备的许用载荷；对外压容器还易引起失稳，影响美观等。故应尽量减小变形，必要时焊后要进行矫形。

控制焊接变形，可从焊接结构设计和焊接工艺两个方面采取措施。

① 设计方面

a. 选用合理的焊缝尺寸和形状。在满足结构承载能力的前提下，应采用尽量小的焊缝尺寸，如角焊缝用小的焊脚尺寸；应选用焊缝金属少的坡口形式；尽可能减少焊缝的长度。

b. 尽可能减少焊缝数量。如在保证结构有足够强度的前提下，适当采用冲压结构来代替焊接结构，以减小焊缝的数量和尺寸。

c. 合理地安排焊缝的位置。焊缝应尽可能对称于结构截面中性轴布置；或使焊缝尽可能接近中性轴，以使焊接时产生均匀的变形，防止弯曲变形。

② 工艺方面

a. 反变形法。如图 5-12 所示，在焊接前对焊件施加大小相同、方向相反的变形，以抵

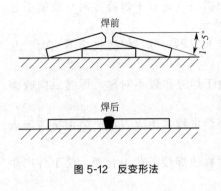

图 5-12　反变形法

消焊后发生的变形。反变形法需要积累实践经验数据，能够很好地控制焊接变形。反变形法是一种用于生产的行之有效的措施。

　　b. 刚性固定法。刚性大的焊件焊后变形一般都比较小，当焊件刚性较小时，利用外加刚性拘束来减小焊件焊后变形的方法称为刚性固定法。刚性固定法用于薄板是很有效的，特别是用来防止由于焊缝纵向收缩而产生的波浪变形更有效。刚性固定法焊后的应力大，不适用于容易产生裂纹的金属材料和结构的焊接。

　　c. 选择合适的焊接方法和焊接顺序。焊接速度快的焊接方法能减少焊件受热，减小焊缝冷却时的收缩区宽度，从而减小变形。如埋弧自动焊的焊接变形小于手工电弧焊和气体保护焊。而电弧焊中，气体保护焊的焊接变形又小于普通电弧焊。又如焊接某些变形量大且允许快速冷却的材料如铝、奥氏体不锈钢等，也可在焊后立即喷水冷却以减小焊接变形。采用合理的焊接顺序，尽可能采用整体装配后再进行焊接的方法。

　　(3) 焊缝的矫形

　　当采用上述措施后焊接变形仍较大时，则应根据焊件的设计要求考虑进行焊缝矫形。焊缝矫形的方法有机械法和火焰法。

　　机械矫形是将焊件中尺寸较短部分通过施加外力的作用，使之产生塑性延展，从而达到矫形的目的。如图 5-13 是一种机械矫形方法。由于机械矫形法是通过冷加工塑性变形来矫正变形，因此要损耗一部分塑性，故机械矫形法通常适用于低碳钢等塑性好的金属材料。机械法可用矫平机、压力机、卷板机、锤击等。

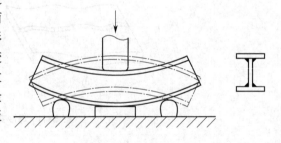

图 5-13　机械法矫形

　　火焰矫形是将焊件中尺寸较长部分通过火焰局部加热，利用加热时发生的压缩塑性变形和冷却时的收缩变形，而矫正变形的方法。火焰加热采用一般的气焊焊炬，加热用火焰一般用中性焰。火焰矫形时的加热温度最低可到 300℃，要严格控制高温，不宜超过 800℃，对于低碳钢和普通低合金高强度钢，加热温度为 600～800℃。

　　在选用矫形方法时，要特别注意钢种。对耐腐蚀设备不宜用锤击以防应力腐蚀，对具有晶间腐蚀倾向的 304 不锈钢和淬硬倾向较大的钢材不宜用火焰矫形；对冷裂纹倾向较大的高强度钢要少用机械法矫形，因为此法属冷塑性变形，易产生加工硬化。

5.4　焊接工艺要素

　　焊接工艺是控制接头焊接质量的关键因素。在工厂中，目前以焊接工艺细则卡来规定焊接工艺要素。焊接工艺细则卡的编制依据是相应的焊接工艺评定试验结果。焊接工艺细则卡规定的焊接工艺要素包括：焊前准备、焊接材料的牌号及规格、焊接工艺规范参数、操作技术、焊后检查等。本节将主要对焊前准备以及焊接工艺规范参数这两部分进行介绍。

5.4.1　焊前准备

（1）坡口加工

常用的坡口加工方法有以下几种。

① 剪切　剪切常用于不开坡口的薄板。此法生产率高，加工方便，加工后边缘平直。但在剪床上不能剪切厚钢板，也不能加工有角度的坡口，一般适用于 25mm 以下板厚。

② 刨边　刨边常用于加工直边坡口。用刨床或刨边机加工直边坡口，加工质量好，坡口平直，精度高。

③ 车削　车削用于加工管子坡口。车削可加工出各种形式的坡口，如加工厚壁筒体的 U 形坡口。对较长、较重等无法搬动的管子可用移动式的管子坡口机。小直径薄壁管子可用手动式坡口机，大直径厚壁管子则可采用电动车管机。

④ 氧乙炔切割　氧乙炔切割是应用最广的加工坡口方法。利用气割可以得到任何角度的 V 形、X 形、K 形等坡口，更适合厚钢板的切割，生产率高。气割有手工、半自动和自动，可同时安装二、三把割炬，能将 V 形、X 形坡口一次切成，生产率高。

⑤ 铲削　铲削用于加工坡口，清焊根。用风铲来铲削坡口，劳动强度较大，噪声严重。这种方法已日益被碳弧气刨所代替。

⑥ 碳弧气刨　碳弧气刨常用于清焊根。碳弧气刨效率比风铲高，劳动强度小，特别在开 U 形坡口时更为显著。缺点是要用直流电源，刨割时烟雾大，要采取排烟措施。

（2）坡口清洗

① 坡口两侧的内、外表面必须清除锈斑、氧化膜和油垢等污染，这是防止焊缝产生气孔和裂纹的有效措施。

② 手工电弧焊清理宽度为 20mm 范围，埋弧自动焊为 30mm，电渣焊为 40mm。

③ 焊接过程中不发生冶金反应的焊接方法如钨极氩弧焊、等离子弧焊等，这些焊接方法设备复杂，气体耗量大，更应重视坡口清洗。

（3）坡口装配

焊件组装时，接头两侧边缘必须相互对准。焊件组装后应进行错边量检查，在压力容器制造中，对接接头错边量的要求较高。A、B 类焊缝对口错边量应符合表 5-2 规定。

5.4.2　焊接工艺规范参数

焊接工艺规范参数包括焊前的预热温度、焊接电参数（电流、电压、电流种类、频率、焊接和送丝速度等）、后热温度和保温时间、消氢处理温度和保温时间、焊后热处理，以及消除应力处理等。在气体保护焊中，还应包括气体种类、混合比和流量等。

（1）焊前预热温度的选取

预热是焊接开始前对被焊工件的全部或局部进行适当加热的工艺措施。预热可以减小接头焊后冷却速度，避免产生淬硬组织，防止产生裂纹，减小焊接应力及变形。

预热温度根据母材的化学成分、焊件的性能、厚度、焊接接头的拘束程度和施焊环境温度，以及有关产品的技术标准等条件综合考虑，重要的结构要经过裂纹试验确定不产生裂纹的最低预热温度。

（2）焊接电参数

在使用连续的交流电或直流电焊接时，焊接规范中的电参数主要是焊接电压和焊接电流。在采用脉冲电流焊接时，电参数还包括电流的交变频率、通断比、基本电流和峰值电流。

焊接规范参数的选择原则首先是保证接头熔透、无裂纹并获得成形良好的焊道，同时还应保证接头的性能满足技术条件规定的各项要求，因而在选择电参数时要考虑焊接热输入量对接头性能的影响。手工电弧焊焊条直径选择及相应的焊接电流范围见表5-7和表5-8。

表 5-7   手工电弧焊时焊条直径的选择

焊件厚度/mm	2	3	4～5	6～12	>12
焊条直径/mm	2	3.2	3.2～4	4～5	5～6

表 5-8   手工电弧焊焊接电流与焊条直径的关系

焊条直径/mm	1.6	2.0	2.5	3.2	4	5	6
焊接电流/A	25～40	40～65	50～80	100～130	160～210	200～270	260～300

焊接电弧电压的大小主要由电弧长度决定。电弧长则电弧电压高，反之，电弧电压低。

（3）焊后加热和消氢处理

焊后加热是指焊后为防止急冷，将焊件或焊接区立即加热到150～250℃，保温一定时间，该工艺简称后热。若后热以消氢为目的，应在300～400℃温度范围内进行，这种处理就称为消氢处理。其要点是每条焊缝焊完后立即将焊件或整条焊缝加热到上述温度，并保温2～4h后空冷。

（4）焊后热处理

焊后热处理是将焊接装备的整体或局部均匀加热至金属材料相变点以下的温度范围内，保持一定时间，然后均匀冷却的过程。焊后热处理是装备制造尤其是压力容器制造中非常重要的工序，通过焊后热处理可以松弛焊接残余应力，稳定结构形状和尺寸，改善母材、焊接接头和结构件的性能。它是保证装备的质量，提高装备的安全可靠性，延长装备寿命的重要工艺措施。常用的焊后热处理有：

① 调质处理，即淬火加回火处理。淬火后回火处理的温度对焊接接头的性能有很大影响。回火温度应在 A_{c3} 以下 50～100℃。对一种钢材最适用的回火温度范围可通过预先的回火处理实验来确定。

② 正火或正火加回火。厚壁筒节纵缝电渣焊缝晶粒粗大，达不到所要求的力学性能，因此焊后必须作正火处理以细化晶粒。某些采用埋弧焊焊成的筒节也可能在热校和热整形过程中经受正火处理。正火温度应在该种钢材 A_{c3} 以上 30～50℃。过高的正火温度会导致晶粒长大，起不到正火的效果。保温时间按 1～2min/mm 计算，保温结束后将工件放在平静空气中冷却。

（5）消除应力处理

即采用低温消除应力法，通过温差拉伸焊缝，消除焊件中部分收缩变形，同步减少焊接残余应力。

5.5　焊接工艺分析与评定

5.5.1　焊接结构的焊接工艺分析

焊接工艺分析是制订切实可行的焊接工艺的前提。工艺分析的过程，就是在了解焊接结构技术要求基础上和在即将实施生产实践过程之间找出矛盾，提出解决矛盾的过程。分析的重点在焊接结构的装配和焊接工艺方面，它因产品结构及批量不同而异。

焊接结构的工艺分析的内容主要包括：结构与部件的划分、装配与焊接顺序、各工序的要求，还包括生产工艺装备的选择、检验方法的选择、生产组织与技术管理等。其目的是保证焊接结构的几何尺寸和接头的质量。制订焊接工艺的原则是：

① 能获得外观及内在质量满意的焊接接头；

② 焊接变形控制在允许范围内；

③ 焊接应力尽量小；

④ 焊件翻转的次数较少或利用胎夹具能方便地得到所要求的焊接位置；

⑤ 可焊到性好，焊工施焊方便；

⑥ 生产效率高、生产成本低。

5.5.1.1　装配与焊接各工序要求

结构与部件的划分主要考虑零部件的数量要适当。划分过细过散，对单件制造方便，但会增加装配与焊接工作量；划分过粗，零部件尺寸过大，因为零部件制造要受到制造条件影响，如车间的起重能力、制造条件等，会使得制造较为困难。划分时主要遵循的原则如下。

① 装配与焊接工作量尽量少，即采用型材、大尺寸的板材，以及用折边、模压型材代替焊接构件等。

② 工作面广的结构，应考虑各工种工作量的平衡，各工种之间的交替要尽量少。

③ 工艺过程易于流水作业，而且倒流水现象要尽量少。

④ 装配与焊接顺序要考虑焊接变形量尽可能小。

⑤ 保证焊接结构的几何尺寸，有必要采取下列措施：

a. 合理规定各零件、部件的尺寸精度，尺寸链和公差配合，保证整体精度符合要求；

b. 各零件、部件的加工与配合面要保证达到精度要求；

c. 充分分析结构的焊接变形，并要有减少焊接变形的措施。

5.5.1.2　制订焊接工艺的内容

① 合理选择焊接结构中各焊缝所需的焊接方法，并确定相应的焊接设备和焊接材料。

② 确定合理的焊接工艺参数，如焊接电流、电弧电压、焊接速度、焊条直径、焊接顺序和方向、焊接层数、保护气的种类和流量等。

③ 确定焊接热参数，包括焊件的预热、层间温度（多层多道焊，焊缝及母材在施焊下一焊道之前的瞬时最高温度）、后热及焊后热处理等。主要是确定加热温度、加热部位、保温时间和冷却速度等。

④ 选择或设计焊接工艺装备，如焊接胎夹具、焊接变位机械等。

5.5.1.3　焊接方法的选择

由于各焊接方法均有其自身的特点和利弊，所以必须根据被焊件的形状、材质、接头形式和焊接条件等，经济合理地选择。

（1）按工件形状进行选择

过程设备中，筒体的环缝和纵缝的焊接工作量约占整个焊接工作量的 85% 以上。同一旋转壳体上，各条环焊缝、纵焊缝均相同，要保证各条焊缝有稳定的焊缝质量。埋弧自动焊虽然焊前调整时间较长，但单位时间熔敷效率高，质量很少受人为因素的影响，容易达到稳定的焊接质量要求。因此，过程设备拼板及设备筒体的焊接，一般均选择埋弧自动焊。

（2）按材质进行选择

各种焊接方法采用的焊接电流是不相同的，埋弧自动焊的焊接电流较手工电弧焊要大 3~6 倍，因此线能量较高。一般低碳钢和含碳量很低的普通低合金钢，如 09Mn2、16MnR 等，对于线能量没有严格的限制，可以选择各种焊接方法。

奥氏体不锈钢由于热导率小，在同样电流下有较大的熔深，尤其"过热"问题突出，故当选择高线能量的焊接方法时，焊缝及热影响区将产生晶界贫铬和镍，前者易引起晶间腐蚀，后者则引起热裂纹。因此，奥氏体不锈钢的焊接一般多采用线能量较小的手工电弧焊和氩弧焊。

铝的化学活性很强，在空气中易氧化，在表面形成一层致密的熔点很高的氧化膜，不仅妨碍焊接，容易形成焊接夹杂物，而且还吸附大量的气体。钛升温后情况更严重，所以铝和钛都不能用普通的焊接方法进行焊接，必须采用纯度很高的氩弧焊。

（3）按接头形式选择

一般来说接头形式和焊接方法互相有对应选择关系，在某些条件下，例如现场安装和设备维修等，必须根据接头形式来选定合适的焊接方法。

① 不开坡口对接接头   不开坡口的对接接头有两种形式，一种是不开坡口的直接焊接，另一种是不开坡口的挑焊根的焊接。由于不开坡口却又要保证焊透，所以焊接应有足够的熔深。对于设备本体应进行两面焊接，且应保证两面焊的熔深部分有一定的重叠区域。不开坡口的挑焊根接头实质也是一种开坡口的对接接头形式，多用于设备筒体的对接，特别是小直径筒体的对接（例如 $\phi = 500 \sim 800$mm 筒体环缝的对接）。此时应采用先手工电弧焊打底，再外部用碳弧气刨开槽清焊根，最后埋弧自动焊的焊接方法。厚度大于 80mm 时，若工厂条件具备可选择电渣焊。

② V 形坡口接头   该接头适宜除电渣焊外的各种焊接方法。

③ T 形接头   由于埋弧自动焊焊弧的稳定对中和调节困难，因此该接头一般均采用手工电弧焊或气体保护焊。

总而言之，目前的基本情况是，钢结构采取手工电弧焊与埋弧焊结合的方法是恰当的，扩大后者的比重以发挥其优点；CO_2 气体保护焊在材料、焊机和工艺成熟时，由于其接头具有韧性好、生产率高、成本低、较为灵活、可全方位操作等优点，可推广应用；氩弧焊在焊有色金属时几乎是目前唯一能保证设备质量的焊接方法，它在焊接钢制设备的一些难度较大的地方，如单面焊双面成形的第一道焊缝等处也是很好的方法。

5.5.1.4   焊接材料的选择

国家能源行业标准 NB/T 47015《压力容器焊接规程》中对钢制压力容器的焊接材料的选用作了相关的规定。

焊接材料选用应根据母材的化学成分、力学性能、焊接性能结合压力容器的结构特点和使用条件综合考虑，必要时须通过试验加以确定。焊缝金属的性能应高于或等于相应母材标准规定值的下限或满足图样规定的技术要求。对各类钢材的焊接材料选用规定如下。

（1）相同钢号钢材相焊的焊缝金属

① 碳素钢相同钢号相焊。选用焊接材料应保证焊缝金属的力学性能高于或等于母材规定的限值。

② 强度型低合金钢相同钢号相焊。选用焊接材料应保证焊缝金属的力学性能高于或等于母材规定的限值。

③ 耐热型低合金钢相同钢号相焊。选用焊接材料应保证焊缝金属的力学性能高于或等于母材规定的限值，焊缝金属中的铬、钼含量与母材规定相当。

④ 低温型低合金钢相同钢号相焊。选用焊接材料应保证焊缝金属的力学性能高于或等于母材规定的限值。

⑤ 高合金钢相同钢号相焊。选用焊接材料应保证焊缝金属的力学性能高于或等于母材规定的限值。当需要时，其耐腐蚀性能不应低于母材相应要求。

⑥ 用生成奥氏体焊缝金属的焊接材料焊接非奥氏体母材时，应慎重考虑母材与焊缝金属膨胀系数不同而产生的应力作用。

（2）不同钢号钢材相焊的焊缝金属

① 不同强度等级钢号的碳素钢、低合金钢钢材之间相焊，选用焊接材料应保证焊缝金属的抗拉强度高于或等于强度较低一侧母材抗拉强度下限值，且不超过强度较高一侧母材标准规定的上限值。

② 奥氏体高合金钢与碳素钢、低合金钢之间相焊，选用焊接材料应保证焊缝金属的抗裂性能和力学性能。当设计温度不超过 370℃时，采用铬、镍含量可保证焊缝金属为奥氏体的不锈钢焊接材料；当设计温度高于 370℃时，宜采用镍基焊接材料。

焊接材料必须有产品质量说明书，并符合相应标准的规定，且满足图样的技术要求，进厂时按有关质量保证体系规定验收或复验，合格后方准使用。

5.5.1.5　焊缝坡口设计

正确地选择焊接坡口形状、尺寸，是一项重要的焊接工艺内容，是保证焊接接头质量的重要工艺措施。设计、选择焊接坡口时主要应考虑以下几个问题。

① 设计或选择不同形式坡口的主要目的是保证焊接接头全焊透。

② 设计或选择坡口首先要考虑的问题是被焊接材料的厚度。对于薄钢板的焊接，可以直接利用钢板端部（此时亦称为I形坡口）进行焊接；对于中、厚板的焊接坡口，应同时考虑施焊的方法。例如手工电弧焊和埋弧自动焊的最大熔透深度分别为 6～8mm 和 12～14mm，当焊接 14mm 厚的钢板时，若采用埋弧自动焊，则可用I形坡口，若采用手工电弧焊，则可设计成单面或双面坡口。

③ 要注意坡口的加工方法，如I形、V形、X形等坡口，可以利用气割、等离子切割加工，而U形、双U形坡口，则需用刨边机加工。

④ 在相同条件下，不同形式的坡口，其焊接变形是不同的。例如，单面坡口比双面坡口变形大；V形坡口比U形坡口变形大等。应尽量注意减少焊接变形与残余应力。

⑤ 焊接坡口的设计或选择要注意施焊时的可达性。例如，直径小的容器，不宜设计为双面坡口，而要设计为单面向外坡口等，同时应注意操作方便。

⑥ 要注意焊接材料的消耗量，应使焊缝的填充金属尽量少。对于同样板厚的焊接接头，坡口形式不同，焊接材料的消耗也不同。例如，单面V形坡口比单面U形坡口的焊接材料消耗大，成本将要增加。

⑦ 复合钢板的坡口应有利于减少过渡层焊缝金属的稀释率。

5.5.1.6 焊接工艺参数

在焊接工艺过程中所选择的各个工艺参数的综合，一般称为焊接规范。具体焊接工艺参数因焊接方法而异，焊条电弧焊的焊接工艺参数主要包括焊条直径、焊接电流、电弧电压、焊接速度和预热温度等。下面以焊条电弧焊为例说明焊接工艺参数的选择原则。

(1) 焊条直径

一般情况下焊条直径根据被焊工件的厚度来选择，水平焊对接时焊条直径选择见表5-7。另外还要考虑接头形式、焊接位置、焊接层数等的影响。例如，开坡口多层焊的第一层（打底焊）及非水平位置焊接选用较小直径的焊条。

根据国家能源行业标准 NB/T 47014《承压设备焊接工艺评定》，对于重要焊接结构通常要作焊接工艺评定，同时考虑焊接线能量的输入确定焊接电流的范围，参照表5-8 焊接电流与焊条直径的关系来确定焊条直径。

(2) 焊接电流

焊接电流是焊条电弧焊的主要工艺参数，焊工在操作过程中需要调节的只有焊接电流，焊接电流的选择直接影响着焊接质量和劳动生产率。焊接电流越大，熔深越大，焊条熔化越快，焊接效率也就越高。但是焊接电流太大时，飞溅和烟雾也大，焊条尾部易发红，部分涂层会失效或崩落，而且容易产生咬边、焊瘤、烧穿等缺陷，增大焊件变形，还会使接头热影响区晶粒粗大，焊接接头的韧性降低；焊接电流太小，则引弧困难，焊条容易粘连在工件上，电弧不稳定，易产生未焊透、未熔合、气孔和夹渣等缺陷，且生产率低。

因此，选择焊接电流时，应根据焊条类型、焊条直径、焊件厚度、接头形式、焊缝位置及焊接层数来综合考虑。焊接电流一般可根据焊条直径进行初步选择，焊接电流初步选定后，要经过试焊，检查焊缝成形和缺陷，才可确定。对于有力学性能要求的，如锅炉、压力容器等重要结构，要经过焊接工艺评定合格以后，才能最后确定焊接电流等工艺参数。

(3) 电弧电压

焊接电弧电压的大小主要由电弧长度决定。电弧过长则不稳定、熔深浅、熔宽增加，易产生咬边等缺陷，同时空气容易侵入，易产生气孔，飞溅严重，浪费焊条，电能效率低。生产中尽量采用短弧焊接，电弧长度一般为2~6mm。

(4) 焊接速度

焊条电弧焊焊接速度过快会造成焊缝变窄，严重凹凸不平，容易产生咬边及焊缝波形变尖；焊接速度过慢会使焊缝变宽，余高增加，功效降低。焊接速度还直接决定着热输入量的大小，一般根据钢材的淬硬倾向来选择。通常在保证焊缝熔透的情况下尽量采用较大的焊接速度，可达 60~70cm/min。

(5) 焊道层数

厚板的焊接，一般要开坡口并采用多层焊或多层多道焊。多层焊和多层多道焊接头的显微组织较细，热影响区较窄。前一条焊道对后一条焊道起预热作用，而后一条焊道对前一条焊道起热处理作用。因此，接头的延展性和韧性都比较好，特别是对于易淬火钢，后焊道对前焊道的回火作用，可改善接头组织和性能。对于低合金高强钢等钢种，焊缝层数对接头性能有明显影响。焊缝层数少，每层焊缝厚度太大时，由于晶粒粗化，将导致焊接接头的延展性和韧性下降。

(6) 热输入

热输入对低碳钢焊接接头性能的影响不大，因此，对于低碳钢焊条电弧焊一般不规定热输入。对于低合金钢和不锈钢等钢种，热输入太大时，接头性能可能降低；热输入太小时，有的钢种可能产生裂纹，因此在焊接工艺中需要规定热输入。焊接电流和热输入规定之后，焊条电弧焊的电弧电压和焊接速度就间接地大致确定了。

（7）预热温度

对于刚性不大的低碳钢和强度级别较低的低合金高强钢的一般结构，一般不必预热。但对刚性大或焊接性差，容易产生裂纹的结构需要焊前预热。预热温度选得越高，防止裂纹产生的效果越好；但超过必需的预热温度，会使熔合区附近的金属晶粒粗化，降低焊接接头质量，劳动条件也将会更加恶化。整体预热通常用各种加热炉加热。局部预热一般采用气体火焰加热或红外线加热。预热温度常用表面温度计测量。

（8）焊接冷却时间

在焊接热循环中对焊接接头组织、性能的影响，主要取决于加热速度、加热最高温度、高温（相变以上温度）停留时间和冷却速度四个参数，其中冷却速度是最重要的参数。因为对于一般的低合金钢，其大部分相变过程是在 $800 \sim 500℃$ 范围内进行的，因此在 $800 \sim 500℃$ 范围内的冷却速度快慢将直接影响着组织和性能的变化。在实践中为了分析、研究、测定方便，常用在 $800 \sim 500℃$ 的冷却时间 $\tau_{8/5}$ 来代替在这段温度范围内的冷却速度。$\tau_{8/5}$（或 $\tau_{8/3}$，由 $800℃$ 冷却到 $300℃$ 的时间）基本上可以反映焊接连续冷却过程，是控制相变的特征参数。

5.5.1.7　焊后热处理

常用钢号焊后热处理推荐规范详见国家能源行业标准 NB/T 47015《压力容器焊接规程》，主要的工艺参数分析和要求如下。

（1）加热温度

加热温度是焊后热处理规范中最主要的工艺参数，通常在金属材料的相变温度以下，低于调质钢的回火温度 $30 \sim 40℃$，同时要考虑避开钢材产生再热裂纹的敏感温度。但加热温度也不能太低，要考虑消除焊接残余应力、软化热影响区及扩散氢逸出的效应。

（2）保温时间

保温时间一般以工件厚度来选取，加热区内最高与最低温差不宜大于 $80℃$。

（3）升温速度

升温速度要考虑焊件温度均匀上升，尤其是形状复杂构件应注意缓慢升温。升温速度慢使生产周期加长，有时也会影响焊接接头功能。升温速度与焊后热处理厚度 δ 有关。等厚度全焊透对接接头的 δ 为焊缝厚度（余高不计），此时与母材厚度相同；对接焊缝连接的焊接接头中，δ 等于焊缝厚度；角焊缝连接的焊接接头中，δ 等于角焊缝厚度；组合焊缝连接的焊接接头中，δ 等于对接焊缝和角焊缝厚度中较大者。

焊件升温至 $400℃$ 后，加热区升温速度不应超过 $5500/\delta℃/h$，且不应超过 $220℃/h$，最小不低于 $55℃/h$。升温期间，加热区内任意长为 $4600mm$ 内的温差不得大于 $120℃$。

（4）冷却速度

冷却速度过快会造成焊件过大的内应力，甚至产生裂纹，同时也会影响性能，应加以控制。当焊件温度高于 $400℃$ 时，加热区降温速度不应超过 $7000/\delta℃/h$，且不应超过 $280℃/h$，最小不低于 $55℃/h$。

（5）进出炉温度

进出炉温度过高则与加热或冷却速度过快产生相似的结果。焊件进炉时，炉内温度不得高于 $400℃$。焊件出炉时，炉温不得高于 $400℃$，出炉后应在静止的空气中冷却。根据工件的大小，具体的热处理方法有炉内热处理和炉外加热处理，炉内热处理包括炉内整体热处理和炉内分段加热处理。炉外加热处理也有整体加热处理和分段或局部加热处理之分。

钢制压力容器是进行焊后热处理的典型过程设备。压力容器用钢板厚度、材质的不同，容器接触各种腐蚀性质，钢板所具备的冷热加工工艺性能、焊接性的不同等诸多因素，都会在不同程度上造成装备或焊接接头的内部产生残余应力、变形或其他性能变化，国家标准GB 150《压力容器》中提出了相应的要求。

5.5.2　焊接工艺评定

焊接工艺评定是焊接质量管理的重要环节。国家能源行业标准 NB/T 47014《承压设备焊接工艺评定》明确规定了焊接工艺评定的方法。焊接工艺评定资料是锅炉、压力容器制造厂的基础性工艺资料，用来表明制造和安装压力容器单位的能力及技术管理水平，它对提高经济效益、确保焊接质量、搞好焊工培训等是必不可少的工作和环节。

5.5.2.1　焊接工艺评定的目的和意义

（1）焊接工艺评定的定义

焊接工艺评定（Welding Procedure Qualification，WPQ）是为验证所拟订的焊件焊接工艺的正确性而进行的试验过程和结果评价。焊接工艺评定是保证质量的重要措施。

（2）焊接工艺评定的目的

焊接工艺评定的目的有三点：

① 评定施焊单位是否有能力焊出符合相关国家或行业标准、技术规范所要求的焊接接头。

② 验证施焊单位所拟订的焊接作业指导书是否正确，也就是说按照事先所拟订的焊接作业指导书所焊接的接头是否具有所要求的使用性能。

③ 为制订正式的焊接作业指导书或焊接工艺规程提供可靠的技术依据。

（3）焊接工艺评定的意义

焊接工艺评定的主要意义在于能够确认为各种焊接接头编制的焊接作业指导书的正确性和合理性。通过焊接工艺评定，检验按拟订的焊接作业指导书焊制的焊接接头的使用性能是否符合设计要求，为正式制订焊接作业指导书或焊接工艺规程提供可靠的依据。焊接工艺评定可提高产品的焊接质量，减少焊接后的检查工作量，提升焊接管理水平。

（4）焊接工艺评定的特点

焊接工艺评定不是选择最佳工艺参数，不是与产品实际条件相同才能指导生产，也不能消除应力、减少变形、防止焊接缺陷等。其实质在于验证施焊单位拟订的焊接作业指导书的正确性，回答了焊接接头的使用性能是否符合设计要求这个问题。

焊接工艺评定用作产品施焊前测定焊接接头性能，若性能不合格，可以改变所拟订焊接作业指导书的参数，继续评定，直到焊接接头性能符合有关规程和标准要求为止，故能主动地指导生产，避免了把产品当作试验板。

焊接工艺评定的前提是焊工操作技能必须熟练，不能让焊工的人为因素影响评定试验结果，故要求焊接工艺评定试件的焊工应是熟练工。考试合格的焊工，按照经焊接工艺评定合格的焊接作业指导书或焊接工艺规程施焊，产品就能保证焊接质量。

焊接试验是焊接工艺评定的基础，对一个从未焊接过的钢种，应首先进行焊接试验，包括焊接性分析、明确焊接方法、选择焊接材料、确定工艺参数、进行焊接性试验等。焊接试验主要解决钢材能不能焊接及一般条件下焊接接头的使用性能这两个问题。焊接性试验是焊接试验的重要组成之一，它包括焊接接头的接合性能（即抗裂性试验）和使用性能两部分内容。

　　按照劳动部《压力容器产品安全质量监督检验规则》，焊接工艺评定属于 A 类项目。要求在焊接工艺评定时，劳动部门的压力容器监检员必须在现场监督认可，并在相应的工作见证上签字，如检验报告、表卡、记录等，使焊接工艺评定具有法律作用。没有能力评定焊接工艺的制造厂也就没有条件制造压力容器。

5.5.2.2　焊接工艺的评定方法、程序和要求

　　（1）焊接工艺评定因素

　　影响压力容器安全、可靠使用的因素很多，如强度、耐腐蚀性、高温性能、低温性能等等，但其中最基本的因素是材料的力学性能。所以压力容器焊接工艺评定的核心是如何得到焊接接头力学性能符合文件要求的焊接工艺。

　　按焊接工艺评定因素对力学性能的影响，可将这些因素分成重要因素、补加因素和次要因素三大类。重要因素是指影响焊接接头力学性能（冲击韧性除外）的焊接工艺评定因素。补加因素是指影响焊接接头冲击韧性的焊接工艺评定因素。当规定进行冲击试验时，需增加补加因素。次要因素是指对要求测定的力学性能和弯曲性能无明显影响的焊接工艺评定因素。国家能源行业标准 NB/T 47014《承压设备焊接工艺评定》中对各种焊接方法的专用焊接工艺评定因素及分类做出了详细规定。

　　重要因素或补加因素变更时，影响了焊接接头的力学性能，要重新评定焊接工艺；次要因素不影响焊接接头的力学性能，即使变更也不须重新评定焊接工艺。举例来说，焊条直径本身是次要因素，它的变更不要求重新评定焊接工艺，但其改变后，焊接电流也随之改变，此时若有做冲击性试验要求，则成为变更补加因素而应该重新评定焊接工艺。

　　（2）试样的检验

　　压力容器制造中，主要用对接焊缝和角焊缝两种形式，所以只介绍这两种焊缝的焊接工艺评定。

　　① 评定对接焊缝　对接接头工艺试件需做外观检查、无损检测、力学性能试验和弯曲试验。外观检查和无损检测的结果不得有裂纹。力学性能试验和弯曲试验项目的取样数量除另有规定外，应符合表 5-9 的规定。

表 5-9　力学性能试验和弯曲试验项目的取样数量

试件母材的厚度 T/mm	拉伸试验/个 拉伸[①]	弯曲试验[②]/个			冲击试验[④⑤]/个	
		面弯	背弯	侧弯	焊缝区	热影响区[④]
T<1.5	2	2	2	—		
1.5≤T≤10	2	2	2	[③]	3	3
10<T<20	2	2	2	[③]	3	3
T≥20	2			4	3	3

　　① 一根管接头全截面试样可以代替两个带肩板形拉伸试样。

　　② 当试件焊缝两侧的母材之间或焊缝金属和母材之间的弯曲性能有显著差别时，可改用纵向弯曲试验代替横向弯曲试验。纵向弯曲时，取面弯和背弯试样各 2 个。

　　③ 当试件厚度 T≥10mm 时，可以用 4 个横向侧弯试样代替 2 个面弯和 2 个背弯试样。组合评定时，应进行侧弯试验。

　　④ 当焊缝两侧母材的代号不同时，每侧热影响区都应取 3 个冲击试样。

　　⑤ 当无法制备 5mm×10mm×55mm 小尺寸冲击试样时，免做冲击试验。

　　力学性能试验和弯曲试验的取样要求：取样时，一般采用冷加工方法，当采用热加工方法取样时，则应去除热影响区；允许避开焊接缺陷制取试样；试样去除焊缝余高

前允许对试样进行冷校平；板状、管状对接焊缝试件上试样取样位置分别如图 5-14、图 5-15 所示。

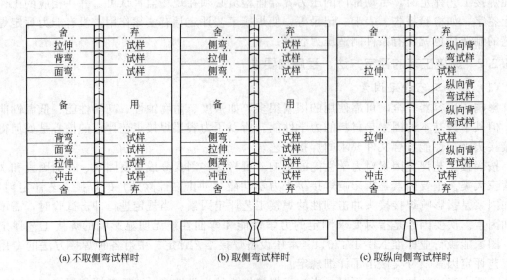

图 5-14   板状对接焊缝试件上试样位置图

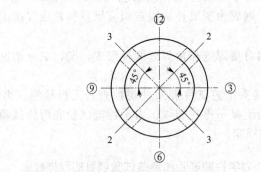

(a) 拉伸试验为整管时弯曲试样位置

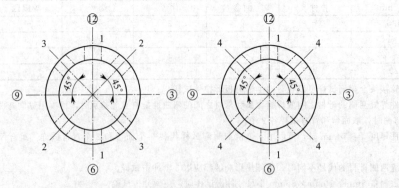

(b) 不要求冲击试验时

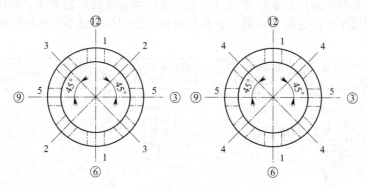

(c) 要求冲击试验时

图 5-15　管状对接焊缝试件上试样位置图
1—拉伸试样；2—面弯试样；3—背弯试样；4—侧弯试样；5—冲击试样
③⑥⑨⑫—钟点记号，表示水平固定位置焊接时的定位标记

② 评定角焊缝　角焊缝试件只需做外观检查和金相检验（宏观）。因为角焊缝试件无法做力学性能试验，如需了解角焊缝的力学性能，可同时焊一个对接焊缝试件，进行力学性能试验，用以代表角焊缝的力学性能。仅有角焊缝试件的评定，只能用于非承压角焊缝，因此，对于承压角焊缝的评定，应同时进行对接焊缝试件的力学性能检验。评定合格的角焊缝焊接工艺，适用于各种焊缝中的角焊缝。

角焊缝的试件外观检查不允许有裂纹。金相检验时取样方法如下。

a. 板状角焊缝试样。试件两端各舍去 20mm，然后沿试件纵向等分切取 5 块试样。每块试样取一个面进行金相检验，任意两检验面不得为同一切口的两侧面。

b. 管状角焊缝试样。将试件等分切取 4 块试样，焊缝的起始和终了位置应位于试样焊缝的中部。每块试样取一个面进行金相检验，任意两检验面不得为同一切口的两侧面。

（3）焊接工艺评定的程序和要求

焊接工艺评定应该包括拟订焊接工艺评定书、拟订焊接工艺评定指导书、编制焊接工艺评定报告、编制焊接工艺文件等四大过程，如图 5-16 所示。

① 拟订焊接工艺评定书　根据工件的施工设计，通过对工件图纸的工艺性审查，由焊接技术人员根据有关技术要求对工件上应按规定合格工艺施焊的所有焊缝进行汇总和分类，提出尚未评定或需要评定的项目。

② 拟订焊接工艺评定指导书　对于工件上需要评定的项目，由焊接技术人员根据实践经验和有关技术数据拟出评定时的焊接工艺参数。

③ 编制焊接工艺评定报告　根据焊接工艺评定指导书的要求准备试件，按所给的焊接工艺参数进行评定试样的焊接。焊接前，应检查评定用钢材、焊接材料的材质证明，必要时应进行材质复验；检查焊接设备和焊条焊剂的烘干质量。施焊过程中，对实际焊接工艺参数进行详细记录。对评定试样进行外观检查（必要时作无损探伤）。检查合格后，进行力学性能检验。如果力学性能不合格，则改变焊接工艺参数重新评定，直到评定合格为止，然后将结果填写进焊接工艺评定报告中。

④ 编制焊接工艺文件　根据合格的焊接工艺评定报告，结合施焊产品，由焊接工艺人

员编制焊接工艺规程或焊接作业指导书，作为焊接压力容器的工艺文件。焊接工艺文件并不是简单地重复焊接工艺评定报告，其工艺参数可在不影响焊接接头力学性能的范围内变化。

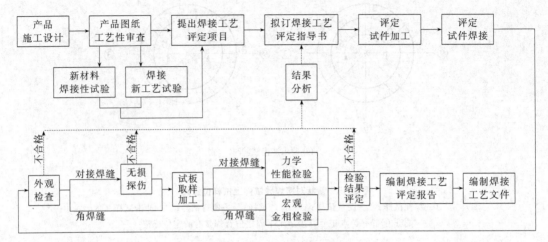

图 5-16　焊接工艺评定工作程序图

5.6　焊接裂纹及控制

裂纹是焊接缺陷中危害最大而又较普遍的一种。裂纹是结构和零件脆断、疲劳破坏、腐蚀破坏的起因，所以它不仅可能使产品报废，而且还可能因未被检测出而导致灾难性的事故。

特别是各种低合金高强钢、专业用钢（低温、耐热、耐磨、抗氢等钢种）以及某些高合金钢钢种制造各种焊接结构时，存在的主要问题之一就是焊接裂纹。裂纹有时分布在焊缝上，有时分布在焊接热影响区。如果按照产生裂纹的本质来分，可分为热裂纹、再热裂纹、冷裂纹、层状撕裂这四类裂纹。

5.6.1　热裂纹

（1）热裂纹的产生

热裂纹是在焊缝冷凝过程中，在高温阶段产生的裂纹。主要发生在焊缝金属内，少量在近缝区中。方向主要是纵向的，但有时也会看到横向分布。纵向的热裂纹常沿着焊缝中线，在柱状晶成长相遇的地方分布，或者是在柱状晶之间分布，其特征是沿晶界开裂，所以又称晶间裂纹。热裂纹若是发生在焊缝区，在焊缝结晶过程中形成，就叫结晶裂纹。如果发生在热影响区，在加热到过热温度时因晶间低熔点杂质发生熔化而形成，就叫液化裂纹。

一般认为产生热裂纹的原因有以下两个：

① 晶间存在液态薄膜。在焊接过程中，焊缝结晶的柱状晶形态，会导致低熔点杂质偏析，从而在晶间形成一层液态薄膜。在热影响区的过热区，如晶界存在较多的低熔点杂质，则形成晶间液态薄膜。

② 接头中存在拉应力。由于液态薄膜还未建立起强度，在拉应力的作用下很易开裂，从而产生热裂纹。

（2）防止热裂纹的措施

热裂纹是由冶金因素和力的因素引起的。因此，防止热裂纹也从这两方面考虑，主要采取下列措施。

① 限制钢材和焊条、焊剂的低熔点杂质，如硫和磷含量。Fe 和 FeS 易形成低熔点共晶，其熔点为 988℃，很容易产生热裂纹。

② 适当提高焊缝形状系数，防止中心偏析的产生。一般认为焊缝成形系数为 1.3～2.0 之间较合适。

③ 调整焊缝化学成分，避免低熔点共晶，缩小结晶温度范围，改善焊缝组织，细化焊缝晶粒，提高塑性，减少偏析。一般认为含碳量控制在 0.10 % 以下，热裂纹敏感性大大降低。

④ 减少焊接应力的工艺措施，如采用小线能量、焊前预热、合理布置焊缝等。

⑤ 施焊时填满弧坑，以减小应力。

5.6.2　再热裂纹

（1）再热裂纹的产生

有些重要构件焊后需消除残余应力，例如厚壁压力容器制造过程中，消除应力处理已成为不可缺少的环节，而高温回火是目前最常采用的方法。但是某些材料制成的结构在消除应力回火中常出现裂纹，由于是在消除应力处理中出现的，也称消除应力处理裂纹。实际上这类裂纹不仅发生在焊后消除应力热处理过程中，也可发生于焊后再次高温加热的过程中（包括在高温下长期使用过程中），故统称为再热裂纹。

再热裂纹有以下特点：

① 一般只有在那些沉淀强化的低合金高强钢、珠光体钢、奥氏体钢和镍基合金等材料中才会发现这类裂纹；

② 通常发生在焊接热影响区粗晶部分上，并具有典型的晶间断裂性质，方向大致平行于熔合线，裂纹不一定是连续的，常常是分支多道并行发展；

③ 几乎所有再热裂纹都起源于某种类型的应力集中点，如焊趾、焊根或其他焊接缺陷；

④ 再热裂纹的产生必须有较大的残余应力作为先决条件；

⑤ 再热裂纹产生在再热的升温过程，存在一个最易于产生再热裂纹的敏感温度，例如低合金高强钢一般在 500～700℃之间。

再热裂纹易在应力集中或存在较大的残余应力的焊接接头再次加热时产生，说明再热裂纹与高温蠕变有关；再热裂纹沿粗晶区的晶界产生和扩展，说明粗晶区的晶界与晶内相比相对薄弱。当接头在再次加热的过程中，由于松弛应力而产生的实际塑性应变量，大于粗晶区晶界的塑性变形能力时，就会产生裂纹。

（2）控制再热裂纹的措施

在钢种及结构形式一定的条件下，为防止产生再热裂纹，一般主要考虑两方面：改善过热粗晶区的塑性和减少焊接残余应力，特别是要减少应力集中。主要有以下几方面的措施：

① 预热及焊后热处理　预热能降低焊接残余应力和减少过热区的硬化，是防止再热裂纹的有效措施之一。预热温度因钢种不同而有所不同，如在斜 Y 形坡口拘束试验的条件下，18MnMoNb 钢的预热温度应为 230℃，而 14MnMoNbB 钢则为 300℃。一般说来，提高预热温度，再热裂纹倾向将明显减小，大约在 200～450℃范围内效果好。

如能在焊后及时在不太高的温度下进行后热，也可产生类似预热的效果，并可降低一些预热的温度。例如 18MnMoNb 焊后 180℃ 后热处理 2h，预热温度可降到 180℃；14MnMoNbB 在 250℃ 后热处理 2h，预热温度可降到 180℃。

② 应用低强焊缝 降低焊缝金属强度可提高其塑性形变能力，从而减缓近缝区的应力集中，可降低再热裂纹的敏感性。即使仅仅在焊缝表层用低强焊条来盖面，也有一定的降低再热裂纹倾向效果。

③ 焊后加工处理 用钨极氩弧焊重熔一遍焊缝表层，可减少焊接残余应力，根除咬边等缺陷，保证根部焊透，以及焊后打磨使焊趾圆滑过渡，可显著减少近缝区的应力集中。这些措施都可降低再热裂纹的倾向。

5.6.3 冷裂纹

（1）冷裂纹的产生

冷裂纹是目前焊接生产中影响较大的一种缺陷，因为这类裂纹是在较低的温度（大约在钢的马氏体转变温度点附近或室温）产生，所以叫冷裂纹，冷裂纹的形态见图 5-17。由于被焊材料和结构形式不同，冷裂纹也有不同的类型，大体上可分为以下三类：延迟裂纹、淬硬脆化裂纹（淬火裂纹）、低塑性脆化裂纹。

延迟裂纹是冷裂纹中一种较普遍的形态，特点是焊后经过一段时间才出现，产生延迟现象，故称延迟裂纹。通常，如同对待热裂纹和结晶裂纹一样，最主要、最常见的冷裂纹是延迟裂纹，习惯上并不

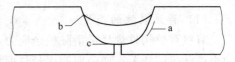

图 5-17 冷裂纹的形态
a—焊道下裂纹；b—焊趾裂纹；c—焊根裂纹

严格区分冷裂纹和延迟裂纹。冷裂纹的特征是无分支，通常为穿晶型。表面冷裂纹无氧化色彩。下列因素是产生延迟裂纹的主要原因：

① 存在较大的拉应力；

② 焊接接头含氢量较高，并聚集在焊接缺陷处形成大量氢分子，造成非常大的局部压力，使接头脆化；

③ 焊接接头的淬火倾向严重，产生淬火组织，导致接头性能脆化。

因氢的扩散需要时间，所以冷裂纹在焊后需延迟一段时间才出现。由氢所诱发的延迟裂纹，也叫氢致裂纹。

（2）控制焊接冷裂纹的措施

根据上述三因素对焊接冷裂纹的影响可知，必须尽力降低焊接应力、消除一切氢的来源、改善组织。在被焊钢材确定之后，主要是控制焊接工艺及合理选用焊接材料，必要时采用焊后热处理。防止延迟裂纹可采取以下措施：

① 选用碱性焊条或焊剂，减少焊缝金属中氢的含量，提高焊缝金属塑性；

② 焊条、焊剂要烘干，焊缝坡口及附近母材要去油、去水、除锈，减少氢的来源；

③ 工件焊前预热，焊后缓冷，可降低焊后冷却速度，避免产生淬硬组织，并可减少焊接残余应力；

④ 采取减小焊接应力的工艺措施，如对称焊、小线能量的多层多道焊等；

⑤ 焊后立即进行去氢处理，加热到 250℃，保温 2～4h，使焊缝金属中的扩散氢逸出金属表面；

⑥ 焊后进行清除应力的退火处理。

5.6.4　层状撕裂

（1）层状撕裂的产生

在大型焊接结构中，往往采用 30～100mm 甚至更厚的高强钢，如果焊接时在钢材厚度方向承受较大的拉伸拘束应力，就有可能发生层状撕裂。由于检测手段的限制，无损探伤不易发现且存在潜在危险，即使查出也难以修复。

层状撕裂是由若干沿着钢板轧向，且平行于表面发展的裂纹"平台"，通过大体上垂直板面的剪切"壁"而连接起来的阶梯形裂纹。在裂纹的平台部分常可找到各种形式的非金属夹杂物。层状撕裂的位置在热影响区或离焊缝更远一些的母材中，而不可能出现在焊缝中。就接头形式而言，层状撕裂一般都发生在丁字接头或角接接头，极少发生在对接接头中。

引起层状撕裂的原因，除了厚度方向上产生足以引起撕裂的拘束应力外，主要是与轧制过程中在板厚方向（Z 向）上形成的非金属夹杂物的层状构造有关。非金属夹杂物与金属结合力极低并成为应力集中源，如果金属本身塑性、韧性差，就会因拘束应力而使处于同平面的许多非金属夹杂物开裂、扩展，并连成一平台。而"壁"则是由相邻平面内的裂纹通过剪切形成的。

非金属夹杂物的数量、大小、形状和分布比它的成分对层状撕裂的影响更大。从夹杂物的大小看，主要取决于它的平均长度而非单个夹杂的最大长度。从分布看，在同一平面内密集的夹杂物影响严重。端部尖锐程度大的薄片状夹杂物显然比钝厚的层状夹杂物影响大，因此夹杂物中以片状硫化物的影响最为严重。

（2）控制层状撕裂的措施

控制层状撕裂应以预防为主。既然层状撕裂的根本原因是夹杂物多、Z 向塑性低和拘束应力大，那么预防措施亦应从这几方面入手。

① 应当选用对层状撕裂敏感性小的材料。

使用前，材料需做一些试验，如 Z 向拉伸试验，即用厚度方向上的断面收缩率 ψ_z 来衡量层状撕裂敏感性。注意到成分相同的材料，夹杂物含量不一定相同；同一块板上不同部位夹杂物量也不同，因而需多个部位取样。$\psi_z \leqslant 5\%\sim8\%$ 层状撕裂的倾向就很严重，$\psi_z > 15\%\sim25\%$ 就能较好地抵抗层状撕裂。对钢材还可进行含硫量的分析以便了解硫化物夹杂的数量。

② 为减少 Z 向拘束应力，可从结构设计和工艺方面采取一些措施。

改变接头形式，尽量采用对接接头；采用低强度焊缝；预堆敷软焊过渡层；采用低氢焊条、小线能量和预热等。

③ 有不少层状撕裂是其他焊接裂纹诱发而生的，所以防止作为诱发因素的焊接裂纹也十分重要。

5.7　焊接件的结构工艺性

焊接件的结构工艺性是指在一定的生产规模条件下，如何选择零件加工和装配的最佳工艺方案，是经济原则在焊接结构设计和生产中的具体体现。焊接件的结构工艺性应考虑到各条焊缝的可焊到性、焊缝质量的保证、焊接工作量、焊接变形的控制、材料的合理应用、焊后热处理等因素，具体主要表现在焊缝的布置、焊接接头和坡口形式等方面。其中，焊缝位置对焊接接头的质量、焊接应力和变形以及焊接生产率均有较大影响，因此在布置焊缝时，应考虑以下几个方面。

（1）焊缝位置应便于施焊，有利于保证焊缝质量

焊缝可分为平焊缝、横焊缝、立焊缝和仰焊缝四种形式，如图 5-18 所示。其中施焊操作最方便、焊接质量最容易保证的是平焊缝，因此在布置焊缝时应尽量使焊缝能在水平位置进行焊接。

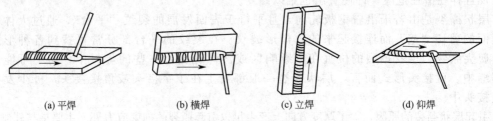

(a) 平焊　　　　　(b) 横焊　　　　　(c) 立焊　　　　　(d) 仰焊

图 5-18　焊缝的空间位置

除焊缝空间位置外，还应考虑各种焊接方法所需要的施焊操作空间。图 5-19 所示为考虑手工电弧焊施焊空间时，对焊缝的布置要求；图 5-20 所示为考虑点焊或缝焊施焊空间（电极位置）时的焊缝布置要求。

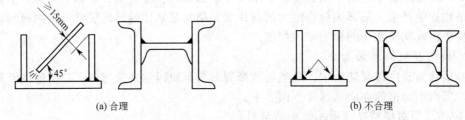

(a) 合理　　　　　　　　　　　　　(b) 不合理

图 5-19　手工电弧焊对操作空间的要求

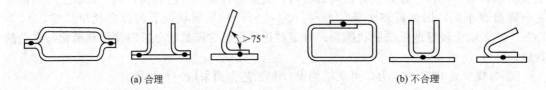

(a) 合理　　　　　　　　　　　　　(b) 不合理

图 5-20　电阻点焊和缝焊时的焊缝布置

另外，还应注意焊接过程中对熔化金属的保护情况。气体保护焊时，要考虑气体的保护作用，如图 5-21 所示。埋弧焊时，要考虑接头处有利于熔渣形成封闭空间，如图 5-22 所示。

(a) 合理　　　　　　　　　　　　　(b) 不合理

图 5-21　气体保护电弧焊时的焊缝布置

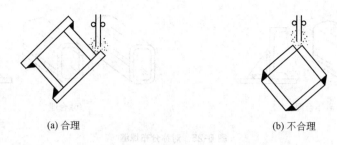

(a) 合理　　　　　　　　　　　(b) 不合理

图 5-22　埋弧焊时的焊缝布置

（2）焊缝布置应有利于减少焊接应力和变形

通过合理布置焊缝来减小焊接应力和变形主要有以下途径。

① 尽量减少焊缝数量　采用型材、管材、冲压件、锻件和铸钢件等作为被焊材料。这样不仅能减小焊接应力和变形，还能减少焊接材料消耗，提高生产率。如图 5-23 所示的箱体构件，如采用型材或冲压件 ［图 5-23（b）］焊接，可较板材 ［图 5-23（a）］减少两条焊缝。

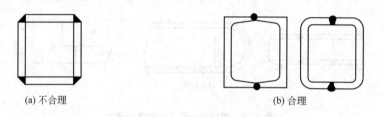

(a) 不合理　　　　　　　　　　　(b) 合理

图 5-23　减少焊缝数量

② 尽可能分散布置焊缝　如图 5-24 所示，焊缝集中分布容易使接头过热，材料的力学性能降低。两条焊缝的间距一般要求大于三倍或五倍板厚。

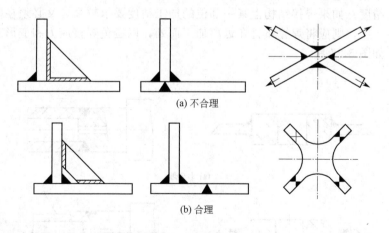

(a) 不合理

(b) 合理

图 5-24　分散布置焊缝

③ 尽可能对称分布焊缝　如图 5-25 所示，焊缝的对称布置可以使各条焊缝的焊接变形相抵销，对减小梁柱结构的焊接变形有明显的效果。

（3）焊缝应尽量避开最大应力和应力集中部位

如图 5-26 所示，以防止焊接应力与外加应力相互叠加，造成过大的应力而开裂。不可

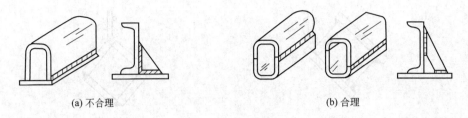

(a) 不合理　　　　　　　(b) 合理

图 5-25　对称分布焊缝

避免时，应附加刚性支承，以减小焊缝承受的应力。

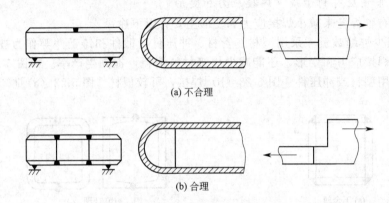

(a) 不合理

(b) 合理

图 5-26　焊缝避开最大应力集中部位

（4）焊缝应尽量避开机械加工面

一般情况下，焊接工序应在机械加工工序之前完成，以防止焊接损坏机械加工表面。此时焊缝的布置也应尽量避开需要加工的表面，因为焊缝的机械加工性能不好，且焊接残余应力会影响加工精度。如果焊接结构上某一部位的加工精度要求较高，又必须在机械加工完成之后进行焊接工序，则应将焊缝布置在远离加工面处，以避免焊接应力和变形对已加工表面精度的影响，如图 5-27 所示。

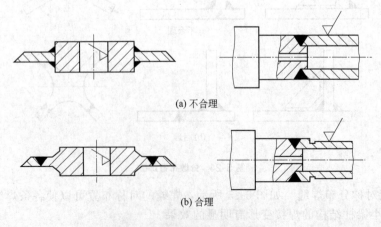

(a) 不合理

(b) 合理

图 5-27　焊缝远离机械加工表面

5.8 金属材料的焊接性与焊接用钢的工艺特点

5.8.1 金属材料的焊接性

（1）金属材料的焊接性概念

金属材料的焊接性，也称可焊性，是指金属材料在一定的焊接工艺条件（如焊接方法、焊接材料、焊接规范、热处理、预热和缓冷、坡口形式、施焊环境等）下，能否获得优质焊接接头的难易程度和该焊接接头在使用条件下能否可靠运行。金属材料的焊接性分为工艺焊接性和使用焊接性。

工艺焊接性是指在一定焊接工艺条件下，能否获得组织、性能均匀一致，无缺陷的焊接接头的能力。工艺焊接性主要考虑的是在焊接过程中如何避免产生缺陷（如前所述的焊接裂纹、夹渣、气孔、未焊透等），以获得优质的焊缝。使用焊接性是指焊接接头或整体结构满足技术条件所规定的各种使用性能的程度，包括常规的力学性能及特定条件下的性能，如抗脆性断裂性能、蠕变、疲劳性能、持久强度、耐腐蚀性能等。

使用条件下的性能较为复杂、严格，焊接接头在必须具有良好的工艺焊接性同时，也必须具有使用条件下的使用性能。金属材料只具备良好的工艺焊接性，而使用焊接性不理想，将不能满足实际生产需要；同时，没有良好的工艺焊接性而有可靠的使用焊接性也很难想象。因此，评定金属材料焊接性要从这两个方面同时考虑。

（2）金属材料工艺焊接性的评定方法

全面、正确地评定金属材料的焊接性，需要通过一系列的理论分析、试验甚至计算来进行综合判断。无论是工艺焊接性还是使用焊接性，评定判断方法有三种：实际焊接法、模拟焊接法和理论估算法。前两种为试验法，理论估算法多作为试验法之前的初步估算或选择试验方法的参考，最后工艺评定必须以试验结果为依据。

焊接缺陷中最危险、最严重的缺陷就是裂纹。所以，工艺焊接性评定几乎全部是针对焊接生产中出现的裂纹问题进行设计。碳当量法是裂纹敏感性估算法之一，这是一种根据化学成分对钢材焊接热影响区淬硬性的影响程度，粗略评价钢材产生冷裂纹的倾向或脆化倾向的方法。由于钢中含碳量增加，塑性降低，淬硬倾向增大，容易产生裂纹，即碳含量对产生冷裂纹的影响最大，因此把其他合金元素对裂纹的影响折算成相当的碳含量，并据此含量的多少来判断材料的工艺焊接性和裂纹的敏感性。国际焊接学会（IIW）20 世纪 50 年代推荐的碳当量 CE 计算式：

$$CE = C + \frac{Mn}{6} + \frac{Cr + Mo + V}{5} + \frac{Cu + Ni}{15} (\%) \tag{5-1}$$

式中，化学成分中的元素含量均取上限，表示在钢中的质量分数，适用于中、高强度的非调质低合金钢（$\sigma_b = 500 \sim 900 MPa$）。

CE 值越大，被焊材料淬硬倾向越大，热影响区越容易产生冷裂纹，工艺焊接性越不好。所以，可以用碳当量值预测某种钢的焊接性，以便确定是否需要采取预热和其他工艺措施。一般认为 CE < 0.45% 的钢材焊接性较好；CE > 0.6% 的钢材，淬硬倾向强，属于比较难焊接的材料，需采用较高的预热温度和严格的工艺措施。例如，板厚小于 20mm、CE < 0.4% 时，钢材淬硬性倾向不大，焊接性良好，不需要预热；当 CE > 0.5% 时，钢材易淬硬，焊接时需要预热以防止裂纹。

硫、磷对钢的焊接性有很坏的影响，但合格的钢材中对硫、磷含量都有严格的控制，所以碳当量计算中未考虑硫、磷的影响。实际使用中，当钢材出现裂纹时，要化验硫、磷含量，以便分析产生裂纹的原因。

（3）使用焊接性的试验方法

评定焊接接头或焊接结构的使用性能，需要用试验方法进行，具体项目取决于结构的工作条件和设计上提出的技术要求。

① 常规力学性能试验　焊接接头的力学性能试验主要是测定焊接接头（包括母材焊缝金属和热影响区）在不同载荷作用下的强度、塑性和韧性。常规力学性能试验项目包括：焊接接头拉伸试验；焊接接头的冲击试验，有带 V 形缺口和 U 形缺口两种试样；焊接接头的弯曲试验，主要用来评定焊接接头的塑性和致密性；焊接接头应变时效敏感性试验；焊接接头及堆焊金属硬度试验等。所有试验都要按照我国现行标准规定进行。

② 焊接接头抗脆断性能试验　压力容器制造中焊接接头或材料（带有缺陷）的抗脆断性能与温度的关系很密切，当温度逐渐降低到某一温度时，就会产生无塑性变形的完全断裂（脆断），这一温度即无塑（延）性转变温度（Nil Ductility Transitiom Temperature，NDT），其含义是材料在接近屈服强度并存在小缺陷的情况下，发生脆性破坏的最高温度，高于此温度一般不会发生脆性破坏。当温度低于 NDT 温度时，材料产生断裂，无延性，断裂属于脆性。影响金属材料、焊接接头产生脆性断裂的原因是多方面的，主要有材料的组织、成分、性能和存在的缺陷（尤其是裂纹），厚壁材料内部呈平面应变状态，以及制造工艺中的成形、焊接、热处理等工艺的不合理工作温度等因素。按照国家标准 GB/T 6803《铁素体钢的无塑性转变温度落锤试验方法》进行落锤试验，可将温度、缺陷尺寸和断裂强度三者之间建立断裂分析图，以表明它们之间的关系。

另外，评定焊接接头的使用焊接性还有焊接接头疲劳及动载试验、焊接接头的抗腐蚀试验、焊接接头的高温性能试验等。

5.8.2　焊接用钢的工艺特点

（1）碳素钢的焊接

① 低碳钢的焊接　低碳钢含碳量较少，其含碳量低于 0.25%，塑性很好，淬硬倾向小，不易产生裂纹，所以焊接性最好。低碳钢几乎可采用所有的焊接方法进行焊接，焊接时通常不需采取特殊的工艺措施，即能获得优质焊接接头。但在焊接较厚或刚性很大的构件时，应考虑焊后热处理；低环境温度下焊接刚性大的结构时，应考虑焊前预热，如在低于零度的环境温度焊接厚度大于 50mm 的钢板时，应将其预热至 100~150℃。

② 中碳钢的焊接　含碳量在 0.25%~0.60% 之间的中碳钢，有一定的淬硬倾向，焊接接头容易产生低塑性的淬硬组织和冷裂纹，焊接性较差。中碳钢的焊接结构多为锻件、铸钢件或进行补焊的焊件。

中碳钢焊件通常采用焊条电弧焊和气焊进行焊接。中碳钢的焊接主要有以下几个特点：

a. 大多数情况下需要预热和控制层间温度，以降低冷却速度，防止产生脆性马氏体组织。35 钢和 45 钢预热温度为 150~250℃；含碳量更高时预热温度可为 250~400℃。

b. 焊后最好立即进行消除残余应力的热处理，特别是在厚度大、刚性大的结构或工作条件较苛刻的情况下，更应考虑热处理。

c. 焊接沸腾钢时应注意向焊缝过渡锰、硅、铝等脱氧剂元素，以防止气孔的产生。

d. 应选择低氢焊接材料，特殊情况下可选用铬、镍不锈钢焊条焊接，不需预热，焊缝奥氏体组织塑性好，可以减少焊接接头的残余应力，避免热影响区冷裂纹的产生。

e. 如果选用碳钢或低合金钢焊条，而焊缝与母材不要求等强度时，可以选用强度等级比母材低一级的低氢焊条。

③ 高碳钢的焊接　高碳钢含碳量大于 0.6%，有高碳结构钢、高碳工具钢和高碳碳素钢等。高碳钢的焊接特点与中碳钢基本相同，但由于其含碳量更高，更容易产生硬脆的高碳马氏体，淬硬倾向和裂纹敏感倾向更大，相比于低、中碳钢焊接性更差。因此这类钢不宜用于制造焊接结构，主要用于制造高硬度耐磨零部件，高碳钢的焊接以补焊修理为主。为了获得高硬度和耐磨性，高碳钢焊件一般都经过热处理，焊接前应退火，以减少裂纹倾向，焊后再经热处理，以达到高硬度和耐磨的要求。

高碳钢焊接时应注意以下几点。

a. 高碳钢焊接前应进行退火处理。

b. 焊接材料一般不用高碳钢。选用焊接材料根据产品设计要求而定，要求强度高时，一般用低合金高强钢焊条，要求不高时可选用碱性低碳钢焊条。另外，高碳钢也可以选用铬镍奥氏体钢焊条焊接，牌号强度级别与焊接中碳钢的焊条相同，这时不需要预热。

c. 采用结构钢焊接时必须预热，一般预热温度为 250～350℃以上。

d. 焊接过程中需要保持与预热温度一样的层间温度。

e. 焊后工件应立即送入 650℃的炉中保温，进行消除残余应力的热处理。

（2）低合金钢的焊接

低合金钢是在碳素钢的基础上，通过添加少量多种合金元素（一般总量在 5% 以内），以提高其强度或改善其使用性能的合金钢。在焊接结构中常用的低合金钢有低合金高强度钢（高强钢）、低温用钢、耐蚀钢及珠光体耐热钢四类。

① 低合金高强度钢的焊接　低合金高强度钢广泛用于制造压力容器，其主要特点是强度高，塑性、韧性也较好。以典型的 16Mn 钢的焊接为例，其淬硬倾向比低碳钢大，一般都用抗裂性较好的碱性焊条。在较低温度下或刚性大、厚壁结构的焊接时，需要考虑预热措施，防止冷裂纹的产生。对于板厚小于 20mm 的焊件，在正常条件下可采用强度等级与母材相当或稍高的酸性焊条。由于 16Mn 钢使用铝、钛脱氧的细晶钢，对过热不敏感，具备采用大线能量施焊的条件，采用大线能量有利于避免淬硬性组织的出现。

② 低温用钢的焊接　低温用钢可分为无镍和含镍两大类，主要用于制造低温下工作的容器、管道等设备。我国的无镍低温压力容器用钢，最低使用温度为 -90～-30℃，含镍的低温用钢常称为镍钢，最低使用温度为 -170～-70℃。低温用钢由于含碳量低，其淬硬倾向和冷裂倾向小，具有良好的焊接性，但应注意焊缝和粗晶区的低温脆性。为避免焊缝金属和热影响区形成粗晶组织而降低低温韧性，焊接时要求采用小的焊接线能量。埋弧自动焊时，由焊剂向焊缝渗入微量钛、硼等合金元素，以保证焊缝金属获得良好的低温韧性。其中 3.5% 镍钢广泛用于化工低温设备的制造，有应变时效倾向，当冷加工变形量在 5% 以上时，要进行消除应力的热处理以保证低温韧性。

③ 耐蚀钢的焊接　耐蚀钢是指能够耐大气腐蚀和海水腐蚀的钢材。国产耐蚀钢如 16CuCr、12MnCuCr、09MnCuPTi 等，是以 Cu、P 为主，配以 Cr、Mn、Ti、Nb、Ni 等合金元素。Cr 能提高钢的耐腐蚀稳定性，Ni 与 Cu、P、Cr 共同加入时，能加强耐腐蚀效果。磷会使冷脆敏感性增加，由于碳会加重磷的危害，因此焊缝中含磷时要严格控制碳的含量。一般碳和磷的含量都控制在 0.25% 以下时，钢的冷脆倾向不大。耐蚀钢虽含有铜、磷等合金元素，但含量较低，所以焊接时不会产生热裂纹，冷脆倾向也不大，焊接性较好。耐蚀钢的焊接工艺与强度级别较低的热轧低合金钢相同。

④ 珠光体耐热钢的焊接　珠光体耐热钢是一种以铬、钼为主加元素的中温低合金耐热钢，如 12CrMo、15CrMo、Cr5Mo 等，使用温度 500～580℃ 左右。其可焊性与低碳调质钢类似。主要问题是淬火倾向大，含铬量越高越突出，易引起冷裂。采用手弧焊、埋弧焊进行珠光体耐热钢的焊接时，焊前均应预热。根据不同使用要求，可采用不同的焊后热处理。一般情况下，对含铬量较低，截面尺寸不大且经过预热者，焊后可不进行热处理但需保温缓冷。厚壁管道，常于焊后进行 700～750℃（A_{c1} 以下）的退火处理，保温后缓冷。在选择焊接材料时应注意使焊缝的化学成分接近母材，以保证热强度和耐腐蚀等使用要求。当不同种类的耐热钢进行焊接时，应按铬含量较低的母材选用焊接材料；若为耐热钢与低碳钢进行焊接时，则应选用耐热钢焊条。

（3）不锈钢及高合金耐热钢的焊接

不锈钢和高合金耐热钢都属于高合金钢范围。加入的合金元素量一般都在 10% 以上，主加元素为铬、镍，此外有锰、钼、钛、铌、钨、硅、铝、氮等。这类钢多呈单相组织，耐腐蚀性和耐热性（高温稳定性和高温强度）都很优良，在化工设备制造中广泛应用。

① 不锈钢的焊接　根据钢的组织不同，不锈钢可分为铁素体不锈钢、马氏体不锈钢和奥氏体不锈钢。以马氏体不锈钢（2Cr13 等）的焊接为例，马氏体不锈钢具有强烈的淬硬倾向，一般由高温奥氏体状态空冷即可淬硬，焊接残余应力较大，易产生冷裂纹，可焊性差。随着含碳量的提高和冷却速度的加快，其淬硬倾向更强烈。为此在焊接时要求焊前预热，预热温度 200～400℃，并进行层间保温，采用大线能量；焊后常经 700℃ 以上的退火处理（若用奥氏体焊条，则焊后可不经热处理，但热影响区有硬层）。此外，应采取有效措施，消除氢的来源并适当降低焊件刚性。

② 高镍稳定型奥氏体耐热钢的焊接　高镍稳定型奥氏体耐热钢无论焊缝或热影响区都易产生热裂纹。产生热裂纹的原因主要包括高的铬含量、高的镍含量和热变形产生较大的拉伸应变。这类钢的铬含量比较高，不需太高温度就易形成脆性相的析出。镍的含量高，而且其他合金成分也很复杂，极易形成二元或多元低熔点共晶体，偏析严重，凝固温度范围也大，易在晶间形成液态膜层，导致晶间开裂。提高焊接质量的措施包括控制焊缝化学成分，以及严格控制焊接热过程和有关工艺措施，来防止热裂纹。如向焊接金属中加 2%～5% 的钼或采用高碳焊条，以兼顾既抗热又保持较好的高温性能。

（4）有色金属及合金的焊接

① 铝及铝合金的焊接　铝及铝合金表面极易生成一层致密的氧化膜，在焊接时阻碍金属的熔合，易形成夹杂。液态铝可以大量溶解氢，易在焊缝中形成气孔。铝及铝合金的线膨胀系数和结晶收缩率很大，导热性很好，因而焊接应力很大，易产生裂纹。铝及铝合金高温时强度和塑性极低，难以掌握加热温度。要求采用热量集中的高能量焊接方法。真空电子束焊、氩弧焊和等离子弧焊都很理想，目前以氩弧焊用得最为普遍，电阻焊应用也较多。电阻焊焊接铝合金时，应采用大电流、短时间通电，焊前必须清除焊件表面的氧化膜。对于薄件，可采用交流电源的钨极氩弧焊，如果对焊接质量要求不高，薄壁件也可采用气焊。对于厚件，则以采用直流反接的熔化极氩弧焊为宜。

② 铜及铜合金的焊接　铜及铜合金的热导率大，在高温下易氧化，液态铜能够溶解大量的氢，焊接性较差。焊接时难熔合、裂纹倾向大、存在焊接应力和变形较大、易产生氢气孔，会产生锌蒸发，一方面使合金元素损失，造成焊缝的强度、耐蚀性降低，另一方面，锌蒸气有毒，对焊工的身体造成伤害。铜及铜合金在焊接时常用的焊接方法有氩弧焊、气焊和手工电弧焊，其中氩弧焊是焊接紫铜和青铜最理想的方法。黄铜焊接常采用气焊，因为气焊时可采用微氧化焰加热，使熔池表面生成高熔点的氧化锌薄膜，以防止锌的进一步蒸发。或

选用含硅焊丝,可在熔池表面形成致密的氧化硅薄膜,既可以阻止锌的蒸发,又能对焊缝起到保护作用。

③ 钛及钛合金的焊接　钛合金具有较好的韧性、焊接性和良好的耐腐蚀性,且在高温和低温下都具有良好的性能。钛的化学性能极为活泼,在焊接时极易氧化、氮化和脆裂,需要严格控制钛材料中的碳含量($w_C \leqslant 0.1\%$);采用无氧化性的焊接方法,如可采用氩弧焊和等离子焊;焊前严格清理材料表面的氧化皮、油污及富集气体的金属层等;对焊缝及近缝区金属严加机械保护,不仅正面保护,而且还要进行背面保护,这是钛焊接时的关键之一。钛属难熔金属,在焊接时需要高温热源,钛的热导率低,在焊接时钛易过热,尽量选用低线能量施焊。

(5) 异种钢的焊接

异种钢的焊接是指将两种(或两种以上)不同的金属材料通过焊接手段使它们形成焊接接头的过程。在过程设备制造中经常遇到的是不锈钢与低碳钢(或低合金钢)组成的焊接接头,复合板的焊接也属于异种钢的焊接。采用这种结构,可以做到在节约贵重钢材的同时不影响设备的使用。图 5-28 为其结构示例。

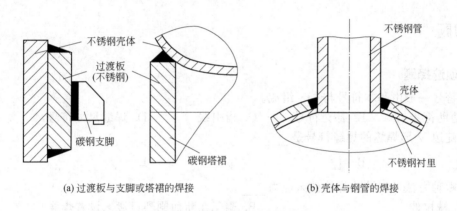

(a) 过渡板与支脚或塔裙的焊接　　　　(b) 壳体与钢管的焊接

图 5-28　异种钢焊接结构示例

① 奥氏体不锈钢复合钢板的焊接　不锈钢复合钢板是比较厚的(厚约 6～30mm)低碳钢或低合金钢基层与较薄的(厚约 1.5～6mm)不锈钢复层复合轧制而成的双金属板。焊接关键是复层交界处的焊接,解决的办法是选用适合交界处焊接的过渡层焊条,该焊条一般趋向于主要照顾耐腐蚀性能要求,同时兼顾不使基层侧的熔合线处出现淬硬组织,多选用比复层铬、镍含量高 1～2 级的不锈钢焊条。不锈钢复合钢板最常用的是 V 形坡口,通常坡口开在基层一侧,其装配间隙、坡口角度与低碳钢相同。不锈钢复合钢板的焊接顺序是:先焊基层底焊缝并把基层填满,要注意打底焊不能在复层或太靠近复层,以避免合金元素掺入基层而形成淬火组织。反过来铲焊根,清理检验合格后再焊过渡层复层。如复层为 0Cr18Ni9Ti,基层为 Q235 的复合钢板在焊接时的顺序如图 5-29 所示,先焊基层 1～3 层,再焊第 4 层(过渡层),最后焊第 5 层(复层)。为保证复层焊接质量,焊前装配时应以复层为基准,防止错边过大,定位焊应在基层侧。

② 异种钢的对接接头焊接　异种钢对接接头的焊接与复合钢板的焊接很相似,关键是要在非奥氏体

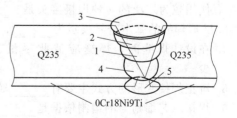

图 5-29　复合钢板焊接顺序

钢一侧的坡口表面用比母材高1~2级的奥氏体不锈钢焊条堆敷奥氏体镀层，以便将它们转化到奥氏体钢同类材料的焊接上，使问题得到简化。如图5-30所示为0Cr18Ni9Ti钢板与Q235钢板的对接。为保证焊缝的耐腐蚀性要求，第一步应选用高铬、高镍的焊条焊接Q235侧以减少Q235对过渡层的合金元素的稀释，如图5-30（a）所示。选用E1-26-21Ni-15焊条焊接，形成过渡层后，再如图5-30（b）所示选用E0-19-10-15焊条焊满整个焊缝，使焊缝中铬、镍的含量分别保证在13％和8％左右，以与母材0Cr18Ni9Ti相近，从而达到焊缝的综合性能要求。

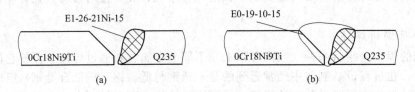

图 5-30　异种钢对接焊接的过渡层

 习题

一、单项选择题

1. 焊缝符号一般由基本符号与____组成。
   A. 辅助符号　　　　B. 补充符号　　　　C. 指引线　　　　D. 焊缝尺寸符号

2. 表示陡边V形焊缝的焊缝符号是____。
   A. ⩘　　　　　　B. ⼷　　　　　　C. V　　　　　　D. ∨

3. 以下哪种方法可以消除焊接残余应力____。
   A. 机械拉伸　　　　　　　　　　　B. 避免在断面剧烈过渡区设置焊缝
   C. 焊缝彼此尽量分散避免交叉　　　D. 锤击焊缝

4. 对接接头试件进行焊接工艺评定，需做外观检查、无损检测、力学性能试验和____试验。
   A. 弯曲　　　　　　B. 抗腐蚀　　　　　　C. 疲劳　　　　　　D. 抗脆断性能

5. 产生冷裂纹的主要原因之一是____。
   A. 焊件厚度方向上产生足以引起撕裂的拘束应力　　　B. 存在较大的拉应力
   C. 焊接接头含氢量较小　　　　　　　　　　　　　　D. 存在较大的压应力

二、填空题

1. 筒节的拼接纵缝、封头的环形焊缝属于_____类焊缝。

2. 使用较为广泛的4种焊接接头是_____、_____、_____和_____。

3. U形焊缝的基本符号表示为_____；角焊缝的基本符号表示为_____。

4. 在设计焊缝时，焊缝应彼此尽量分散并避免交叉，以减少焊接局部加热，从而减少_____。

5. 矫正焊接变形的方式主要有_____矫正法和_____矫正法。

6. 焊接工艺细则卡的编制依据是_____。

7. 常用的焊后热处理方法有_____和_____。

8. 相同钢号钢材相焊的焊缝金属，应保证焊缝金属的力学性能高于或等于_____规定的限值。

9. 布置焊缝时应尽量使焊缝能在_____位置进行焊接。

10. 金属材料的可焊性包括_____和_____。

11. 焊接缺陷中最危险、最严重的缺陷就是裂纹，常用_____作为裂纹敏感性估算法。

三、问答题

1. 请对图（a）焊缝标注焊缝符号；对（b）图中焊缝符号说明其意义。

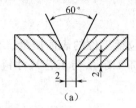 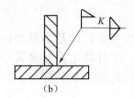

（a）　　　　　（b）

2. 焊接应力与变形是如何形成的？

3. 减小焊接残余应力的措施有哪些？

4. 什么是焊后热处理？为什么要进行焊后热处理？

5. 开坡口的主要目的是什么？选择坡口形式时，应考虑什么因素？

6. 观看不同坡口加工视频，分别截图打印提交。

7. 简述产生焊接热裂纹的主要原因以及防止措施。

8. 焊缝位置对焊接接头的质量和性能尤为重要，因此在焊接时应该怎样布置焊缝？

第 6 章
机械加工工艺基础

本章主要介绍机械加工工艺的基本概念，包括工件的表面质量、金属切削加工方法和机床、典型表面加工路线、工件的定位与夹紧、加工余量与工艺尺寸链、机械加工工艺规程、结构工艺性分析、智能制造加工案例等。

6.1　工件的表面质量

过程装备产品的工作性能、可靠性、使用寿命等与其组成零部件的加工质量是息息相关的。在实际生产过程中，任何机械加工所得到的零件表面，都不是完全理想的表面，所以了解机加工件的加工质量要求，加工制造合格的零件，是保证过程装备制造质量和降低成本的重要因素之一。工件的加工质量一般用加工精度和加工表面质量两方面指标来表示。

6.1.1　工件常见表面形式

过程装备的各种零部件具有不同的表面，无论其有多复杂，一般均是由以下常见的几种表面形式组成。

（1）圆柱面

指的是以直线为母线，以和它相垂直的平面上的圆为轨迹，做旋转运动所形成的表面，如法兰、管板的外圆表面，孔内圆表面，轴外圆表面等，如图 6-1 所示。

（2）圆锥面

指的是以直线为母线，以圆为轨迹，且母线与轨迹平面相交成一定角度做旋转运动所形成的表面，如端面倒角、过渡锥面等，如图 6-2 所示。

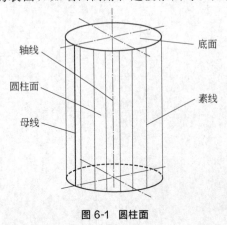

图 6-1　圆柱面

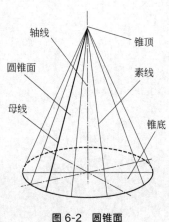

图 6-2　圆锥面

（3）平面

指的是以直线为母线，以另一直线为轨迹做平移运动所形成的表面，如法兰、管板等零件的上、下表面等，如图 6-3 所示。

（4）成形面

指的是以曲线为母线，以圆为轨迹做旋转运动（旋转曲面）或以直线为轨迹做平移运动所形成的表面，如图 6-4 所示。除此之外，根据使用和制造上的要求，机加件上还常有各种沟槽，如管板上的隔板槽，如图 6-5（a）所示。沟槽实际上是由平面或曲面所组成的，常用沟槽的断面形状如图 6-5（b）～（e）所示。

上述各种表面，可用相应的机械加工方法获得。加工零件的过程就是按照一定的加工路线，合理地加工出各个表面。

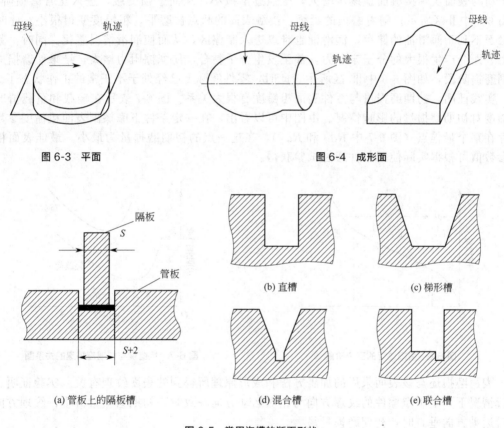

图 6-3　平面　　　　　　　　　　图 6-4　成形面

（a）管板上的隔板槽　　　　（b）直槽　　（c）梯形槽　　（d）混合槽　　（e）联合槽

图 6-5　常用沟槽的断面形状

6.1.2　表面质量对使用性能的影响

机加工件表面质量主要包括两个方面的内容：工件表面的几何特性和物理力学性能。工件的表面几何特性包括宏观几何参数和微观几何参数。宏观几何参数包括尺寸、形状、位置等要素；微观几何参数指的是微观表面粗糙度。

工件表面的物理力学性能包括三个要素：a. 因加工表面层的塑性变形引起的表面加工硬化；b. 由于切削和磨削加工等的高温所引起的表面层金相组织的变化；c. 因切削加工引起的表面层残余应力。工件表面质量对零件使用性能的影响如下。

（1）表面质量对零件耐磨性的影响

零件的耐磨性是机械制造中的重要问题。磨损机制是一个很复杂的问题，在有相对运动的表面，磨损不仅与摩擦副的材料和润滑有关，而且还与零件的表面质量有密切关系。任何零件表面都不是绝对光滑的，而是会有不同程度起伏的凸点和凹点。当两个零件表面开始相互接触时，只有很少的凸点顶部真正接触。在外力作用下，凸点接触部分将产生很大的压强。且表面越粗糙，接触的实际面积越小，产生的压强就越大。当两零件表面做相对运动时，接触部分就会因相互挤压、剪切和滑擦等产生表面磨损现象。

如图 6-6 所示，在有润滑的条件下，零件的磨损过程一般可分为初期磨损、正常磨损和急剧磨损三个阶段。在机器开始运转时，由于实际接触面积很小，压强很大，因而磨损很快。这个时间比较短，称为初始磨损阶段，如图 6-6 中 I 区所示。随着机器的继续工作，相对运动的表面实际接触面积逐步增大，压强逐渐减小，从而磨损变缓，进入正常磨损阶段，如图 6-6 中 II 区所示。随着磨损的延续，接触表面的凸点被磨平，粗糙度变得很小。此时的接触面不利于润滑油的储存，润滑油也难以进入摩擦区，从而使润滑情况恶化。同时，紧密接触表面会产生很大的分子亲和力，甚至发生分子黏合，使摩擦阻力增大，结果使磨损进入急剧磨损阶段，如图 6-6 中 III 区所示。此时，零件实际上已经处于不正常的工作状态了。

实践证明，初期磨损量与零件表面粗糙度有很大关系。图 6-7 表示在轻载和重载情况下粗糙度对初期磨损量的影响情况。由图中可以看出，在一定条件下摩擦副表面粗糙度参数总是存在某个最佳点（图 6-7 中 Ra_1 和 Ra_2），在这一点的初期磨损量为最小。最佳表面粗糙度参数值可根据实际使用条件通过试验获得。

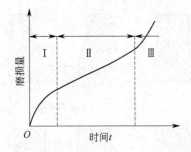

图 6-6　磨损过程的三个阶段

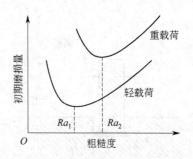

图 6-7　粗糙度与初期磨损量的关系图

表面磨损还与该表面采用的加工方法和成形原理所得到的表面纹理有关。实验证明，在一般情况下，上下摩擦件的纹理方向与相对运动方向一致时，初期磨损量最小；纹理方向与相对运动方向垂直时，初期磨损量最大。

（2）表面质量对零件疲劳强度的影响

在交变载荷作用下，零件表面的粗糙度、划痕和微观裂纹等缺陷容易引起应力集中而产生和扩展疲劳裂纹，致使零件疲劳损坏。试验表明，减小表面粗糙度可以使疲劳强度提高 30％～40％。加工纹理方向对疲劳强度的影响更大，在纹理方向和相对运动方向相垂直时，疲劳强度将明显降低。表面残余应力对疲劳强度的影响很大，当表面层的残余应力为压应力时，能部分抵消外力产生的拉应力，起着阻碍疲劳裂纹扩展和新裂纹产生的作用，因而能提高零件的疲劳强度。而当残余应力为拉应力时，则与外力施加的拉应力方向一致，就会助长疲劳裂纹的扩展，从而使疲劳强度降低。表面冷作硬化有助于提高零件的疲劳强度，这是由于硬化层能阻止已有裂纹的扩大和新疲劳裂纹的产生。但冷作硬化也不能过大，否则反而易产生裂纹。

（3）表面质量对零件耐腐蚀性能的影响

零件工作时，容易受到潮湿空气和其他腐蚀性介质的侵入，从而引起化学腐蚀和电化学腐蚀。如图 6-8 所示，由于表面粗糙度的存在，在表面凹谷处容易积聚腐蚀性介质而产生腐蚀，且凹谷处的腐蚀介质堆积谷越深，渗透与腐蚀作用越强烈；在粗糙表面的凸峰处则因摩擦剧烈而容易产生电化学腐蚀。因此减小表面粗糙度可提高零件的耐腐蚀能力。

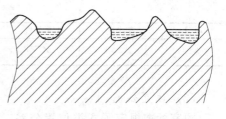

图 6-8　表面凹谷处的介质堆积

零件表面存在残余压应力时，会使零件表面紧密而使腐蚀性物质不易侵入，从而提高耐腐蚀能力，但残余拉应力则相反，会使腐蚀性物质容易侵入并降低耐腐蚀性。

（4）表面质量对配合性质的影响

相配零件的配合性质是由它们之间的过盈量或间隙量来表示的。由于表面微观不平度的存在，使得实际有效过盈量或有效间隙量发生改变，从而引起配合性质和配合精度的改变。

当零件间为间隙配合时，若表面粗糙度过大，将引起初期磨损量增大，使配合间隙变大，导致配合性质变化，从而使运动不稳定或使气压、液压系统的泄漏量增大；当零件间为过盈配合时，如果表面粗糙度过大，则实际过盈量将减少，这也会使配合性质改变，降低连接强度，影响配合的可靠性。因此，在选取零件间的配合时，应考虑表面粗糙度的影响。例如，为了维持足够的过盈，可在相配零件表面降低粗糙度 Ra 值。

6.1.3　加工精度与公差

零件的理想尺寸是指零件图上标注的基本尺寸；零件的理想表面形状是指绝对准确的表面形状，如平面、圆柱面、球面、螺旋面等；零件各表面之间的理想位置是指绝对准确的表面间位置，如两平面平行、两平面垂直、两圆柱面同轴等。加工精度是指零件经过切削加工后，其尺寸、形状、位置等实际几何参数同理想几何参数相符合的程度。符合程度越高，加工精度也越高。机加件的机械加工精度包含三方面的内容：尺寸精度、形状精度和位置精度。当尺寸精度要求高时，相应的位置精度、形状精度也要求高。但形状精度要求高时，相应的位置精度和尺寸精度有时不一定要求高，要根据零件的功能要求来决定。

在机械加工过程中，由于各种因素的影响，使得加工出的零件，不可能与理想的要求完全一致。工件经切削加工后，其尺寸、形状、位置等参数的实际值与理想值的偏离程度即为加工误差。高精度的加工意味着高成本，从实际使用的角度而言，没有必要把每个零件都加工得绝对精确，可以允许有一定的加工误差。公差是实际参数值的允许变动量。加工后的零件会有尺寸公差，构成零件几何特征的点、线、面的实际形状或相互位置与理想几何体规定的形状和相互位置存在差异，这种形状上的差异就是形状公差，而相互位置的差异就是位置公差。通常形状公差应限制在位置公差之内，而位置公差一般也应限制在尺寸公差之内。

（1）尺寸公差

常用的尺寸公差等级分为 20 级，分别用 IT01、IT0、IT1、IT2、…、IT18 来表示。数字越小，精度越高，加工难度也随之增大。其中 IT5～TT13 较为常用，IT5、IT6 等较高精度通常由磨削加工获得；IT7～ IT10 等中等精度通常由精车、铣、刨获得；IT11～ IT13 等较低精度通常由粗车、铣、刨、钻等加工方法获得。

（2）形状公差

国家标准规定了六类形状公差，如表 6-1 所示，包括直线度、平面度、圆度、圆柱度、线轮廓度和面轮廓度。

表 6-1　形状公差符号

项目	直线度	平面度	圆度	圆柱度	线轮廓度	面轮廓度
符号	—	▱	◯	⌀	⌒	⌓

（3）位置公差

国家标准规定了八类位置公差，如表 6-2 所示，包括平行度、垂直度、倾斜度、同轴度、对称度、位置度、圆跳动和全跳动。

表 6-2　位置公差符号

项目	平行度	垂直度	倾斜度	同轴度	对称度	位置度	圆跳动	全跳动
符号	//	⊥	∠	◎	=	⊕	↗	⌰

6.1.4　工件表面粗糙度

（1）产生表面粗糙度的原因

表面粗糙度指的是零件微观表面高低不平的程度，如图 6-9 所示。产生高低不平的主要原因为：切削时刀具与工件之间的相互摩擦；机床、刀具与工件在加工过程中振动；切削时从零件表面撕裂切屑产生的痕迹；加工时零件表面发生塑性变形。

（2）表面粗糙度等级

工业中常用轮廓的算数平均偏差 Ra（单位为微米，μm）来评定机加件表面粗糙程度，如图 6-10 所

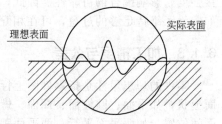

图 6-9　表面微观放大示意图

示。取样长度是测量或评定表面粗糙度所规定的一段基准线长度，至少包含 5 个以上轮廓峰和 5 个轮廓谷，取样长度的方向与轮廓的走向一致。轮廓的算数平均偏差 Ra 指在取样长度内，被测实际轮廓上各点至轮廓中线（常用算术平均中线代替最小二乘中线）距离绝对值的平均值。并以 5 个取样长度内的粗糙度数值的平均值作为评定长度内的粗糙度的最可靠值。

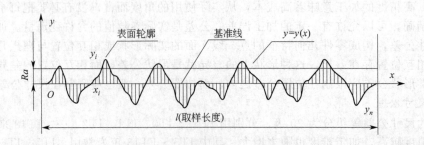

图 6-10　表面粗糙度 Ra 值的定义

国家标准规定了轮廓的算术平均偏差数值 Ra 为 0.012、0.025、0.05、0.1、0.2、0.4、0.8、1.6、3.2、6.3、12.5、25、50 和 100。数字越大表示表面越粗糙，表面粗糙度符号的

意义及应用如表 6-3 所示。

表 6-3　表面粗糙度符号的意义及应用

符号	符号说明	意义及应用
$\sqrt{}$	基本符号	单独使用无意义
$\sqrt{}$	符号加上一短划线	表示表面粗糙度是用去除材料法得到的
$\sqrt{}$	基本符号内加一圆圈	表示表面粗糙度是用不去除材料的方法获得的
$\sqrt{}Ra3.2$	符号加上 Ra 值	用去除材料的方法获得的表面,Ra 的最大允许值为 $3.2\mu m$

6.1.5　工件表面硬度

硬度是材料抵抗更硬物体压入其表面的能力,或者说是抵抗局部变形,特别是塑性变形、压痕或划痕的能力。它是材料的重要性能之一,通常材料越硬,其耐磨性越好。机械制造业所用的刀具、量具、模具等,都应具备足够的硬度,才能保证使用性能和寿命。有些机械零件如齿轮等,也要求有一定的硬度,以保证足够的耐磨性和使用寿命。

硬度测试方法有划痕法、压入法和回跳法三种,其中压入法是主要的用于金属材料的硬度测量方法。其方法是用一定的载荷将规定的压头压入被测材料,以材料表面局部塑性变形的大小比较被测材料的软硬。由于压头、载荷以及载荷持续时间的不同,压入硬度有多种,主要是布氏硬度、洛氏硬度、维氏硬度和显微硬度等。下文主要介绍布氏硬度（HB）、洛氏硬度（HR）和维氏硬度（HV）三种常用的硬度。

（1）布氏硬度

布氏硬度在工程技术特别是机械和冶金工业中广泛使用。布氏硬度的测量方法是用规定大小的试验力 F,把直径为 D 的钢球将被测材料表面压出直径为 d 的压痕,持续规定的时间后卸载,布氏硬度 HB 的计算式为:

$$HB = 0.102\frac{2F}{\pi D\left(D - \sqrt{D^2 - d^2}\right)} \tag{6-1}$$

一般来说,材料愈软,其压痕直径愈大,布氏硬度值也就愈低。反之,布氏硬度值就愈高。布氏硬度小于 450 的材料,压头用淬硬钢球,其硬度值用 HBS 表示。布氏硬度小于 650 的材料,压头用硬质合金球,其硬度值用 HBW 表示。

布氏硬度测试存在着一定的不足,当材料的硬度过高时,压头的钢球会发生明显变形,使得硬度测试出现误差;测定比较费时,为了得到清晰的压痕,试样必须经过表面准备和打磨等处理;在制作完毕的机械零件上做布氏硬度测定,会由于压痕过大影响零件的正常装配和使用性能,故不宜测定成品及薄片材料。

（2）洛氏硬度

洛氏硬度测定法克服了布氏硬度测定法的不足。洛氏硬度所采用的压头是锥角为 $120°$ 的金刚石圆锥或规定直径的钢球,并用压痕深度作为标定硬度值的依据。试验时,先加初试验力,记录此时压痕深度;然后加主试验力,压入试样表面之后卸除主试验力,在保留初试验力的情况下,测量此时试样表面压痕深度,并计算得最终压痕深度与初始压痕深度的差值 h,从而确定被测金属材料的洛氏硬度值。洛氏硬度记为 HR,洛氏硬度值计算式为:

$$HR = N - \frac{h}{S} \tag{6-2}$$

式中，N 和 S 为常量，在不同的压头和试验力下取不同的值。洛氏硬度采用三种试验力、三种压头，它们共有 9 种组合，对应于洛氏硬度的 9 个标尺。常用的洛氏硬度三种标尺为 HRA、HRB 和 HRC，其中 HRC 标尺用于测试淬火钢、回火钢、调质钢和部分不锈钢，因此是金属加工行业应用最多的硬度测试方法。

洛氏硬度试验的优点是操作迅速、简便，可由表盘上直接读出硬度值；由于压痕小，故可测量成品或者较薄工件的硬度；可测量高硬度薄层、深层渗碳钢和硬质合金钢的材料。其缺点是精度较差，硬度值波动较大，通常应在试样不同部位测量数次，取平均值为该材料的硬度值。

（3）维氏硬度

维氏硬度测定原理基本上和布氏硬度相同，不同的是维氏硬度测试采用的是金刚石的正四棱锥体压头，用一定试验力 F 在试样表面上压出一个四方锥形的压痕，通过测量压痕对角线长度 d 计算压痕的表面积，再通过式（6-3）则可计算出试样的硬度值，用符号 HV 表示。

$$HV = 0.102 \frac{2F \sin\left(\frac{\theta}{2}\right)}{d^2} \tag{6-3}$$

式中，θ 为四棱锥压头两相对面间夹角，$\theta = 136°$。相较于布氏硬度和洛氏硬度试验，维氏硬度试验测量范围较宽，几乎涵盖了从较软材料到超硬材料的各种材料。且维氏硬度测试所加压力小，压入深度较浅，故可测定零件各种表面渗层如硬化层、金属镀层和薄片金属的硬度等，且具有较高的准确度。

6.2　金属切削加工方法和机床

6.2.1　金属切削加工方法概述

切削加工是机械制造中最主要的加工方法。切削加工是指用切削工具（包括刀具、磨具和磨料）把坯料或工件（如铸件、锻件、板料、条料）上多余的材料层切去形成切屑，使工件获得规定的几何形状、尺寸和表面质量的加工方法。由于切削加工的适应范围广，且能达到很高的精度和很低的表面粗糙度，故在机械制造工艺中占有重要地位。切削加工分为钳工和机械加工两大部分。钳工一般是由工人手持工具对工件进行切削加工；机加是由工人操纵机器进行切削加工。切削加工按其所用切削工具的类型又可分为刀具切削加工和磨料切削加工。刀具切削加工的主要方式有车削、钻削、镗削、铣削、刨削等。磨料切削加工的方式有磨削、研磨、珩磨、超精加工等。

金属切削的过程实质上就是切屑的形成过程。被切削金属层受到刀具的挤压作用力时，开始产生弹性变形。随着切削的继续进行，刀具持续给被切削金属层施加挤压力，金属内部产生的应力与应变也随之不断地加大。当应变达到材料的屈服极限时，被切削金属层产生塑性变形。此时切削仍在进行，金属内部产生的应力与应变继续加大，当应力达到材料的断裂强度极限时，被切金属层就会断裂而形成切屑。此时，金属内部的应力迅速下降，又重新开始弹性变形—塑性变形—断裂变形的循环，从而形成新的切屑。由于工件材料不同，切削加工条件各异，因此切削过程中的变形程度就不一样，所产生的切屑也不一样。生产中一般有带状、节状、崩碎三类切屑。

在切削过程中，切削层金属和工件表面层金属会发生变形，工件表面与刀具、切屑与刀具会发生摩擦。因此，切削刀具必须克服变形抗力与摩擦力才能完成切削工作，而刀具切削力所消耗的功率则称为切削功。由于绝大部分的切削功都转化为热，所以有大量的热产生，这些热称为切削热。切削热的来源主要有以下三方面。

① 切削层金属在切削过程中的变形所产生的热，这是切削热的主要来源；
② 切屑与刀具前刀面之间的摩擦所产生的热；
③ 工件与刀具后刀面之间的摩擦所产生的热。

切削温度过高不仅会导致工件发生热变形，从而产生形状及尺寸误差，而且会降低刀具的切削性能，加剧磨损，在对机加件进行切削时广泛使用冷却润滑液体。一方面，冷却润滑液充当润滑剂，可以减小切屑与刀具、工件与刀具之间的摩擦，从而有效地降低由于摩擦而产生的切削热；另一方面，冷却液吸收并带走切削区的大量热量，使刀具与工件在加工中能得到及时的冷却，从而降低切削区的温度。因此，合理地选用冷却润滑液，可以有效地降低切削力和切削温度，提高刀具耐用度和零件加工质量。生产中常用的冷却润滑液主要分为水基类和油基类。

6.2.2　表面层质量的影响因素

（1）影响表面粗糙度的因素

切削加工时，形成表面粗糙度的主要原因，一般可归纳为几何原因和物理原因。几何原因主要指刀具相对工件做进给运动时，在加工表面留下的切削层残留面积。由切削原理可知，切削残留面积的高度 R_{max} 主要与进给量 f、刀尖圆弧半径 r_c 及刀具的主偏角 K_r 和副偏角 K_r' 有关，如图 6-11 所示。残留面积越大，表面越粗糙。另外，刀刃刃磨质量对加工表面的粗糙度也有很大影响。

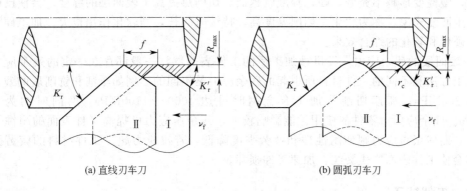

（a）直线刃车刀　　　　　　　　（b）圆弧刃车刀

图 6-11　车削时残留面积的高度

物理原因是指切削过程中的塑性变形、摩擦、积屑瘤、鳞刺以及工艺系统中的高频振动等。切削过程中，刀具刃口圆角及后刀面对工件的挤压与摩擦，会使工件已加工表面发生塑性变形，引起已有残留面积歪扭，使粗糙度变大。中速切削塑性金属时，在前刀面上易形成硬度很高的积屑瘤，积屑瘤由小变大和脱落使刀具切削的几何角度和深度发生变化，并导致切削加工的不稳定性，从而严重影响表面粗糙度。

工艺系统中的高频振动使工件与刀具之间的相对位置发生微幅变动，从而使工件表面的粗糙度增大。由表面粗糙度的形成原因可以看出，影响表面粗糙度的工艺因素主要如下。

① 刀具几何参数　适当增大前角，刀具易于切入工件，可减小塑性变形，抑制积屑瘤和鳞刺的生长，对减小粗糙度有利。当前角一定时，后角越大，切削刃钝圆半径越小，刀刃越锋利。同时还能减小后刀面与加工表面间的摩擦和挤压，故有利于减小粗糙度。但后角过大，对刀刃强度不利，易产生切削振动，结果反而增大粗糙度。

② 工件材料　工件材料的塑性、金相组织和热处理性能对加工表面的粗糙度有很大影响。一般而言，材料的塑性越大，加工表面越粗糙，如低碳钢工件加工表面粗糙度就不如中碳钢低等。脆性材料易于得到较小的表面粗糙度。工件的金相组织的晶粒越均匀、粒度越细，加工后的表面粗糙度越小。显然，正火和回火有利于表面粗糙度的降低。试验证明，热处理硬度越高，加工所得的表面粗糙度越小。

③ 切削用量　提高切削速度可以减少高速切削时产生的积屑瘤，从而减小加工表面的粗糙度，同时也可使切屑和加工表面层的塑性变形程度减轻。进给量的大小对加工表面粗糙度有较大影响。进给量大时，不仅残留面积的高度大，而且切屑变形也大，切屑与前刀面的摩擦以及后刀面与已加工表面的摩擦都加剧，这些都使加工表面粗糙度增大。因此，减小进给量对降低表面粗糙度很有利。

④ 切削液　主要作用为润滑、冷却和清洗排屑。在切削过程中，切削液能在刀具的前、后刀面上形成一层润滑油膜，减小金属表面间的直接接触，减轻摩擦及黏结现象，降低切削温度，从而减小切屑的塑性变形，抑制积屑瘤与鳞刺的产生。故切削液对减小加工表面粗糙度有很大作用。

(2) 影响切削加工表面层物理力学性能的因素

① 表面层的冷作硬化　在切削过程中，工件表面层由于受到切削力的作用而产生强烈的塑性变形，引起晶格间剪切滑移，晶格严重扭曲拉长、破碎和纤维化，晶粒间的聚合力增加，表面层的强度和硬度增加，这种现象又称为表面加工硬化。加工硬化程度取决于产生塑性变形的力、变形速度和切削温度。切削力越大，则塑性变形越大，硬化程度越高；变形速度越大，塑性变形越不充分，硬化程度就越低。切削热提高了表面层的温度，会使已硬化的金属产生回复现象，称为软化。切削温度高，持续时间长，则软化作用也大。加工硬化最后取决于硬化和软化的综合效果。

② 表面层的残余应力　经机械加工后的工件表面层，一般都存在一定的残余应力。不同的加工方法和不同的工件材料所引起的残余应力是不同的。例如车削和铣削后的残余应力一般为 200MPa；高速切削及加工合金钢时可达 1000～1100MPa；磨削时约为 400～700MPa。残余应力对零件的使用性能影响较大，残余压应力可提高工件表面的耐蚀性和疲劳强度，而残余拉应力则使耐蚀性和疲劳强度降低，若拉应力超过工件材料的疲劳强度极限，则会使工件表面产生裂纹，加速工件损坏。

6.2.3 车削加工

(1) 车削与车削机床简介

车削加工是在车床上用车刀加工工件的工艺过程。在车床使用不同的车刀或其他刀具，可以加工各种回转表面，如内外圆柱面、内外圆锥面、螺纹、沟槽、端面和成形面等，加工精度可达 IT8～IT7。车削加工时工件的旋转是主运动，刀具做直线进给运动。因此，车削加工常用来加工各种单一轴线的零件，如直轴和一般盘、套类零件等。若改变工件的安装位置或将车床适当改装，还可以加工多轴线的零件（如曲轴、偏心轮等）或盘形凸轮。车削加工可以在普通车床、立式车床、（六角车床）转塔车床、仿形车床、自动车床以及各种专用车床上进行。下面仅介绍普通车床、六角车床和立式车床的主要特点。

　　① 普通车床　车削加工中应用最广泛的是普通车床，它适用于各种轴、盘及套类零件的加工。在普通车床上可以完成的主要工作如图 6-12 所示。由此可见，凡绕定轴心线旋转的内外回转体表面，均可用车削加工来完成。

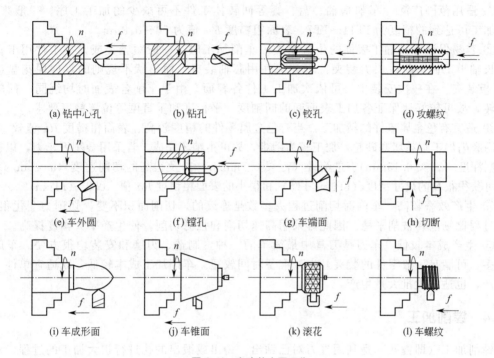

(a) 钻中心孔　　　(b) 钻孔　　　(c) 铰孔　　　(d) 攻螺纹

(e) 车外圆　　　(f) 镗孔　　　(g) 车端面　　　(h) 切断

(i) 车成形面　　　(j) 车锥面　　　(k) 滚花　　　(l) 车螺纹

图 6-12　车床的主要工作

　　② 六角车床　六角车床是在普通车床的基础上发展起来的机床，将普通车床的丝杠和尾架去掉后在此处安装可以纵向移动的多工位刀架，并在传动及结构上做相应的改变就制成六角车床。六角车床适用于外形较为复杂而且多半具有内孔的中小型零件的成批生产。如图 6-13 所示，在六角刀架上可以装夹数量较多的刀具或刀排，如钻头、铰刀、板牙等。根据预先的工艺规程，调整刀具的位置和行程距离，依次进行加工。机床上有定程装置，可控制尺寸，节省了很多度量工件的时间。

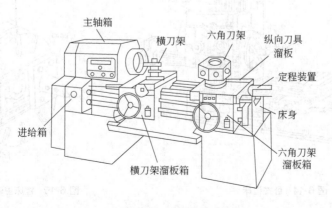

图 6-13　六角车床

③ 立式车床　立式车床与普通车床的区别在于其主轴是垂直的，主要用于加工大型盘类零件。由于立式车床的主轴处于垂直位置，安装工件用的花盘（或卡盘）工作台处于水平位置，故即使安装了大型零件，其运转仍很平稳。立柱上装有横梁，可上下移动；立柱及横梁上都装有刀架，可上下、左右移动。

（2）车削加工的工艺特点

① 适用范围广泛　车削是轴、盘、套等回转体工件不可缺少的加工工序。一般来说，车削加工可达到的精度为 IT11~IT7，表面粗糙度 Ra 值为 50~0.8μm。

② 容易保证零件加工表面的位置精度　车削加工时，一般短轴类或盘类工件用卡盘装夹，长轴类工件用前后顶尖装夹，套类工件用芯轴装夹，而形状不规则的零件用花盘或花盘-弯板装夹。在一次安装中，可依次加工工件各表面。由于车削各表面时均绕同一回转轴线旋转，故可较好地保证各加工表面间的同轴度、平行度和垂直度等位置精度要求。

③ 适宜有色金属零件的精加工　当有色金属零件的精度较高、表面粗糙度 Ra 值较小时，若采用磨削加工则易堵塞砂轮，加工较为困难，故可由精车完成。若采用金刚石车刀，以很小的切削深度（$a_p < 0.15$mm）、进给量（$f < 0.1$mm/r）以及很高的切削速度（$u \approx 5$m/s）精车，可获得很高的尺寸精度（IT6 ~ IT5）和很小的表面粗糙度 Ra 值（0.8~0.1μm）。

④ 生产效率较高　车削时切削过程大多数是连续的，切削面积不变，切削力变化很小，切削过程比刨削和铣削平稳。因此可采用高速切削和强力切削，使生产率大幅度提高。

⑤ 生产成本较低　车刀是刀具中最简单的一种，制造、刃磨和安装均很方便。车床附件较多，可满足一般零件的装夹，生产准备时间较短。车削加工成本较低，既适宜单件小批量生产，也适宜大批大量生产。

6.2.4　镗削加工

镗削加工（即镗孔）是利用镗刀对已钻出、铸出或锻出的孔进行扩大加工的过程。对于直径较大的孔（一般 $D > 80$mm）、内成形面或孔内环形槽等，镗孔是唯一的加工方法。

（1）镗床简介

图 6-14 为常用的卧式镗床，卧式镗床主要由床身、前立柱、主轴箱、主轴、平旋盘、工作台、后立柱和尾架等组成。其主轴刀具旋转结构如图 6-15 所示。

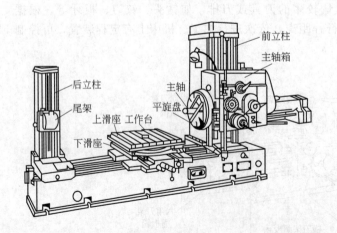

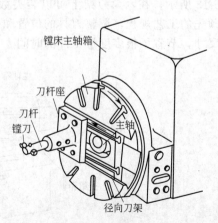

图 6-14　卧式镗床　　　　　　**图 6-15　镗床主轴刀具旋转结构**

镗床镗孔的运动方式如图 6-16 所示。按其进给形式可分为主轴进给和工作台进给两种方式。

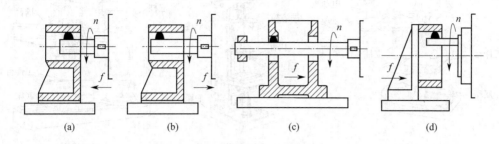

(a)   (b)   (c)   (d)

图 6-16　镗床镗孔方式

（2）镗削的工艺特点及应用

① 镗床是加工机座、箱体、支架等外形复杂的大型零件的主要设备。在一些复杂大型零件如箱体上往往有一系列孔径较大、精度较高的孔，这些孔在一般机床上加工很困难，但在镗床上加工却很容易，并可方便地保证孔与孔之间、孔与基准平面之间的位置精度和尺寸精度要求。

② 加工范围广泛。镗床是一种全能性强、功能多的通用机床，既可加工单个孔，又可加工孔系；既可加工小直径的孔，又可加工大直径的孔；既可加工通孔，又可加工台阶孔及内环形槽。除此之外，还可进行部分铣削和车削工作。

③ 能获得较高的精度和较低的粗糙度。普通镗床镗孔的尺寸公差等级可达 IT8～IT7，表面粗糙度 Ra 值可达 $1.6～0.8\mu m$。若采用金刚镗床（因采用金刚石镗刀而得名）或坐标镗床（一种精密镗床），可获得更高的加工精度和更低的表面粗糙度。

④ 生产率较低。镗床和刀具调整复杂，操作技术要求较高，总体表现生产率较低。

6.2.5　钻削加工

钻削加工是在钻床上用钻头在实体材料上加工孔的工艺过程，钻削是孔加工的基本方法之一。

（1）钻削机床简介

常用的钻床有台式钻床、立式钻床及摇臂钻床（图 6-17）。台式钻床是一种可安放在作业台上，主轴竖直布置的小型钻床，它适用于单件、小批量生产以及对小型工件上直径较小的孔（一般孔径小于 13mm）进行加工；立式钻床是钻床中最常见的一种，它常用于中、小型工件上较大直径孔（一般孔径小于 50mm）的加工；摇臂钻床主要用于大、中型工件上孔（一般孔径小于 80mm）的加工。在钻床上钻孔时，刀具（钻头）的旋转为主运动，同时钻头沿工件的轴向移动为进给运动。

（2）钻削加工应用及其特点

在钻床上除钻孔外，还可进行扩孔、铰孔、锪孔和攻螺纹等工作，如图 6-18 所示。

① 钻孔　对于直径小于 30mn 的孔，一般用麻花钻在实心材料上直接钻出。若加工质量达不到要求，则可在钻孔后再进行扩孔、铰孔或镗孔等加工。

② 扩孔　扩孔是用扩孔钻在工件上已经钻出、铸出或锻出孔的基础上做进一步加工，以扩大孔径，提高孔的加工精度。

③ 铰孔　铰孔是在半精加工（扩孔和半精镗）基础上进行的一种精加工。铰孔精度在

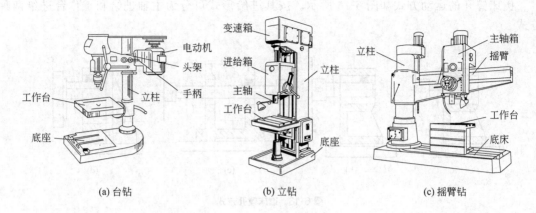

(a) 台钻   (b) 立钻   (c) 摇臂钻

图 6-17　常见的几种钻床

很大程度上取决于铰刀的结构和精度。注意钻、扩、铰只能保证孔本身的精度，而不能保证孔与孔之间的尺寸精度和位置精度。

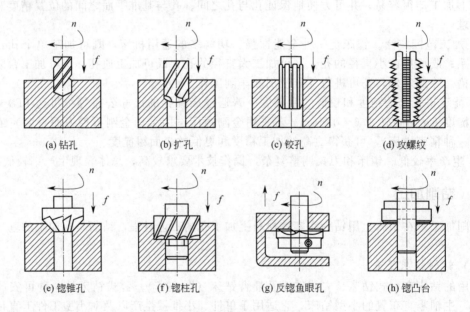

(a) 钻孔   (b) 扩孔   (c) 铰孔   (d) 攻螺纹

(e) 锪锥孔   (f) 锪柱孔   (g) 反锪鱼眼孔   (h) 锪凸台

图 6-18　钻床的主要工作

6.2.6　刨削加工

刨削加工是在刨床上用刨刀加工工件的工艺过程。刨削是平面加工的主要方法之一。

（1）刨床及刨削运动

刨削加工可在牛头刨床（图 6-19）或龙门刨床（图 6-20）上进行。

在牛头刨床上加工时，刨刀的纵向往复直线运动为主运动，工件随工作台做横向间歇进给运动。其最大的刨削长度一般不超过 1000mm，因此，它适合加工中、小型工件。在龙门刨床上加工时，工件随工作台的往复直线运动为主运动，刀架沿横梁或立柱做间歇进给运动。由于其刚性好，而且有 2～4 个刀架可同时工作，因此，它主要用来加工大型工件或同

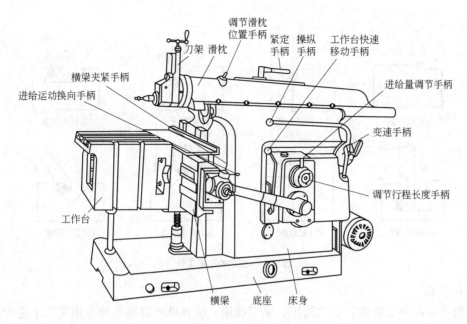

图 6-19　牛头刨床

时加工多个中、小型工件。其加工精度和生产率均比牛头刨床高。

刨床的主要工作如图 6-21 所示，主要用来刨削平面（水平面、垂直面及斜面），也广泛用于加工沟槽（如直角槽、V 形槽、T 形槽、燕尾槽），如果进行适当的调整或增加某些附件，还可以加工齿条、齿轮、花键和母线为直线的成形面等。

（2）刨削的工艺特点及应用

① 机床与刀具简单，通用性好　刨床结构简单，调整、操作方便；刨刀制造和刃磨容易，加工费用低；刨床能加工各种平面、沟槽和成形表面。

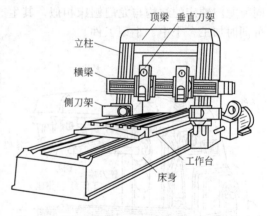

图 6-20　龙门刨床

② 精度低　刨削为直线往复运动，切入、切出时有较大的冲击振动，影响了加工表面质量。刨削平面时，两平面的尺寸精度一般为 IT9～IT8，表面粗糙度值 Ra 为 6.3～1.6μm。在龙门刨床上用宽刃刨刀以很低的切削速度精刨时，可以提高刨削加工质量，表面粗糙度值 Ra 达 0.8～0.4μm。

③ 生产率较低　因为刨刀为单刃刀具，刨削时有空行程，且每次往复行程伴有两次冲击，从而限制了刨削速度的提高，因此刨削生产率较低。但在刨削狭长平面或在龙门刨床上进行多件、多刀刨削时则有较高的生产率。

6.2.7　铣削加工

铣削加工是在铣床上利用铣刀对工件进行切削加工的工艺过程。铣削是平面加工的主要方法之一。

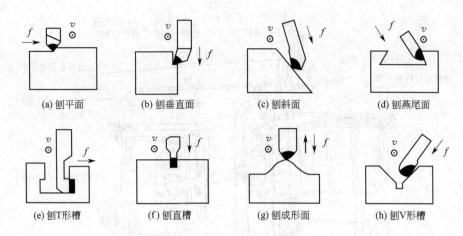

（a）刨平面　　（b）刨垂直面　　（c）刨斜面　　（d）刨燕尾面

（e）刨T形槽　　（f）刨直槽　　（g）刨成形面　　（h）刨V形槽

图 6-21　刨床的主要工作

（1）铣床

铣削可以在卧式铣床、立式铣床、龙门铣床、工具铣床以及各种专用铣床上进行。对于单件、小批量生产中的中、小型零件，卧式铣床（图 6-22）和立式铣床（图 6-23）最为常用。前者的主轴与工作台台面平行，后者的主轴与工作台台面垂直，它们的基本部件大致相同。龙门铣床的结构与龙门刨床相似，其生产率较高，广泛应用于批量生产的大型工件，也可同时加工多个中、小型工件。

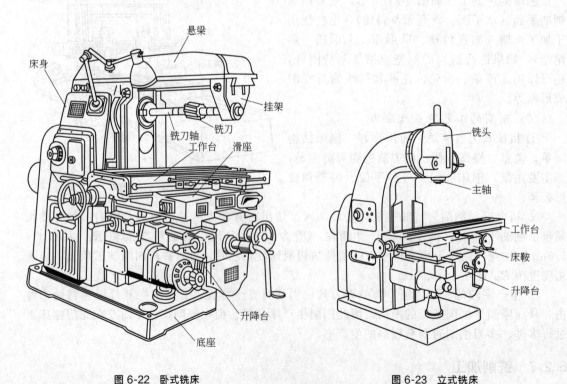

图 6-22　卧式铣床　　　　　　　　　　图 6-23　立式铣床

铣削时，铣刀做旋转主运动，工件由工作台带动做纵向、横向或垂直进给运动。铣平面可以用端铣，也可以用周铣。用周铣铣平面又有逆铣与顺铣之分。在选择铣削方式时，应根据具体的加工条件和要求，选择适当的铣削方式，以便保证加工质量和提高生产率。

（2）铣削加工的应用

铣床的种类、铣刀的类型和铣削的形式均较多，加之分度头、圆形工作台等附件的应用，因此铣削加工的应用范围较广，如图 6-24 所示。

① 铣平面　铣平面可以在卧式铣床或立式铣床上进行，有端铣、周铣和二者兼用 3 种方式。可选用圆柱铣刀、端铣刀和立铣刀，如图 6-24(a)～(d)所示。

② 铣沟槽　铣直槽或键槽，一般可在立铣或卧铣上用键槽铣刀、立铣刀或盘状三面刃铣刀进行，如图 6-24（e）、（f）所示。铣 T 形槽、V 形槽和燕尾槽时，均须先用盘铣刀铣出直槽，然后再用专用铣刀在已开出的直槽上进一步加工成形，如图 6-24(g)～(i)。

③ 铣成形面　常用的铣成形面方法有在立式铣床上用立铣刀按划线铣成形面；利用铣刀与工件的合成运动铣成形面；利用成形铣刀铣成形面，如图 6-24（j）、（k）所示。在大批量生产中，还可采用专用靠模或仿形法加工成形面，或用程序控制法在数控铣床上加工。

④ 铣螺旋槽　在铣削加工中常常会遇到铣削螺旋齿轮、麻花钻、螺旋齿圆柱铣刀等工件上的沟槽，这类工作统称为铣螺旋槽，如图 6-24（l）所示。在铣床上铣螺旋槽与车螺纹原理基本相同，这里不予详述。

⑤ 分度及分度加工　铣削四方体、六方体、齿轮、棘轮以及铣刀铰刀类多齿刀具的容屑槽等表面时，每铣完一个表面或沟槽，工件必须转过一定的角度，然后再铣削下一个表面

(a) 圆柱铣刀铣平面　　(b) 端铣刀铣大平面　　(c) 立铣刀铣台阶面　　(d) 套式立铣刀铣平面

(e) 键槽铣刀铣键槽　　(f) 三面刃铣刀铣直槽　　(g) T形铣刀铣T形槽　　(h) 角度铣刀铣V形槽

(i) 燕尾槽铣刀铣燕尾槽　　(j) 锯片铣刀切断　　(k) 齿轮铣刀铣齿轮　　(l) 螺旋铣刀铣螺旋槽

图 6-24　铣削加工的主要应用范围

或沟槽，这种工作通常称为分度。分度工作常在万能分度头上进行。

6.2.8 磨削加工

磨削加工是以砂轮作为切削工具的一种精密加工方法。砂轮是由磨料和结合剂黏结而成的多孔物体，如图 6-25 所示。

砂轮的特性包括磨粒材料、粒度、结合剂、硬度、组织、形状和尺寸等方面。砂轮的特性对加工精度、表面粗糙度和生产率有很大影响。

磨削是用分布在砂轮表面上的磨粒进行切削的。每一颗磨粒的作用相当于一把车刀，整个砂轮的作用相当于具有很多刀齿的铣刀，这些刀齿是不等高的、具有高负前角的磨粒尖角。比较凸出和锋利的磨粒，可获得较大的切削深度，能切下一层材料，具有切削作用；凸出较小或磨钝的

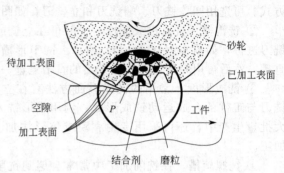

图 6-25 砂轮结构

磨粒，只能获得较小的切削深度，在工件表面上划出一道细微的沟纹，工件材料被挤向两旁而隆起，但不能切下一层材料；凸出很小的磨粒，没有获得切削深度，既不能在工件表面上划出一道细微的沟纹，也不能切下一层材料，只对工件表面产生滑擦作用。

对于那些起切削作用的磨粒，刚开始接触工件时，由于切削深度极小，磨粒切削能力差，在工件表面上只是滑擦而过，工件表面只产生弹性变形；随着切削深度的增大，磨粒与工件表面之间的压力增大，工件表层逐步产生塑性变形而刻划出沟纹；随着切削深度的进一步增大，被切材料层产生明显滑移而形成切屑。综上所述，磨削过程就是砂轮表面上的磨粒对工件表面切削、划沟和滑擦的综合作用的过程。

6.2.9 特种切削加工方法简介

随着现代科学技术的发展，出现了很多用传统切削加工方法难以加工的新材料，如高熔点、高硬度、高强度、高脆性、高韧性等难加工材料，以及具备一些特殊使用性能，如高精度、高速度、耐高温、耐高压等的零件。因此，经过探索研究，诞生了一些新的切削加工方法。这些切削加工方法不是依靠机械能进行切削加工，而是依靠特殊能量，如电能、化学能、光能、声能、热能等来进行切削加工，故称为特种切削加工。特种加工方法主要有电火花加工、电解加工、激光加工、超声波加工、电子束加工、离子束加工等。

相对于传统切削加工方法而言，特种加工方法具有以下特征。

① 加工用的工具硬度不必大于工件材料的硬度。

② 在加工过程中，不是依靠机械能而是依靠特殊能量去除工件上多余金属层。因此，工具与工件之间不存在显著的机械切削力。

特种切削加工方法的出现为难加工材料和特殊应用性能零件的加工增添了新的途径。

6.2.10 机床的分类与选型

（1）机床的分类

金属切削机床是以切削方法加工金属零件的机器，是制造机器的机器，被称为"工作母

机"。机床的类型与品种很多，为了机床使用和管理的方便，需要加以分类、编制型号和标明技术规格。机床一般可以按照加工方法、通用程度、加工精度和自动化程度等的不同来分类。

① 按加工方法分类　我国将机床按加工方式分为 12 类：车床、钻床、镗床、磨床、铣床、刨床（及插床）、拉床、齿轮加工机床、螺纹加工机床、电加工机床、切断机床、其他机床等。

② 按通用程度分类　通用机床（万能机床）：加工范围较广、结构复杂，主要适用于单件、小批量生产，如卧式车床、卧式铣镗床等。

专门化机床：加工某一类或几类零件的某种（或几种）特定工序，如精密丝杠车床、凸轮轴车床、曲轴车床等。

专用机床：加工某一种（或几种）零件的特定工序，如制造主轴箱的专用镗床、制造车床床身导轨的专用龙门磨床等。

③ 按加工精度分类　分为普通精度机床、精密机床、高精度机床。

④ 按自动化程度分类　分为手动、机动、半自动和自动机床（数控机床）。

（2）机床的型号

按照国家标准 GB/T 15375《金属切削机床编制方法》等有关资料，机床的型号由汉语拼音字母及阿拉伯数字组成，其字母、数字依次简明地表示了机床的类别、性能、结构特征和主要技术规格。表 6-4 提供了机床型号的基本含义，其中每类机床都分为 10 个组别，每个组别分为 10 个系列，表格中仅展示了部分机床的组别和系列。

表 6-4　机床型号含义表

类别代号		特性代号		组别代号			系别代号 （仅以卧式镗床为例）		主参数	改进
B	刨床	G	高精度	0	仪表机床	5	插床	0	—	
C	车床	M	精密	1	外圆磨床		插齿机	1	卧式镗床	
D	电加工	Z	自动		内圆磨床		普通车床	2	落地镗床	多
L	拉床	B	半自动	2	龙门刨床		卧式镗床	3	卧式铣镗床	用 第一次
M	磨床	K	数控		龙门铣床	6	卧式铣床		短床身卧	主 改进用
G	切断	H	自动换刀	3	摇臂钻床		牛头刨床	4	式铣镗床	参 A 表示，
S	螺纹	F	仿形		滚齿机		卧式拉床		刨台卧式	数 第二次
T	镗床	Q	轻型	4	仿形铣床	7	平面磨床	5	铣镗床	的 改进用
X	铣床	R	柔性加 工单元		立式机床		工具铣床	6	立卧复合 铣镗床	1/10 B 表示， 表 以此类推
Y	齿轮	C	加重型	5	立式钻床	8	刨边机	7	—	示
Z	钻床	X	数显		立式镗床		螺纹车床	8	—	
Q	其他	S	高速		立式铣床	9	工具磨床	9	落地铣镗床	

例如 TK6513A 的含义为：加工件最大直径为 130mm、经第一次重大设计改进的数控刨台卧式铣镗床。

6.3　典型表面加工路线

零件表面的加工方法很多，加工时必须根据零件结构特点、零件材料的性质、毛坯种类等，选择最合适的加工方法。即在保证加工质量的前提下，选择生产率高且加工成本低的加工方法。本节主要说明外圆、内圆（孔）、平面和齿形加工方法及选择。

6.3.1　外圆表面加工

外圆表面的加工方法主要有车削、磨削、精密磨削、研磨和超级光磨。外圆表面的加工顺序、加工精度、表面粗糙度如图 6-26 所示。

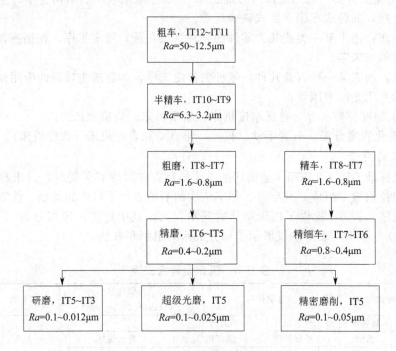

图 6-26　外圆表面加工顺序

6.3.2　内圆表面（孔）加工

内圆表面的加工方法较多，常用的有钻孔、扩孔、铰孔、镗孔、拉孔、磨孔、研磨孔和珩磨等。孔的加工顺序以及各种加工方法所能达到的精度、表面粗糙度如图 6-27。对已铸出或锻出的孔进行加工时，采用扩孔或镗孔。对于工件材料硬度大于 32HRC 的孔，一般采用特种加工，然后根据需要进行光整加工。对于平底盲孔一般采用钻＋镗加工方案。

6.3.3　平面加工方案

平面按加工时所处的位置可分为水平面、垂直面和斜面。平面之间作不同形式的连接，又可形成各种沟槽，如直槽、V 形槽、T 形槽和燕尾槽等。平面的加工方法主要有车削、铣削、刨削、磨削、研磨和刮削等，其中以铣削和刨削为主。平面的加工顺序、所能达到的精度、表面粗糙度如图 6-28 所示。光整加工可采用研磨、超级光磨或超精密磨削，但磨削不能加工有色金属。

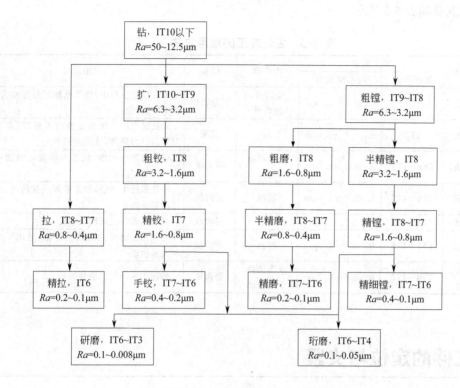

图 6-27 内圆表面（孔）的加工顺序

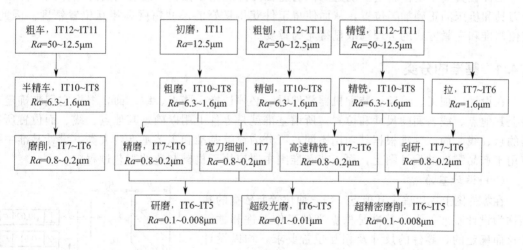

图 6-28 平面加工顺序

6.3.4 齿形加工

按齿形形成的原理不同，齿形加工有两类方法：一类是成形法，用与被切齿轮齿槽形状相符的成形刀具切出齿形，如铣齿（用盘状或指状铣刀）、拉齿和成形磨齿等；另一类是展成法（包络法），齿轮刀具与工件按齿轮副的啮合关系做展成运动，工件的齿形由刀具的切削刃包络而成，如滚齿、插齿、剃齿、磨齿和珩齿等。齿形常用的加工方法精度、粗糙度及生产应用特点等如表 6-5 所示。

表 6-5　齿轮加工的常用方法

加工方法	加工原理	加工质量		生产率	设备	应用范围
		精度等级	齿面粗糙度			
铣齿	成形法	IT9	$Ra\ 6.3\sim3.2\mu m$	较插齿、滚齿低	普通铣床	单件修配生产中,加工低精度外圆柱齿轮、锥齿轮、涡轮
拉齿	成形法	IT7	$Ra\ 1.6\sim0.4\mu m$	高	拉床	大批量生产 7 级精度的内齿轮,因齿轮拉刀制造较为复杂,故应用较少
插齿	展成法	IT8~IT7	$Ra\ 3.2\sim1.6\mu m$	一般较滚齿低	插齿机	单件成批生产中,加工中等质量的圆柱齿轮、多联齿轮
滚齿	展成法	IT8~IT7	$Ra\ 3.2\sim1.6\mu m$	较高	滚齿机	单件成批生产中,加工中等质量的内、外圆柱齿轮及涡轮
剃齿	展成法	IT7~IT6	$Ra\ 0.8\sim0.4\mu m$	高	剃齿机	精加工未淬火的圆柱齿轮
珩齿	展成法	IT7~IT6	$Ra\ 0.8\sim0.4\mu m$	很高	珩齿机	光整加工已淬火的圆柱齿轮,适用于成批和大量生产
磨齿	成形法、展成法	IT6~IT5	$Ra\ 0.8\sim0.2\mu m$	成形法高于展成法	磨齿机	精加工未淬火的圆柱齿轮

6.4　工件的定位与夹紧

　　工件在夹具中定位就是要确定工件与定位元件的相对位置,而装夹则可以保证工件相对于刀具和机床的正确加工位置,从而使得工件获得良好的尺寸精度和相互位置精度。因此,定位基准和夹紧方式的合理选取显得尤为重要。

6.4.1　基准的分类

　　在设计、加工、检验、装配机器零件时,必须选择一些点、线、面,根据它们来确定零件上其他点、线、面的尺寸和位置。所谓基准就是零件上用以确定其他点、线、面位置所依据的点、线、面。基准根据其功用不同,可分为设计基准和工艺基准两大类,设计基准主要应用于产品零件的设计图上,而工艺基准则主要应用于机械制造的工艺过程中。

　　(1) 设计基准

　　在零件图上用以确定其他点、线、面位置所依据的基准称为设计基准。设计基准是根据零件工作条件和性能要求而确定的,零件的尺寸及相互位置要求,均以设计基准为依据进行标注。图 6-29 所示零件中 F 面是 C 面和 E 面的尺寸设计基准,也是孔垂直度和 C 面平行度的设计基准。作为设计基准的点、线、面在工件上不一定具体存在,例如表面的几何中心、对称线、对称平面等。

　　(2) 工艺基准

　　工件在加工或装配等工艺过程中所采用的基准,称为工艺基准。工艺基准按用途不同可分为工序基准、定

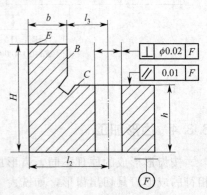

图 6-29　设计基准分析示例

位基准、测量基准和装配基准。

①　工序基准　在工序图上用来标注本工序被加工表面加工后的尺寸、形状、位置的基准，称为工序基准。依据工序基准所标注的确定被加工表面位置的尺寸称为工序尺寸。如图 6-30 所示，在轴套上钻孔时，图 6-30（a）中孔的中心线到轴肩左侧面的距离（20±0.1）mm 是以轴肩左侧面为工序基准时的工序尺寸。图 6-30（b）中孔的中心线到轴肩右侧面的距离（15±0.1）mm 是以轴肩右侧面为工序基准时的工序尺寸。

②　定位基准　加工时，使工件在机床或夹具中占据一个确定位置所用的基准称为定位基准。在使用夹具时，定位基准就是工件与夹具定位元件相接触的表面。如图 6-31 所示，加工平面 C 和平面 F 时是通过平面 A 和平面 D 放在夹具上进行定位的，所以平面 A 和平面 D 是加工平面 C 和平面 F 时的定位基准。

定位基准可以是工件的实际表面，也可以是表面的几何中心对称线或对称面，但必须由相应的实际表面来体现。如内孔和外圆的中心线分别由内孔的内表面和外圆的外圆表面来体现，V 形块的对称面用其两个斜面来体现，这些面称为定位基面。

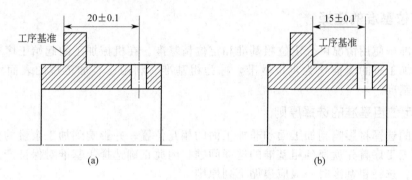

图 6-30　工序基准

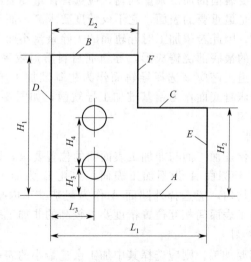

图 6-31　定位基准

③　测量基准　零件检验时，用于测量已加工表面尺寸及位置的基准称为测量基准。例如图 6-32 中，用游标卡尺测量尺寸 H 时，圆柱表面的下母线是测量基准。

④ 装配基准 装配时用以确定零件或部件在机器中位置时所用的基准称为装配基准。如图 6-33 所示，齿轮的内孔和右端面是齿轮在传动轴上的装配基准。

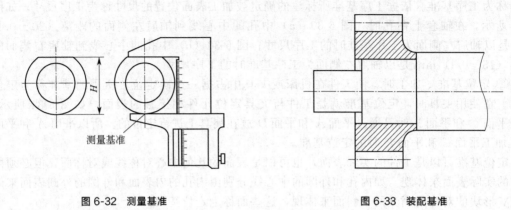

图 6-32 测量基准　　　　　　　　　　　图 6-33 装配基准

6.4.2 定位基准的选择

定位基准按使用情况可分定位粗基准和定位精基准。在机械加工的起始工序中，只能利用毛坯上未加工过的表面作为定位基准，称为粗基准。利用已经加工过的表面作为定位基准，称为精基准。

6.4.2.1 定位粗基准的选择原则

粗基准的选择将影响到加工面和非加工面的相互位置，并影响到加工余量的分配。而且第一道粗加工工序首先就遇到粗基准的选择问题。因此正确选择粗基准对保证产品质量将有重要的影响。选择粗基准时一般应遵循下列原则。

（1）重要表面原则

为了保证工件某些重要表面的加工余量均匀，应选择该重要表面作为粗基准。例如车床床身零件的加工中导轨面是最重要的表面，它不仅精度要求高，而且要求导轨面具有均匀的金相组织和较高的耐磨性，因此希望加工时导轨面的去除余量小而且均匀。由于在铸造床身时，导轨面是倒扣在砂箱的最底部浇铸成形，导轨面材料质地致密，砂眼、气孔相对较少。因此在加工床身时，第一道工序应该选择导轨面作为粗基准加工床身底面，如图 6-34（a）所示，然后再以加工过的床身底面作为精基准加工导轨面，如图 6-34（b）所示，此时从导轨面上去除的加工余量均匀。

（2）非加工表面原则

如果加工时主要要求保证加工面与非加工表面间的位置要求，则应选择非加工面为粗基准。如图 6-35 所示零件，外圆面 A 为不加工表面，内孔 B 为加工表面，两者有同轴度要求。为保证孔加工后壁厚均匀，应选择外圆面 A 作为粗基准车内孔 B。当零件上有若干个非加工表面时，选择与加工表面间相互位置精度要求较高的非加工表面作为粗基准。

（3）最小加工余量原则

若零件上有多个表面要加工，则应选择其中加工余量最小的表面为粗基准，以保证所有加工表面都有足够的加工余量。如图 6-36 所示的阶梯轴毛坯，$\phi 50$mm 外圆的余量最少，故应以此表面为粗基准加工出 $\phi 100$mm 的外圆，然后再以已加工的 $\phi 100$mm 的外圆为精基准加工出 $\phi 50$mm 的外圆。这样可保证在加工 $\phi 50$mm 的外圆时有足够的加工余量。若以余量较大的 $\phi 100$mm 的外圆为粗基准，由于有 3mm 的偏心，就有可能产生 $\phi 50$mm 外圆处因超余量加工而使工件报废。

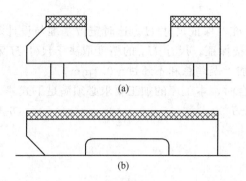

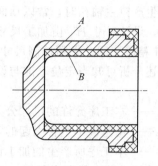

图 6-34 床身导轨的加工　　　　　　　　图 6-35 圆筒零件的加工

（4）定位可靠性原则

作为粗基准的表面，应选用比较可靠、大而平整的表面，以使定位准确，夹紧可靠。在铸件上不应该选择有浇口和冒口的表面、分型面以及有毛刺或夹砂的表面作粗基准；在锻件上不应该选择有飞边的表面作粗基准。

（5）不重复使用原则

如果能使用精基准定位，则粗基准一般不得重复使用。这是因为粗基准所用的毛坯表面很粗糙，定位精度较低，如果在同一尺寸方向上使用多次，将产生较大的定位误差。

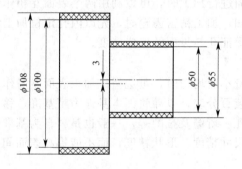

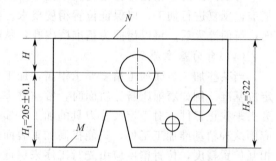

图 6-36 阶梯轴毛坯的加工　　　　　　　图 6-37 基准不重合误差示例

6.4.2.2 定位精基准的选择原则

精基准的选择主要应从保证零件的加工精度要求出发，同时考虑装夹准确、可靠，夹具结构简单。选择精基准时，一般应遵循下列原则。

（1）基准重合原则

基准重合原则是指零件加工时选用设计基准作为定位基准的原则，这样可以避免由于定位基准与设计基准不重合而引起的定位误差。例如图 6-37 所示的车床床头箱，尺寸 $H_1 =$ (205 ± 0.1) mm 为车床中心高，即床头箱底面 M 到主轴支撑孔的高度尺寸，设计基准是底面 M。加工主轴孔时可能采用的定位方案有两种。

方案一：定位基准与设计基准重合

单件小批生产镗主轴孔时，常以底面 M 为定位基准，直接保证尺寸 H_1。这时设计基准与定位基准重合，影响加工精度的只有与镗孔工序有关的加工误差，把此误差控制在

±0.1mm 范围以内就可以保证规定的加工精度。

方案二：定位基准与设计基准不重合

大批生产镗主轴孔时，常以顶面 N 为定位基准，保证尺寸 H。这时定位基准与设计基准不重合，设计尺寸 H_1 由加工尺寸 H 和 H_2 间接保证，尺寸 H_1 的精度取决于尺寸 H 和 H_2 的加工精度。因此必须控制尺寸 H 和 H_2 的加工误差总和不超过±0.1mm。

由上述分析可知当定位基准与设计基准不重合时，本工序的加工要求必须满足下式

$$T_1 \geqslant \Delta_{加} + T_2 \tag{6-4}$$

式中 T_1——本工序允许的尺寸公差；

T_2——由基准不重合引起的定位误差；

$\Delta_{加}$——本工序所产生的加工误差。

比较上面两种定位方案可知：基准重合有利于保证加工精度，应尽量使定位基准与设计基准重合。基准不重合提高了本工序的加工要求，只有在满足上述不等式的条件下才允许基准不重合。

（2）基准统一原则

在加工位置精度要求较高的某些表面时，尽可能选用统一的定位基准，这样有利于保证各加工表面的位置精度。如加工较精密的阶梯轴时，往往以中心孔为定位基准车削各表面；在磨削加工之前，还要再次加工中心孔，然后以中心孔定位，磨削各表面。采用同一基准也有利于简化工艺规程制订及夹具设计制造，可以节省生产成本并缩短生产周期。

（3）互为基准原则

对工件上两个相互位置精度要求比较高的表面进行加工时，可以利用两个表面互相作为基准，反复进行加工，以保证位置精度要求。例如，加工精密齿轮时，先以内孔定位加工齿面，齿面淬火后，再以齿面为基准磨内孔，从而保证孔与齿面的位置精度。

（4）自为基准原则

当某些加工表面加工精度要求很高，加工余量小而均匀时，可选择该加工表面本身作为定位基准。例如磨削床身导轨面时，常在磨头上装百分表，以导轨面本身作为精基准，移动磨头来找正工件。对于定尺寸刀具的加工，如铰孔、珩磨及拉削等，一般也是"自为基准"。应用这种精基准加工工件，只能提高加工表面的尺寸精度、形状精度，而不能提高表面间的相互位置精度，位置精度应由先行工序来保证。

对于上述各项基准的选择原则，都是从不同的加工需求来提出的，甚至有些原则之间是相互矛盾的，具体使用中要抓住主要矛盾，在确保加工质量的前提下，力求所选基准能实现低成本、低消耗加工，并使夹具结构简单。

6.4.3   工件的定位

工件在夹具中的定位，是由工件的定位基准与夹具定位元件的工作表面相接触或相配合实现的。

6.4.3.1   工件的六点定位原理

一般情况下，可以将一个尚未定位的工件近似看成一个自由刚体，其在空间的位置是不确定的。如图 6-38（a）所示，它在空间直角坐标系中可沿 x、y、z 三个坐标轴任意移动，也可绕此三坐标轴转动，分别用 $\vec{x}$、$\vec{y}$、$\vec{z}$ 和 $\hat{x}$、$\hat{y}$、$\hat{z}$ 表示，即工件有 6 个自由度。如果采取一定的约束措施，消除工件的六个自由度，则工件被完全定位。如图 6-38（b）所示，用

六个合理分布的定位支承点与工件分别接触，即一个支承点限制工件的一个自由度，使工件在夹具中的位置完全确定。

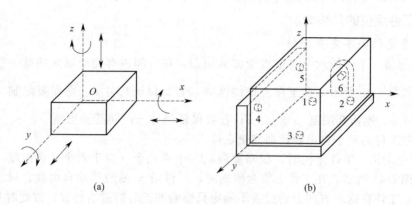

图 6-38 空间自由度

采用六个按一定规则布置的约束点，可以限制工件的六个自由度，实现完全定位，称为六点定位原理。在应用"六点定位原理"对工件进行定位分析时，应注意以下几点。

① 定位就是限制自由度，通常用合理布置的定位支承点来限制工件的自由度。

② 定位和夹紧是两个不同的概念。定位是指工件在空间指定自由度占据唯一确定的位置，跟是否受力无关。而夹紧则是指提供夹紧力作用，保证工件在受外力作用下仍能在此唯一正确位置不变。对于一般夹具，先实施定位，然后再夹紧。

③ 定位支承点是由定位元件抽象而来的，在夹具中，定位支承点总是通过具体的定位元件来体现，至于具体的定位元件应转化为几个定位支承点，需结合其结构进行具体分析。

例如长圆柱销 [图 6-39 (a)]可以限制四个自由度，即 $\vec{y}$、$\vec{z}$、$\hat{y}$ 和 $\hat{z}$；短圆柱销 [图 6-39

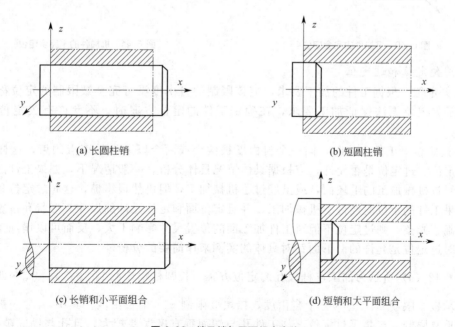

(a) 长圆柱销   (b) 短圆柱销

(c) 长销和小平面组合   (d) 短销和大平面组合

图 6-39 销及销与平面组合定位

(b)]可以限制两个自由度，即 $\vec{y}$、$\vec{z}$；长销和小平面组合［图 6-39（c)]以及短销和大平面组合［图 6-39（d)]均可以限制五个自由度，即 $\vec{x}$、$\vec{y}$、$\vec{z}$、$\hat{y}$ 和 $\hat{z}$。

6.4.3.2　工件定位的几种情况

（1）完全定位和不完全定位

① 完全定位　工件的六个自由度全部被限制，在空间占有完全确定的唯一位置，称为完全定位。如图 6-40 所示，在工件上铣键槽时，若要保证尺寸 c，则需要限制 $\vec{z}$、$\hat{x}$、$\hat{y}$；若要保证尺寸 a，则需要限制 $\vec{x}$、$\hat{y}$、$\hat{z}$；若要保证尺寸 y，则需要限制 $\vec{y}$、$\hat{z}$、$\hat{x}$。综合起来，必须限制工件的六个自由度，即完全定位。

② 不完全定位　工件定位时，仅需要限制一个或几个（少于六个）自由度，称为不完全定位。如图 6-41 所示，在工件上铣台阶面时，工件沿 y 轴的移动自由度，对工件的加工精度无影响，工件在这一方向上的位置不确定只影响加工时的进给行程，故此时只需要限制五个自由度，即 $\vec{x}$、$\vec{z}$、$\hat{x}$、$\hat{y}$、$\hat{z}$。显然不完全定位也是合理的定位方式。

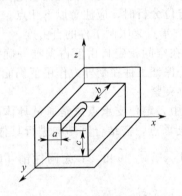

图 6-40　机加件的完全定位

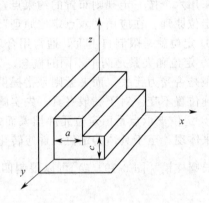

图 6-41　机加件的不完全定位

（2）欠定位和过定位

① 欠定位　根据工件的加工要求，应该限制的自由度没有完全被限制的定位称为欠定位。由于欠定位无法保证加工要求，在确定工件的定位方案时，不允许有欠定位的现象发生。

② 过定位　工件定位时，同一个自由度被两个或两个以上的约束点约束，这样的定位称为过定位。过定位是否允许，应根据具体情况具体分析。一般情况下，如果工件的定位面是没有经过机械加工的毛坯面，或虽经过了机械加工，但仍然很粗糙，这时过定位是不允许的。如果工件的定位面经过了机械加工，并且定位面和定位元件的尺寸、形状和位置都做得比较准确、光整，则过定位不但对工件加工面的位置尺寸影响不大，反而可以增加工件的刚性，这时过定位是允许的。下面针对具体的实例来作简要的分析。

图 6-42（a）所示为加工连杆大孔的定位方案。长圆柱销 1 限制 $\vec{x}$、$\vec{y}$、$\hat{x}$、$\hat{y}$ 四个自由度，支承板 2 限制 $\vec{z}$、$\hat{x}$、$\hat{y}$ 三个自由度，挡块 3 限制 $\hat{z}$ 一个自由度。其中，$\hat{x}$、$\hat{y}$ 被两个定位元件重复限制，产生了过定位。如工件孔与端面垂直度误差较大，且孔与销间隙又很小，会出现两种情况：如长圆柱销刚度好，定位后工件歪斜，端面只有一点接触，如图 6-42

（b）所示；如长圆柱销刚度不足，压紧后长圆柱销将歪斜，工件也可能变形，如图 6-42（c）所示。二者都会引起大孔加工的位置误差，使连杆两孔的轴线不平行。但如果长圆柱销 1 和支撑板 2 位置准确，则上述过定位不仅允许而且能增强支承刚度，减小连杆的受力变形。

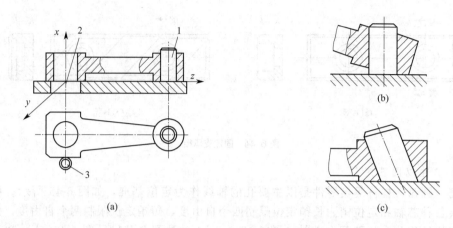

图 6-42　连杆的定位

6.4.3.3　工件常用的定位方式

机器零件的形状各有不同，但主要由平面、圆柱面、圆锥面、成形面、圆柱孔、圆锥孔等组合而成。因此，工件就是以上述表面或它们的组合面作为定位基准。根据工件上定位基准的不同采用不同的定位元件，使定位元件的定位面和工件的定位基准面相接触或配合，实现工件的定位。常用的定位方式有以下几种。

（1）工件以平面定位

一般加工箱体、机座、支架、圆盘、板类零件的平面和孔时，都用平面为定位基准。工件以平面定位时，定位元件常用三个支承钉或两个以上支承板组成的平面进行定位。各支承钉（板）的距离应尽量大，使得定位稳定可靠。图 6-43（a）所示为平头支承钉，多用于精基准定位。图 6-43（b）为球头支承钉，图 6-43（c）为齿纹支承钉，这两种适用于粗基准定位，可减少接触面积，以便与粗基准有稳定的接触。其中，球头支承钉较易磨损而失去精度，齿纹支承钉能增大接触面间的摩擦力，防止工件受力移动，但落入齿纹中的切屑不易清除，故多用于侧面定位。图 6-43（d）为带套筒的支承钉，用于大批大量生产，便于磨损后更换。

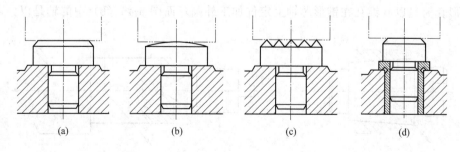

图 6-43　各种支承钉

支承板多用于精基准定位，如图 6-44 所示。A 型支承板结构简单、紧凑，但切屑易落入内六角螺钉头部的孔中，且不易清除。因此，多用于侧面和顶面的定位。B 型支承板在工作面上有 45°的斜槽，且能保持与工件定位基面连续接触，清除切屑方便，所以多用于平面定位。

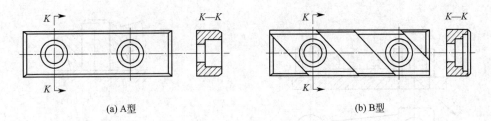

(a) A型　　　　　　　　　　　　　(b) B型

图 6-44　固定支承板

（2）工件以圆孔定位

套筒、圆盘、杠杆等类零件是以主要孔的轴线作为定位基准，如图 6-45 所示。所用定位元件有各种芯轴和定位销。长销定位限制四个自由度，短销定位限制两个自由度。定位芯轴常用定位结构分为间隙配合芯轴［图 6-45（a）］、过盈配合芯轴［图 6-45（b）］和小锥度配合芯轴。间隙配合芯轴装卸方便，但定心精度不高，常以垂直度较高的孔和端面联合定位。过盈配合芯轴工作部分公差按 r6 制造，当工件定位孔的长度与直径之比大于 1 时，芯轴的工作部分应稍带锥度。过盈配合芯轴制造简单，定心精度高，不用另设夹紧装置，但装卸工件不方便，易损伤定位孔，多用于定心精度要求高的精加工。

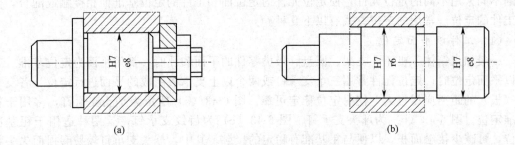

(a)　　　　　　　　　　　　　　(b)

图 6-45　机加件以圆孔用芯轴定位

（3）工件以圆锥孔定位

在加工轴类零件或要求精密定心的工件时，常以工件锥孔作为定位基准。图 6-46（a）中的锥形套筒是以其锥孔在锥形芯轴上定位加工外圆；而图 6-46（b）中的轴是以中心孔在

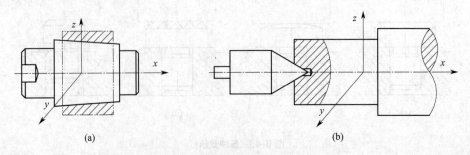

(a)　　　　　　　　　　　　　　(b)

图 6-46　圆锥孔在圆锥体上定位

顶尖上定位车外圆。这两类都是圆锥面和圆锥面的接触方式。根据接触面相对长度可分为：①接触面较长的圆锥面，相当于五个定位支承点，限制五个自由度 $\vec{x}$、$\vec{y}$、$\vec{z}$、$\hat{y}$、$\hat{z}$；②接触面较短的圆锥面，相当于三个定位支承点，限制三个自由度 $\vec{x}$、$\vec{y}$、$\vec{z}$。当轴类零件右中心孔用轴向可移动的后顶尖定位时，只限制 $\hat{y}$、$\hat{z}$ 两个自由度。

（4）工件以外圆柱面定位

工件以外圆柱面定位在生产中非常常见，例如凸轮轴、曲轴、阀门以及套类零件的定位等。在夹具设计中，除通用夹具外，常用于外圆表面定位的定位元件有 V 形块、定位套筒和半圆孔定位座等，分别如图 6-47（a）～（c）所示。

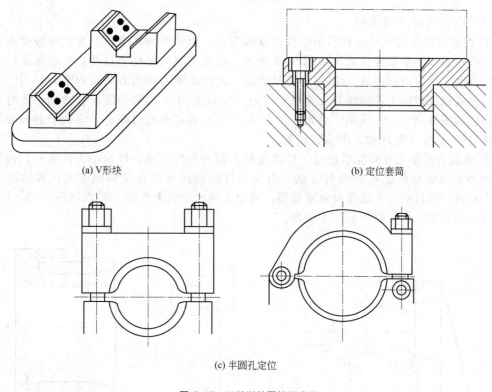

(a) V形块

(b) 定位套筒

(c) 半圆孔定位

图 6-47　工件以外圆柱面定位

（5）工件以组合表面定位

以上所述四种工件定位方法，均指以单一表面定位。通常工件多是以两个或两个以上表面组合起来作为定位基准使用，称为组合表面定位。当以多个表面作为定位基准进行组合定位时，夹具中也有相应的定位元件组来实现工件的定位。

6.4.4　工件的夹紧

工件定位以后，必须用夹紧装置将工件固定，使其在加工过程中不致因切削力及离心力等作用而使定位位置改变，这种操作称为夹紧。

6.4.4.1　对夹紧装置的要求

夹紧装置是夹具的重要组成部分，夹紧装置设计的优劣会直接影响到工件的加工质量和生产效率。在设计夹紧装置时，应满足以下基本要求：

① 在夹紧过程中应能保持工件定位时所获得的正确位置。

② 夹紧应可靠和适当。夹紧机构一般要有自锁作用，保证在加工过程中不会产生松动或振动。夹紧工件时，不允许工件产生不适当的变形和表面损伤。

③ 夹紧装置应操作方便、省力、安全。

④ 夹紧装置的复杂程度和自动化程度应与工件的生产批量和生产方式相适应。结构设计应力求简单、紧凑，并尽可能采用标准化元件。

6.4.4.2　夹紧力的确定

夹紧力包括大小、方向和作用点三个要素，它们的确定是夹紧机构设计中首先要解决的问题。

（1）夹紧力方向的选择

① 夹紧力的作用方向应有利于工件的准确定位，而不能破坏定位。为此一般要求主要夹紧力应垂直指向主要定位面。如图 6-48 所示，在直角支座零件上镗孔，要求保证孔与端面的垂直度，则应以端面 A 为第一定位基准面，此时夹紧力作用方向应如图 6-48 中 F_1 所示。若要求保证被加工孔轴线与支座底面平行，应以底面 B 为第一定位基准面，此时夹紧力方向应如图 6-48 中 F_2 所示。否则，由于 A 面与 B 面的垂直度误差，将会引起被加工孔轴线相对于 A 面（或 B 面）的位置误差。

② 夹紧力的作用方向应尽量与工件刚度最大的方向相一致，以减小工件变形。例如图 6-49 中加工薄壁套筒工件的两种方法，由于工件的轴向刚度比径向刚度大，若如图 6-49（a）中采用三爪自定心卡盘径向夹紧套筒，将使工件产生较大变形。若改用图 6-49（b）中的螺母轴向夹紧工件，则不易产生变形。

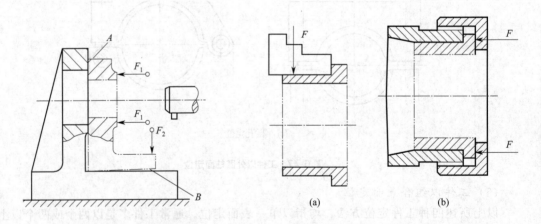

图 6-48　夹紧力方向的选择　　　　　图 6-49　夹紧力方向对工件变形的影响

③ 夹紧力的作用方向应尽可能与切削力、工件重力方向一致，以减少所需夹紧力。如图 6-50（a）所示夹紧力 F_1 与主切削力方向一致，切削力由夹具的固定支承承受，所需夹紧力较小。若如图 6-50（b）所示，则夹紧力 F_2 至少要大于切削力。

（2）夹紧力作用点的选择

夹紧力作用点是指在夹紧力作用方向已定的情况下，确定夹紧元件与工件接触点的位置和接触点的数目。

① 夹紧力作用点应正对支承元件或位于支承元件所形成的支承面内，以保证工件已获

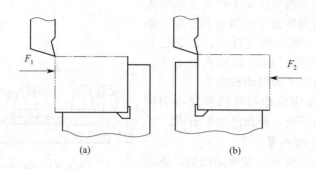

图 6-50　夹紧力与切削方向

得的定位不变。如图 6-51 所示，夹紧力作用点不正，对支承元件产生了使工件翻转的力矩，破坏了工件的定位。夹紧力作用点的正确位置应如图中箭头所示。

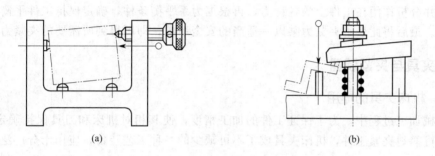

图 6-51　夹紧力作用点的位置

　　② 夹紧力作用点应处在工件刚性较好的部位，以减小工件的夹紧变形。如图 6-52（a）所示，夹紧力作用点在工件刚度较差的部位，易使工件发生变形。对于薄壁零件，增加均布作用点的数目常常是减小工件夹紧变形的有效方法。如改为图 6-52（b）所示情况，不但作用点处的工件刚度较好，而且夹紧力均匀分布在环形接触面上，可使工件整体及局部变形都最小。如图 6-52（c）所示，夹紧力通过一厚度较大的锥面垫圈作用在工件的薄壁上，使夹紧力均匀分布，防止了工件的局部压陷。

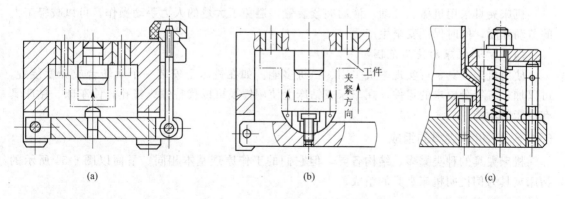

图 6-52　夹紧力作用点与工件变形

　　③ 夹紧力作用点应尽可能靠近被加工表面，以便减小切削力对工件造成的翻转力矩。

必要时应在工件刚度差的部位增加辅助支承并施加夹紧力，以减小切削过程中的振动和变形。如图 6-53 所示零件加工部位刚度较差，在靠近切削部位处增加辅助支承并施加附加夹紧力 F_2，可有效地防止切削过程中的振动和变形。

④ 夹紧力应尽量避免作用在已经完成的精加工表面，以免产生压痕，损伤已加工表面。

（3）夹紧力大小的确定

在夹紧力方向和作用点位置确定以后，还需合理地确定夹紧力的大小。夹紧力不足，会使工

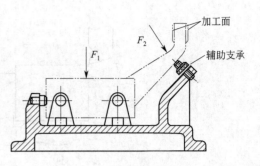

图 6-53　辅助支承与辅助夹紧

件在切削过程中产生位移并容易引起振动；夹紧力过大又会造成工件或夹具不应有的变形或表面损伤。因此，应对所需的夹紧力进行确定。夹紧力的大小，可以在加工中实测，也可根据切削力、工件重力等的影响通过力学算式进行估算。估算夹紧力的一般方法是将工件视为分离体，并分析作用在工件上的各种力，再根据力系平衡条件，确定保持工件平衡所需的最小夹紧力。最后将此最小夹紧力乘以一适当的安全系数，即可得到所需要的夹紧力。

6.4.5　夹具与夹紧装置

6.4.5.1　机床夹具的作用

在机械加工过程中，为了保证工件的加工精度，使其相对机床和刀具保持确定的位置，并能迅速可靠地夹紧工件，机床夹具成了不可缺少的一种工艺装备，应用十分广泛，其主要作用如下。

（1）保证加工质量

用机床夹具装夹工件，能准确确定工件与刀具、机床之间的相对位置关系，而不是依靠工人的技术水平与熟练程度，充分保证了加工精度和质量。

（2）提高生产效率

使用夹具可使工件装夹迅速、方便，从而大大缩短了辅助时间，提高了生产效率。特别是对于加工时间短、辅助时间长的中、小零件，效果更为显著。

（3）降低工人的劳动强度

机床夹具采用机械、气动、液动夹紧装置，避免了大量的人力手动操作，可以减轻工人的劳动强度，同时保证安全生产。

（4）扩大机床的使用范围

使用机床夹具，可实现一机多用、一机多能。如在铣床上安装一个回转台或分度装置，可以加工有等分要求的零件；在车床或钻床上使用镗模可以代替镗床镗孔，使车床、钻床具有镗床的功能。

6.4.5.2　机床夹具的组成

机床夹具的种类繁多、结构各异，但它们的工作原理基本相同。下面以图 6-54 所示的钻床夹具为例说明机床夹具的组成。

（1）定位元件

定位元件用于确定工件在夹具中的正确位置，它是夹具的主要功能元件之一。图 6-54 中的圆柱销 5、菱形销 9 和支承板 4 都是定位元件，它们使工件在夹具中占据正确位置。

（2）夹紧装置

夹紧装置用于保证工件在加工过程中受到外力（如切削力、重力、惯性力等）作用时，已经占据的正确位置不被破坏。如图 6-54 钻床夹具中的开口垫圈 6 是夹紧元件，与螺母 7 和螺杆 8 一起组成夹紧装置。

（3）对刀-导向元件

对刀-导向元件用于确定刀具相对于夹具的正确位置和引导刀具进行加工。其中对刀元件是在夹具中起对刀作用的零部件，如铣床夹具上的对刀块。导向元件是在夹具中起对刀和引导刀具作用的零部件，如图中的钻套 1 是导向元件。

（4）夹具体

夹具体是机床夹具的基础件，它用于连接夹具上各个元件或装置，使之成为一个整体，并与机床有关部件相连接，如图中的夹具体 3。

（5）连接元件

确定夹具在机床上正确位置的元件，如定位键、定位销及紧固螺栓等。

（6）其他元件和装置

根据夹具上的特殊需要而设置的其他装置和元件主要有分度装置、上下料装置、吊装元件、工件的顶出装置（或让刀装置）等。

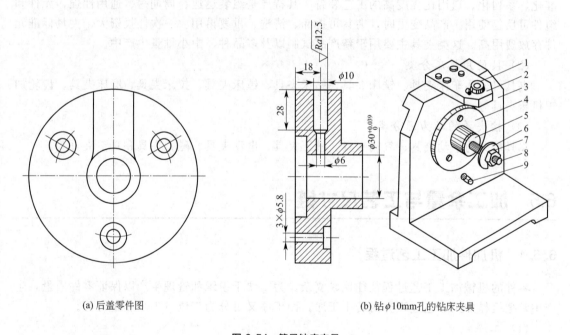

(a) 后盖零件图　　　　　　　　　(b) 钻 ϕ10mm孔的钻床夹具

图 6-54　简易钻床夹具

1—钻套；2—钻模板；3—夹具体；4—支承板；5—圆柱销；6—开口垫圈；7—螺母；8—螺杆；9—菱形销

6.4.5.3　机床夹具的种类

机床夹具的种类有很多，形状和使用方式也有区别，为了方便设计、制造和管理，常常依据机床的特性进行不同的分类，常用的分类方法有以下几种。

（1）按夹具的使用范围和特点分类

① 通用夹具　指结构、尺寸已经规格化，具有一定通用性的夹具。如车床使用的三爪卡盘、四爪卡盘，铣床使用的平口虎钳等。其特点是适应性强，不需调整或稍加调整就可用

来安装一定形状和尺寸范围内的各种工件进行加工。采用这种夹具可缩短生产准备周期，减少夹具品种，从而降低零件的制造成本。但是它的定位精度不高，操作复杂，生产效率低，且较难装夹形状复杂的工件，故主要用于多品种的单件小批生产。

② 专用夹具　指专门为某一工件的某一道工序设计和制造的专用装置，一般是由使用单位按照具体条件自行设计制造的。其特点是结构紧凑、操作迅速、方便，可以保证较高的加工精度和生产率。但设计和制造周期长、制造费用高，在产品变更后，因无法重复利用而报废。因此这类夹具主要用于产品固定的大批大量生产的场合。

③ 可调夹具　它是根据结构的多次使用原则而设计的，对于不同类型和尺寸的工件，只需调整或更换原来夹具上的个别定位元件或夹紧元件便可使用。它一般分为通用可调夹具和成组夹具，前者的加工对象不很确定，通用范围大，如带各种钳口的通用虎钳等；后者则是针对成组工艺中某一组零件的加工而设计的，加工对象明确，调整范围只限于本组内的工件。

④ 随行夹具　它是在自动或半自动生产线上使用的夹具。虽然它只适用于某一种工件，但毛坯装到随行夹具后，可从生产线开始一直到生产线终端在各位置上进行各种不同工序的加工。

⑤ 组合夹具　由预先制造好的通用标准零部件经组装而成的一种专用夹具，是一种标准化、系列化、通用化程度高的工艺装备。其特点是组装迅速、周期短、通用性强，元件和组件可反复使用。产品变更时，夹具可拆卸、清洗、重复再用。一次性投资大，夹具标准元件存放费用高。这类夹具主要用于新产品试制以及多品种、中小批量生产中。

（2）按使用机床分类

夹具可分为车床夹具、铣床夹具、钻床夹具、镗床夹具、拉床夹具、磨床夹具、齿轮加工机床夹具等。

（3）按夹紧的动力源分类

夹具可分为手动夹具、气动夹具、液压夹具、电动夹具、磁力夹具和真空夹具等。

6.5　加工余量与工艺尺寸链

6.5.1　机加件加工工艺过程

零件的机械加工工艺过程往往比较复杂，为了便于组织和管理生产以保证零件质量，生产中常把机械加工工艺过程分为若干工序，而工序又可分为工位、工步和走刀等。

（1）工序

机械加工工艺过程由一系列工序组成。在工艺过程中，一名或一组工人在一台机床或一个工作场地上，对一个（或同时对几个）工件进行连续加工所完成的那一部分工作，称为工序。

区分工序的主要依据，是设备（或工作地）是否变动和完成的那一部分工艺内容是否连续。零件加工的设备变动后，即构成另一工序。如图 6-55 所示的阶梯轴，其加工工艺及工序划分见表 6-6。

工序不仅是生产工艺过程的基本单元，也是制订时间定额、配备人员、安排作业计划和进行质量检验的基本单元。

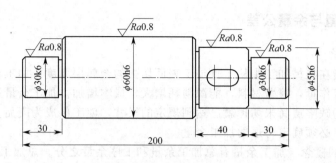

图6-55　阶梯轴

表6-6　阶梯轴加工工艺过程

工序号	工序内容	设备
1	车端面,钻中心孔,车全部外圆,车槽和倒角	车床
2	铣键槽、去毛刺	铣床
3	磨外圆	外圆磨床

（2）工位

工位是指为了完成一定的工序部分,在一次装夹下,工件与夹具或设备的可动部分一起相对刀具或设备的固定部分所占据的每一个位置。图6-56所示为用回转工作台在一次安装中顺序完成装卸工件、钻孔、扩孔和铰孔四个工位加工的实例。

（3）工步

工步是在零件的加工表面和加工刀具不变的条件下所连续完成的那一部分工序。一个工序可以包括几个工步,也可以只包括一个工步。为了提高生产率,用几把刀具同时加工几个表面的工步,如图6-57,称为复合工步。在工艺文件上,复合工步应视为一个工步。

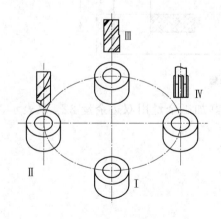

图6-56　多工位加工
工位Ⅰ—装卸工作；工位Ⅱ—钻孔；
工位Ⅲ—扩孔；工位Ⅳ—铰孔

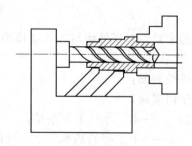

图6-57　复合工步

（4）走刀

在一个工步内,若工件被加工表面需除去的金属层很厚,可分几次切削,则每切削一次可视为完成一次走刀。

6.5.2 加工余量与余量公差

（1）加工余量

加工余量是指在机械加工中从工件加工表面切去的金属层厚度。加工余量过大，必然会增加机械加工的工作量，浪费材料，能源消耗增大，成本增加。加工余量过小，又往往会造成某些毛坯表面的缺陷层尚未切掉就已达到规定的尺寸，使工件成为废品。因此，在拟订工艺规程的过程中，必须确定合适的加工余量。

① 加工余量的概念　加工余量有总加工余量和工序余量之分。总加工余量 Z_0 指零件从毛坯变为成品的整个加工过程中，从某一表面所切除的材料总厚度，即毛坯尺寸与零件图的设计尺寸之差。工序余量 Z_i 指相邻两道工序的工序尺寸之差。总加工余量 Z_0 和工序余量 Z_i 的关系可以用下式表示：

$$Z_0 = \sum_{i=1}^{n} Z_i \tag{6-5}$$

工序余量有单边余量和双边余量之分。

单边余量：对于非对称表面的加工余量用单边余量 Z_b 来表示，如图 6-58 所示。

对于外表面：　　　　　　　$Z_b = a - b$

对于内表面：　　　　　　　$Z_b = b - a$

式中　Z_b——本工序的工序余量；

a——上工序的基本尺寸；

b——本工序的基本尺寸。

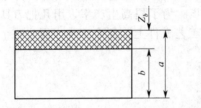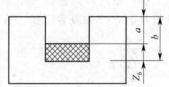

图 6-58　单边余量

双边余量：对于外圆与内孔这样的对称表面，其加工余量用双边余量 $2Z_b$ 来表示，如图 6-59 所示。

对于外表面：　　　　　　$2Z_b = a - b$

对于内表面：　　　　　　$2Z_b = b - a$

式中：$2Z_b$——本工序的工序余量；

a——上工序的基本尺寸（直径）；

b——本工序的基本尺寸（直径）。

② 确定加工余量的方法　确定加工余量的基本原则是在保证加工质量的前提下越小越好。确定加工余量一般有以下三种方法。

a. 经验估计法。根据工艺人员本身积累的经验确定加工余量。一般为了防止加工余量过小而产生废品，所估计的加工余量一般都偏大，适用于单件小批量生产。

b. 查表法。根据有关手册和资料提供的加工余量数据，再结合本厂实际生产情况加修正后确定加工余量。这是工厂广泛采用的方法，适用于批量生产，应用广泛。

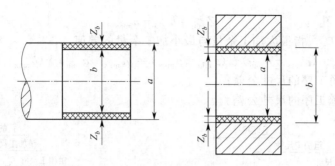

图 6-59　双边余量

c. 计算法。根据理论算式和企业的经验数据表格，通过分析影响加工余量的各个因素来计算确定加工余量的大小。这种方法比较合理，但需要全面可靠的试验资料，计算也较复杂，一般只在材料十分贵重或少数大批、大量生产的工厂中采用。

③ 影响加工余量的因素分析　为了合理确定各工序的加工余量，必须分析影响加工余量的因素。影响加工余量的因素主要有以下几种。

a. 上道工序形成的表面粗糙度和表面缺陷层。本道工序必须把前道工序所形成的表面粗糙度和表面缺陷层全部切去，否则就失去了设置本道工序的意义。

b. 上道工序的工序尺寸公差。由于前道工序加工后，表面存在尺寸误差和形位误差，这些误差一般包括在工序的尺寸公差中，所以为了使加工后工件表面不残留前道工序的这些误差，本工序的加工余量值应比前道工序的尺寸公差值大。

c. 上道工序产生的形状和位置误差。当工件上有些形状和位置偏差不包括在尺寸公差的范围内，而这些误差又必须在本工序中加工纠正时，则在本工序的加工余量中应包括这些。

d. 本道工序的装夹误差。装夹误差包括工件的定位误差和夹紧误差，若用夹具装夹时，还应考虑夹具本身的误差。这些误差会使工件在加工时的位置发生偏斜，所以加工余量还必须考虑这些误差的影响。本道工序的余量必须大于本道工序的装夹误差。

（2）余量公差

由于工序尺寸存在误差，故各工序实际切除的加工余量值是变化的。工序余量又有公称加工余量 Z、最大加工余量 Z_{max}、最小加工余量 Z_{min} 之分。加工余量的变动范围称为余量公差 T_Z。工序尺寸的公差带布置，一般都采用"入体原则"，即对于被包容面（轴类），取上偏差为零，下偏差为负；对于包容面（孔类），取下偏差为零，上偏差为正。对于毛坯的尺寸差，一般取"对称偏差"原则，即上下偏差数值一致。加工余量和加工尺寸的分布如图6-60所示，加工余量及其公差的关系如图6-61所示。

① 公称加工余量 Z　指前道工序的基本尺寸与本道工序的基本尺寸之差。

对于被包容面（轴）：　　　　　　　$Z=a-b$

对于包容面（孔）：　　　　　　　　$Z=b-a$

式中，a 为前道工序的基本尺寸；b 为本道工序的基本尺寸。

② 最大加工余量 Z_{max}　指前道工序的最大极限尺寸与本道工序的最小极限尺寸之差。

对于被包容面（轴）：　　　　　　　$Z_{max}=a_{max}-b_{min}$

对于包容面（孔）：　　　　　　　　$Z_{max}=b_{max}-a_{min}$

③ 最小加工余量 Z_{min}　指前道工序的最小极限尺寸与本工序的最大极限尺寸之差。

对于被包容面（轴）：　　　　　　　$Z_{min}=a_{min}-b_{max}$

对于包容面（孔）：
$$Z_{min} = b_{min} - a_{max}$$

④ 余量公差 T_z 指最大加工余量与最小加工余量的差值。

$$T_z = Z_{max} - Z_{min} = (a_{max} - b_{min}) - (a_{min} - b_{max}) = (a_{max} - a_{min}) + (b_{max} - b_{min}) = T_a + T_b$$

式中 T_a——前道工序的尺寸公差；

T_b——本道工序的尺寸公差。

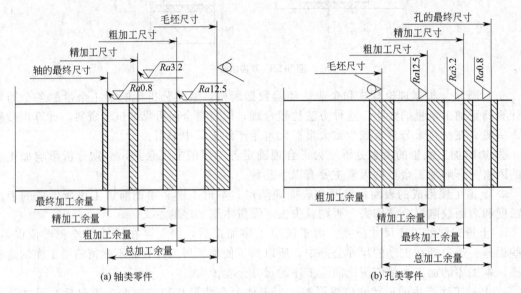

图 6-60 加工余量和加工尺寸分布

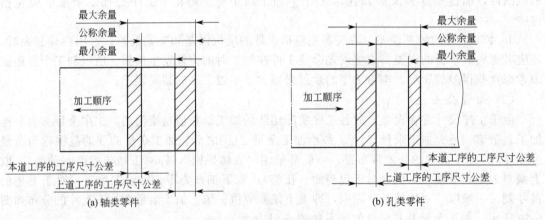

图 6-61 加工余量及其公差

6.5.3 工艺尺寸链

（1）工艺尺寸链的概念

零件加工过程中，一系列相互联系的尺寸，按一定的顺序排列形成的封闭尺寸组合，称为工艺尺寸链。如图 6-62 所示的阶梯块零件，零件上标注的设计尺寸是 A_1 和 A_0，为便于加工时装夹，可以 A 面为定位基准，分别加工 B 面和 C 面，即分别控制 A_1 和 A_2 尺寸来保证 A_0 的要求，所需尺寸 A_2 需通过尺寸换算来确定。则 A_1、A_2、A_0 这些相互联系的尺寸就形成了一个封闭的图形，即为工艺尺寸链。

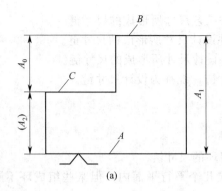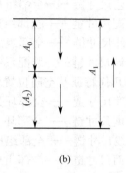

图 6-62　工艺尺寸链示例

由此可知，工艺尺寸链的主要特点如下：

① 封闭性　尺寸链中各个有关联的尺寸首尾相接呈封闭形式，称为尺寸链的封闭性。其中应包含一个间接获得的尺寸和若干个对其有影响的直接获得的尺寸；

② 关联性　尺寸链中任何一个直接保证的尺寸及其精度的变化，必将影响间接保证的尺寸及其精度，称为尺寸链的关联性。

（2）尺寸链的组成

组成尺寸链的每一个尺寸称为尺寸链的环。图 6-62 中，A_0、A_1、A_2 都是尺寸链的环，按各环的性质不同，尺寸链的环可分为封闭环和组成环。

① 封闭环　封闭环是尺寸链在装配过程或加工过程中最后自然形成（或间接保证）的尺寸。一个尺寸链中，封闭环只有一个，如图 6-62 的 A_2 是间接获得的，A_2 即为封闭环。

② 组成环　组成环是指在加工或测量过程中，直接获得的尺寸。在尺寸链中，除了封闭环外，其他环都是组成环。图 6-62 中的 A_0、A_1 即为组成环，按其对封闭环的影响不同，组成环可分为增环和减环。

a. 当其余组成环不变，该环的增大（或减小）引起封闭环增大（或减小）的环，称为增环，如图 6-62 中的 A_0 环。

b. 当其余环不变，而该环的增大（或减小）引起封闭环减小（或增大）的环，称为减环，如图 6-62 的 A_2 环。

对于环数较多的尺寸链，用定义判断增、减环较困难，且易出错。在这种情况下，可采用画箭头的方法快速判断增、减环，称为回路法。具体方法是：在尺寸链各环上顺序画出首尾相接的单向箭头。其中与封闭环箭头反向的环是增环，同向的环为减环，如图 6-62（b）所示。

（3）工艺尺寸链的建立

① 封闭环的确定　要根据零件的加工方案，找出"间接、最后"获得的尺寸定为封闭环。

② 组成环的查找　从封闭环开始，按照零件上表面间的联系，依次画出有关的直接获得的尺寸作为组成环，直到形成一个封闭图形。所建立的尺寸链，应使组成环数最少，这样有利于保证封闭环的精度，或使各组成环加工更容易。

③ 确定各组成环的种类　即确定增环或减环。

（4）尺寸链的分类

① 按应用范围分类

a. 工艺尺寸链——全部组成环为同一零件工艺尺寸所形成的尺寸链。

b. 装配尺寸链——全部组成环为不同零件设计尺寸所形成的尺寸链。

c. 零件尺寸链——全部组成环为同一零件设计尺寸所形成的尺寸链。

d. 设计尺寸链——装配尺寸链与零件尺寸链，统称为设计尺寸链。

② 按几何特征及空间位置分类

a. 长度尺寸链——全部环为长度的尺寸链。

b. 角度尺寸链——全部环为角度的尺寸链。

c. 直线尺寸链——全部组成环平行于封闭环的尺寸链。

d. 平面尺寸链——全部组成环位于一个或几个平行平面内，但某些组成环不平行于封闭环的尺寸链。

e. 空间尺寸链——组成环位于几个不平行平面内的尺寸链。

6.5.4　工艺尺寸链的基本计算式

工艺尺寸链的计算方法有极值法和概率法两种，实际工程应用中多采用极值法。图 6-63 为各工艺尺寸和偏差的关系图。

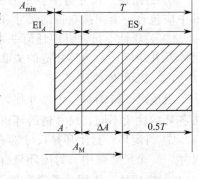

图 6-63　各工艺尺寸与偏差关系图

A—基本尺寸；A_M—平均尺寸；
A_{max}—最大极限尺寸；
A_{min}—最小极限尺寸；
T—公差；ΔA—中间偏差；
ES_A—上偏差；EI_A—下偏差

（1）封闭环基本尺寸的确定

封闭环的基本尺寸等于所有增环的基本尺寸之和减去所有减环的基本尺寸之和，即

$$A_0 = \sum_{i=1}^{m} \vec{A}_i - \sum_{i=m+1}^{n-1} \overleftarrow{A}_i \qquad (6\text{-}6)$$

式中　A_0——封闭环的基本尺寸；

A_i——第 i 个组成环的基本尺寸（上标右箭头为增环，上标左箭头为减环）；

n——包括封闭环在内的总环数；

m——增环的环数。

（2）封闭环极限尺寸的确定

封闭环的最大极限尺寸等于所有增环的最大极限尺寸之和减去所有减环的最小极限尺寸之和，封闭环的最小极限尺寸等于所有增环的最小极限尺寸之和减去所有减环的最大极限尺寸之和。即

$$A_{0max} = \sum_{i=1}^{m} \vec{A}_{i\,max} - \sum_{i=m+1}^{n-1} \overleftarrow{A}_{i\,min} \qquad (6\text{-}7)$$

$$A_{0min} = \sum_{i=1}^{m} \vec{A}_{i\,min} - \sum_{i=m+1}^{n-1} \overleftarrow{A}_{i\,max} \qquad (6\text{-}8)$$

式中　A_{0max}——封闭环的最大极限尺寸；

A_{0min}——封闭环的最小极限尺寸；

$A_{i\,max}$——第 i 个组成环的最大极限尺寸；

$A_{i\,min}$——第 i 个组成环的最小极限尺寸。

（3）封闭环的上下偏差

根据偏差的定义，封闭环的上偏差为其尺寸的最大值减去其基本尺寸，下偏差为该尺寸的最小值减去其基本尺寸。同理可知，封闭环的上偏差等于所有增环的上偏差之和减去所有

减环的下偏差之和，封闭环的下偏差等于所有增环的下偏差之和减去所有减环的上偏差之和，用式(6-7) 和式(6-8) 减去式(6-6) 可得：

$$A_{0\max} - A_0 = (\sum_{i=1}^{m} \vec{A}_{i\max} - \sum_{i=1}^{m} \vec{A}_i) - (\sum_{i=m+1}^{n-1} \overleftarrow{A}_{i\min} - \sum_{i=m+1}^{n-1} \overleftarrow{A}_i) \tag{6-9}$$

$$A_{0\min} - A_0 = (\sum_{i=1}^{m} \vec{A}_{i\min} - \sum_{i=1}^{m} \vec{A}_i) - (\sum_{i=m+1}^{n-1} \overleftarrow{A}_{i\max} - \sum_{i=m+1}^{n-1} \overleftarrow{A}_i) \tag{6-10}$$

即：

$$ES_{A0} = \sum_{i=1}^{m} ES_{\vec{A}_i} - \sum_{i=m+1}^{n-1} ES_{\overleftarrow{A}_i} \tag{6-11}$$

$$EIA_0 = \sum_{i=1}^{m} EI_{\vec{A}_i} - \sum_{i=m+1}^{n-1} EI_{\overleftarrow{A}_i} \tag{6-12}$$

式中　ES_{A_0}——封闭环的上偏差；

　　EI_{A_0}——封闭环的下偏差；

　　ES_{A_i}——第 i 个组成环的上偏差；

　　EI_{A_i}——第 i 个组成环的下偏差。

（4）封闭环的公差

由公差的定义可知：

$$T_0 = A_{0\max} - A_{0\min} \tag{6-13}$$

$$T_i = A_{i\max} - A_{i\min} \tag{6-14}$$

将式(6-7) 和式(6-8) 代入式(6-13) 整理可得

$$A_{0\max} - A_{0\min} = (\sum_{i=1}^{m} \vec{A}_{i\max} - \sum_{i=1}^{m} \vec{A}_{i\min}) + (\sum_{i=m+1}^{n-1} \overleftarrow{A}_{i\max} - \sum_{i=m+1}^{n-1} \overleftarrow{A}_{i\min}) \tag{6-15}$$

$$T_0 = \sum_{i=1}^{m} \vec{T}_i + \sum_{i=m+1}^{n-1} \overleftarrow{T}_i = \sum_{i=1}^{n-1} T_i \tag{6-16}$$

由式(6-16) 可知，封闭环公差等于各组成环公差之和。这说明，当封闭环公差一定时，如果减少组成环的数目，就可使组成环的公差增大，从而使加工容易。

（5）封闭环的平均尺寸

封闭环的平均尺寸等于所有增环的平均尺寸之和减去所有减环的平均尺寸之和。

$$A_{0M} = \sum_{i=1}^{m} \vec{A}_{iM} - \sum_{i=m+1}^{n-1} \overleftarrow{A}_{iM} \tag{6-17}$$

式中，各组成环的平均尺寸为　$A_{iM} = (A_{i\max} + A_{i\min})/2$。

（6）封闭环的中间偏差

由定义可知，封闭环的中间偏差为上偏差与下偏差的平均值，即等于所有增环的中间偏差之和减去所有减环的中间偏差之和。在设计零件尺寸链时中间偏差用于描述上下偏差是否处于对称状态；对于入体方向不明确的长度尺寸，其极限偏差按"对称偏差"配置。

$$\Delta A_0 = (ES_{A_0} + EI_{A_0})/2 \tag{6-18}$$

$$\Delta A_0 = \sum_{i=1}^{m} \Delta \vec{A}_i - \sum_{i=m+1}^{n-1} \Delta \overleftarrow{A}_i \tag{6-19}$$

式中，各组成环的中间偏差为 $\Delta A_i = (ES_{A_i} + EI_{A_i})/2$。

6.6　机械加工工艺规程

在生产过程中，直接改变毛坯材料，或改变毛坯的形状、尺寸、性能以及相互位置关系，使之成为半成品或成品的过程，称为工艺过程。工艺过程主要包括毛坯的制造（铸造、锻造、冲压等）、热处理、机械加工和装配等内容，其中机械加工工艺过程是生产工艺过程的重要一环。通常把合理的机械加工工艺过程编写成技术文件，用于指导生产，这类文件称为机械加工工艺规程。

6.6.1　工艺规程的编制

工艺规程是指导生产的技术文件，它必须满足产品质量、生产率和经济性等多方面要求。工艺规程应适应生产发展的需要，尽可能采用先进的工艺方法。但先进的高生产率的设备成本较高，因此，所制订的工艺规程必须经济合理。

编制机械加工工艺规程时，通常需要的原始资料有：零件图和产品装配图；产品验收的质量标准；现场生产条件，包括毛坯的制造条件或协作关系，现有设备和工艺装备的规格、功能和精度，专用设备和工艺装备的制造能力及工人的技术水平等；相关手册、标准及工艺资料等。

机械加工工艺规程的内容包括：排列加工工艺，确定各工序所用的机床、装夹方法、度量方法、加工余量、切削用量和工时定额等。将各项内容填写在一定形式的卡片上，就是通常所说的"加工工艺卡片"。工艺规程的编制过程及内容如下。

（1）对零件进行工艺分析

熟悉有关产品的装配图，了解产品的用途、性能、工作条件以及该零件在产品中的地位和作用。然后根据零件图对其全部技术要求做全面的分析，再从加工的角度出发，对零件进行工艺分析，其主要内容有：

① 检查零件的图纸是否完整和正确，分析零件主要表面的精度、表面完整性、技术要求等在现有生产条件下能否满足要求；

② 检查零件材料的选择是否恰当，是否会使工艺变得困难和复杂；

③ 审查零件的结构工艺性，检查零件结构是否能经济、有效地加工出来。

如果发现问题，应及时提出，并与有关设计人员共同研究，按规定程序对原图纸进行必要的修改与补充。

（2）毛坯的选择

毛坯的类型和制造方法对零件质量、加工方法、材料利用率及机械加工劳动量等有很大影响。要充分采用新工艺、新技术和新材料以便改进毛坯制造工艺和提高毛坯精度，从而节省机械加工劳动量和简化工艺规程。同时，毛坯选择要根据零件的材料、形状、尺寸、批量和工厂现有条件等因素综合考虑决定。

（3）工艺路线的制订

制订工艺路线就是把加工零件所需要的各个工序按顺序排列起来，它主要包括以下几个方面。

① 加工方案的确定　根据零件每个加工表面（特别是主要表面）的精度、粗糙度及技术要求，选择合理的加工方案，确定每个表面的加工方法和加工次数。在确定加工方案时还

应考虑：

a. 被加工材料的性能及热处理要求（例如，强度低、韧性高的有色金属不宜磨削，而钢件淬火后一般要采用磨削加工）。

b. 加工表面的形状和尺寸。不同形状的表面，有各种特定的加工方法。同时，加工方法的选择与加工表面的尺寸有直接关系，如 80mm 的孔采用镗孔或磨孔进行精加工。

c. 还应考虑本厂和本车间的现有设备情况、技术条件和工人技术水平。

② 加工阶段的划分　当零件的精度要求较高或零件形状较复杂时，应将整个工艺过程划分为以下几个阶段：

a. 粗加工阶段。其主要目的是切除绝大部分余量。

b. 半精加工阶段。使次要表面达到图纸要求，并为主要表面的精加工提供基准。

c. 精加工阶段。保证各主要表面达到图纸要求。

③ 机械加工顺序的安排　在安排机械加工工序时，必须遵循以下几项原则：

a. 基准先行。作为精基准的表面应首先加工出来，以便用它作为定位基准加工其他表面。

b. 先粗后精。先进行粗加工，后进行精加工，有利于保证加工精度和提高生产率。尤其是需要热处理的零部件，要先进行粗加工，热处理后再进行精加工。例如换热器管箱法兰，是在粗加工后与管箱筒体焊接，待管箱整体组装完后，一般要求对管箱进行热处理，然后再对管箱法兰进行精加工。

c. 先主后次。先安排主要表面的加工，然后根据情况相应安排次要表面的加工。主要表面就是要求精度高、表面粗糙度低的一些表面，次要表面是除主要表面以外的其他表面。因为主要表面是零件上最难加工且加工次数最多的表面，因此安排好了主要表面的加工，也就容易安排次要表面的加工。

d. 先面后孔。在加工箱体零件时，应先加工平面，然后以平面定位加工各个孔。这样有利于保证孔与平面之间的位置精度。

④ 工序的集中与分散　在制订工艺路线时，在确定了加工方案以后，就要确定零件加工工序的数目和每道工序所要加工的内容。可以采用工序集中原则，也可以采用工序分散原则。

a. 工序集中原则是使每道工序包括尽可能多的加工内容，因而工序数目减少。工序集中到极限时，只有一道加工工序。其特点是工序数目少，工序内容复杂，工件安装次数少，生产设备少，易于生产组织管理，但生产准备工作量大。

b. 工序分散原则是使每道工序包括尽可能少的加工内容，因而使工序数目增加。工序分散到极限时，每道工序只包括一个工步。其特点是工序数目多，工序内容少，工件安装次数多，生产设备多，生产组织管理复杂。

（4）选择加工设备

选择加工设备时，应使加工设备的规格与工件尺寸相适应，设备的精度与工件的精度要相适应，设备的生产率要能满足生产的要求，同时也要考虑现场原有的加工设备，尽可能充分利用现有资源。

（5）确定刀具、夹具、量具和必需的辅助工具

（6）确定各工序的加工余量，计算工序尺寸及其偏差

要使毛坯变成合格零件，从毛坯表面上所切除的金属层称为加工余量。加工余量分为总余量和工序余量。从毛坯到成品总共需要切除的余量称为总余量。在某工序中所需切除的余

量称为该工序的工序余量。总余量应等于各工序的余量之和。工序余量的大小应按加工要求来确定。

(7) 确定关键工序的技术要求及检验要求

为了保证产品的质量，除每道工序由操作人员自检以外，还应在下列情况下安排检验工序：

① 粗加工之后　毛坯表面层有无缺陷，粗加工之后就能看见，如果能及时发现毛坯缺陷，就能有效降低生产成本。

② 工件在转换车间之前　在工件转换车间之前，工件是否合格，需要进行检验，以避免扯皮现象的发生。

③ 关键工序的前后　关键工序是最难加工的工序，加工时间长，加工成本高，如果能在关键工序之前发现工件已经超差，可避免不必要的加工，从而降低生产成本。另一方面，关键工序是最难保证的工序，工件容易超差。因此，关键工序的前后要安排检验工序。

④ 全部加工结束之后　工件加工完后是否符合零件图纸要求，需要按图纸进行检验。

(8) 确定切削用量及时间定额

(9) 编写工艺文件，填写工艺卡

工艺过程拟订之后，将工序号、工序内容、工艺简图、所用机床等项目内容用图表的方式填写成技术文件。工艺文件的繁简程度主要取决于生产类型和加工质量。常用的工艺文件有以下几种。

① 机械加工工艺过程卡片　其主要作用是简要说明机械加工的工艺路线。实际生产中，机械加工工艺过程卡片的内容也不完全一样，最简单的只有工序目录，较详细的则附有关键工序的工序卡片，因此主要用于单件、小批量生产中。

② 机械加工工序卡片　主要内容包括加工简图、机床、刀具、夹具、定位基准、夹紧方案、加工要求等。填写工序卡片的工作量很大，因此主要用于大批量生产中。

③ 机械加工工艺（综合）卡片　对于成批量生产而言，机械加工工艺过程卡片太简单，而机械加工工序卡片太复杂且没有必要。因此，应采用一种比机械加工工艺过程卡片详细，比机械加工工序卡片简单且灵活的机械加工工艺卡片。工艺卡片既要说明工艺路线，又要说明各工序的主要内容，甚至要加上关键工序的工序卡片。

关于工艺规程（工艺卡）的格式，目前没有统一的表格形式，机械制造不同行业的工艺规程表格形式也不尽一致，但其基本内容是相同的。工艺技术人员在编制工艺规程时，结合本行业和本企业的惯例进行编写即可。

6.6.2　切削用量与时间定额的确定

(1) 粗加工切削用量的选择

粗加工毛坯余量大，加工精度和表面粗糙度要求不高。因此，粗加工时切削用量的选择应在保证必要的刀具耐用度的前提下尽可能提高生产率和降低成本。通常生产率以单位时间内的金属切除率 Z_w 来表示

$$Z_w = 1000 a_p \, f v_f (\text{mm}^3/\text{s})$$

可见，提高切削速度 v_f、增大进给量 f 和背吃刀量 a_p 都能提高切削加工生产率。其中 v_f 对刀具耐用度 T 影响最大，a_p 最小。在选择粗加工切削用量时，应首先选用尽可能大的背吃刀量，其次选用较大的进给量 f，最后根据合理的刀具耐用度，用计算法或查表法确定合适切削速度 v_f。

（2）精加工切削用量的选择

在精加工时，加工精度和表面粗糙度的要求都较高，加工余量小而均匀。因此，在选择精加工的切削用量时，着重考虑保证加工质量，并在此基础上尽量提高生产率。精加工时的背吃刀量 a_p 由粗加工后留下的余量决定，一般 a_p 不能太大，否则会影响加工质量。限制精加工时进给量的主要因素是表面粗糙度。进给量 f 应根据加工表面的粗糙度要求、刀尖圆弧半径 r_c、工件材料、主偏角 κ_r 及副偏角 κ'_r 等选取。精加工时的切削速度主要考虑表面粗糙度要求和工件的材料种类，当表面粗糙度要求较高时，切削速度也较大。

（3）时间定额

时间定额是指在一定生产条件下，规定生产一件产品或完成一道工序所消耗的时间。时间定额是安排生产计划、进行成本核算的重要依据，也是设计或扩建工厂（或车间）时计算设备和工人数量的依据。时间定额一般由技术人员通过计算或类比的方法或者通过对实际操作时间的测定和分析来确定。合理制订时间定额能促进工人的积极性和创造性，对保证产品质量、提高劳动生产率、降低生产成本具有重要意义。

完成零件一道工序的时间定额称为单件时间定额，它包括基本时间（$T_{基本}$，切除金属层所耗费的时间）、辅助时间（$T_{辅助}$，各种辅助动作所消耗的时间）、布置工件场地时间（$T_{服务}$）、生理和自然需要时间（$T_{休息}$）和准备与终结时间（$T_{准终}$）。其中准终时间对一批工件（N 件）来说只消耗一次，故分摊到每个零件上的时间为 $T_{准终}/N$。

对于单件时间定额为：$T_{单件} = T_{基本} + T_{辅助} + T_{服务} + T_{休息}$。

批量生产时单件时间定额为：$T_{定额} = T_{基本} + T_{辅助} + T_{服务} + T_{休息} + T_{准终}/N$。

大批大量生产中，由于 N 的数值很大，$T_{准终}/N$ 很小，可以忽略不计，所以大批大量生产的单件时间定额为：$T_{定额} = T_{单件} = T_{基本} + T_{辅助} + T_{服务} + T_{休息}$。

6.6.3　机加件加工工艺规程的作用

（1）指导生产的主要技术文件

合理的工艺规程是根据长期的生产实践经验、科学分析方法和必要的工艺试验，并结合具体生产条件而制订的。按照工艺规程进行生产，有利于保证产品质量、提高生产效率和降低生产成本。

（2）组织和管理生产的基本依据

在生产组织和管理中，产品投产前的准备，如原材料供应、毛坯制造、通用工艺装备的选择、专用工艺装备的设计和制造等，以及产品生产中的调度、机床负荷的调整、刀具的配置、作业计划的编排和生产成本的核算等都是以工艺规程作为基本依据的。

（3）新建和扩建工厂或车间的基本资料

通过工艺规程和生产纲领，可以统计出所需厂房应配备的机床和设备的种类、规格和数量，进而计算出所需的车间面积和人员数量，确定车间的平面布置和厂房基建的具体要求，从而提出有根据的新建或扩建车间、工厂的计划。

（4）进行技术交流的重要手段

技术先进和经济合理的工艺规程有利于技术沟通和经验推广，从而缩短产品试制周期和提高工艺技术水平，这对提高整个行业的技术水平和降低产品成本有着重要的现实意义。

工艺规程作为一个技术文件，需要严格执行，不得违反或任意改变工艺规程所规定的内容，否则就有可能影响产品质量，打乱生产秩序。当然，工艺规程也不是长期固定不变的，随着生产的发展和科学技术的进步以及新材料和新工艺的出现，可能使原来的工艺规程不再适应。这就要求技术人员及时吸取合理化建议、技术革新成果、新技术、新工艺，对现行工艺进行不断完善和改进，以使其更好地发挥工艺规程的作用。

6.7　结构工艺性分析

结构工艺性是指在不同生产类型的具体生产条件下，毛坯的制造、零件加工、产品的装配和维修的可行性与经济性。零件结构工艺性的好坏对其工艺过程的影响非常大，不同结构的两个零件尽管都能满足使用性能要求，但它们的加工方法和制造成本却可能有很大的差别。良好的结构工艺性是指在满足使用性能的前提下，能以较高的生产率和最低的成本方便地加工出来。表 6-7 列出了一些零件机械加工结构工艺性对比的实例。

表 6-7　零件机械加工结构工艺性对比

序号	零件结构			
	工艺性不好		工艺性好	
1	车螺纹时,螺纹根部易打刀,且不能清根			留有退刀槽,可使螺纹清根,避免打刀
2	插键槽时底部无退刀空间,易打刀			留出退刀空间,避免打刀
3	键槽底与左孔母线平齐,插键槽时易划伤左孔表面			左孔尺寸稍大,可避免划伤左孔表面,操作方便
4	小齿轮无法加工,无插齿退刀槽			大齿轮可滚齿或插齿,小齿轮可以插齿加工
5	两端轴径需磨削加工,因砂轮圆角而不能清根			留有退刀槽,磨削时可以插齿加工

续表

序号	零件结构		
	工艺性不好		工艺性好
6	锥面需磨削加工,磨削时易碰伤圆柱面,而且不能清根		可方便地对锥面进行磨削加工
7	三个退刀槽的宽度不一致,需要使用三把不同尺寸的刀具加工		三个退刀槽宽度一致,使用一把刀具即可完成加工
8	两个键槽设置在阶梯轴90°方向上,需要两次装夹才能加工		两个键槽设置在同一方向上,一次装夹即可进行加工
9	加工面高度不同,需两次调整刀具进行加工,影响生产率		加工面在同一高度,一次调整刀具,可同时加工两个平面
10	同一端面上的螺纹孔,尺寸相近,由于需要更换刀具,影响生产效率和装配		尺寸相近的螺纹孔,尺寸改为同一尺寸,方便加工和装配
11	加工面大,加工时间长,而且零件尺寸越大,平面度误差也越大		加工面减小,节省工时,减小了刀具损耗,同时更容易保证平面度误差
12	外圆需要两次装夹才能完成加工,不容易保证外圆和内孔的同轴度		可在一次装夹下完成外圆和内孔的加工,能确保同轴度满足要求

序号	零件结构		
	工艺性不好		工艺性好
13	孔离箱壁过近,使得钻头在圆角处容易引偏,且箱壁高度尺寸过大,需要长钻头才能加工		加长箱耳之后,不需要加长钻头即可钻孔,或将箱耳设计在某一端,则不需要加长箱耳
14	斜面钻孔,钻头容易被引偏		只要结构允许,流出平台可直接钻孔
15	内壁孔出口处有阶梯面,钻孔时易钻偏或钻头折断		内壁孔出口处平整,钻孔方便,容易保证孔中心的位置度
16	钻孔过深,导致加工时间过长,并且钻头容易偏斜		钻头的一端留空,钻孔时间短,钻头寿命长且不容易被引偏
17	加工面设计在箱体内,加工时调整刀具不方便,观察也困难		加工面设计在箱体外部,加工方便
18	进、排气(油)通道设计在孔壁上,加工相对困难		进、排气(油)通道设计在轴的外圆上,加工相对容易
19	加工 B 面时,以 A 面为定位基准,由于 A 面较小,定位不可靠		附加定位基准面,加工时保证 A、B 面平行,加工完成后将附加定位基准面去除

6.8　智能制造加工案例

装备制造业是国民经济的支柱产业，也是劳动密集型企业，随着传统装备制造业的经济动能逐渐减弱，转型升级已迫在眉睫，在发展新经济、新产业、新业态的背景下，智能制造成为装备制造业转型升级和实现产业结构调整的必然趋势。

现以轴为例介绍智能制造的产线方案。传统轴加工基本工艺流程如图 6-64 所示，其主要制造工序为：采用锯床锯圆钢下料；采用铣打机加工轴两端平面，钻中心孔；采用车床进行粗车、精车；采用铣床加工轴伸端键槽和风扇端键槽；最后采用磨床磨轴承档、轴伸档。

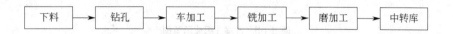

图 6-64　传统轴加工基本工艺流程图

传统机加工车间规划是按照不同的功能区如车削加工区、铣削加工区、磨削加工区等分布的，相同的设备摆放在一起，形成"批量加工"和"批量转移"的特点。这种分区适合大批量、小规格的产品，也存在物流路线长、零部件周转次数多等缺点，造成了较多浪费。某公司经过多项智能制造新模式的建设，积累了一定的经验，形成了智能制造的轴加工方案，并应用在生产上，取得了较好的效果。

该智能制造产线方案设计原则包括：

① 提高轴加工的自动化、信息化能力，实现轴的智能制造；

② 针对传统加工离散型生产模式，设计适应多品种、小批量的生产模式的柔性加工单元；

③ 采用智能机床，提高工艺稳定性和零部件的加工精度；

④ 提高产品质量，减少物流流转，减少工件缓存。

本节介绍 2 种典型的轴智能制造方案。方案 1 采用 U 形排列，设备所占空间较小，采用了关节机器人，空间自由度和定位精度高，灵活性好，适合于任何轨迹或角度的工作。关节机器人抓取重量有限，抓手复杂，会影响抓手抓取重量。由于空间限制，料道方式也会受限制，适用于大批量小型转轴加工。自动化加工单元由智能机床、机器人、上料仓、中转料道、下料仓、抽检模块、总控单元组成。该自动化单元布局示意图如图 6-65 所示。

方案 2 采用直线排列，设备占用空间较大，桁架机械手承载能力强，工件抓手多样，适合多种料道方式，单元的柔性化程度高，适合多种规格轴的加工，在管理维护成本方面桁架机械手普遍低于关节机器人，适用于各种大、中型转轴加工。自动化加工单元由智能机床、桁架机械手、上料仓、下料仓、抽检单元、总控单元组成。加工自动化单元布局示意图如图 6-66 所示。

轴自动化加工流程如图 6-67 所示。

步骤 1：下料。

首先通过电子看板完成派工单的接收，开工后在上料架人工取料，移动打码机并放料打码，采用锯床加工轴料，完成后下料架上人工下料。上下料过程小轴采用平衡吊完成，大轴采用助力机械手完成，扫码枪录入完成报工，采用液压叉车转运到下一工序。

步骤 2：铣平面、钻中心孔。

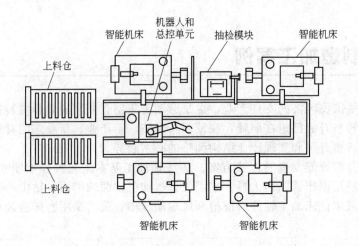

图 6-65　方案 1 组成示意图

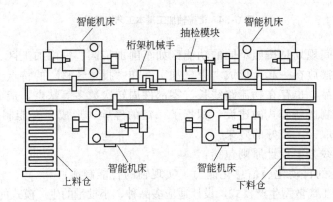

图 6-66　方案 2 组成示意图

扫码枪录入，上料架上人工上料，采用铣打机加工轴料，完成铣端面和钻中心孔，加工完成后下料架上人工下料。扫码完成报工，采用液压叉车转运到下一工序。

步骤 3：粗、精车。

扫码枪录入，轴进入上料仓，机器人/桁架机械手完成数控车床下料、上料，数控车床卡盘以轴中心孔为基准，自动定心夹紧，粗车轴各个台阶；然后换刀，精车轴。完成后机器人/桁架机械手转到下一工序。

步骤 4：铣削。

机器人/桁架机械手完成立式加工中心下料、上料，立式加工中心自动夹紧，加工轴的键槽，完成后机器人/桁架机械手转到下一工序。

步骤 5：磨削。

机器人/桁架机械手完成数控磨床下料、上料，数控磨床卡盘以转子中心孔为基准，自动定心夹紧，磨削轴承档和轴伸档。完成后机器人/桁架机械手转到下料仓。扫码完成报工，采用液压叉车转运到下一工序。

步骤 6：检测。

在自动线上设置检测台，随机检测零部件的质量。

步骤 7：入半成品库。

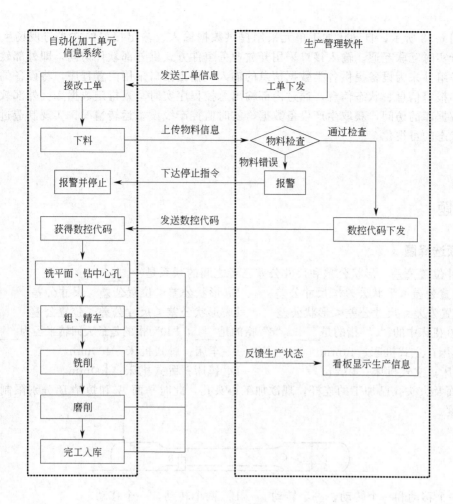

图 6-67 工艺流程图

完工轴放置在自动料架上，人工装到智能搬运车（机器人）转子托盘上，智能搬运车根据规定的引导线路，将轴运进半成品库。

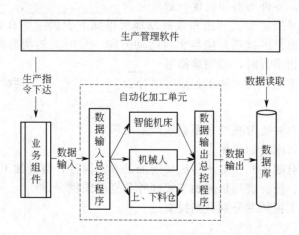

图 6-68 外部软件与自动化单元对接图

如图 6-68 所示，自动化加工单元采用提供数据输入、输出接口的方式与现场生产管理软件进行实时互联互通。输入接口采用开放业务组件方式供外部软件访问，即外部软件通过调用业务组件来为设备提供各类数据信息的输入。输出接口采用内置程序，将设备的生产数据信息、报警信息、状态信息，通过内部输出总控程序实时写入指定数据库。外部软件通过对指定数据库的访问，获取生产设备数据，实时监控产线设备运转情况，实现制造过程和设备运行状态的可视化。

 习题

一、单项选择题

1. 机加件位置公差、形状公差和尺寸公差三者之间的联系是_____。

    A. 位置公差＜形状公差＜尺寸公差   B. 形状公差＜位置公差＜尺寸公差

    C. 位置公差＜尺寸公差＜形状公差   D. 形状公差＜尺寸公差＜位置公差

2. CA6140 机床中的 "C" 指的是____，"6" 指的是____，"40" 指的是最大回转半径为____ 。

    A. 车床；立式机床；40mm   B. 车床；卧式机床；400mm

    C. 镗床；立式机床；40mm   D. 镗床；卧式机床；400mm

3. 两端面及大头孔已加工的连杆，现欲加工小头孔，此时平面 A 和短销 B 分别限制了____ 自由度。

    A. 一个移动和一个转动，一个转动   B. 两个转动，一个移动

    C. 两个转动和一个移动，一个转动   D. 一个移动和一个转动，一个移动

二、填空题

1. 机加件常见表面形式有_____、_____、_____、_____。

2. 在有润滑的条件下，零件的磨损过程一般可分为_____、_____、_____三个阶段。

3. 表面磨损与该表面采用的加工方法和成形原理所得到的表面纹理有关。实验证明，在一般情况下，上下摩擦件的纹理方向与相对运动方向一致时，初期磨损量_____；纹理方向与相对运动方向相垂直时，初期磨损量_____。

4. 按齿形形成的原理不同，齿形加工方法可以分为_____、_____两类。

三、问答题

1. 请简述表面残余应力对疲劳强度和新裂纹产生的影响。

2. 请简述切削加工中切削液的作用。

3. 特种切削加工方法有哪些？相对于传统切削加工方法而言，特种加工方法具有哪些特征？

4. 请观看车、铣、钻、镗、磨等机械加工视频并分别截图提交。

5. 请观看特种切削加工视频并分别截图提交。

第 7 章
过程机械的装配

装配是按照规定的技术要求，将零件或部件进行配合和连接，使之成为半成品或成品的过程。机器的可装配性和装配质量不仅直接影响着产品性能，而且装配通常占用的手工劳动量大、费用高。以叶轮机械为例，其静子组件、转子组件、机匣与各类附件安装座主要依靠螺纹装配连接，紧固件占到总零件数量的 $40\%\sim50\%$ 左右，在服役环境中装配性能失效已成为影响叶轮机械动静刚度、临界转速和动力响应特性的核心关键问题之一。过程机械产品整机装配性能保障的关键正在由最初的设计制造环节逐渐向装配环节转移。

7.1 装配单元划分

为保证有效地进行装配工作，通常将机器划分为若干个能进行独立装配的部分，称为装配单元。一般情况下装配单元可划分为零件、套件、组件、部件和机器五个等级。

零件是产品制造的基本单元，是组成机器的最小单元。零件一般都预先装成套件、组件、部件后才安装到机器上，直接装入机器的并不太多。

套件是在一个基准零件上，装上一个或若干个零件构成的，是最小的装配单元。如图 7-1 所示为装配式齿轮，因制造工艺原因被分成两个零件，在基准零件上装齿轮并用铆钉固定。将零件装配成套件的工艺过程称为套装。

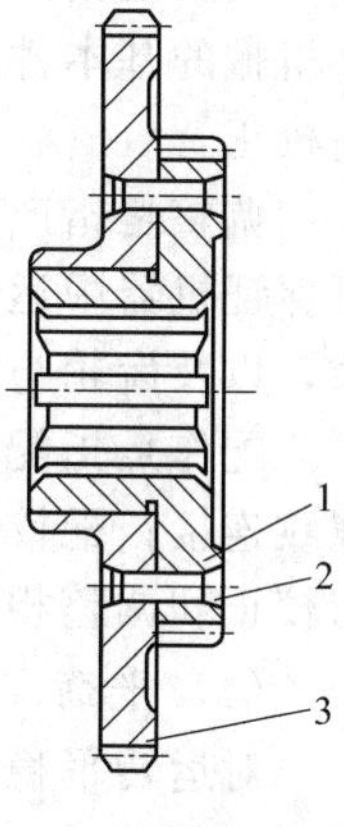

组件是在一个基准零件上，装上若干套件及零件而构成的。如机床主轴箱中的轴系组件，是在基准轴件上装上齿轮、轴套、垫片、键及轴承等构成的。将零件和套件装配成组件的工艺过程称为组装。

部件是在一个基准零件上，装上若干组件、套件和零件而构成的。部件在机器中能完成一定的、完整的功能。将零件、套件和组件装配成部件的工艺过程称为部装。例如车床的主轴箱装配就是部件装配。

在一个基准零件上，装上若干部件、组件、套件和零件就组成整个机器。例如：卧式车床就是以机身为基准零件，装上主轴箱、进给箱、溜板箱等部件及其他组件、套件、零件所组成的。将零件、套件、组件和部件装配成最终机器产品的工艺过程称为总装。

装配就是套装、组装、部装和总装的统称。但由于机器结构和功能的不同，并非所有的产品都有以上装配单元，有的产品可能没有套件，有的产品可能没有部件，这是在产品开发时根据需要设计的。

图 7-1 套件——装配式齿轮

1—基准零件；2—铆钉；3—齿轮

7.2 装配工作的基本内容

装配不只是将合格零件、套件、组件和部件等简单地连接起来，而是需要根据一定的技术要求，通过校正、调整、平衡、配作以及反复检验等一系列工作来保证产品质量的一个复杂工艺过程。常见的装配工作内容有下列几项：

(1) 清洗

经检验合格的零件，装配前都要经过认真的清洗。零件在制造、运输和保管的过程中，避免不了会黏附上灰尘、切屑和油污等杂质，清洗的目的就是去除这些杂质。清洗后的零件通常具有一定的防锈功能。对机器的关键部件，如轴承、密封件、精密偶件等，清洗尤为重要。

根据不同的情况，零件的清洗可以采用擦洗、浸洗、喷洗和超声清洗等不同的方法。至于清洗液、清洗工艺参数以及清洗次数的选择，要根据零件的清洁度要求、质量、批量、杂质的性质以及黏附情况等因素来确定。

(2) 连接

装配过程中要进行大量的连接，连接包括可拆卸连接和不可拆卸连接两种。可拆卸连接在装配后可以很容易拆卸而不致损坏任何零件，而拆卸后仍可重新装配在一起，常见的有螺纹连接、键连接和销连接。不可拆卸连接在装配后一般不再拆卸，常用的有焊接、铆接和过盈连接。

(3) 校正、调整与配作

校正是指产品中相关零部件相互位置找正、找平以及相应的调整工作，在产品总装和大型机械的基本件装配中应用较多。例如，车床总装中，主轴箱主轴中心与尾座套筒中心的等高校正。

调整是指产品中相关零部件相互位置的具体调节工作。除了配合校正工作以外，调整还可保证机器中运动部件的运动精度，也可用于调节运动副的间隙，例如轴承间隙、导轨副间隙，以及齿轮与齿条的啮合间隙等。

配作是指配钻、配铰、配磨等，这是装配中附加的一些钳工和机械加工工作。配钻用于螺纹连接；配铰多用于定位销孔加工；而配刮、配磨则多用于运动副的结合表面。配作通常与校正和调整相结合。

(4) 平衡

对运转平稳性要求较高的机器，为防止在使用过程中因旋转质量不平衡产生离心惯性力所引起的振动，需对回转部件（有时包括整机）进行平衡作业。平衡方法有静平衡和动平衡两种。对直径较大且长度较小的零件（如飞轮和带轮等），一般采用静平衡法消除静力不平衡；对长度较大的零件（如电动机转子和机床主轴等），为消除质量分布不均所引起的力偶不平衡和可能共存的静力不平衡，则采用动平衡法。

对旋转体内部的不平衡，需要结合校正方法进行，包括用补焊、铆接、胶结或螺纹连接等方法加配部分质量；用钻、铣、磨或锉等方法去除掉部分质量；在预制的平衡槽内改变平衡块的位置和数量，加以平衡。

(5) 验收

验收是在装配工作完成后出厂前，按照有关技术标准和规定，对机器进行全面的检验和实验。各类机器产品不同，其验收的内容即不同，验收的方法自然也不同。但只有各项验收指标合格后，才能进行涂装、包装和出厂。

7.3　装配的精度

7.3.1　装配精度的概念及内容

装配精度是指产品装配后，各工作面的相对位置和相对运动等参数与规定指标的符合程度。装配精度影响机器的工作性能，如机床装配精度直接影响零件的加工精度，压缩机、膨胀机等过程机械装配精度则关系到其使用稳定性和可靠性。

机器的装配精度是按照机器的使用性能要求而提出的，可以根据国家标准、行业标准等或其他有关资料予以确定。对于已系列化、通用化和标准化的产品（如通用机床和减速器等），其装配精度要求已由相应标准规定。对一些无标准可循的产品，其装配精度要求可根据用户提出的使用要求，通过分析或参照经实践验证可行的类似产品进行确定。对于重要产品，不仅要进行分析计算，还需通过实验研究和样机试制才能最后确定其精度要求。

装配精度一般包括零部件间的尺寸精度、位置精度、相对运动精度和接触精度等。

（1）尺寸精度

指零部件间的距离精度和配合精度，包括零部件间的轴向间隙、轴向间距离、轴线距离和配合面间的间隙或过盈等的精度。例如：车床前后两顶尖间的等高度（如图 7-2）；齿轮啮合中非工作齿面间的侧隙；相配合零件间的过盈量等。

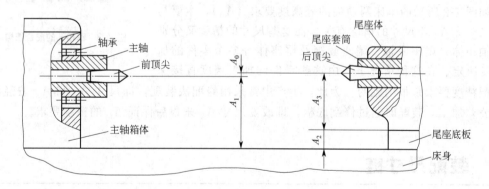

图 7-2　卧式车床前后两顶尖等高度

（2）位置精度

指相关零部件间的平行度、垂直度及各种跳动等。例如：卧式铣床和立式铣床的主轴回转中心线对工作台面的平行度和垂直度；卧式车床主轴定心轴颈对主轴锥孔中心线的径向跳动及主轴的轴向窜动等的精度。

（3）相对运动精度

指有相对运动的零部件间在运动方向和相对速度上的精度。运动方向上的精度多表现为零部件间相对运动时的直线度、平行度和垂直度。例如：卧式车床溜板移动在水平面内的直线度、尾座移动对溜板移动的平行度及横刀架横向移动对主轴轴线的垂直度等；滚齿机滚刀垂直进给运动和工作台旋转轴心线的平行度等。

（4）接触精度

表示相互接触、相互配合的表面接触面积大小及接触点的分布情况。例如：锥体配合、齿轮啮合和导轨面之间的接触面积大小及接触斑点数量等。接触精度影响接触刚度的大小和配合质量的优劣。

上述各装配精度之间并不是相互独立的，它们彼此间存在一定的关系。例如，接触精度影响配合精度和相对运动精度的稳定性，位置精度是保证相对运动精度的基础等。

7.3.2　装配精度与零件加工精度的关系

零件是组成机器及部件的基本单元，各种机器或部件都是由许多零件有条件地装配在一起，其加工精度与产品的装配精度有很大的关系。对于大批量生产，为简化装配工作，使之易于组织流水线装配，常通过控制零件的加工精度要求来实现。如图 7-3 所示的轴、孔配合结构，其孔和轴的加工误差构成配合间隙的累计误差。此时，控制孔（A_1）和轴（A_2）的加工精度即可保证配合间隙（A_0）的装配精度要求。

对于装配精度要求较高、组成零件较多的结构，如果仍由零件的加工精度来直接保证装配精度要求，则由于误差的累积，零件将需很高的加工精度要求，同时加工也不经济，通常在现有生产条件下难以达到加工精度要求。在适当控制零件加工精度的前提下，可以通过装配过程中选配、调整或修配等手段，来达到较高的装配精度要求。零件的加工精度要求取决于产品或部件的装配精度要求及所采用的装配方法。

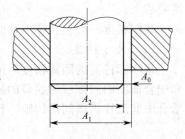

图 7-3　轴和孔的配合结构

如图 7-2 所示的车床两顶尖的等高度要求（A_0），主要与 A_1、A_2 及 A_3 等尺寸的精度有关，而这些尺寸的精度又分别由主轴箱体、尾座底板、尾座套筒及尾座体等多个零件的加工精度决定。在这种情况下，由这些零件的加工精度直接保证装配精度要求是很困难的。为此，生产中常采用修配法装配，即尺寸 A_1 和 A_3 按经济精度的公差加工，装配时通过修刮底板，即改变尺寸 A_2 来最后保证 A_0 的精度要求。

7.4　装配尺寸链

7.4.1　装配尺寸链基本概念

为合理地确定零件的加工精度，必须对零件精度和装配精度的关系进行综合分析。进行综合分析的有效手段是建立和分析产品的装配尺寸链。装配尺寸链是机器或部件在装配过程中，由相关零件、组件和部件中有关尺寸所形成的封闭尺寸组。

与工艺尺寸链一样，装配尺寸链由封闭环和组成环组成。封闭环不具备独立变化的特性，它是通过装配最后形成的；组成环是指那些对封闭环有直接影响的相关零件上的相关尺寸。装配尺寸链的基本特征仍然是尺寸组合的封闭性和关联性，即由一个封闭环和若干个组成环所构成的尺寸链，呈封闭图形，其中任一组成环的变动都将引起封闭环的变动，组成环是自变量，封闭环是因变量。

如图 7-4（a）所示的轴组件中，齿轮 1 两端各有一个挡圈，右端轴槽装有弹簧卡环，轴固定不动，齿轮在轴上回转。为使齿轮能灵活转动，齿轮两端面与挡圈之间应留有间隙，图中将此间隙绘在右边一侧（A_0）。A_0 与组件中五个零件的轴向尺寸 $A_1 \sim A_5$ 构成封闭尺寸组，形成该组件的装配尺寸链，如图 7-4（b）所示。间隙 A_0 通过装配最后形成，为封闭环；$A_1 \sim A_5$ 是与封闭环 A_0 有直接影响的相关尺寸，是组成环。其中，A_3 为增环，A_1、A_2、A_4 和 A_5 为减环。

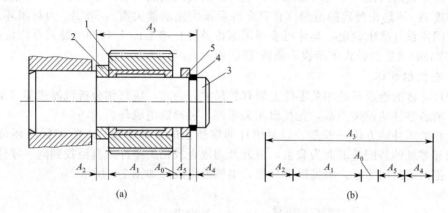

图 7-4　轴组件的结构及其装配尺寸链
1—齿轮；2，5—挡圈；3—轴；4—弹簧卡环

装配尺寸链表达的是产品或部（组）件装配尺寸间的关系，故其尺寸链中的两种环都不是在同一零件或部（组）件上的尺寸。对封闭环，是不同零件或部（组）件的表面之间或轴心线之间的距离尺寸或相互位置关系（平行度、垂直度或同轴度等），一般多为装配精度指标或某项装配技术要求；对组成环，则为各相关零件上的相关尺寸（指零件图上标注的有关尺寸）或相互位置关系。

装配尺寸链表示装配精度与零件精度之间的关系。解算装配尺寸链可以定量地分析这种关系，从而在既定的装配精度要求下，经济、合理地确定装配方法和零件的加工精度要求；或在一定的装配方法和零件精度要求下，核算产品可能达到的装配精度，并在结构设计或制造（加工和装配）工艺上采取相应措施，使之达到既保证质量又降低成本的目的。

装配尺寸链可能出现的形式较多，除常见的直线尺寸链外，还有角度尺寸链、平面尺寸链和空间尺寸链。直线尺寸链为全部组成环平行于封闭环的尺寸链，如图 7-4，它所涉及的是长度尺寸的精度问题。角度尺寸链是全部环为角度尺寸的尺寸链，如图 7-5 为立式铣床角度尺寸链，其封闭环和组成环为角度、平行度或垂直度等，所涉及的是相互位置的精度问题。

以上尺寸链中，直线尺寸链是最普遍、最基本的尺寸链，其他尺寸链可转化成直线尺寸链的形式进行解算。

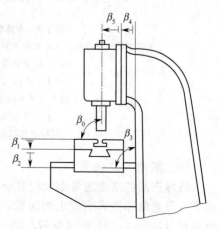

图 7-5　角度尺寸链示例

7.4.2 装配尺寸链的建立

应用装配尺寸链分析和解决装配精度问题时，首先应建立尺寸链，即确定封闭环、查找组成环、画尺寸链图及判别组成环的性质（即判别增减环）等。现以图 7-2 中卧式车床前、后两顶尖等高度要求为例，分析直线装配尺寸链的建立步骤、方法及有关原则。

（1）确定封闭环

装配尺寸链的封闭环多为机器或部（组）件的装配精度要求。本例中，要求前、后两顶尖的等高度 A_0 不超出规定的范围（且只允许后顶尖比前顶尖高），故 A_0 为封闭环。A_0 值的允许范围由设计要求确定，具体可参照国家推荐性标准 GB/T 4020《卧式车床精度检验》和 GB/T 23569《重型卧式车床检验条件 精度检验》。

（2）查找组成环

装配尺寸链的组成环是相关零件上的有关尺寸。为此，应仔细分析机器或部（组）件的结构，了解各零件的连接关系，先找出相关零件，再确定组成环。

查找相关零件的方法一般是：以封闭环两端所依的零件为起点，沿着封闭环位置的方向，以相邻零件的装配基准面为联系，由近及远地查找相关零件，直至找到同一零件或同一基准面，把两端封闭为止。根据以上分析，本例的组成环如图 7-6 所示。

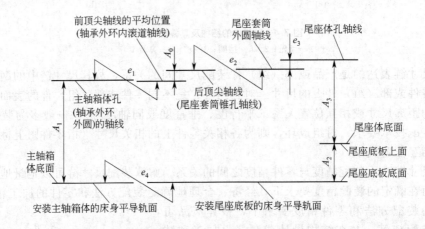

图 7-6 车床前、后两顶尖等高度要求的装配尺寸链

e_1—主轴承的外环内滚道（或主轴承前锥孔）轴线与外环外圆（即主轴箱体轴承孔）轴线间的同轴度；

e_2—尾座套筒锥孔轴线与套筒外圆轴线间的同轴度；

e_3—尾座套筒外圆与尾座体孔间的配合间隙所引起的轴线偏移量；

e_4—床身上安装主轴箱体与安装尾座底板的平导轨面之间的平面度；

A_1—主轴箱体的轴承孔轴线至箱体底面的尺寸；

A_2—尾座底板厚度；A_3—尾座体孔轴线至尾座体底面的尺寸

（3）装配尺寸链图

机械产品的结构通常都比较复杂，对装配精度有影响的因素很多，在保证装配精度的前提下，可忽略那些影响较小的因素，使装配尺寸链适当简化。本例中由于 e_1、e_2、e_3 的数值相对 A_1、A_2、A_3 而言是较小的，对装配精度的影响也较小，故装配尺寸链图 7-6 可简化成图 7-7 所示的结果。

（4）判别组成环的性质

本例中，组成环 A_1 的变动将引起封闭环 A_0 的反向变动，故 A_1 为减环；A_2 和 A_3 的变动引起 A_0 同向变动，故为增环。建立尺寸链除应满足关联性和封闭性的原则外，还需符合以下要求：

① 组成环环数最少原则　当尺寸链封闭环的公差一定时，若组成的环数少，则分配到各组成环的公差愈大，零件加工愈易。因此，在建立装配尺寸链时，应使组成环环数最少。如图7-8，比较图7-4和图7-8的尺寸链图可以看出，后者多了一个组成环，其原因是前者组成环 A_3 由后者尺寸 B_1 减 B_2 间接获得，即在图7-4中零件轴3上存在两个组成环，这是不合理的。为使组成环环数最少，应使每一相关零件上只有一个组成环列入尺寸链，即组成环环数应该等于相关零件的数目。

② 按封闭环的不同位置和方向分别建立装配尺寸链　在同一装配结构中封闭环数目往往不止一个，例如蜗轮蜗杆副传动结构，如图7-9（a），为了保证其正确啮合，应保证蜗轮与蜗杆的轴线距离、两轴线间的垂直度及蜗轮中心平面与蜗杆轴线间的重合度等装配精度要求，需在如图7-9（b）所示的三个不同位置和方向分别建立装配尺寸链。

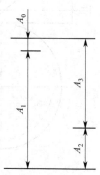

图7-7　简化的装配尺寸链图

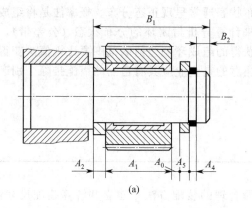
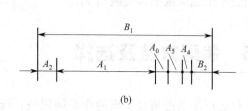

图 7-8　组成环不是最少时的示例

7.4.3　装配尺寸链的计算

装配尺寸链的计算主要有三类问题：解正面问题，即已知各组成环（基本尺寸、公差及偏差），求解封闭环（基本尺寸、公差及偏差）；解反面问题，即已知封闭环，求解各组成环；解中间问题，即已知封闭环和部分组成环（如标准件尺寸），求解其余组成环。

无论解哪一类问题，其尺寸链的计算方法均有两种：极值法和概率法。极值法是在各环尺寸处于极端情况下来求解封闭环与组成环关系的一种方法。例如，按尺寸链中各增环为最大极限尺寸、各减环为最小极限尺寸来求解封闭环的最大极限尺寸，简单可靠。但逆计算时，当已知封闭环公差较小，则依极值法分摊给各组成环的公差可能较小，从而使零件加工困难和制造成本增加。事实上尺寸链中各组成环处于极端情况（最大或最小）是极少出现的，故当逆计算求得的组成环公差过小时，常用概率法计算。

在成熟工艺的大批量生产实践中，多数零件的尺寸分布于公差带中心附近，越靠近极限

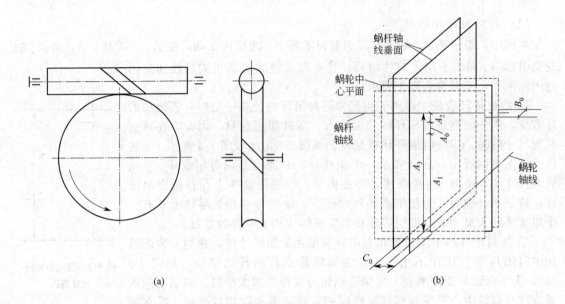

图 7-9　蜗轮蜗杆副传动及三方向装配尺寸

尺寸的零件数目越少，实际加工的零件尺寸分布状态通常呈现正态分布。概率法是将组成环的实际尺寸当作符合正态分布的一个随机变量来计算分析封闭环的分布状态（公差带），所以计算结果更接近真实情况。通过概率法计算获得的组成环公差值的范围要比极值法获得的公差要大一些，降低了零件加工成本，但需要注意的是企业应具有适当的措施排除个别产品超出公差范围或极限偏差的情况。

7.5　装配方法及选择

保证产品装配精度要求的中心问题是：选择合理的装配方法；建立并解算装配尺寸链，以确定各组成环的尺寸、公差及极限偏差；或在各组成环尺寸和公差既定的情况下，验算装配精度是否合乎要求。尺寸链的建立、解算与所用的装配方法密切相关，装配方法不同，其尺寸链的建立与解算方法也不相同，因此，首先应选择合理的装配方法。

装配方法随生产纲领和现有生产条件的不同而不同，要综合考虑加工和装配关系，使整个产品获得最佳技术经济效果。究竟采用何种装配方法来保证产品的装配精度要求，通常在设计阶段就应确定。因为只有在装配方法确定后，才能通过尺寸链的计算，合理确定各个零部件在加工和装配中的技术要求。生产中常用的装配方法有互换法、分组法、修配法及调整法等。表 7-1 列举了各种装配方法的主要适用范围和部分典型应用举例。

表 7-1　各种装配方法的适用范围和应用举例

装配方法	适用范围	应用举例
完全互换法	适用于零件数较少、批量很大、零件可用经济精度加工时	机动车、中小型柴油机及小型电机的部分部件
不完全互换法	适用于零件数稍多、批量大、零件加工精度需适当放宽时	机床、仪器仪表中某些部件
分组法	适用于成批或大量生产中，装配精度高，零件数少，不便采用调整装配时	中小型柴油机的活塞与缸套、活塞与活塞销、滚动轴承的内外圈与滚子

装配方法	适用范围	应用举例
修配法	单件小批生产中,装配精度要求高且零件数较多的场合	车床尾座垫板、滚齿机分度蜗轮与工作台装配后精加工齿形、平面磨床砂轮(架)对工作台台面自磨
调整法	除去必须采用分组法选配的精密配件外,调整法可用于各种装配场合	机床导轨的楔形镶条、内燃机气门间隙的调整螺钉、滚动轴承调整间隙的间隔套、锥齿轮调整间隙的垫片

7.5.1　互换装配法

按装配时同种零件的互换程度,互换装配法有完全互换法和大数互换法两种。

完全互换法是采用极值法计算装配尺寸链,参与装配的每一个零件不经任何选择、修理和调整,装上后全部能达到装配精度要求的装配方法。即使同类零件互换,仍能保证设计的装配精度要求。这种装配方法,装配质量稳定可靠,对装配工人的技术水平要求较低,易于装配和维修,便于组织流水线作业、自动化装配及采用协作方式组织专业化生产等。其缺点是在一定的封闭环公差(即装配精度)要求下,允许的组成环公差较小,对零件的加工精度要求较高,特别是当封闭环要求较严或组成环的数目较多时,会提高零件的精度要求,给加工带来困难。这种装配方法只要组成环公差能满足经济加工精度要求,无论何种生产类型均可适用,特别是在大批量生产、装配精度不高或装配精度较高而组成环很少的装配尺寸链中。

大数互换法的装配尺寸链采用概率法计算,装配时各组成环也不需挑选或改变其大小和位置,但装配时有少数零件不能互换,即装配后有少数产品达不到装配精度要求。为此,应采取适当的工艺措施,如进行产品返修更换不合格件等。与完全互换法相比较,大数互换法可扩大组成环公差,即可降低零件的加工精度要求。选用时应进行经济性论证,只有当组成环公差扩大后所取得的经济效果超过采用返修工艺措施所花的代价时,方可考虑采用大数互换法。此法多用于装配精度要求较高和组成环数目较多的大批量生产的产品装配中。

以上分析可知,互换装配法实质就是通过控制零件的加工误差来保证产品的装配精度要求。为了达到这个要求,逆计算时就有一个如何将封闭环公差合理地分摊给各组成环,以及如何确定这些组成环公差带分布的问题。

（1）组成环公差分配方法及公差带分布位置

组成环公差的大小一般按尺寸大小和加工难易程度进行分配。例如,对尺寸相近、加工方法相同的组成环可采用等公差分配原则,即取各组成环公差相等,且等于其平均公差;对尺寸大小不同、加工方法相同的组成环可采用等精度分配原则,先计算公差等级的系数,圆整为标准值后,即能得到对应的公差等级,然后由标准公差表确定各组成环公差。实际产品中,各组成环的加工方法、尺寸大小和加工难易程度等都不一定相同,此时宜按实际可行性分配公差。具体方法是,先按等公差或等精度分配原则初步确定各组成环公差,再根据尺寸大小、加工难易及实际加工可行性(可参考经济加工精度)等进行调整。一般来说,尺寸较大和工艺性较差的组成环应取较大的公差值;反之,应取较小的公差值。

当组成环为标准件的尺寸时,其公差大小和分布位置(上、下极限偏差)在标准中已有规定,是既定值。对同时为两个或多个装配尺寸链所共有的组成环(称公共环),其公差和极限偏差应按公差要求最高的那个尺寸链来确定,这样对其他尺寸链封闭环也自然满足要求。

公差带的分布位置一般按入体原则标注，即对被包容件或与其相当的尺寸（如轴径及轴肩宽尺寸），分别取上下极限偏差为 0 和 $-T_i$；对包容件或与其相当的尺寸（如孔径及轴槽宽度尺寸），分别取上下极限偏差为 $+T_i$ 和 0。当组成环为中心距时，则标注成对称偏差，即 $\pm T_i/2$ 的形式。

应予指出，按上述原则确定的公差及极限偏差，应尽可能符合国家标准 GB/T 1800.2《产品几何技术规范（GPS）线性尺寸公差 ISO 代号体系 第 2 部分：标准公差带代号和孔、轴的极限偏差表》的规定，以便于利用标准量规（如卡规和塞规等）进行测量。

（2）互换法的尺寸链计算

若各组成环的公差和极限偏差都按上节方法确定，则封闭环的公差和极限偏差要求往往不能恰好满足加工，为此需从组成环中选出某一组成环，其公差和极限偏差通过计算确定，使之与其他环相协调，以满足封闭环的公差和极限偏差要求。此选定的组成环称为协调环（又称相依环或从属环），一般选取便于加工和便于采用通用量具测量的环作为协调环。

表 7-2 和图 7-10 分别表示尺寸链计算时各尺寸和偏差的关系及所用的符号。

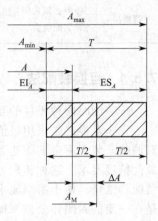

图 7-10　各尺寸和偏差的关系

表 7-2　尺寸链计算所用符号

环名	符号名称						
	基本尺寸	最大尺寸	最小尺寸	上偏差	下偏差	公差	平均尺寸	中间偏差
封闭环	A_0	$A_{0\max}$	$A_{0\min}$	ES_{A_0}	EI_{A_0}	T_0	A_{0M}	ΔA_0
增环	$\vec{A}_i$	$\vec{A}_{i\max}$	$\vec{A}_{i\min}$	$\mathrm{ES}_{\vec{A}_i}$	$\mathrm{EI}_{\vec{A}_i}$	$\vec{T}_i$	$\vec{A}_{iM}$	$\Delta\vec{A}_i$
减环	$\overleftarrow{A}_i$	$\overleftarrow{A}_{i\max}$	$\overleftarrow{A}_{i\min}$	$\mathrm{ES}_{\overleftarrow{A}_i}$	$\mathrm{EI}_{\overleftarrow{A}_i}$	$\overleftarrow{T}_i$	$\overleftarrow{A}_{iM}$	$\Delta\overleftarrow{A}_i$

① 封闭环的基本尺寸

$$A_0 = \sum_{i=1}^{m} \vec{A}_i - \sum_{i=m+1}^{n-1} \overleftarrow{A}_i \tag{7-1}$$

式中　n——包括封闭环在内的总环数；

　　　m——增环数；

　　　$n-1$——组成环数。

② 封闭环的极限尺寸

$$A_{0\max} = \sum_{i=1}^{m} \vec{A}_{i\max} - \sum_{i=m+1}^{n-1} \overleftarrow{A}_{i\min} \tag{7-2}$$

$$A_{0\min} = \sum_{i=1}^{m} \vec{A}_{i\min} - \sum_{i=m+1}^{n-1} \overleftarrow{A}_{i\max} \tag{7-3}$$

③ 封闭环的上下偏差　封闭环的上偏差为其尺寸的最大值减去基本尺寸，下偏差为该尺寸的最小值减去基本尺寸，将式(7-1)～式(7-3)代入得：

$$\mathrm{ES}_{A_0} = A_{0\max} - A_0 = \sum_{i=1}^{m} \mathrm{ES}_{\vec{A}_i} - \sum_{i=m+1}^{n-1} \mathrm{EI}_{\overleftarrow{A}_i} \tag{7-4}$$

$$\mathrm{EI}_{A_0} = A_{0\min} - A_0 = \sum_{i=1}^{m} \mathrm{EI}_{\vec{A}_i} - \sum_{i=m+1}^{n-1} \mathrm{ES}_{\overleftarrow{A}_i} \tag{7-5}$$

④ 封闭环的公差

由公差定义
$$T_0 = A_{0\max} - A_{0\min} \tag{7-6}$$

将式(7-2)和(7-3)代入式(7-6)整理可得：

$$T_0 = \sum_{i=1}^{m} \vec{T}_i + \sum_{i=m+1}^{n-1} \overleftarrow{T}_i \tag{7-7}$$

由式(7-7)可知，封闭环的公差为各组成环公差之和。这表明，在封闭环公差一定的条件下，若能减少组成环的数目，就可使组成环公差放大，从而使加工容易。

⑤ 封闭环的平均尺寸

$$A_{0\mathrm{M}} = \sum_{i=1}^{m} \vec{A}_{i\mathrm{M}} - \sum_{i=m+1}^{n-1} \overleftarrow{A}_{i\mathrm{M}} \tag{7-8}$$

式中，各组成环的平均尺寸为

$$A_{i\mathrm{M}} = (A_{i\max} + A_{i\min})/2 \tag{7-9}$$

⑥ 封闭环的中间偏差

$$\Delta A_0 = \sum_{i=1}^{m} \Delta \vec{A}_i - \sum_{i=m+1}^{n-1} \Delta \overleftarrow{A}_i \tag{7-10}$$

式中，各组成环的中间偏差为：

$$\Delta A_i = (\mathrm{ES}_{A_i} + \mathrm{EI}_{A_i})/2 \tag{7-11}$$

以下举例说明互换装配法尺寸链计算的过程和方法。

例 7-1　图 7-4（a）所示的轴组件装配简图中，要求装配后的轴向间隙（精度要求）$A_0 = 0.10 \sim 0.35\mathrm{mm}$（即 $A_0 = 0^{+0.350}_{+0.100}$，公差 $T_0 = 0.25\mathrm{mm}$），已知相关零件的基本尺寸为 $A_1 = 30\mathrm{mm}$，$A_2 = 5\mathrm{mm}$，$A_3 = 43\mathrm{mm}$，$A_4 = 3\mathrm{mm}$，$A_5 = 5\mathrm{mm}$。弹簧卡环 4 为标准件，按标准规定 $A_4 = 3^{0}_{-0.05}$。试按完全互换法确定各尺寸的公差和上下极限偏差。

解：极值解法

① 建立并画出装配尺寸链，校验各基本尺寸。A_0 为封闭环。查得各组成环为 $A_1 \sim A_5$。由此画出装配尺寸链图，如图 7-4(b) 所示。各组成环中，A_3 为增环，其他各环为减环。总环数 $n = 6$。根据式(7-1)可得

$$A_0 = \vec{A}_3 - (\overleftarrow{A}_1 + \overleftarrow{A}_2 + \overleftarrow{A}_4 + \overleftarrow{A}_5) = 43 - (30 + 5 + 3 + 5) = 0$$

符合规定要求，故各组成环的基本尺寸无误。

② 确定各组成环的公差和极限偏差。为验证采用完全互换装配法的可行性，可以先按"等公差"法计算出各环所能分配到的平均公差 T_{av} 为

$$T_{\mathrm{av}} = \frac{T_0}{n-1} = \frac{0.25}{6-1} = 0.05(\mathrm{mm})$$

按此平均公差及各组成环基本尺寸查标准公差表，可估算出各组成环的平均公差等级为 IT9～IT10 级。按此平均公差等级确定的公差能够加工，故采用完全装配法可行。若平均公差等级高于 8 级，则各组成环按此确定的公差加工不经济，应考虑采用其他装配方法。

若本例中各组成环的加工方法不相同，则不宜采用等公差和等精度原则分配各组成环公差，而应按实际可行性进行分配。考虑到 A_1 尺寸易于保证加工公差，取其为 IT9 级公差；

A_2 和 A_5 尺寸的加工公差较难保证，取其为 IT10 级公差，尺寸 A_3 在成批生产中常用通用量具而不用标准极限量规测量，故取为协调环。协调环应满足以下条件：结构简单；非标准件；不能是几个尺寸链的公共组成环。

根据以上所定的公差等级查标准公差表，可得各组成环公差为：

$T_1 = 0.052\text{mm(IT9)}, T_2 = 0.048\text{mm(IT10)}, T_4 = 0.050\text{mm(已知)}, T_5 = 0.048\text{mm(IT10)}$

再按入体原则确定各组成环的上下极限偏差为：

$$A_1 = 30_{-0.052}^{\ 0}, A_2 = 5_{-0.048}^{\ 0}, A_4 = 3_{-0.050}^{\ 0}, A_5 = 5_{-0.048}^{\ 0}$$

③ 确定协调环的公差和极限偏差。根据式(7-7)，可得协调环 A_3 的公差：

$$T_3 = T_0 - (T_1 + T_2 + T_4 + T_5) = 0.250 - (0.052 + 0.048 + 0.050 + 0.048)$$
$$= 0.052 \text{（mm）（IT8～IT9）}$$

根据式(7-4) 和式(7-5) 可得 A_3 的上下极限偏差：

$$\text{ES}_{A_0} = \text{ES}_{\overrightarrow{A_3}} - (\text{EI}_{\overleftarrow{A_1}} + \text{EI}_{\overleftarrow{A_2}} + \text{EI}_{\overleftarrow{A_4}} + \text{EI}_{\overleftarrow{A_5}})$$
$$= \text{ES}_{\overrightarrow{A_3}} - (-0.052 - 0.048 - 0.05 - 0.048) = \text{ES}_{\overrightarrow{A_3}} + 0.198$$

求得 $\text{ES}_{\overrightarrow{A_3}} = \text{ES}_{\overrightarrow{A_3}} - 0.198 = 0.350 - 0.198 = 0.152 \text{（mm）}$

又 $\text{EI}_{\overrightarrow{A_3}} = \text{ES}_{\overrightarrow{A_3}} - T_3 = 0.152 - 0.052 = 0.100 \text{（mm）}$

故 $A_3 = 43_{+0.100}^{+0.152}$

7.5.2　分组装配法

当封闭环公差很小，按互换装配法确定的组成环公差很小的时候，为使零件能进行经济精度加工，可将组成环公差扩大若干倍进行加工，并将加工后的零件按组成环实际大小分为若干组，使每一组的组成环公差仍在原来所需的范围内，最后按对应组进行装配。这种装配方法称为分组装配法，其公差通常按极值法计算。因同组零件具有互换性，故又称为分组互换法。

分组法的实质仍是互换法，只不过按对应组互换，它可以在封闭环公差不变的前提下扩大组成环公差。此法增加了测量、分组、配套及零件管理等工作，当组成环环数较多时，这些工作很烦琐。故分组装配法适用于装配精度要求很高、相关零件不多（一般为 2～3 个）的大批量生产中。例如压缩机中活塞销孔与活塞栓，活塞栓与连杆小头孔；滚动轴承内、外环与滚动体以及精密机床中精密偶件间的装配等。此外，分组法还有下列两种类似形式的装配方法。

（1）直接选配法

此法也是先将组成环公差扩大，但零件加工后不经测量分组，凭工人经验直接从待装零件中选择合适的零件进行装配。这种方法的装配质量与装配工时在很大程度上取决于工人的技术水平，故不甚稳定，一般用于装配精度要求相对不高、装配节奏要求不严及生产批量不大的产品装配中。例如压缩机中活塞与活塞环的装配。

（2）复合选配法

此法是分组装配法与直接选配法的复合形式。也是先将组成环公差扩大，零件加工后进行测量、分组，但分组较少，每一组的零件数较多，公差范围较大，装配在各对应组内凭经验进行选择装配。其特点是既可避免分组装配法分组数量过多，又可避免直接选配法的零件挑选范围过大，其装配质量、装配工时及装配节奏的稳定性等均介于前两种装配方法之间。如压缩机中气缸与活塞的装配。

7.5.3　修配装配法

（1）修配方法

修配装配法是先将尺寸链中各组成环按经济精度加工，装配时根据实测结果，将预先选定的某一组成环去除部分材料以改变其实际尺寸，或就地配制此环，使封闭环达到其公差与极限偏差要求。此预先选定的环称为修配环（又称补偿环），被修配的零件称修配件。

修配法装配时是逐个进行的，且多为手工操作，故被装配零件不能互换。装配时需要有熟练的操作技术和一定的实践经验，生产效率低，无节奏，不易组织流水线装配，不宜用大批量生产。修配法主要用于单件或小批生产，且封闭环公差较小及组成环环数较多时。此时若用分组法装配，则会因组成环太多而难以分组；若用互换法装配，又会因组成环公差太小而使加工不经济。生产中常用的修配法可归纳为以下三种。

① 单件修配法　在装配时以预先选定的某一零件为修配件进行修配。如图 7-2 中修配尾座底板的底面使车床前后两顶尖达到等高度要求；键连接中修配键的两个侧面来保证键与键槽的配合精度要求等。

② 合并加工修配法　将两个或多个零件合并在一起进行加工，并在装配时当作一个修配环进行修配的装配方法。合并加工减少组成环数目，因而扩大了组成环的公差和相应减少修配环的修配量。仍以图 7-2 车床尾座装配为例，若生产批量较小，可采用合并修配法装配。即先把尾座和底板的接触面加工好，并刮好横向小导轨，再将两者接合成一体，以底板底面为定位基准，镗尾座套筒孔，直接保证套筒孔轴线至底座底面的距离尺寸。图 7-11（a）、（b）分别为该装配的原尺寸链和合并加工尺寸链。零件合并加工修配时，尺寸 A_2 和 A_3 合并为 $A_{2,3}$，尺寸链的组成环从三个减少为两个。

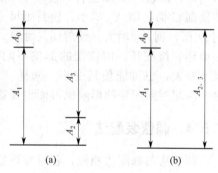

图 7-11　车床尾座装配时的原尺寸链和合并加工尺寸链

这种装配方法零件需对号入座，不能互换，因而给加工、装配和管理带来不便，多用于单件小批生产。

③ 自身加工修配法　在机床装配时利用自身的加工能力，以自己加工自己的方法来达到装配精度要求。实质是合并所有组成环进行修配，直接保证封闭环的公差和极限要求。

例如牛头刨床、龙门刨床及龙门铣床等，在装配中，常以自刨、自铣工作台台面来达到工作面与滑枕或导轨在相对运动方向上的平行度要求。又如图 7-12 的转塔车床，加工转塔上六个孔，为保证多孔轴线间的等高度要求，可以在车床主轴上安装镗刀做切削运动，转塔做纵向进给运动，依次镗出各孔。

（2）修配环的选择和分析

① 修配环的选择　修配环的选择应注意以下要求：修配件应结构简单、质量小、加工面小和易于加工；便于装配和拆卸；一般不选公共组成环作为修配环，以免保证了一个尺寸链的精度而破坏另一个尺寸链的精度。

② 修配环的尺寸及极限偏差的分析　为了保证修配环被修配时具有足够且最小的修配量，需通过装配尺寸链的计算来正确确定修配环的尺寸及极限偏差。修配法一般采用极值法计算并以修配环作为协调环。

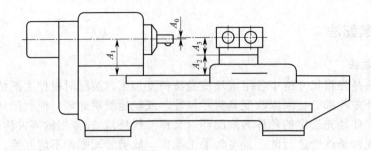

图 7-12　转塔车床上转塔孔的自身加工修配法

解算尺寸链时，首先应了解修配环被修配时对封闭环的影响情况，影响不同其尺寸链的解法也有所不同。此影响情况不外乎两种：一种是使封闭环尺寸变大，另一种是使封闭环尺寸变小。如图 7-13 所示的机床导轨间隙尺寸链，导轨 1 与压板 3 之间的间隙 A_0 为封闭环，压板 3 为修配件，A_2 为修配环，且为增环。若修刮 C 面，则 A_2 减小，使封闭尺寸 A_0 变小。若修刮 D 面，则 A_2 增大，使封闭尺寸 A_0 变大。可见，同一增环的修配环，因修配的部位不同，可能使封闭环尺寸变大，也可能使其变小。同样，当修配环为减环时，修配对封闭环的影响也可能出现这两种情况。

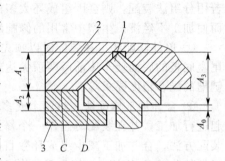

图 7-13　机床导轨间隙尺寸链
1—导轨；2—托板；3—压板

7.5.4　调整装配法

调整法与修配法相似，各组成环也按经济精度加工。由此所引起的封闭环累计误差的扩大，在装配时通过调整某一零件（调整环）的位置或尺寸来补偿其影响。因此，调整法和修配法的区别，是调整法不靠去除材料的方法，而是靠改变调整件的位置或更换调整件的方法保证装配精度。

（1）可动调整法

通过改变调整件的位置来保证装配精度的方法称为可动调整法。在产品装配中可动调整法的应用较多。图 7-14（a）所示为调整楔块的上下位置以调整丝杠螺母副的轴向间隙，图 7-14（b）所示为调整镶条的位置以保证导轨副的配合间隙；图 7-14（c）所示为调整套筒的轴向位置以保证齿轮轴向间隙 Δ 的要求。

可动调整法能获得较理想的装配精度。在产品使用中，由于零件磨损而使装配精度下降时，可重新调整以恢复原有精度。可动调整法适用于装配精度要求高，在工作中容易磨损或变化的产品装配。

（2）固定调整法

选定某一零件为调整件，根据装配精度来确定调整件的尺寸，以达到装配精度要求，这就是固定调整法。采用这种方法，在结构上需要增加一个调整件。常用的有垫圈、垫片和轴套等。如图 7-15 所示，在装配锥齿轮时需要保证其啮合间隙。若用互换法则零件精度要求太高，用修配法又比较麻烦。现用两个调整垫圈，装配时可选择不同厚度的垫圈来满足间隙要求。

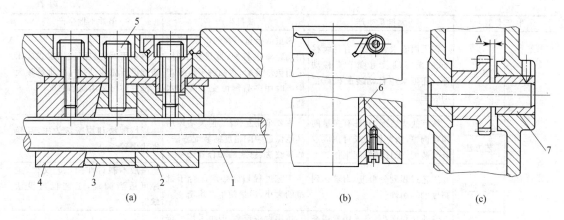

图 7-14 可动调整法应用示例
1—丝杠；2，4—螺母；3—楔块；5—螺钉；6—镶条；7—套筒

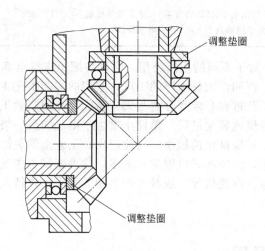

图 7-15 锥齿轮啮合间隙的调整

7.6 装配生产类型及其特点

机器装配的生产类型按装配工作的生产批量大致可分为大批量生产、成批生产和单件小批生产等三种类型。生产类型不同，装配工作的组织形式、装配方法、工艺装备等方面均有较大区别。表 7-3 展示了各种生产类型装配工作的特点。

表 7-3 各种生产类型装配工作的特点

生产类型	大批量生产	成批生产	单件小批生产
基本特征	产品固定，生产活动长期重复，生产周期短	产品在系列化范围内变动，分批交替投产或多种品牌同时投产，生产活动在一定时期内重复	产品经常变换，不定期重复，生产周期较长

生产类型		大批量生产	成批生产	单件小批生产
装配工作特点	组织形式	多采用流水装配线;有连续移动、间歇移动及可变节奏移动等。还可采用自动装配机或自动装配线	笨重的批量不大的产品,多采用固定流水装配,批量较大时,采用流水装配,多品种平行投产生产时用多品种可变节奏流水装配	多采用固定装配或固定式流水装配进行总装,同时,对批量较大的部件亦可采用流水装配
	装配工艺方法	按互换法装配,允许有少量的简单调整,精密偶件成对供应或分组装配,无任何修配工作	主要采用互换法,但灵活运用其他保证装配精度的装配方法,如调整法、修配法和合并法	以修配法和调整法为主,互换件比例较少
	工艺过程	工艺过程划分很细,力求达到高度的均衡性	工艺过程划分必须适合于批量的大小,尽量使生产均衡	一般不制订详细工艺文件,工序可适当调动,工艺也可灵活掌握
	工艺装备	专业化程度高,宜采用专用高效工艺装备,易于实现机械化、自动化	通用设备较多,但也采用一定数量的专用工、夹、量具以保证装配质量和提高工效	一般为通用设备及通用工、夹、量具
	手工操作要求	手工操作比重小,熟练程度容易提高,便于培养新工人	手工操作比重不小,技术水平要求较高	手工操作比重大,要求工人有高的技术水平和多方面的工艺知识

由表 7-3 可以看出,对于不同的生产类型,它的装配工作特点都有其内在的联系,而装配工艺方法亦各有侧重。例如,大量生产的工厂,它们的装配工艺主要是互换法装配,只允许有少量简单的调整,工艺过程必须划分得很细,再配合专用高效工艺装备,可以实现移动式流水线、自动装配线等快速装配过程。单件小批生产则趋向另一极端,它的装配工艺方法以修配法及调整法为主,互换件比例较小,与此对应,工艺上的灵活性较大,工序集中,工艺文件不详细,设备通用,组织形式以固定式为多,这种装配工作效率一般较低,如大型离心压缩机、大型压力容器、汽轮机等。成批生产类型的装配工作特点介于大批大量和单件小批量之间。

7.7　装配工艺规程

装配工艺规程是指导装配生产的主要技术文件,制订装配工艺规程是生产技术准备工作的主要内容之一。装配工艺规程对保证装配质量,提高装配生产效率,缩短装配周期,减轻工人劳动强度,减小装配占地面积,降低生产成本等都有重要的影响。

(1) 装配工艺规程的编制内容

① 分析产品样图,划分装配单元,确定装配方法。

② 拟订装配顺序,划分装配工序。

③ 计算装配时间定额。

④ 确定各工序装配技术要求、质量检查方法和检查工具。

⑤ 确定装配零部件的输送方法及所需要的设备和工具。

⑥ 选择和设计装配过程中所需的工具、夹具和专用设备。

(2) 装配工艺规程的编制原则

① 保证产品装配质量,力求提高质量,以延长产品的使用寿命。

② 合理安排装配顺序和工序,尽量减少钳工手工劳动量,缩短装配周期,提高装配

效率。

③ 尽量减少装配占地面积，提高单位面积的生产率。

④ 尽量减少装配工作所占的成本。

（3）装配工艺规程的编制方法和步骤

① 研究产品装配图和验收技术条件。

② 确定装配方法和组织形式。

③ 划分装配单元和确定装配顺序。

④ 划分装配工序。

⑤ 制订装配工艺文件。

7.8　先进装配技术案例与装配研究

（1）复杂设备的数字化装配

传统产品装配技术主要是依靠设计手册、设计规范和试错装配来实现的，是一种相对落后的技术方法。数字化装配技术是在产品零部件三维数字化实体模型的基础上，利用现代计算机技术、信息技术和人工智能技术，借助于虚拟现实等人机交互手段，来规划与仿真产品的实际装配过程。它可以克服传统的装配工艺设计中主要依赖于人的装配经验和知识，以及设计难度大、设计效率低、优化程度低等问题。通过建立一个高逼真度的多模式（包括视觉、听觉、触觉等）交互装配操作仿真环境，装配规划人员根据经验、知识和实际条件在计算机虚拟环境中交互地建立产品零部件的装配序列和空间装配路径，选择工、卡具和装配操作方法，并通过多种传感器装置分析装配过程中的各种人机工程问题，可视化和可感知地分析各种工艺方法的优劣和实用性，最终得到一个合理、经济、实用、符合人机工程要求的产品装配方案，从而达到优化产品设计、避免或减少物理模型制作、缩短开发周期、降低开发风险、降低成本、提高装配操作人员的培训速度、提高装配质量和效率的目的。

具体到大型复杂设备的数字化装配实现，在整个设计制造过程无须实物样件或样机，零部件设计运用100％三维数字化定义、数字化预装配和并行工程。数字化预装配技术可理解为利用数字化样机对产品可装配性、可拆卸性、可维修性进行分析、验证和优化的技术。在此过程中，采用数字化预装配取消了主要的实物样机，实现了工艺设计与设计资源共享，便于测定间隙、确定公差以及分析重量、平衡和应力等，并对装配干涉、装配顺序、人机工程、装配车间工艺布局等方面进行仿真验证，极大缩短了工艺准备的周期，提高了工艺设计的准确性，大幅度降低了零件、工装制造和返工的成本。在实际应用中，使设计更改和返工率减少了50％以上，装配时出现的问题减少了50％～80％，使复杂设备研制周期减半，研制成本降低25％。

（2）大型叶轮机械的脉动装配生产线

脉动装配生产线（Pulse Assembly Lines）是一种先进的装配生产线，概念衍生自汽车行业的移动式汽车生产线，是连续移动装配生产线的发展。不同于汽车连续移动的流水生产线，脉动生产线根据节拍间断式按固定装配路线移动。不仅节拍时间相对较长，而且当生产线出现异常情况时，允许生产节拍停顿或产品下线。装配脉动生产线的建立不是简单地将原有一个工位拆分成若干个工位，而是一次大型机械装配模式的变革，是一项涵盖生产管理、工艺优化、技术创新、分配模式、员工素养等诸多方面的系统工程。

对于大型叶轮机械这种批量较小、型号系列化及部件单元体化程度较高的产品装配特点而言，尤其适合于脉动生产线模式。相比传统的固定站位式（停车场式）装配模式，装配脉动生产线具有效率高、装配周期短的特点；可有效改善装配工作地环境和工人操作强度；采用专人、专项标准规程对应专项装配操作，质量和生产安全更易保证；同时对工序计件、备件采购等生产供应链起着规范和拉动作用，是适应现代化制造的必然选择。在实际应用中，完成一台大型叶轮机械生产装配仅需 10 天，比传统制造方式装配周期减少 65%。

（3）装配研究与发展

当前产品装配的研究主要从 5 个方面展开。

① 面向装配的设计　目的是在产品设计阶段考虑并解决装配过程中可能存在的问题，以确保快速、高效、低成本地完成产品装配，主要通过指导性手册对设计师进行指导，通过可装配性分析、仿真软件对装配过程进行评价。

② 装配工艺设计与仿真　产品装配工艺设计是指确定产品装配工艺规程的工作过程，未来的装配工艺设计，应该是一种彻底抛弃传统的试错式装配工艺，是一种可预测的、集成的、基于建模和仿真的科学设计。

③ 装配工艺装备　先进的装配工艺装备是产品高精度、高效率、高一致性和高可靠装配的重要保障工具，新原理、新技术、数字化、智能化、柔性化、集成化的装配工艺装备系统是当前和未来的研究重点。

④ 装配测量与检测　从新型装配测量与检测原理、技术与设备，多源融合的装配几何量、物理量检测方法及系统，面向智能装配的信息采集与数据分析技术等三方面展开研究。

⑤ 装配车间管理关键技术　主要包括生产调度、装配数据实时采集与分析、物料精准配送和路径规划、装配质量数据管理。

随着我国制造业向智能制造等高端制造的转型升级，产品的装配技术也需要逐步实现从手工/经验装配向自动化/智能化装配方向的转变，未来产品装配技术的发展趋势主要是智能化、集成化、精密化、微/纳化等。

 习题

一、单项选择题

1. 在一个基准零件上，装上一个或若干个零件构成的是＿＿＿，是最小的装配单元。
   A. 零件　　　　　B. 套件　　　　　C. 组件　　　　　D. 部件
2. 装配工作完成后出厂前的最后一步工作是＿＿＿。
   A. 清洗　　　　　B. 连接　　　　　C. 校正、调整与配作　　D. 验收
3. 下面是组成环的选择原则之一的是＿＿＿。
   A. 结构简单　　　B. 组成环环数最少　C. 非标准件　　　D. 容易加工
4. 对调整装配法描述正确的是＿＿＿。
   A. 改变某组成环实际尺寸，使封闭环达到装配要求
   B. 将组成环公差扩大若干倍进行加工，分组装配
   C. 封闭环的累计误差通过特定环的位置或尺寸来补偿
   D. 零件不经任何选择，装上后就达到装配精度要求
5. 大批、大量生产的装配工艺方法大多是＿＿＿。
   A. 按互换法装配　B. 合并加工修配为主　C. 以修配法为主　D. 以调整法为主

6. 装配的组织形式主要取决于____。

　A. 产品质量　　　　　B. 产品重量　　　　　C. 产品成本　　　　　D. 生产规模

二、填空题

1. 封闭环不具备____的特性，它是通过装配最后形成的；组成环是指那些对封闭环有____影响的相关零件上的相关尺寸。

2. 装配精度是指产品装配后，各工作面的____和相对运动等参数与____的符合程度。

3. 装配尺寸链表示____与____之间的关系。

4. 组成环公差的大小一般按_____和_____进行分配。

5. 按装配时同种零件的互换程度，互换装配法分为_____和_____。

三、问答题

1. 装配的定义是什么？装配工作在机器生产过程中有何重要作用？

2. 机器（产品）的装配精度应根据什么来确定？主要包括哪些内容？

3. 保证产品精度的装配方法有哪些？分别用于何种场合？

4. 请回答查找组成环中相关零件的一般方法。

第 8 章
管壳式换热器制造

换热设备种类繁多、结构各异，其中管壳式换热器的可靠性高、适应性强、处理量大，在各工业领域中都得到了十分广泛的应用。这种换热设备的制造技术不仅具有压力容器的特点，还有其功能、结构和加工的特殊性，是压力容器制造的典型代表。

8.1 管壳式换热器结构

8.1.1 基本类型

管壳式换热器的结构形式很多，根据结构特点可分为固定管板式、浮头式、U 形管式、填料函式、釜式重沸器、滑动管板式、双管板式、薄管板式、涡流热膜换热器等，其中典型的固定管板管壳式换热器如图 8-1 所示。

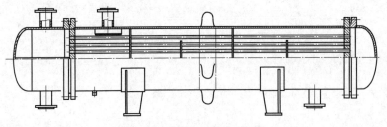

图 8-1 固定管板管壳式换热器

8.1.2 管壳式换热器结构

流体流经换热管内的通道及与其相贯通部分称为管程；流体流经换热管外的通道及与其相贯通部分称为壳程。管程结构主要由换热管、管束、管板等元件组成。壳程主要由壳体、折流板或折流杆、支持板、纵向隔板、拉杆、防冲挡板、防短路结构等元件组成。

国家推荐性标准 GB/T 151《热交换器》中分别用三个字母来表示前端管箱、壳体和后端结构（包括管束）三部分。标准中列出了五种前端管箱形式、九种主要的壳体类型和八种后端结构形式。管壳式换热器的型号由形式、公称直径、设计压力、公称换热面积、公称长度、换热管外径、管/壳程数、管束等级等字母代号组合表示，其规定换热器型号表示方法见图 8-2。

如可拆封头管箱，公称直径 700mm，管程设计压力 2.5MPa，壳程设计压力 1.6MPa，公称换热面积 $200m^2$，碳素钢换热管外径 25mm，管长 9m，4 管程，单壳程的固定管板式换热器，其型号为：

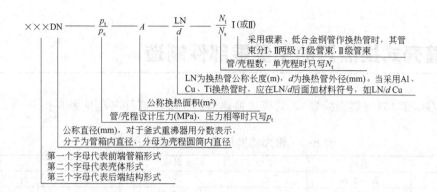

图 8-2 管壳式换热器型号表示方法

$$\text{BEM}700-\frac{2.5}{1.6}-200-\frac{9}{25}-4-\text{I}$$

8.1.3 管壳式换热器制造过程

制造管壳式换热器的基本工艺流程见图 8-3。

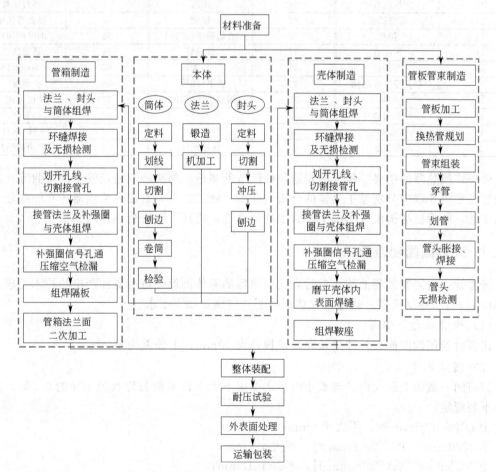

图 8-3 管壳式换热器制造工艺流程

8.2 管壳式换热器的主要零部件制造

根据 GB/T 151《热交换器》，管壳式换热器的主要零部件名称见表 8-1。

表 8-1　管壳式换热器主要零部件及名称

序号	名称	序号	名称	序号	名称
1	管箱平盖	21	吊耳	41	封头管箱(部件)
2	平盖管箱(部件)	22	放气口	42	分程隔板
3	接管法兰	23	凸形封头	43	耳式支座(部件)
4	管箱法兰	24	浮头法兰	44	膨胀节(部件)
5	固定管板	25	浮头垫片	45	中间挡板
6	壳体法兰	26	球冠形封头	46	U 形换热管
7	防冲板	27	浮动管板	47	内导流筒
8	仪表接口	28	浮头盖(部件)	48	纵向隔板
9	补强圈	29	外头盖(部件)	49	填料
10	壳程圆筒	30	排液口	50	填料函
11	折流板	31	钩圈	51	填料压盖
12	旁路挡板	32	接管	52	浮动管板裙
13	拉杆	33	活动鞍座(部件)	53	剖分剪切环
14	定距管	34	换热管	54	活套法兰
15	支持板	35	挡管	55	偏心锥段
16	双头螺柱或螺栓	36	管束(部件)	56	堰板
17	螺母	37	固定鞍座(部件)	57	液位计接口
18	外头盖垫片	38	滑道	58	套环
19	外头盖侧法兰	39	管箱垫片	59	壳体(部件)
20	外头盖法兰	40	管箱圆筒	60	管箱侧垫片

管壳式换热器的主要零部件的制造包括筒节的制造、封头的制造及管子的弯曲等，其工艺内容已在第 3 章中分别做了具体的分析与介绍。除此之外，管壳式换热器还有一些较为专门的工艺，如管板与折流板的加工、管束的制造等，将在下文进行具体的介绍。

8.2.1 壳体圆筒制造要求

考虑管束组装和需要抽装，对管壳式换热器的壳体圆筒制造有更加严格的技术要求。根据 GB/T 151《热交换器》规定，壳体圆筒制造应满足如下要求。

（1）内直径允许偏差

用板材卷制的圆筒，外圆周长允许上偏差为 10mm；下偏差为零。

（2）圆度允许偏差

圆筒同一截面上最大内径与最小内径之差应不大于该截面公称直径 DN 的 0.5%，且应符合下列规定：

① DN≤1200mm 时，不大于 5mm；

② 1200mm＜DN≤2000mm 时，不大于 7mm；

③ 2000mm＜DN≤2600mm 时，不大于 12mm；

④ 2600mm＜DN≤3200mm 时，不大于 14mm；

⑤ 3200mm＜DN≤4000mm 时，不大于 16mm。

（3）直线度允许偏差

圆筒直线度允许偏差，应不大于圆筒长度 L 的 1‰，并且 $L≤6000mm$ 时，不大于 4.5mm；$L＞6000mm$ 时，不大于 8mm（检查直线度时应通过中心线的水平和垂直面，即沿圆周 0°、90°、180°、270°四个部位测量）。

凡是有碍管束拆装的壳体内壁焊缝余高均应磨至与母材表面平齐；除图样另有规定外，插入式接管等结构不应妨碍管束抽装。

8.2.2　管板与折流板

（1）技术要求

管板多数为圆形，其上钻有多孔。由于管板（固定管板）工作时承受管程与壳程的压力差，以及和管箱法兰的连接力，受力情况较为复杂，还需要保证与管道连接的严密性，因此对管板及其上的管孔有明确的技术要求。

① 大直径管板或拼焊的管板表面，除环形的法兰密封面外，大部分面积不加工。所以板料可按管板的公称厚度选取。法兰部分的技术要求同一般压力容器设备法兰。

② 管子与管板焊接连接时，管孔内面粗糙度 Ra 不得高于 $25\mu m$；管子与管板胀接连接时，Ra 不得大于 $12.5\mu m$，不允许有贯通的纵向或螺旋向刻痕。为了穿管方便，折流板和支持板的孔可以比管孔略大，允许偏差也稍大一点，但是不能相差太多，以免大量介质从环形间隙中流过。国家标准 GB/T 151《热交换器》按所要求的换热管外径、管板管孔直径、折流板管孔直径及对应的允许偏差不同，将钢制换热管束分为Ⅰ、Ⅱ级，各级管束需要符合表 8-2～表 8-5 要求。管板钻孔后，应抽查不小于 60°的管板中心角区域内的管孔，该区域内允许有 4％的管孔的上偏差超出表 8-2、表 8-3 的数值，但不能超出相应上偏差的 50％。未达到上述合格率时，应 100％检查。

管板的孔桥宽度见图 8-4。对于管板终钻面（一般为壳程侧），其相邻两管孔之间的允许孔桥宽度 B、最小孔桥宽度 B_{min} 分别按式(8-1)、式(8-2) 计算。常用的钢制管束管板孔桥见表 8-6、表 8-7。

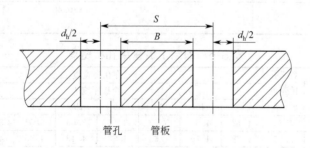

图 8-4　孔桥宽度 B

$$B=(S-d_h)-\Delta_1 \tag{8-1}$$
$$B_{min}=0.6(S-d_h) \tag{8-2}$$

式中　S——换热管中心距，mm；

　　　d_h——管孔直径，mm；

　　　Δ_1——孔桥偏差，$\Delta_1=2\Delta_2+C$，mm，当 $d＜16mm$ 时，$\Delta_1=2\Delta_2+0.51$，当 $d≥$

16mm 时，$\Delta_1 = 2\Delta_2 + 0.76$；

Δ_2——钻头偏移量，$\Delta_2 = 0.041 \times \delta/d$，mm；

d——换热管外径，mm；

δ——管板厚度，mm。

钻孔完毕后应抽检不小于 $60°$ 管板中心角区域内的孔桥宽度，应有不小于 96% 的孔桥宽度大于允许孔桥宽度 B 值，小于允许孔桥宽度 B（须大于 B_{min} 值）的数量应控制在 4% 之内，未达到上述合格率时，则应 100% 检查。

表 8-2　Ⅰ级管束换热管外径与管板管孔直径及允许偏差　　单位：mm

换热管	外径	14	16	19	25	30	32	35	38	45	50	55	57
	允许偏差	±0.10				±0.15			±0.20			±0.25	
管板	管孔直径	14.25	16.25	19.25	25.25	30.35	32.40	35.40	38.45	45.50	50.55	55.65	57.65
	允许偏差	+0.05 −0.10		+0.10 −0.10		+0.10 −0.15			+0.10 −0.20			+0.15 −0.25	

表 8-3　Ⅱ级管束换热管外径与管板管孔直径及允许偏差　　单位：mm

换热管	外径	14	16	19	25	30	32	35	38	45	50	55	57
	允许偏差	±0.15				±0.20			±0.25			±0.40	
管板	管孔直径	14.30	16.30	19.30	25.30	30.40	32.45	35.45	38.50	45.55	50.60	55.70	57.70
	允许偏差	+0.05 −0.10		+0.10 −0.10		+0.10 −0.15			+0.10 −0.20			+0.15 −0.25	

表 8-4　Ⅰ级管束折流板管孔直径及允许偏差　　单位：mm

换热管外径 d，最大无支撑跨距 L_{max}	$d \leqslant 32$ 且 $L_{max} > 900$	$D > 32$ 或 $L_{max} \leqslant 900$
折流板管孔直径	$d + 0.40$	$d + 0.70$
允许偏差	+0.30 0	

表 8-5　Ⅱ级换热器的折流板管孔尺寸及允许偏差　　单位：mm

换热管外径 d，最大无支撑跨距 L_{max}	$d \leqslant 32$ 且 $L_{max} > 900$	$D > 32$ 或 $L_{max} \leqslant 900$
折流板管孔直径	$d + 0.50$	$d + 0.70$
允许偏差	+0.40 0	

表 8-6　钢制Ⅰ级管束孔桥宽度　　单位：mm

换热管外径 d	换热管中心距 S	管孔直径 d_h	名义孔桥宽度 $S-d_h$	允许孔桥宽度 B 管板厚度 δ								最小宽度 B_{min}
				20	40	60	80	100	120	140	≥160	
14	19	14.25	4.75	4.12	4.01	3.89	3.77	3.65	3.54	3.42	3.30	2.85
16	22	16.25	5.75	4.89	4.79	4.68	4.58	4.48	4.38	4.27	4.17	3.45
19	25	19.25	5.75	4.90	4.82	4.73	4.64	4.56	4.47	4.39	4.30	3.45
25	32	25.25	6.75	5.92	5.86	5.79	5.73	5.66	5.60	5.53	5.47	4.05
30	38	30.35	7.65	6.84	6.78	6.73	6.67	6.62	6.56	6.51	6.45	4.59
32	40	32.40	7.60	6.79	6.74	6.69	6.64	6.58	6.53	6.48	6.43	4.56
35	44	35.40	8.60	7.79	7.75	7.70	7.65	7.61	7.56	7.51	7.47	5.16
38	48	38.45	9.55	8.75	8.70	8.66	8.62	8.57	8.53	8.49	8.44	5.73
45	57	45.50	11.50	10.70	10.67	10.63	10.59	10.56	10.52	10.48	10.45	6.90
50	64	50.55	13.45	12.66	12.62	12.59	12.56	12.53	12.49	12.46	12.43	8.07

换热管外径 d	换热管中心距 S	管孔直径 d_h	名义孔桥宽度 $S-d_h$	允许孔桥宽度 B 管板厚度 δ								最小宽度 B_{min}
				20	40	60	80	100	120	140	≥160	
55	70	55.65	14.35	13.56	13.53	13.50	13.47	13.44	13.41	13.38	13.35	8.61
57	72	57.65	14.35	13.56	13.53	13.50	13.47	13.45	13.42	13.30	13.36	8.61

表 8-7　钢制 Ⅱ 级管束孔桥宽度　　　　单位：mm

换热管外径 d	换热管中心距 S	管孔直径 d_h	名义孔桥宽度 $S-d_h$	允许孔桥宽度 B 管板厚度 δ								最小宽度 B_{min}
				20	40	60	80	100	120	140	≥160	
14	19	14.30	4.70	4.07	3.96	3.84	3.72	3.60	3.49	3.37	3.25	2.85
16	22	16.30	5.70	4.84	4.74	4.63	4.53	4.43	4.33	4.22	4.12	3.42
19	25	19.30	5.70	4.85	4.77	4.68	4.59	4.51	4.42	4.34	4.25	3.42
25	32	25.30	6.70	5.87	5.81	5.74	5.68	5.61	5.55	5.48	5.42	4.02
30	38	30.40	7.60	6.79	6.73	6.68	6.62	6.57	6.51	6.46	6.40	4.56
32	40	32.45	7.55	6.74	6.69	6.64	6.59	6.53	6.48	6.43	6.38	4.53
35	44	35.45	8.55	7.74	7.70	7.65	7.60	7.56	7.51	7.46	7.42	5.13
38	48	38.50	9.50	8.70	8.65	8.61	8.57	8.52	8.48	8.44	8.39	5.70
45	57	45.55	11.45	10.65	10.62	10.58	10.54	10.51	10.47	10.43	10.40	6.87
50	64	50.60	13.40	12.61	12.57	12.54	12.51	12.48	12.44	12.44	12.38	8.04
55	70	55.70	14.30	13.51	13.48	13.45	13.42	13.39	13.36	13.33	13.30	8.58
57	72	57.70	14.30	13.51	13.48	13.45	13.42	13.40	13.37	13.34	13.31	8.58

③ 管板厚度 B 从管板两面测量都不能小于 GB/T 151《热交换器》规定的数值。

④ 折流板的最大外径（公称外径＋上偏差）不应影响管束装入筒体，其最小外径（公称直径＋下偏差）不应过小，以免壳程流体发生"短路"现象，影响传热效果，具体数值见表 8-8。

表 8-8　折流板外径及允许偏差　　　　单位：mm

公称直径 DN	<400	400≤DN <500	500≤DN <900	900≤DN <1300	1300≤DN <1700	1700≤DN <2100	2100≤DN <2300	2300≤DN ≤2600	2600<DN ≤3200	3200<DN ≤4000
名义外径	DN−2.5	DN−3.5	DN−4.5	DN−6	DN−7	DN−8.5	DN−12	DN−14	DN−16	DN−18
允许偏差	0 −0.5	0	0 −0.8	0	0 −1.0	0	0 −1.4	0 −1.6	0 −1.8	0 −2.0

注：1. DN≤400mm 管材作圆筒时，折流板的名义外径为管材实测最小内径减 2mm。

2. 对传热影响不大时，折流板名义外径的允许偏差可比本表中大 1 倍。

3. 采用内导流结构时，折流板名义外径可适当放大。

4. 对于浮头式热交换器，折流板和支持板的名义外径不得小于浮动管板外径。

折流板、支持板外圆表面粗糙度 Ra 值不应大于 25μm，外圆面两侧的尖角应倒钝。

折流板、支持板上的任何毛刺都应除去。

（2）管板划线及下料

管板用于固定管子，其加工工艺因坯料来源而异。对于用铬钼合金钢、含碳量低于 0.25% 的碳钢和低合金钢制造的管板，板材或锻件的尺寸不足以制造整块管板时，允许用几块板拼成。DN≤2600mm 时，不宜采用拼接结构，对于大直径换热器，管板可以拼接，但焊缝不应相交，焊缝边缘到管孔中心的距离不应小于 0.8 倍孔径，拼接管板的焊缝应进行 100% 的射线或超声波探伤，按相关标准执行。除不锈钢外，拼接后管板还应进行热处理以消除应力。

①用铬镍奥氏体不锈钢如 1Cr17Ni13Mo2Ti 等钢材制造管板时，如满足下述条件，允许焊缝穿过管孔：

a. 焊制管板的工作温度不低于−10℃；

b. φ1600mm 以内的管板拼焊的块数不超过 3 块，φ1600mm 以上管板拼焊的块数不超过 4 块，并且焊缝都不相交；

c. 采用能保证焊缝系数等于 1 的方法施焊，管板向外的表面上焊缝余高应修磨到与管板表面齐平；

d. 板料厚度超过 36mm 时，应进行稳定化退火；母材金属与焊接接头的硬度差不应大于 15HB；对于厚度不到 36mm 的管板，如果母材金属与焊缝的硬度差大于 15HB，也需要热处理；

e. 图纸上有要求时，焊缝要做晶间腐蚀试验。

②含碳量低于 0.25% 的碳钢和低合金钢管板，如果满足下列条件，允许在焊缝上钻孔：

a. 管板的工作温度不低于−20℃；

b. 所用的焊接方法能保证焊缝系数等于 1，管板向外的表面上焊缝余高经过修平。

大直径换热器及蒸发设备的管板由于板材尺寸限制，只能由几块拼接，如图 8-5 所示。块数取决于排料方法。为尽量减少余料，应选择最经济的布置方案。下料之后，用自动焊、X 形坡口手工电弧焊或电渣焊将各块管板拼焊成整块板坯，然后修平焊缝加强部分并钻孔。

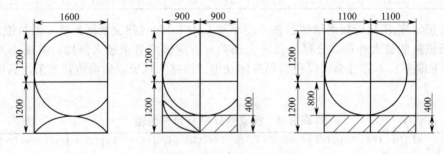

图 8-5 拼接管板下料方案

（3）管孔加工

管板属于典型的群孔结构。单孔质量的好坏决定了管板的整体质量，有时甚至会影响整台热交换器的制造和使用，因此管板孔的加工是非常重要的一道工序。

管板加工的精度，特别是孔间距和管孔直径公差、垂直度、粗糙度都极大地影响了换热器的组装和使用性能。随着石油、化工设备、电站设备等过程装备的大型化，换热器的直径也变得越来越大，直径为 4～5m 的管板很常见，有的直径可达 7m 左右。

管板切割后一般用平板机矫平，它的不平度不应大于 2mm/m。外圆、凸台、管板平面和隔板沟槽加工后，就可加工管孔。尽管各个厂家的加工工艺略有差别，但总体上都是先划线（因划出的线成网格状，称网格线），打样冲点，用中心钻钻小孔，再正式钻孔。若孔壁粗糙度要求高，还要绞孔，最后倒角。

如使用摇臂钻床，加工过程如下：根据划线或利用钻模先钻出 φ10mm、深 10mm 的孔；再钻透并扩孔，加工胀接（强度胀）槽，绞孔。由于这种方法工作量大，需采用多台钻床。对工人技术水平要求高，所以专业生产换热器的工厂都在逐步采用数控多轴钻床加工管孔，工效可提高 4~6 倍，孔中心距偏差不大于 0.1mm。

（4）折流板加工

折流板由轧制板材制造。最常用的是弓形折流板，圆缺高度取 20% ~ 45% 的圆筒内直径。折流板的最小厚度按表 8-9 选取。

考虑到装夹和外圆切削加工的方便，弓形折流板下料时，除在直径方向留出一定的加工余量外，还要求按整圆下板坯料。

由于折流板上各对应孔都将被同一根管子所穿过，所以要求各折流板的对应孔应有一定的尺寸和位置精度。为此，在钻孔时常常将圆板坯料按 8~10 块组成一叠，其边缘点焊，涂油漆做好标记。然后，各折流板按组叠的顺序，分别将其对应剪切成弓形，以避免孔间相对位置改变而造成较大安装误差。

表 8-9　折流板的最小厚度　　　　　　单位：mm

公称直径 DN	换热管无支撑跨距 L					
	L≤300	300<L≤600	600<L≤900	900<L≤1200	1200<L≤1500	L>1500
DN<400	3	4	5	8	10	10
400≤DN≤700	4	5	6	10	10	12
700<DN≤900	5	6	8	10	12	16
900<DN≤1500	6	8	10	12	16	16
1500<DN≤2000	—	10	12	16	20	20
2000<DN≤2600	—	12	14	18	22	24
2600<DN≤3200	—	14	18	22	24	26
3200<DN≤4000	—	—	20	24	26	28

8.2.3　管箱组焊

（1）管箱组焊一般的工艺流程

① 法兰一次加工（除密封面和螺栓孔外，全部加工完成）；

② 法兰与封头或管箱短节组对焊接；

③ 焊缝检测；

④ 管法兰与接管组对并焊接；

⑤ 开孔与组焊接管；

⑥ 接管相关焊缝无损检测；

⑦ 划线与组对并焊接隔板；

⑧ 消除应力热处理；

⑨ 加工法兰密封面与钻螺栓孔；

⑩ 隔板端面加工，一般采用刨或铣削，如果采用立车车削，隔板与箱体间要加支撑角钢。

（2）法兰、筒节和封头组装

先用夹具把法兰、筒节和封头组装在一起。图 8-6 是用于换热器法兰与筒节或端盖组焊的螺旋卡子。它的最大特点是利用法兰作为自己的定位基准，从而保证了必要的刚度。螺旋卡子放在刚度很大的法兰上，用顶丝 5 和钳口 3 从两边夹紧，利用顶紧螺栓 7 使焊口对正。短杆 6 应有足够的刚度。加强筋 4 起手柄作用，移动和安装螺旋卡子

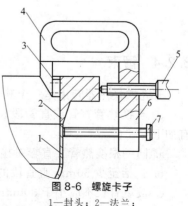

图 8-6　螺旋卡子

1—封头；2—法兰；
3—钳口；4—加强筋；5—顶丝；
6—短杆；7—顶紧螺栓

时可以拿着它。卡子可以安在法兰周边上任一点，亦即可以在任一点使焊口对正。顶力可从封头外面施加（如图 8-6），也可内加。按工件大小不同可以用 2 或 3 个卡子使整个环缝对正。

（3）分程隔板的安装

组对隔板与管箱时，先在管板表面上划出基准线，再把管箱扣上，把基准线转划到管箱法兰上。然后将管箱从管板上取下，按法兰端面的基准线放置隔板，将隔板和封头点焊定位，然后用适当的焊接方法焊好。分程隔板与管箱内壁应采用双面连续焊，最小焊脚尺寸为 3/4 倍的隔板厚度；必要时，隔板边缘应开坡口；允许采用与焊接连接等强度的其他连接方式。

管板上存在分程隔板槽以形成密封。槽深应大于垫片厚度，且不小于 4mm，隔板槽密封面应与环形密封面平齐。槽宽 a 宜为 8～14mm。分程隔板端部的厚度应比对应的隔板槽宽度小 2mm，隔板端部可按图 8-7 削薄。多管程的隔板槽倒角不应妨碍垫片的安装；隔板槽拐角处的倒角宜为 45°（见图 8-8），倒角尺寸 b 宜大于分程垫片的圆角半径 R。

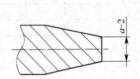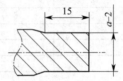

图 8-7　隔板端部与隔板槽

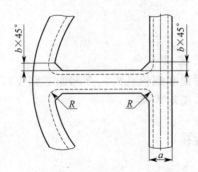

图 8-8　管板的分程隔板槽

8.2.4　管束

管壳式换热器管束是一个独立的部件，管子加工要求如下。

① 当换热管直管或直管段长度大于 6000mm 时，允许拼接。当长度不够需要拼接时，有如下要求：

　　a. 同一根换热管，直管对接焊缝不得超过一条，U 形管不得超过两条；

　　b. 包括至少 50mm 直管段的 U 形管段范围内不得有拼接接头；

　　c. 最短管长不应小于 300mm，且应大于管板厚度 50mm 以上；

　　d. 对口错边量应不超过管子壁厚的 15%，且不大于 0.5mm，直线度偏差以不影响顺利穿管为限；

e. 对接后，应按表 8-10 选取钢球，对焊接接头进行通球检查，以钢球通过为合格；

表 8-10   通球直径   单位：mm

换热管外径 d_0	$d_0 \leqslant 25$	$25 < d_0 \leqslant 40$	$d_0 > 40$
通球直径	$0.75d_i$	$0.8d_i$	$0.85d_i$

注：d_i 为换热管内径。

f. 对接焊接接头应作焊接工艺评定，试件的数量、尺寸、试验方法按国家能源行业推荐性标准 NB/T 47014《承压设备焊接工艺评定》的规定；

g. 对接后应逐根进行耐压试验，试验压力不得小于热交换器的耐压试验压力（管、壳程试验压力的高值）；

h. 对接接头的管端坡口应采用机械加工方法加工，焊前应清理干净。

② U 形管弯制时有如下要求：

a. 对于 U 形管弯管段的圆度偏差的要求：当弯曲半径大于或等于 2.5 倍换热管名义外径时，圆度偏差应不大于换热管名义外径的 10%；弯曲半径小于 2.5 倍换热管名义外径时，圆度偏差应不大于换热管名义外径的 15%。

b. U 形管不宜热弯。若要进行热弯，应征得用户同意。

c. 当有耐应力腐蚀要求时，冷弯 U 形管的弯管段及至少包括 150mm 的直管段应进行热处理。其中碳钢、低合金钢管作消除应力热处理；奥氏体不锈钢管可按供需双方商定的方法进行热处理。

d. 按照国家化工行业推荐标准 HG/T 20584《钢制化工容器制造技术规范》规定，钢管冷弯后，变形率超过下列范围时，应于成形后进行热处理：碳素钢、低合金钢钢管弯管后的外层纤维变形率不应大于钢管标准规定伸长率的 1/2 或外层材料的剩余伸长率（钢管标准规定伸长率减去弯管后的外层纤维变形率）应小于 10%；不锈钢钢管弯管后的外层纤维变形率应不大于钢管标准规定伸长率的 1/2，或外层材料的剩余伸长率应小于 15%；对于有冲击韧性要求的钢管，其外层纤维最大变形率应小于 5%。

e. U 形管弯制后应逐根进行耐压试验，试验压力不得小于热交换器的耐压试验压力（管、壳程试验压力的高值）。

另外，对于其他装备，如锅炉的管件制造，还有管子端面倾斜度、对接后的弯折度、管子弯曲角度偏差、弯曲管子的平面度等要求。

③ 管端处理要求。必须防止穿管时管子表面产生纵向划伤，管板的管孔内表面（特别是边缘上）的毛刺要去掉，管子表面的划痕和工具在管孔表面上留下的痕迹是管子与管板连接处发生泄漏的主要原因。

a. 切管。最常用的切管方法有：用切管机床切断；用专用模具在压力机上切管；用带锯或圆盘锯锯断等。

b. 管端表面清理。碳钢、低合金钢换热管管端外表面应除锈，铝、铜、钛、镍、锆及其合金换热管的管端应清除表面附着物及氧化层。对于管子与管板焊接的接头，管端清理长度应不小于管子外径，且不小于 25mm。对于胀接接头，管端清理长度应不小于强度胀接长度，且不得影响胀接质量；U 形换热管管端清理长度应不小于管板厚度；双管板换热器的换热管管端清理长度应按设计文件规定。

要使管子和管板的连接牢固而紧密，管端某一长度（一端为管板厚度加 10mm，另一端为 2 倍管板厚度加 10mm）的表面必须清理到呈现金属光泽，最常用的清理工具是砂布带、钢丝刷、砂轮和钢丝轮。

管端可用砂布手工清理或在砂布打光机上清理。手工清理生产率低，砂布消耗量大。用打光机清理的缺点是砂布不耐用，大大增加了辅助工作量（剪裁、粘贴等）。用钢丝刷清理管端可运用手提式机动工具、专用机床或专用驱动机构，这些工具和设备都比较简单，不需要较高水平的工人操作，但外表面上有硬皮的管子采用这种办法清理达不到要求。

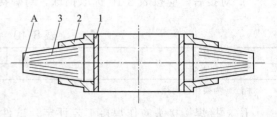

图 8-9　钢丝轮
1—内套筒；2—侧盖；3—钢丝刷

刚性金属丝轮（钢丝轮）结构如图 8-9，内套筒 1 上装有钢丝刷 3，钢丝呈径向放射形排列，根部焊在一起。在压力机上用专用夹具将侧盖 2 压紧，使钢丝头部紧挨在一起。外表面 A 是钢丝轮的切削部分。钢丝轮生产率高，耐用，使用寿命可达 800h。

8.3　管束的组装

管束由管板、折流板、支持板、定距管、拉杆、换热管等零件组成，它是在专门的工作地点组装的。固定管板式换热设备管束组装前，管板先要固定，管板与筒体连接处的结构形式如图 8-10 所示。

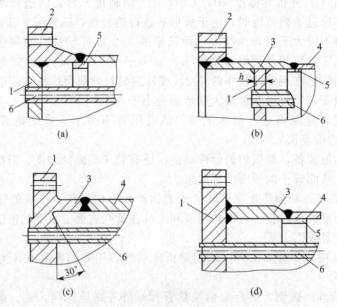

图 8-10　管板与筒体连接处的结构形式
1—管板；2—法兰；3—过渡筒节；4—筒体；5—垫环；6—管子

管束组装技术要求如下。

① 要求管子与管板垂直；螺纹拉杆与管板连接端应连接牢靠，自由端螺母应拧紧，以免在装入或抽出管束时，因折流板窜动而损坏换热管。焊接拉杆应焊接牢靠且不影响穿管。

② 穿管时不应强行组装，不能用铁器直接敲打管端；换热管表面不应出现凹瘪或划伤。

③ 除换热管与管板间以焊接连接外，其他任何零件均不准与换热管相焊接。

④ U 形管管束非外围的换热管，若水压试验出现泄漏时，允许堵管；堵管根数不许超过 1%，且总数不许超过 5 根。

8.3.1　固定管板式换热器管束的组装方法

① 当折流板直径不超过 1400mm 时，管束在筒体外进行卧式组装。

如图 8-11 所示，先将第一管板竖直放置，拧好拉杆，依次装上定距管、折流板（或支持板），上紧螺母，检查其相对位置无误。同时在管板和折流板孔中穿入适当数量的换热管作为定位管，并校正骨架的形状之后，依次穿入其余各换热管，然后整体装入设备筒体内。再将第一块管板与筒体对好后作定位焊，将管板上的十字中心线引至筒体，划出四条组对线。并在筒体另一端按组对线吊装上第二块管板，同时使定位管的端部穿过第二块管板的孔，再将其余换热管引入这块管板的孔中。校正第二管板与筒体的相对位置和焊接间隙后，作定位焊，随即焊完两个管板与筒体的环缝。对调试合格的管子，应先沿管板周边选数根管子对称定位胀管（或焊接），此后就可进行管端与管板的连接，要分区对称跳胀或跳焊。

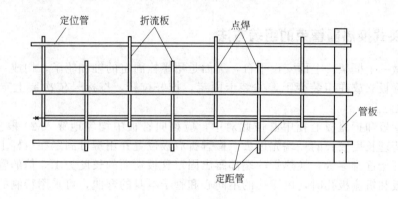

图 8-11　管束卧式组装

② 当折流板直径大于 1600mm 时，管束一般在筒体内组装。

先将第一管板与设备筒体对好后作定位焊，再将管板上的十字中心线引至筒体，划出四条组对线。拧好拉杆，以第一管板背面为基准在筒体内部划出中间各折流板的位置，逐一把定距管和折流板装入筒体中，上紧螺母，检查其相对位置无误。同时在第一管板和折流板孔中穿入适当数量的换热管作为定位管，并校正骨架的形状之后，折流板间的距离要符合图纸要求，折流板与筒体内面用辅助支架点焊定位，再穿入保证足够刚性的若干定位管，然后去除折流板与筒体内面定位焊点。再依次穿入各换热管，并在筒体另一端按组对线吊装第二块管板，同时使定位管子的端部穿过第二块管板的孔，再将其余换热管引入第二管板的孔中。校正第二管板与筒体的相对位置和焊接间隙后，作定位焊，随即焊完两个管板与筒体的环缝。由于孔的不同心和管子的挠曲，需在管端塞进一个导向锥才能顺利穿管。管子越长，穿管越困难，需采用立式穿管。但立式组装管束需要高大的厂房及升降式工作台。

8.3.2　U 形管式换热器管束的组装方法

管板 1（图 8-12）放在组装工作台上，把拉杆 2 拧紧在管板上，按图纸规定依次装上定距管和折流板 3，拧紧拉杆端部的螺母就能使折流板位置固定，然后从弯曲半径最小的管子开始顺次穿入 U 形管 4。穿管时使管端伸出管板面 40～50mm，第一排穿完后找平管端，使它凸出管板不超过 3mm，电焊（或胀接）固定，再顺序穿第二排，第三排……最后将管子与管板连接（焊接或胀接）。管束组装完后，进行水压试验，以检查管子本身和管子与管板连接处的强度以及焊缝的严密性。

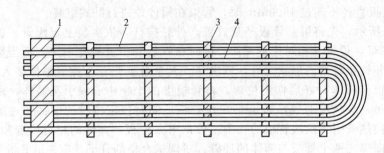

图 8-12　U 形管束组装
1—管板；2—拉杆和定距管；3—折流板；4—管子

8.3.3　浮头式换热器管束的组装方法

用型钢做一个框架，上面安设平台，下面是用螺栓固定的轴和轮子，构成一个管束组装架。把固定管板立放在组装架上，并装卡固定，拧好拉杆，按标号依次装上定距管、折流板，上紧螺母。

为了使管板和折流板上孔中心彼此对中，应该向管板中均匀地穿入 20 根左右的管子。穿管时，让清理长度较长的一端先进去，检查折流板位置并用螺母固定在拉杆上。在折流板一侧从下部开始逐排穿管，换热管的端部露出固定管板端面的长度为 1.5 倍的管板厚度。把管子穿进管板和折流板孔时，由于孔的不同心和管子本身的弯曲，可采用特制的锥形导向头克服阻碍。

固定管板用管子穿满后，把浮动管板装上去，为了对中心，先向它周边的孔里均匀穿入20 根左右的管子。引管时注意管孔要对正，校正两管板的距离，使管端伸出管板约 3～5mm。这个管子构成的骨架组装好后，再从下面管排起逐排将管子引入浮动管板中，按图纸要求校正管子伸出管板长度，采用规定的方法将管子与管板连接起来。

8.3.4　换热管与管板的连接

根据操作情况及密封要求，管子在管板上的固定方式有三种：胀接、焊接和胀焊并用。管子和管板的连接，要求密封性能好，管程介质与壳程介质不能混合；另外要有足够的抗拉脱力，克服温差应力和管程、壳程压差，不使管子和管板的连接拉脱。

（1）胀接

用胀管器在管孔内进行扩管，使管端和管板孔都产生不同程度的胀大。管子处于塑性变形状态，管板却处于弹性变形状态。当胀管器撤出之后，管板的弹性变形恢复，而管子的恢复量则很小，于是就对管子有一个挤压力，如图 8-13 所示。胀接使管子和管板紧密地结合起来，达到了既密封又抗拉脱的目的。

与焊接相比，胀接连接时，没有管子和管板之间的间隙，消除了死区，耐腐蚀性有所提高；但胀接的强度和密封性不如焊接，不适用于管程和壳程温差较大的场合。

胀接时可以采取各种措施增加管子和管板的胀接强度。可以在管板孔中开槽，使胀接时管子金属嵌入槽中。管孔抓住管子从而提高胀接强度，如图 8-14 所示。采用翻边法，如图 8-15 所示，用翻边胀管器在胀管的同时，将管端滚压成喇叭口形，卡在管板上以增加拉脱力。

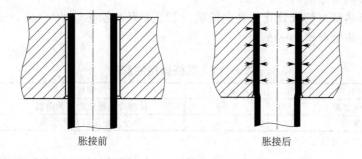

图 8-13　管子胀接原理图

图 8-16 所示为滚柱胀管器。它是通过胀杆的不断转动且不断进给，带动滚柱来滚压换热管的管端，使管端胀大，这是一种传统的胀管方法。

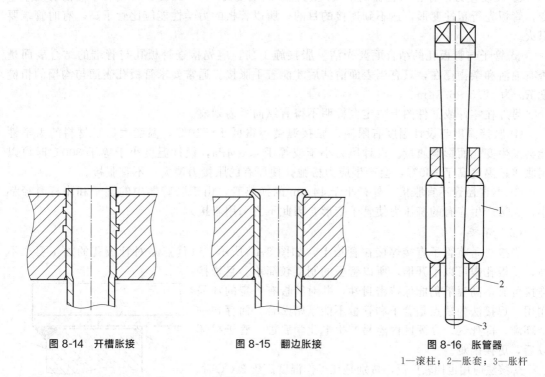

图 8-14　开槽胀接　　　　图 8-15　翻边胀接　　　　图 8-16　胀管器

1—滚柱；2—胀套；3—胀杆

滚柱胀管器有前进胀接和后退胀接两种，前者适合于中厚壁、直径小于 38mm 管子的胀接，后者适用于管径大于 38mm 的深度胀管。胀杆带有一定的锥度（1∶25 和 1∶50 两种），从而在滚柱和胀杆表面产生摩擦力，避免滚柱和胀杆间的相对滑动。

为了保证胀接质量应注意以下几点：

① 胀度应适当　式(8-3)以管壁减薄比率计算胀度；机械胀接的胀度可按表 8-11 选用；当采用其他胀接方法或材料超出表 8-11 时，应通过胀接工艺试验确定合适的胀度。

$$k = \frac{d_2 - d_i - b}{2\delta} \times 100\% \tag{8-3}$$

式中　d_2——换热管胀后内径，mm；

　　　d_i——换热管胀前内径，mm；

　　　b——换热管与管板管孔的径向间隙（管孔直径减换热管的外径），mm；

　　　δ——换热管壁厚，mm。

表 8-11　机械胀接的胀度

管热管材料	胀度 $k/\%$	管热管材料	胀度 $k/\%$
碳素钢、低合金钢（铬含量不大于 9%）	6~8	钛和冷作硬化的其他金属	4~5
高合金钢	5~6	非冷作硬化的其他金属	6~8

注：需要时，胀度可另增加 2%。

欠胀：即管子未达到应有的扩张程度，胀度过小，不能保证必要的连接强度和密封性。

过胀：胀度过大，管壁减薄严重，加工硬化明显，容易产生裂纹。另外，过胀会使管板产生塑性变形，从而降低了胀接强度，而且不可修复。因此，欠胀和过胀都是不允许的。

② 硬度差必须存在　管板的硬度应比管子的硬度高 20~30HB，否则管子还没有发生塑变，管板先行塑性变形，达不到连接的目的。所以管板的力学性能应比管子高，有时管端要退火。

③ 管子与管板孔的结合面要光洁　胀接施工前，应先检查管板孔与管端的结合表面是否有油渍和杂物存在，只有当表面清洁后才能着手胀接。通常要求管板孔表面与沟槽的粗糙度 Ra 为 $12.5 \sim 6.3\mu m$。

另外在零件或部件图上一定要标明不得有纵向贯通划痕。

④ 胀接温度与设计温度有限制　胀接温度不得低于 -10℃，温度太低了材料的力学性能会发生变化而影响质量。设计压力小于或等于 4.0MPa，设计温度小于等于 300℃ 时可以用胀接；温度高于 300℃，会产生应力松弛，使原有的胀接力消失，不宜胀接。

⑤ 小直径管不宜胀接　外径小于 14mm 的换热管，由于胀管器中的辊子和胀杆直径都小，无法产生应有的挤压力使管子变形，因此不宜采用胀接。

（2）焊接

焊接法是将管子直接焊接在管板上，如图 8-17 所示。其优点是对管板孔的加工要求不高，管板孔内可以不开槽，所以管板的制造较简单。且焊接连接可靠，高温下仍能保持密封性，并对管板有一定的加强作用。焊接法的缺点是管子和管板不能紧密贴合，而存在一个环隙，即死区。在死区内容易产生电化学腐蚀，管子损坏以后，更换困难。

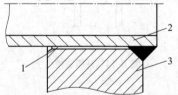

图 8-17　管子与管板焊接
1—间隙；2—管子；3—管板

焊接法应用也比较广泛，特别是在工作温度高于 300℃ 时，采用焊接法较为可靠。另外，不锈钢等管子与管板连接时，适合采用焊接法。小直径厚壁管和大直径管子，难以用胀接法时，也采用焊接法。常用焊接方法为手工电弧焊、氩弧焊。

（3）胀焊并用

鉴于胀接和焊接法各有其优缺点，所以可以胀焊并用的方式固定管子和管板。若先胀后焊，则焊接时胀口的严密性将在高温作用下遭到破坏。而且高温高压下的管子，大都管壁较厚，胀接时需用润滑油，油进入接头缝隙，很难洗净，焊接时会使焊缝产生气孔，严重影响焊缝质量。而先焊后胀的主要问题是焊缝有产生裂纹风险。实践证明，只要胀接过程控制得当，焊后胀接可以避免焊缝产生裂纹。

不使用润滑油的情况下，先胀后焊也同样有优点。金相和疲劳试验都证明，先胀后焊能提高焊缝的抗疲劳性能，尤其对小直径管子更是如此。而且由于胀接使管壁紧贴在管板孔壁上，可防止焊缝产生裂纹，这点对可焊性差的材料更为重要。

8.4　整体装配技术要求

换热器的整体装配是指将管束、管箱与壳体连接形成完整换热器的工艺过程。一般是指完成可拆连接的安装过程。

8.4.1　技术要求

整体装配的技术要求为：

① 换热器零部件在组装前应认真检查和清扫，不得留有焊疤、焊条头、焊接飞溅物、浮锈及其他杂物等。

② 吊装管束时，应防止管束变形和损伤换热管。

③ 管箱与壳体（管板）直接焊接连接时，要求保证管箱与壳体的同轴度，注意管口方位的正确性。

④ 管箱与壳体（管板）密封面可拆连接时，检查密封面尺寸是否符合图样要求，螺栓长短是否合适，检查垫片和两侧密封面是否干净无缺陷，确认无误后方可装配。装配时垫片要放平，紧固螺栓要对角进行，使垫片均匀受力，严禁沿周向顺序紧固。紧固螺栓至少应分

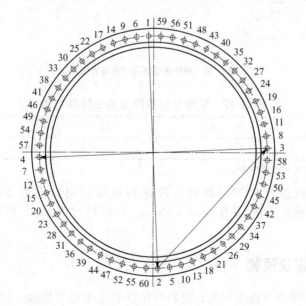

图 8-18　螺栓紧固顺序

三遍进行，每遍的起点应相互错开 90°～120°，紧固顺序可按图 8-18 的规定。换热器组装尺寸的允许偏差见图 8-19、表 8-12。

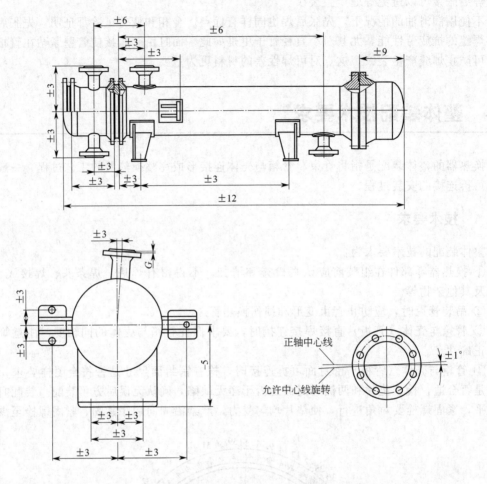

图 8-19 换热器组装尺寸的允许偏差

表 8-12 接管公称直径与法兰面倾斜量　　　　　　　　　单位：mm

接管公称直径	50～100	150～300	≥350
法兰面倾斜量 G_{max}	1.5	2.5	4.5

注：本表只适用于外部管线连接的接管。

⑤ 管束中的横向折流板用定距管、拉杆和螺母固定。管束不动的固定管板换热器中，折流板的垂直度公差在直径每 300mm 不得超过 1mm，折流板不许焊在换热管上。

8.4.2 换热器的重叠预装

重叠式换热器必须进行重叠预装，预装前接管和支座都不焊接，以便预装时调整距离，调好后再焊接。这种换热器每台都应做上标志，在安装现场对号组装，如图 8-20。

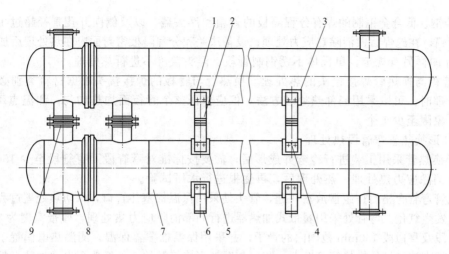

图 8-20 重叠式换热器的预装
1，3，5—垫板；2，4，6—支座；7—下筒体；8—管箱；9—接管

8.5 热处理与无损检测要求

8.5.1 管壳式换热器热处理

热处理是将钢在固态下施以不同的加热、保温和冷却措施，以改变其内部组织结构，获得所需性能的一种加工工艺。通过热处理可以松弛焊接残余应力，稳定结构形状和尺寸，以及改善母材、焊接接头和结构的性能。

（1）换热器热处理规范

换热器热处理时需要满足下列要求：

① 加热温度 通常在金属材料的相变温度以下，加热温度参照图纸要求标准；

② 保温时间 一般以工件厚度来选取。焊件保温时间中，加热区内最高与最低温差不宜大于 80℃，具体时间按照图纸要求；

③ 升温速度 要求温度均匀上升，焊件升温至 400℃后升温速度不得超过 220℃/h，一般不低于 55℃/h；

④ 冷却速度 过快会造成焊件过大的内应力，甚至产生裂纹；

⑤ 进、出炉温度 进炉时温度不得高于 400℃；出炉时不得高于 400℃。出炉后静止空冷。

（2）分次热处理

分次热处理方法的具体步骤为：对于固定式、带波形膨胀节的固定式换热器两种结构，第一步为壳体焊后整体热处理，第二步为管板与壳体、管子与管板焊后局部热处理；对于浮头式、填料函式、U形管式三种结构，第一步为壳体焊后整体热处理，第二步是管子与管板的焊后局部热处理。

从上述具体步骤中可以看出，分次热处理生产周期长，能源消耗大，劳动强度高。特别是采用火焰加热时，其热处理质量可控制难度较大。

局部零部件的热处理如下。

① 管箱、浮头盖的热处理

　　a. 碳钢、低合金钢制的焊有分程隔板的管箱和浮头盖，以及侧向开孔直径超过 1/3 圆筒内径的管箱，在施焊后做消除热应力处理；设备法兰和分程隔板密封面应在热处理后加工。

　　b. 除图样另有规定，奥氏体不锈钢制管箱、浮头盖可不进行热处理。

　　② 管板与换热管焊接接头的热处理　换热管与管板的焊接接头根据材料类别必须进行焊后热处理时，可以采用局部热处理方法，但应保证整个管板面加热均匀，测温点不少于 4 个，每个象限至少 1 个。

　　③ U 形换热管弯管段热处理

　　U 形换热管采用工装进行冷弯并成形后，需要按标准对弯管段及直管段至少 150mm 范围内进行消除应力热处理。热处理后，再逐根进行水压试验。

　　换热管弯管合格后按组摆放在一起，管头处采用保温棉塞住管口，以防热处理过程中加热段管内壁发生氧化。弯管处采用履带式加热器进行局部消除应力热处理，履带宽度为 450mm，覆盖弯管段及直边段 150mm 范围内的管子，并采用保温棉覆盖保温，测温热电偶置于履带内表层与履带直接接触的换热管管壁上，防止与履带直接接触的部分换热管出现过热。按设定升温速度升温，在 (620±20)℃温度条件下保温 15min。保温后，按设定降温速度降温，当温度小于 400℃以后，去除保温棉，在空气中空冷。具体热处理工艺路线如图 8-21 所示。

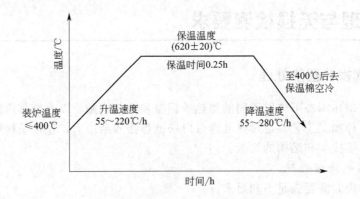

图 8-21　弯管热处理工艺路线图

　　(3) 整体热处理

　　整体热处理是直接对换热器整体进行热处理，其最危险的是加热时所产生的温差应力。当固定式管壳换热器整体加热时，壳体受热快而管束受热慢，由于温差作用，壳体的热膨胀伸长量比管束大，但壳体的伸长会受管束的约束，故管束受到较大的拉应力，壳体受到较大的压应力，此时容易导致管板或内件焊缝出现新的裂纹。而在降温过程中，壳体的降温速度较快，而管束散热缓慢，壳体冷却时的收缩量大于管束，壳体受拉应力，管束受压应力，过大的温差应力会使管板中心部位外凸，换热管受压弯曲变形。

　　整体热处理需要控制换热器壳体与管束在升温与降温阶段的温差，使温差应力处于安全范围内。图 8-22 为某制造厂针对一余热锅炉换热器进行的热处理工艺。换热器常温装炉后，以 10～30℃/h 的速度缓慢升温。当壳体温度在 300℃以下时，内外温差控制在 75℃以内，当壳体温度在 300℃以上时，内外温差控制在 60℃以内。在 600～640℃恒温 1.5h 后，以 10～30℃/h 的速度缓慢降温，至管束小于 200℃时出炉后在静止的空气中冷却，降温过程中的温差控制要求与升温过程相同。在整个热处理过程中，当壳体与管束的最大温差超过规定值后，通过恒温缩小温差，使内外温度趋于均匀一致。

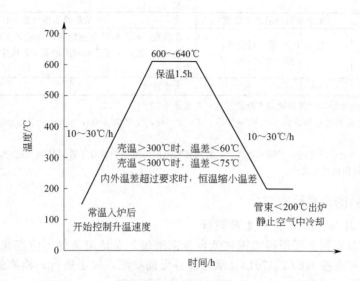

图 8-22 整体热处理工艺

8.5.2 换热器制造过程中的无损检测

换热器在制造过程中采用的无损检测方法主要为射线、超声、磁粉、渗透和涡流检测，采用的无损检测标准为国家能源行业推荐性标准 NB/T 47013《承压设备无损检测》。

对于射线检测，NB/T 47013.2《承压设备无损检测第 2 部分：射线检测》规定了射线检测技术分为三级：A 级——低灵敏度技术；AB 级——中灵敏度技术；B 级——高灵敏度技术。同时，标准根据焊接接头中存在的缺陷性质、尺寸、数量和密集程度，将焊接接头的质量等级划分为Ⅰ、Ⅱ、Ⅲ、Ⅳ级。Ⅰ级焊接接头内不允许存在裂纹、未熔合、未焊透和条形缺陷。Ⅱ级和Ⅲ级焊接接头内不允许存在裂纹、未熔合和未焊透。对致密性要求高的焊接接头，制造方底片评定人员应考虑将圆形缺陷的黑度作为评级的依据。通常将影像黑度大，可能影响焊缝致密性的圆形缺陷定义为深孔缺陷，当焊接接头存在深孔缺陷时，其质量级别应评为Ⅳ级。不同等级焊缝对圆形缺陷点数与条形缺陷长度各有不同的要求，分别见表 8-13、表 8-14。

表 8-13 焊接接头允许的圆形缺陷点数

评定区/mm×mm	10×10			10×20		10×30
母材公称厚度 T/mm	$T \leqslant 10$	$10 < T \leqslant 15$	$15 < T \leqslant 25$	$25 < T \leqslant 50$	$50 < T \leqslant 100$	$T > 100$
Ⅰ级	1	2	3	4	5	6
Ⅱ级	3	6	9	12	15	18
Ⅲ级	6	12	18	24	30	36
Ⅳ级	缺陷点数大于Ⅲ级或缺陷长径大于 $T/2$					

注：当母材公称厚度不同时，取较薄板的厚度。

表 8-14 焊接接头允许的条形缺陷长度　　　　　　　　　　　　单位：mm

级别	单个条形缺陷最大长度	一组条形缺陷累计最大长度
Ⅱ级	$L \leqslant T/3$（最小可为 4）且 $L \leqslant 20$	在长度为 12T 的任意选定条形缺陷评定区内，相邻缺陷间距不超过 6L 的任一组条形缺陷的累计长度应不超过 T，但最小可为 4

续表

级别	单个条形缺陷最大长度	一组条形缺陷累计最大长度
Ⅲ级	$L \leqslant 2T/3$（最小可为6）且 $L \leqslant 30$	在长度为 $6T$ 的任意选定条形缺陷评定区内,相邻缺陷间距不超过 $3L$ 的任一组条形缺陷的累计长度应不超过 T,但最小可为6
Ⅳ级		大于Ⅲ级

注: 1. L 为该组条形缺陷中最长缺陷本身的长度; T 见表 8-13。

2. 条形缺陷评定区为与焊缝方向平行的矩形区。$T \leqslant 25\text{mm}$, 宽度为 4mm; $25\text{mm} < T \leqslant 100\text{mm}$, 宽度为 6mm; $T > 100\text{mm}$, 宽度为 8mm。

3. 当两个或两个以上条形缺陷处于同一直线上,且相邻缺陷的间距小于或等于较短缺陷长度时,应作为 1 个缺陷处理,且间距也应计入缺陷的长度之中。

8.5.2.1 原材料的无损检测

（1）圆筒、封头、管板和平盖用钢板

换热器的圆筒及封头采用碳素钢和低合金钢钢板,在特定条件下应逐张进行超声检测,检测方法和质量标准按 NB/T 47013《承压设备无损检测》规定进行,检测的主要目的是发现板材在冶炼和轧制过程中产生的白点裂纹和分层等缺陷。

国家标准 GB 150《压力容器》中规定了需要逐张进行超声检测的钢板如下（表 8-15、表 8-16 分别列出了Ⅰ级、Ⅱ级、Ⅲ级钢板的质量等级要求）。

表 8-15　板材中部检测区域质量分级

等级	最大允许单个缺陷指示面积 S/mm^2 或当量平底孔直径 D/mm	在任一 1m×1m 检测面积内缺陷最大允许个数	
		单个缺陷指示面积/mm^2 或当量平底孔直径评定范围/mm	最大允许个数
Ⅰ	双晶直探头检测时:$S \leqslant 50$	双晶直探头检测时:$20 < S \leqslant 50$	10
	单晶直探头检测时:$D \leqslant \phi 5 + 8\text{dB}$	单晶直探头检测时:$\phi 5 < D \leqslant \phi 5 + 8\text{dB}$	
Ⅱ	双晶直探头检测时:$S \leqslant 100$	双晶直探头检测时:$50 < S \leqslant 100$	10
	单晶直探头检测时:$D \leqslant \phi 5 + 14\text{dB}$	单晶直探头检测时:$\phi 5 + 8\text{dB} < D \leqslant \phi 5 + 14\text{dB}$	
Ⅲ	$S \leqslant 1000$	$100 < S \leqslant 1000$	15

表 8-16　边缘或剖口预定线两侧检测区域质量分级

等级	最大允许单个缺陷指示长度 $L_{\max}$	最大允许单个缺陷指示面积 S 或当量平底孔直径 D	在任一 1m 检测长度内最大允许缺陷个数	
			单个缺陷指示长度 L 或当量平底孔直径评定范围	最大允许个数
Ⅰ	$L_{\max} \leqslant 20$	双晶直探头检测时:$S \leqslant 50$	双晶直探头检测时:$10 < L \leqslant 20$	2
		单晶直探头检测时:$D \leqslant \phi 5 + 8\text{dB}$	单晶直探头检测时:$\phi 5 < D \leqslant \phi 5 + 8\text{dB}$	
Ⅱ	$L_{\max} \leqslant 30$	双晶直探头检测时:$S \leqslant 100$	双晶直探头检测时:$15 < L \leqslant 30$	3
		单晶直探头检测时:$D \leqslant \phi 5 + 14\text{dB}$	单晶直探头检测时:$\phi 5 + 8\text{dB} < D \leqslant \phi 5 + 14\text{dB}$	
Ⅲ	$L_{\max} \leqslant 50$	$S \leqslant 1000$	$25 < L \leqslant 50$	5

注: 单晶探头含一个压电晶片,其工作方式是自发自收。双晶探头含 2 个压电晶片,其工作方式是一个发射一个接收。

① $30\text{mm} < $ 厚度 $\leqslant 36\text{mm}$ 的 Q245R 和 Q345R 钢板,质量等级应不低于Ⅲ级。厚度 $> 36\text{mm}$, 质量等级不低于Ⅱ级。

② 厚度＞25mm 的 Q370R、Mn-Mo 系、Cr-Mo 系、Cr-Mo-V 系钢板，质量等级应不低于Ⅱ级。

③ 厚度＞20mm 的 16MnDR、Ni 系低温钢，质量等级应不低于Ⅱ级。

④ 调质状态供货的钢板，质量等级应不低于Ⅰ级。

（2）管板、平盖和法兰用锻件

管板、平盖和大型筒体法兰是换热器中有别于其他压力容器结构的常用零部件，管板、平盖和法兰用的钢锻件应符合 GB 150.2《压力容器 第 2 部分：材料》的规定，锻件级别不低于Ⅱ级。国家能源行业推荐性标准 NB/T 47008《承压设备用碳素钢和合金钢锻件》与NB/T 47010《承压设备用不锈钢和耐热钢锻件》中规定Ⅲ、Ⅳ级锻件需要逐件进行超声检验。

超声检测需要符合国家能源行业推荐性标准 NB/T 47013.3《承压设备无损检测　第 3 部分：超声检测》中的要求。检测一般应安排在热处理后，孔、台等结构机加工前进行，检测面的表面粗糙度 $Ra \leqslant 6.3 \mu m$。锻件一般应使用直探头进行检测，对筒形和环形锻件还应增加斜探头检测。检测厚度小于等于 45mm 时，应采用双晶直探头进行。检测厚度大于45mm 时，一般采用单晶直探头进行。锻件检测方向厚度超过 400mm 时，应从相对两端面进行检测。

（3）换热管

换热管是换热器区别于其他压力容器最明显的特征。换热管主要为具有铁磁性的钢管和不具有铁磁性的不锈钢管、铜及铜合金管、铝及铝合金管等。检测换热管质量最有效的方法为涡流检测，其主要目的是发现钢管上可能存在的通孔和表面裂纹等缺陷。根据换热管的磁特性需采用不同检测技术。

① 铁磁性换热管的涡流检测　通常采用穿过式线圈的探头对钢管进行涡流检测以发现通孔缺陷，采用扁平放置式线圈的探头检测表面裂纹。另外，由于钢管在不同的磁场强度作用下具有不同的磁导率，因此，对铁磁性钢管进行的检测必须具有磁饱和装置，并对检测线圈所检测的区域施加足够强的磁场，使其磁导率趋于常数。铁磁性钢管涡流检测的频率一般在 1～500kHz。

② 非铁磁性换热管的涡流检测　对新制非铁磁性管材进行涡流检测的主要目的是发现钢管上可能存在的通孔缺陷，采用外穿过式线圈。与铁磁性金属管相比，非铁磁性金属管的涡流检测不需要磁饱和装置，但对铜镍合金管材，有时也使用磁饱和装置，使被检区域达到磁饱和后再进行检测。非铁磁性金属管涡流检测的频率一般在 1～125kHz。

8.5.2.2　对接焊缝的射线和超声检测

换热器壳体的对接焊缝容易出现气孔、夹渣、未熔合、未焊透和裂缝等焊缝缺陷，通常对焊缝内部的缺陷采用射线或超声检测，对焊缝的表面缺陷采用磁粉或渗透检测。

① GB 150《压力容器》标准规定，凡符合下列条件之一的对接接头，应按图样规定的检测方法进行 100％的射线或超声检测：

a. 焊接接头厚度大于 30mm 的奥氏体不锈钢、碳素钢、Q345R、Q370R。

b. 标准抗拉强度下限值 σ_b＞540MPa 的低合金钢制容器。

c. 焊接接头厚度大于 16mm 的奥氏体-铁素体不锈钢。

d. 铁素体不锈钢、其他任意厚度的 Cr-Mo 低合金钢。

e. 进行气压试验的换热器。

对于进行 100％射线或超声检测的焊接接头，是否采用超声或射线检测进行相互复检，以及复检的长度，由设计者在图样上予以规定。

②上述规定以外的焊接接头，允许作局部射线或超声检测。具体检测方法按图样规定。检测长度不得少于各条焊接接头长度的 20%，且以下部位必须全部进行检测：

a. 焊缝的交叉部位。

b. 先拼板后成形的凸形封头上所有拼接接头。

c. 凡被补强圈、支柱、垫板和内件等所覆盖的焊接接头。

d. 以开孔中心为圆心，1.5 倍开孔直径为半径的圆内所包容的焊接接头。

e. 嵌入式接管与球壳连接的对接接头。

f. 公称直径不小于 $\phi 250\text{mm}$ 的接管与接管对接接头、接管与高颈法兰对接接头。

按国家能源行业推荐性标准 NB/T 47013《承压设备无损检测》，射线照相的质量要求应不低于 AB 级，对 100% 检测的对接接头，检测结果不低于 Ⅱ 级为合格；对局部检测的对接接头，检测结果不低于 Ⅲ 级为合格；对于 100% 超声检测的对接接头，Ⅰ 级为合格；局部检测的对接接头，不低于 Ⅱ 级为合格。

超声法采用的仪器为 A 型脉冲反射式超声波探伤仪（以波形来显示组织特征的方法），仪器的工作频率为 $1\sim 5\text{MHz}$。对于母材厚度大于 8mm 的全焊透熔化焊对接焊缝内部缺陷的检测，采用频率为 $2\sim 5\text{MHz}$ 的 K 值探头（为斜探头，K 值指钢中的横波折射角的正切值），利用一次反射法在焊缝的单面双侧对整个焊接接头进行检测。当母材厚度大于 46mm 时，采用双面双侧的直射波检测。对于要求比较高的焊缝，根据实际需要也可将焊缝余高磨平，直接在焊缝上进行检测。检测区域的宽度应是焊缝本身加上焊缝两侧各相当于母材厚度 30% 的部分，而且最小应为 10mm。

8.5.2.3　磁粉和渗透检测

GB 150《压力容器》标准规定，符合下列条件的部位应按图纸规定的方法进行表面检测：

① 标准抗拉强度下限值 $\sigma_b > 540\text{MPa}$ 的钢材的角焊缝；

② 各种 Cr-Mo 钢的角焊缝；

③ 堆焊层表面；

④ 复合钢板的复合层焊接接头；

⑤ $\sigma_b > 540\text{MPa}$ 的钢材及 Cr-Mo 低合金钢材经火焰切割的坡口表面，以及用这些材料制造换热器的缺陷修磨或补焊处的表面，卡具和拉筋拆除处的焊迹表面；

⑥ 要求全部射线或超声检测的容器上公称直径 DN<250mm 的接管与接管对接接头、接管与高颈法兰对接接头。

另外，焊接的管板和换热管几乎均采用表面渗透进行检测。

磁粉或渗透检测前应打磨受检表面至露出金属光泽，并应使焊缝与母材平滑过渡。检测按国家能源行业推荐性标准 NB/T 47013《承压设备无损检测》进行，检测结果 Ⅰ 级合格。焊接接头的质量分级见表 8-17。

表 8-17　焊接接头的质量分级

等级	线性缺陷	圆形缺陷（评定框尺寸为 35mm×100mm）
Ⅰ	$l \leqslant 1.5$	$d \leqslant 2.0$，且在评定框内不大于 1 个
Ⅱ	大于 Ⅰ 级	

注：l 表示线性缺陷显示长度，mm；d 表示圆形缺陷显示在任何方向上的最大尺寸，mm。

8.5.3 在用换热器无损检测

为了确保压力容器运行的安全，需对投入运行的压力容器定期检验。特种设备行业标准 TSG R0004《固定式压力容器安全技术监察规程》中规定压力容器一般应当于投用后 3 年内进行首次定期检测。下次的检测周期，由检测机构根据压力容器的安全状况等级确定，其中安全等级为 1、2 级的，一般为每 6 年一次；安全等级为 3 级的，一般为每 3~6 年一次。

压力容器在用检验分为不停止运行的外部检验和停止运行后的内外部全面检验，外部检验的周期为 1 年，内外部全面检验的周期最长为 6 年。

在用换热器的年度外部检验内容包括使用单位压力容器安全管理情况检查、换热器本体及运行状况检查和安全附件检查等。检查方法以宏观检查为主，必要时进行测厚和腐蚀介质含量测定；如壳体焊缝内已存在超标缺陷，可采用声发射监测的方法来识别这些缺陷是否为活性；如需确定某些高应力集中部位是否存在疲劳损伤，可采用磁记忆检测方法；如需检查球罐外表面是否有疲劳裂纹或应力腐蚀裂纹产生，可采用表面裂纹电磁检测的方法。

对新投入使用的换热器，首次内外部检验周期一般为 3 年，以后的内外部全面检验周期一般为 6 年。但对安全状况等级为 1 级或 2 级，实测介质对材料腐蚀速率 < 0.1mm/年或者内部有热喷涂金属（铝粉或不锈钢粉）涂层，通过 1~2 次全面检验确认腐蚀轻微的换热器，全面检验周期最长可以延长至 12 年。换热器的内外部全面检验的重点是在运行过程中壳体和换热管受介质、载荷、温度和环境等因素影响而产生的腐蚀、冲蚀、磨损、应力腐蚀开裂、疲劳开裂、材料劣化等缺陷。因此除宏观检查外，对壳体所采用的无损检测方法主要包括磁粉、渗透、超声和射线检测，对换热管主要采用涡流检测，管板采用渗透检测。

（1）表面检测

表面检测方法是在换热器停产全面检验中首选的无损检测方法。检测部位为换热器壳体的对接焊缝、角焊缝的焊迹表面和换热器管板上换热管焊接的角焊缝等。铁磁性材料对接焊缝的表面检测一般采用磁粉检测，角焊缝无法采用磁粉检测时也采用渗透检测；非铁磁性材料采用渗透检测。

根据多年的检验经验统计，换热器容易出现表面裂纹的部位主要为管板与壳体的焊缝、壳体大法兰的环焊缝、进出料法兰的接管角焊缝、管板角焊缝和易出现热疲劳的部位等。

（2）壳体焊缝表面裂纹的电磁涡流检测

焊缝表面裂纹的磁粉或渗透检测都需将被检焊缝表面事先清洁，除去表面防腐层或污垢，因此不适合换热器的在线检测。另外，换热器开罐 100% 焊缝内外表面检测发现，80%以上的换热器无任何表面裂纹，即使发现表面裂纹的换热器，一般也是只存在几处，不到焊缝总长的 1%，因此大量的打磨一方面增加了换热器停产检验的时间和费用，另一方面也减小了换热器焊缝部位壳体的壁厚。

由于常规涡流方法只适用于检测表面光滑母材上的裂纹，对焊缝上的裂纹会因焊缝在高温熔融时产生的铁磁性变化和焊缝表面高低不平而出现杂乱无序的磁干扰而无法实施。因此出现了基于复平面分析的金属材料焊缝电磁涡流检测技术。该技术可在有防腐层的情况下采用特殊的点式探头对焊缝表面进行快速扫描检测，而且提离效应（变化的电磁场作用在导体附近使导体内产生电涡流，电涡流的大小随着电磁场与导体的距离改变而变化，从而产生干扰）对检测结果的影响很小。

（3）壳体焊缝内部和内表面裂纹检测

① 超声检测　由于壳体内部存在管束，在用换热器的内外部全面检验一般采用超声检测方法，从外部对对接焊缝进行抽查或100%检测，以发现焊缝内部和内表面可能出现的疲劳裂纹或已存在的焊接埋藏缺陷。但超声检测一般只能发现＞1mm（深）×5mm（长）的内表面裂纹。由于超声波探伤仪体积小、重量轻，十分便于携带和操作，而且与射线相比，超声检测对人体无伤害，因此在压力容器检验中得到广泛使用。

② 射线检测　对于在用换热器的内外部全面检验，射线方法主要在现场用于＜12mm板厚的换热器壳体对接焊缝内部埋藏缺陷的检测。另外，对于超声检测发现的超标缺陷，通常采用射线检测复验，以进一步确定这些缺陷的性质和部位，为缺陷返修提供依据。

③ 磁记忆检测　金属磁记忆检测的基本原理是记录在工作载荷作用下铁磁性构件局部应力集中区域中产生的漏磁场，根据漏磁场来判断应力集中和损伤。该方法可以发现材料受力后引起的疲劳损伤及其产生的裂纹缺陷。

与电磁涡流检测方法一样，进行磁记忆检测无须对焊缝的表面进行打磨处理，可在带油漆层的情况下直接进行快速扫查检测，因此这种方法也特别适合于对换热器进行在线检测。与电磁涡流检测方法不同的是，磁记忆检测方法发现的是换热器壳体上存在的容易产生应力腐蚀开裂和疲劳损伤的高应力集中部位。对换热器进行检测时，通常采用磁记忆检测仪器对换热器壳体焊缝进行快速扫查，以发现换热器壳体焊缝上存在的应力峰值部位，然后对这些应力峰值部位进行局部表面磁粉和内部超声检测，以发现可能存在的表面或内部缺陷。

（4）在用换热管检测

① 铁磁性钢管　与新制造钢管采用的涡流检测方法不同，在用换热器管的涡流检测只能采用内穿过式探头，由于钢管的口径较小，内穿过式探头采用磁饱和装置非常困难，因此对于在用换热器铁磁性钢管通常采用远场涡流检测方法。远场涡流检测的特点是仪器采用10～5000Hz的低频激发，探头内分别设置远场涡流激励线圈和检测线圈，而且激励线圈与检测线圈的间距为被检管子内径的2～3倍。

检验前，首先对在役铁磁性钢管内表面进行清洗，使之满足检测要求。使用远场涡流检测对比试样，调整工作频率和其他工作参数，使电磁场能较好地穿透管壁，并使仪器的连续平衡速率或滤波参数适应探头的移动速度，最终使系统达到要求的灵敏度；对钢管进行检测时，尽可能使探头速度恒定平稳，探头在管内的检测速度视所用仪器和选择的参数而定，一般不大于10m/min；检测过程中，将从远场涡流检测对比试样管获得的数据作为仪器缺陷检测能力的衡量标准，判断被检管是否存在缺陷。

② 非铁磁性金属管　在用换热器非铁磁性金属管的涡流检测只能采用内穿过式探头。与新制造管材检测的目的不同，在用设备检测的目的是发现换热管在使用过程中可能产生的壁厚均匀腐蚀减薄、局部腐蚀坑、与管子支撑板接触部位的磨损、裂纹等缺陷，因此对检测仪器功能有较高的要求，对比试样也是针对这些缺陷的检测而设计的。

在役非铁磁管道在检验前，应对其内表面进行清理，使其符合检验要求。使用检测对比试样，通过调整工作频率和其他工作参数，实现系统的灵敏度。在测试管道的过程中，探头速度应尽可能保持恒定和稳定。探头在管道中的探测速度取决于所用仪器和所选参数，一般不超过20m/min；在检测过程中，将从试样管中获取的数据作为仪器检测缺陷能力的衡量标准，判断被测管是否存在缺陷。

8.6　耐压试验工序

8.6.1　耐压试验的顺序

耐压试验的顺序应符合标准 GB/T 151《热交换器》的规定如下。

① 固定管板式热交换器耐压试验顺序：

a. 壳程试压，同时检查管头；

b. 管程试压。

② U 形管式热交换器、釜式重沸器（U 形管束）及填料函式热交换器耐压试验顺序：

a. 用试验压环进行壳程试验，同时检查管头；

b. 管程试压。

③ 浮头式热交换器、釜式重沸器（浮头式管束）耐压试验顺序：

a. 用试验压环和浮头专用试压工具进行管头试压，对釜式重沸器尚应配备管头试压专用壳体；

b. 管程试压；

c. 壳程试压。

④ 按压差设计的热交换器耐压试验顺序：

a. 管头试压（按图样规定的最大试验压力差值）；

b. 管程和壳程步进试压（按图样规定的试验压力和步进程序）；

c. 要有相应控制压差的措施，保证整个试压期间（包括升压和降压）不超过压差。

⑤ 当管程试验压力高于壳程试验压力时，管头试压应按图样规定，或按供需双方商定的方法进行。

⑥ 重叠换热器，允许单台进行管接头试压；当各台换热管、壳间分别连通时，管程及壳程试压应在重叠组装后进行。

⑦ 换热器耐压试验后，内部积水应排净、吹干。

8.6.2　耐压试验的基本要求

耐压试验的方法及要求应符合 GB 150.4《压力容器　第 4 部分：制造、检验和验收》的规定。其要求如下。

① 液压试验时，圆筒的薄膜应力不得超过试验温度下材料屈服点的 90%；在气压试验时，此应力不得超过试验温度下材料屈服点的 80%。

② 制造完工的换热器应按 GB 150《压力容器》的规定进行压力试验。

③ 换热器需经水压试验合格后方可进行气密性试验。

④ 压力试验必须用两个量程相同的并经过校正的压力表。压力表的量程在试验压力的 2 倍左右为宜，且不应低于 1.5 倍和高于 4 倍的试验压力。

⑤ 换热器的开孔补强圈应在压力试验以前通入 0.4～0.5MPa 的压缩空气检查焊缝质量。

⑥ 水压试验和气密性试验的试验介质、试验温度、试验方法要严格按照容器压力试验的有关规定进行。

⑦ 换热压力容器液压试验程序应按 GB/T 151《热交换器》规定进行。

⑧ 水压试验和气密性试验在确认无泄漏后，应保压 30min。

8.6.3　浮头式换热器水压试验

浮头式换热器结构复杂，它的总装程序与水压试验步骤密切配合。浮头换热器的水压试验一共要进行三次。

第一次是壳程试压。用试压环和浮头专用试压工具进行壳程试压时，先组装管束与壳体，在固定管板端要装一个试压环，用双头螺柱和螺母将这个试压环与壳体的法兰连接，将管板夹住，安装试压法兰前，密封面和螺纹表面都要涂防锈油。接管都用垫片和盲板封上，丝孔接头里都要拧入丝堵并压好垫片。浮头端要用特制的浮头专用试压工具与壳体法兰连接，两端管口全部露在外面以便观察。在试压时，壳体倾斜放置，但中心线倾斜度不超过 5°。管间充满水，与试压泵连接。按图纸规定压力试压。试完后降压，修补发现的缺陷（在组装地点就地修补）后再重新进行试压检查。

第二次是管程试压。壳体与管束、管箱、浮头都装好后运到试压地点。试压时，轴向倾斜度不超过 5°，用盲板封堵接管，装上通水的螺纹接头，管内充满水，连接试压泵，按需要的压力试压，试压时不得有泄漏和渗漏。

第三次是壳程试压。在外头盖装上后进行壳程试压。设备水压试验后，用压缩空气吹干。

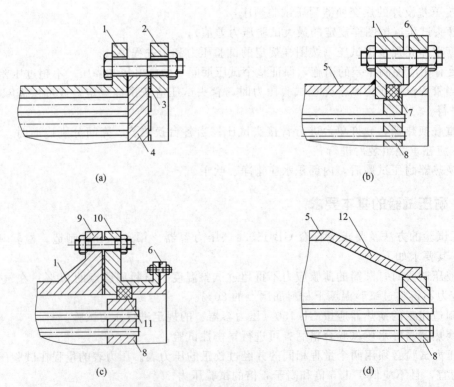

(a)　　　　　　　　　　　　(b)

(c)　　　　　　　　　　　　(d)

图 8-23　浮头式换热器水压试验时的密封结构

1—筒体法兰；2—试验压环；3—垫片；4—固定管板；5—筒体；6—试压压盖；7—填料；8—浮动管板；
9—石棉橡胶垫；10—连接法兰；11—填料（盘根）；12—锥体

第一次试压时，为了能观察固定管板上管口连接处有无泄漏，不能装上端盖，只能用试验压环 2 [图 8-23(a)] 将管板压在筒体法兰 1 上。浮动管板可采用不同的结构进行密封。图 8-23(b) 为填料函结构，适用于低压换热器。图 8-23(c) 为连接法兰结构，适用于高压换热器，壳体法兰 1 与试验压盖 6 间以及中间的连接法兰 10 以螺栓连接。图 8-23(d) 为锥体焊接结构，适用于高压换热器。

8.7　换热器的泄漏试验

泄漏试验应符合 GB 150.4《压力容器　第 4 部分：制造、检验和验收》中 11.5 的规定。

① 具有以下情况之一者，换热管与管板连接接头应进行泄漏试验：

a. 管程或壳程（或管、壳程）介质为极度和高度危害介质；

b. 投用后无法维护修理管头的管壳式热交换器；

c. 有真空度要求时；

d. 管程设计压力大于壳程设计压力。

② 重叠热交换器的管头耐压试验和泄漏试验允许单台进行。当各台热交换器管壳程间分别连通时，管程及壳程试压还应在重叠组装后进行。

③ 对热交换器中无法更换的有缺陷换热管，允许堵管；堵管根数不宜超过 1% 且总数不超过 2 根。堵管应遵守下列规定：

a. 换热管堵管方法应得到采购方的认可；

b. 保证管束堵管后不影响设备的安全性；

c. 出厂资料应标记出堵管位置，并提供给采购方。

热交换器耐压试验合格后，内部积水应排净、吹干。

④ 泄漏试验可以采用气密性试验、氨泄漏试验、卤素检漏试验、氦检漏试验，或按设计文件规定的其他方法和要求进行。

 习题

一、单项选择题

1. 下列关于 U 形管弯制时的要求正确的是____。

   A. 当弯曲半径大于或等于 2.5 倍换热管名义外径时，圆度偏差应不大于换热管名义外径的 10%

   B. U 形管宜热弯

   C. 加工时冷弯 U 形管的弯管段及至少包括 150mm 的直管段不必进行热处理

   D. U 形管组装后进行水压试验，试验压力按设计文件规定

2. 当折流板直径不超过 1400mm 时，管束____；当折流板直径大于 1600mm 时，管束____。

   A. 筒体外卧式组装、筒体内组装　　　　　B. 筒体外立式组装、筒体内组装

   C. 筒体内组装、筒体外卧式组装　　　　　D. 筒体内组装、筒体外立式组装

3. 当固定式管壳换热器整体加热时，壳体的____比管束大，管束受到较大的____，壳体受到较大的____，此时容易导致管板或内件焊缝出现新的裂纹。

　　A. 伸长量、拉应力、压应力　　　　　　　B. 伸长量、压应力、拉应力

　　C. 收缩量、拉应力、压应力　　　　　　　D. 收缩量、压应力、拉应力

4. U 形管式热交换器耐压试验先后顺序正确的是____。

　　A. 管程试压，同时检查管头、壳程试压

　　B. 用试验压环进行壳程试验，同时检查管头、管程试压

　　C. 管头试压、管程试压、壳程试压

　　D. 管头试压、管程和壳程步进试压

5. 浮头换热器第一次____试压时，浮动管板可采用不同的结构进行密封。其中填料函结构，适用于____换热器。连接法兰结构，适用于____换热器。锥体焊接结构，适用于____换热器。

　　A. 壳程、低压、高压、高压　　　　　　　B. 管程、低压、高压、高压

　　C. 壳程、高压、低压、高温　　　　　　　D. 管程、高压、低压、高温

二、填空题

1. 根据结构特点，管壳式换热器可分为____、____、____、____、____等。

2. 管壳式换热器的主要组合部件有____、____和____三部分。

3. 由于管板（固定管板）工作时承受____和____，受力情况比较复杂，还需要保证____，因此对管板及其上的管孔有明确的技术要求。

4. 最常用的切管方法有：____；____；____等。

5. U 形管管束____的换热管，若水压试验出现泄漏时，允许堵管；堵管根数不许超过____，且总数不许超过____。

6. 管壳式换热器中管子和管板的连接要求是____、____。

7. 对于胀接接头，管端应呈金属光泽，直管穿管端清理应不小于____；U 形换热管管端清理长度应不小于____。

8. 压力容器在用检验分为____和____，外部检验的周期为____年，内外部全面检验的周期最长为____年。

9. ____是在换热器停产全面检验中首选的无损检测方法。

10. 管壳式换热器的泄漏试验可以采用____、____、____、____，或按设计文件规定的其他方法和要求进行。

三、问答题

1. 管壳式换热器的管束是一个独立的部件。当换热管的长度不够时需要拼接，此时对于拼接有何具体的要求？

2. 考虑管束组装和经常抽装，对管壳式换热器的壳体圆筒制造有更加严格的技术要求。试说明壳体圆筒制造时对内直径允许偏差、圆度允许偏差、直线度允许偏差的要求。

3. 在胀接时，欠胀和过胀各有什么缺点？

4. 在换热管与管板连接时，鉴于胀接和焊接各有其优缺点，所以目前多用的是胀焊并用。至于先胀后焊还是先焊后胀，当前还有所争议。请说明先胀后焊与先焊后胀各自的优缺点。

5. 管箱与壳体（管板）密封面连接时，紧固螺栓时需要注意什么？

6. 试说明分次热处理与整体热处理的优缺点。

7. 试说明如何对在用换热器的壳体焊缝进行检测。

第 9 章
往复式压缩机活塞加工

往复式压缩机活塞的种类包括筒形活塞、盘形（鼓形）活塞、柱式活塞、级差式活塞、组合式活塞等。活塞的结构和材质根据压缩机的形式、结构方案、承受压力的大小以及压缩机气体种类的不同而有所差异。常见的活塞为筒形活塞和盘形活塞，前者主要用于单作用压缩机，后者主要用于双作用压缩机。

活塞在工作过程中承受交变载荷作用，包括周期变化的气体力和往复惯性力，同时承受由于温度分布不均匀产生的热应力。对于无十字头的压缩机，活塞还承受一定的侧向力和摩擦力。活塞在工作过程中润滑条件较差，而与活塞环以及与气缸之间有相对运动，故磨损也大。

9.1 活塞加工的技术要求

活塞的加工制造质量直接影响气缸寿命和压缩机性能（如排气量、排气温度、功率消耗等），因此对活塞主要提出下列加工要求。

（1）表面粗糙度

① 活塞外圆的表面粗糙度：筒形活塞裙部外圆不大于 $Ra\,0.8\mu m$。盘形活塞直径 $\leqslant 300mm$ 时，不大于 $Ra\,1.6\mu m$；直径 $> 300mm$ 时，不大于 $Ra\,3.2\mu m$。柱式活塞不大于 $Ra\,0.2\mu m$。轴承合金支承表面不大于 $Ra\,0.8\mu m$。

② 活塞销孔的表面粗糙度为 $Ra\,1.6\sim0.1\mu m$。

③ 活塞环槽侧面的表面粗糙度不大于 $Ra\,1.6\mu m$。

（2）形状与位置精度

① 无十字头形用的筒形活塞的外圆圆柱度不低于 7 级精度，十字头形用的活塞外圆圆柱度则不低于 8 级精度。

② 筒形活塞销孔中心线与活塞外圆轴心线的垂直度不低于 6 级精度。

③ 筒形活塞销孔轴心线到顶面的距离要求尺寸公差等级为 IT9。

④ 盘形活塞内孔的支承端面对内孔轴心线的垂直度不低于 6 级精度。

⑤ 盘形活塞环槽端面对活塞内孔轴心线垂直度不低于 5 级精度。

⑥ 盘形活塞外圆轴心线对活塞内孔轴心线的同轴度大于 7 级精度。

（3）尺寸精度

筒形活塞裙部外圆尺寸按 h7 精度加工。盘形活塞外圆尺寸对直径 $\leqslant 500mm$ 按 7 级精度加工，对 $> 500mm$ 按 6 级精度加工。

（4）其他要求

① 不允许活塞有任何砂眼、气孔等缺陷，应采用 1.5 倍工作压力做水压试验，历时 5min 不应有渗漏或残余变形。

② 活塞外圆表面及活塞环槽侧面不允许缩松、擦伤、锐边、凹痕、毛刺。

③ 活塞壁厚均匀，成品重量误差必须在一定范围内。

④ 焊接活塞加工完毕后，焊缝应进行 X 射线或超声波探伤检查。

9.2　活塞的材料与毛坯制造

活塞材料应具有强度高、耐磨性好、致密性好、导热性好、密度小等特性。活塞的常用材料为灰铸铁，一般采用砂型铸造。少数高速轻负荷的压缩机或某些特殊气体的压缩机采用铸造铝合金，批量较大时，毛坯可采用硬模铸造。中、大型压缩机也有用铸钢、低碳钢板焊接的活塞。

对于铸铁活塞，为了消除铸造时产生的残余应力，应在机械加工前进行退火处理。为了进一步消除残余应力，粗加工后可安排一次人工时效处理。如果铸件质量比较稳定，也可只考虑一次热处理工序。对于焊接活塞，焊接后需进行低温退火处理，以消除内应力。

具体地，筒形活塞毛坯用砂型铸造或用金属硬模铸造，也有活塞外形用硬模而活塞内腔由内置的干燥型芯来铸造。金属硬模铸造的生产率高，精度高（铝活塞铸造精度可达 13～15 级），活塞销孔也可铸出，机械加工量小，多用于铝合金活塞。浇铸时活塞顶部朝下，以保证顶部材料有较高的致密性。铸造方法有常压或低压铸造两种。后者压力约为 0.6MPa，低压铸造使活塞的致密性大大提高，同时又减少了冒口。目前用的液态模锻新工艺，将液态金属浇入金属硬模型腔内，然后在压力作用下使液态金属结晶凝固成形并产生塑性变形，使毛坯组织致密、表面粗糙度和材料利用率进一步改善，同时避免了气孔、缩孔等铸造缺陷。

9.3　筒形活塞的加工

9.3.1　加工过程的制订

筒形活塞呈圆筒形，通过活塞销与连杆连接，特点是壁薄、刚度差，主要表面的加工精度要求高。活塞的主要加工要求包括裙部外圆的尺寸精度、活塞销孔的尺寸精度、销孔中心线与外圆的垂直度以及销孔至顶面的距离、活塞环槽两侧面与活塞外圆柱面垂直度等。在制订加工过程时，需考虑下述问题。

（1）考虑能否采用分组装配

对于批量大、加工质量较为稳定的活塞，可进行分组装配。如对活塞和气缸、活塞销和活塞销孔、活塞环和活塞环槽采用分组配合，既可保证装配精度，又可降低加工精度要求。

（2）加工方法的选择

活塞属于回转类零件，环槽和止口的加工路线以粗、精车为主。对于外圆的加工，中小批量生产时采用粗、精车加工即可，大批量生产时需增加磨削工序以保证质量。活塞销孔通常采用粗镗、精镗再加冷压光加工，小型活塞销孔则采用钻、扩、镗加工。

（3）定位基准的选择

① 精基准的选择　考虑到销孔中心线应与裙部外圆轴心线垂直且相交，以及环槽上、下两面与裙部外圆轴心线垂直，应以外圆作精基准，可达到基面重合原则，避免定位误差。但这样，在加工外圆时需另外找基准，即意味着加工时基面要转换，增加了夹具品种的要

求，且这种以外圆为基准的夹紧容易使活塞变形，故很少采用，通常采用"统一基准"的定位原则。采用内止口及端面作为辅助基准，其优点包括：

a. 可在一次安装中同时加工外圆、顶面和环槽，既可保证这些表面间的相互位置精度，又可提高生产率。

b. 活塞属于薄壁零件，尤其是裙部在径向容易变形，而利用止口和端面（或锥面与中心孔）定位，可沿活塞轴向夹紧，从而能保证有足够的夹紧力，而不致产生很大的变形，便于进行多刀切削。

c. 止口定位适用于多品种生产和配件生产。因为改换产品时，更换夹具元件较为方便；对于配件生产，当磨损发生后，活塞外圆不同，但止口尺寸不变，故夹具可直接沿用，也便于修理。

采用这种方法也有不足之处：

a. 要增加加工辅助基准工序，且精度要求高，有时需二次加工（修整加工）。

b. 工艺基准与设计基准不重合，从而产生了定位误差。

c. 当采用中心孔定位时，最后尚需增加一道切顶面的工序，以便车去中心孔。

这些都需增加设备与工时，但从保证加工质量来看，利用统一基准的优点超过缺点，故目前这种方式得到广泛应用。

② 粗基准的选择　为了保证不加工的内表面和加工的工作表面（后者是以辅助基准定位加工出来的）能够同心，以达到壁厚均匀，活塞的辅助基准（精基准）应以活塞的不加工内腔作为粗基准来加工，即加工止口时应以内壁为粗基准，加工端面时应以顶部内壁端面为粗基准。根据粗基准只利用一次的原则，应迅速过渡到基于精基准的加工，因此精基准应尽量提前到第一道工序中去加工。这种利用内表面定位的夹具见图 9-1，夹具的前端有支承头，用以确定工件的轴向位置，在夹具的前后两个圆周上，有两排柱塞，前排四个，对称分布（避开销孔的内搭子），后排三个均匀分布。当芯轴与套筒（用螺纹固定在一起）向前移动时，靠芯轴上的斜面使前排的柱塞向外推，撑紧在活塞的内表面上，同时套筒通过预紧弹簧使套筒的斜面向右移动，把后面一排柱塞撑紧在活塞裙部的内表面上。两排柱塞和支承点使活塞五点定位，并利用柱塞顶部与活塞内表面间的摩擦力带动工件旋转。这种定位方式除加工止口外还可同时加工外圆、顶面和环槽，不仅可提高精度也可提高生产率，并可较早发

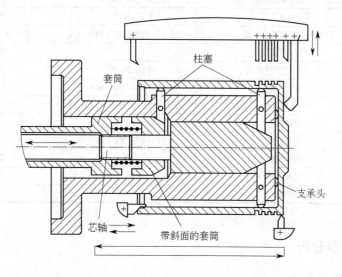

柱塞

套筒

芯轴

带斜面的套筒

支承头

图 9-1　用内表面定位加工的示意图

现毛坯中是否有气孔、黑皮等缺陷。

由于工件内壁定位使夹具的夹持、调整较困难，夹具结构又复杂，所以在使用中受到一定限制。当批量不大时，可采用内壁找正定位或划线校正定位。大批量生产时，这种找正或校正法很费工时，可考虑采用外圆和外顶面定位的方法来加工止口，如图 9-2 所示。由于工件是毛坯表面，用一般的三爪卡盘夹持不够牢固，故将三爪做成长三爪，以免工件在切削力作用下产生倾斜，用该方法装夹工件对夹具要求较简单，但会造成成品壁厚不均匀问题。当活塞是金属模浇铸（铸铝活塞）时，由于毛坯精度较高，即毛坯内外圆表面的同轴度误差较小，采用外圆定位车止口方法，基本上可保证壁厚差小于 0.4～0.9mm。

③ 考虑工序的次序以及工序的集中分散程度

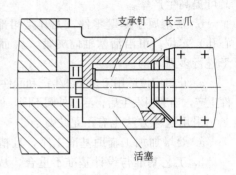

图 9-2　粗车止口的加工示意图

考虑到活塞壁薄、刚度差、内腔形状复杂、精度要求高，以及若为铝活塞切削加工热变形大等，将整个工艺过程划分为粗、精加工两个阶段。在每一加工阶段内的工序集中，例如将外圆面、顶面和环槽面集中在同一工序内，因为这些表面适用高速切削。此外，这些表面相互位置精度要求较高，若工序集中，安装次数少，容易保证这些加工面的相互位置精度要求，并减少辅助时间。

9.3.2 机械加工工艺过程

表 9-1 所示为大批量、采用流水线生产的筒形活塞机械加工工艺过程。工件的加工精度靠机床和夹具保证，材料为铝合金，毛坯用金属硬模浇铸。整个加工阶段分成粗加工阶段和精加工阶段，在精加工之前设有修整辅助基准的工序。

表 9-1　筒形活塞机械加工工艺过程

工序号	工序内容	定位基准	加工设备
1	粗车止口（内环面、端面、倒角）	活塞外圆、顶面	C618 车床
2	粗镗销孔	止口、销孔	普通车床
3	粗车外圆、顶面、环槽	止口（端面、内环面）	C720 型多刀半自动车床
4	钻油孔		Z12 型台钻
5	精车止口、打中心孔	外圆、顶面	普通车床
6	精切环槽	止口（端面、内环面）	C620 型车床
7	精车外圆	中心孔、止口处倒角（锥孔）	C111D 型车床
8	精镗销孔	止口、销孔	专用镗床
9	切削环槽	止口（端面、内环面）	普通车床
10	精磨外圆	同工序 7	椭圆磨床
11	精车顶面及倒角	止口	普通车床
12	检验		

9.3.3 主要工序分析

（1）活塞外圆的加工

活塞外圆加工精度要求较高，粗糙度为 $Ra0.8～0.4\mu m$，一般为粗车、精车、磨。小批生产时，可以以车代磨，特别是铝活塞，由于磨削时磨屑易堵塞砂轮，往往以高速精车代磨。图 9-3 所示为车活塞外圆及顶面的夹具，夹具装在车床主轴上。活塞裙部的端面 A 和内环面 B 属于定位基准，工件在夹具的凸肩上定位，并用横销拉紧。在图示的夹具中，在一次安装下车削外圆、顶面和环槽，既可提高生产率，又能保证这些表面的相互位置精度。

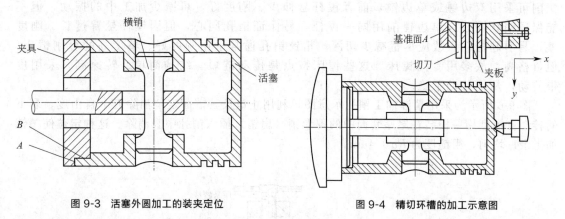

图 9-3　活塞外圆加工的装夹定位　　　　图 9-4　精切环槽的加工示意图

（2）环槽的加工

对活塞环槽底部直径尺寸精度要求不高，但对环槽宽度尺寸精度、两侧面的粗糙度以及它对活塞外圆轴心线的垂直度要求较高。图 9-4 所示为精切环槽加工示意图，图 9-5 所示为切槽刀形状。环槽的宽度取决于切槽刀宽度，切槽刀宽度公差控制在 0.005mm 之内，为了保证槽间距离，切槽刀和夹板两侧面均要在平面磨床上磨到 $Ra0.4\mu m$。两侧面互相平行，夹板的厚度偏差限制在 0.01mm 之内。为了保证槽的侧面与裙部轴心线垂直，刀架溜板的运动方向应与活塞裙部的轴心线垂直，前后移动时误差应在 0.01mm 以内。由于切槽刀在 x 方向刚度较差，故进行二次粗切和两次精切，以减小切深，每次精切量只有 0.20mm，以保证尺寸精度与相对位置精度。为了降低环槽侧面粗糙度，需使刀刃粗糙度在 $Ra0.2\mu m$ 以下，同时在刀刃部分磨出一条宽为 0.2～0.4mm 的棱边，后角为 0°，它除了有切削作用外，也有压光作用，使粗糙度变小。

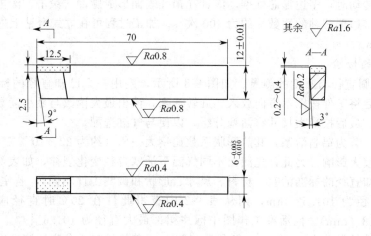

图 9-5　切槽刀形状示意图

（3）销孔的加工

销孔是许多工序加工时施加夹紧力的部位，故在粗车外圆、顶面和环槽等工序之前就安排加工，以便夹紧力能较均匀地分布而不至于压坏销孔。活塞销孔精加工是加工过程中关键工序之一，一般采用高速细镗（金刚镗）或冷压光加工作为终加工。销孔镗削可采用双边镗或单边镗，前者镗杆悬伸少、刚度好，可减少加工中的振动，但不能保证销孔同心。单边镗削用同一镗杆，易保证销孔同心，但因镗杆悬臂过长、刚度差，易引起振动，故应尽量减少切深。精镗销孔通常采用刚度好、精度高的金刚镗床，但价格高，故多用专用镗床。这些镗床特点是传动链短、结构简单、转速高，采用皮带传动，从而传动平稳。

图 9-6 所示为采用精镗加工销孔示意图，利用止口及其端面定位消除五个自由度，剩下的转动自由度用一根装在尾座套筒中的菱形销（扁销）插入销孔中来消除。这种定位使精镗加工余量均匀，粗糙度为 $Ra0.4\mu m$。

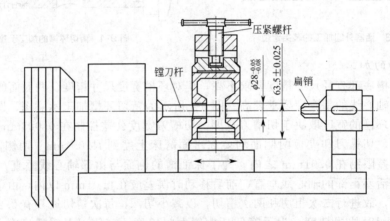

图 9-6　精镗销孔的加工示意图

为进一步降低销孔的粗糙度与提高圆柱度精度，可采用滚击加工，使销孔的圆柱度控制在 $3\mu m$ 之内，粗糙度达 $Ra0.1\mu m$。如图 9-7 所示，滚击器的芯轴与滚针相配合的表面为多边形，当芯轴转动时，多边形芯轴推动滚针在销孔表面形成脉冲式滚击，滚击频率取决于滚击器的转速和多边形芯轴的边数，约为 100 次/s。加工过程可在立式台钻上进行，整个工作循环约 25~35s。

（4）活塞的检验

① 裙部外圆直径与圆度的测量。如图 9-8 所示，先用一个已知直径的标准件对好千分表的零位，然后将工件按图示方向放入，旋转活塞，读出最大读数与最小读数，两者之差为裙部圆度误差，最后按最大尺寸将活塞分组，以便与气缸选配。

必须指出，若为铝制活塞，其热膨胀系数比钢大一倍（约为 22×10^{-6}℃），故气温变化对测量结果有较大影响。为此，先测出不同气温下活塞直径变化规律，如表 9-2 所示。然后再选取一个已知直径的标准活塞（材料、尺寸、形状和被测工件相同），若室温为 31℃ 时测得该标准件直径为 101.527mm，则从表 9-2 中查得此件在 20℃ 时直径应为 101.527−0.009＝101.518（mm）。而活塞工作图中标注裙部最大直径为 $101.6^{-0.065}_{-0.110}$，可见其极限尺寸分别比标准件的尺寸小 0.028mm 和大 0.017mm，若检验时千分表按该标准件尺寸调整到零，则−0.028mm、＋0.017mm 即为实际测量工件时允许的公差范围。

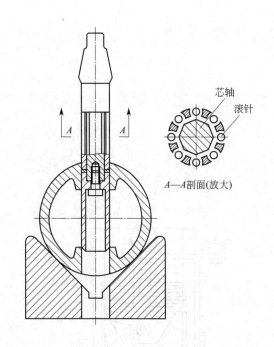

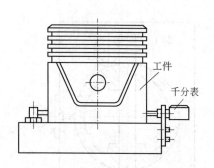

图 9-7　销孔滚击器加工示意图　　　　　图 9-8　裙部直径和圆度的测量

表 9-2　气温变化对活塞裙部直径的影响

气温/℃	>5~8	>8~10	>10~13	>13~15	>15~17	>17~19	>19~21
直径变化/mm	−0.012	−0.009	−0.007	−0.005	−0.003	−0.001	0
气温/℃	>21~24	>24~26	>26~28	>28~30	>30~32	>32~34	>34~36
直径变化/mm	+0.001	+0.003	+0.005	+0.007	+0.009	+0.0011	+0.0013

② 销孔轴心线对裙部轴心线垂直度的测量。如图 9-9 所示，测量时将活塞套在芯轴上，并使之与 V 形块靠紧。这时，活塞外圆柱母线相对于活塞销孔轴心线的垂直度即可由千分表读出。或绕活塞轴心线转 180°后，套入芯轴再读表一次，取其差值为准。

③ 销孔轴心线与裙部轴心线位置度的测量。如图 9-10 所示，在销孔中插入适当尺寸的检验芯轴，活塞端面向下，放在夹具平板上，并使检验芯轴与两根圆柱接触，推动活塞连同芯轴紧靠着圆柱，得到千分表的一个最大读数，然后将活塞连同芯轴在水平面内转过 180°，用同样方法记下另一边的最大读数，则位置度误差等于两读数之差的绝对值 $|l_1 - l_2|$。

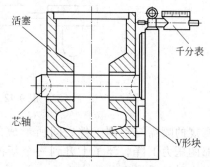

④ 销孔轴心线至顶面距离的测量。如图 9-11 所示，可从指示表上读出销孔轴心线到活塞顶面距离的大小，移动活塞可进行整个轴心线到顶面距离的测量。

⑤ 销孔尺寸的检验。如图 9-12 所示，当压缩空气 　　　图 9-9　销孔轴心线对裙部轴心线垂直度测量
经过过滤器过滤后，由稳压器稳压，再进入上大下小的
锥形管内，管内有一个可上下自由浮动的浮标，在气流的动力作用下浮标能悬浮在某稳定的高度位置上。压缩空气从锥形管顶部排出，经过软管进入测量工具（标准的塞规）中，并从

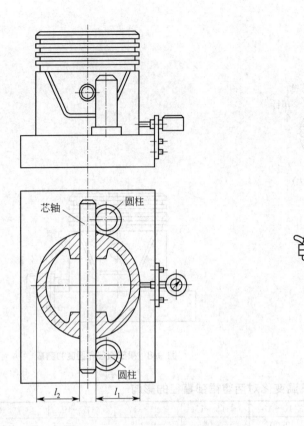

图 9-10　销孔轴心线与裙部轴心线位置度的测量

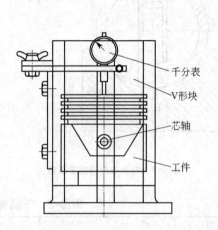

图 9-11　测量活塞销孔轴心线至顶面距离的夹具

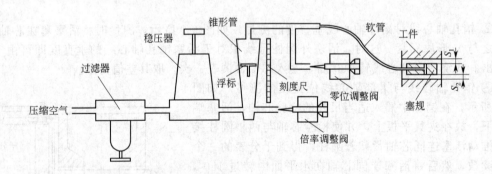

图 9-12　气动量仪检验销孔直径的原理图

塞规的喷嘴与被测工件之间所形成的间隙 a 排出。当 a 增大时，气体流量增加，浮子上部的压力下降，浮子上升到一个新位置，使新的减小了的气流力与上部压力平衡；而当 a 减小时，浮子上部压力上升，浮子下降。这样，由锥形管中的刻度尺读出浮标的位置，即可确定孔径的大小。若将塞规沿着孔的轴线移动，并绕着轴线转动，即可测出圆柱度误差。

9.4　盘形活塞的加工

　　盘形（鼓形）活塞呈扁平盘状（或鼓状），通过与活塞杆连接传递作用力。图 9-13 所示为活塞式压缩机盘形活塞零件简图。盘形活塞的中心孔是活塞的装配基面，与活塞杆装配在一起，活塞外圆表面上开有 2～6 道活塞环槽。为了减小活塞的质量，降低往复运动的惯性力，活塞做成中空结构。为了增加两端面的强度和刚度，根据活塞直径的大小，在活塞腹腔内设 3～8 个筋板支承两端面。同时，为避免铸造应力和缩孔，以及防止在工作过程中因受热而造成不规则变形，铸铁活塞的筋板最好不与毂部和外壁相连。为了支承型芯及清除型砂，在活塞的端面开有四个清砂孔，待型砂清除干净

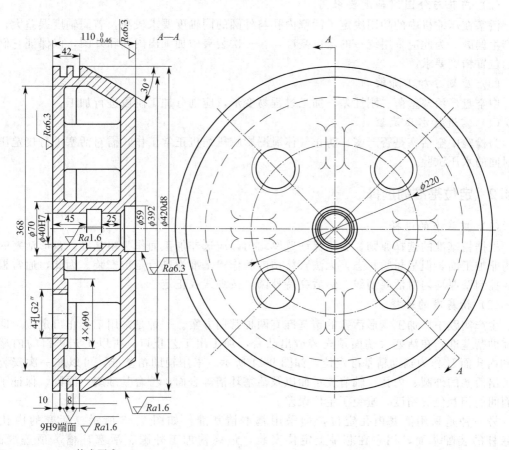

技术要求：

1. 铸件应进行时效处理。

2. ϕ420d8 的圆度公差为 0.04mm。

3. ϕ420d8 中心线对 ϕ40H7 中心线的同轴度公差为 ϕ0.02mm。

4. ϕ59 活塞支承面对 ϕ40H7 中心线的垂直度公差为 0.02mm。

5. 活塞环槽侧表面应相互平行，对 ϕ40H7 中心线的垂直度公差为 0.04mm。

6. 活塞应以 1.2MPa 的压力进行水压试验，历时 5min，不允许有渗漏现象。

图 9-13　压缩机盘形活塞零件简图

经水压试验合格后，用丝堵加环氧树脂牢靠封死，或用丝堵封塞，再加骑缝螺钉防松，最后加工平整。

对直径较大的卧式或水平列式压缩机的盘形活塞，其下半部接触面承受活塞组件的重力。为减少气缸与活塞的摩擦和磨损，可在下半部圆周的承压面用轴承合金做出托瓦，并按气缸尺寸加工，承压面的边缘开有坡度，中间开有油槽，以利于润滑。

9.4.1 活塞加工的工艺特点

盘形活塞是典型的盘类零件，其加工工艺特点如下。

（1）基本加工方法是车削

盘形活塞是回转体零件，对回转体零件的内孔、外圆、端面及活塞环槽都能用车削方法加工。

（2）内孔与外圆同轴度要求高

活塞在压缩机中的功用决定了活塞内孔与外圆的同轴度要求较高，若同轴度误差大，则易产生偏磨。为此应采用统一的定位基准，在一次装夹中加工出内孔和外圆，以保证它们之间的位置精度要求。

（3）应划分加工阶段

中空盘形活塞壁薄、刚性差，加工过程易变形，应划分加工阶段进行加工。

（4）需进行水压试验

为检验中空活塞是否严密，防止气体泄漏影响压缩机正常工作，需对活塞进行规定压力和时间的水压试验。

9.4.2 定位基准的选择

（1）粗基准的选择

根据粗基准的选择原则，为了保证壁厚均匀，应选非加工面作为粗基准。盘形活塞的内腔为非加工面，但呈封闭状态，无法直接用内腔作粗基准面进行定位安装。因此，通常根据内腔控制壁厚均匀对活塞划线，然后夹持外圆，按划线找正定位。

（2）精基准的选择

生产实践中，加工盘形活塞的精基准有两种常用方案。一种是采用工艺止口定位，即采用辅助精基准。在活塞大端面预先铸造出凸台，加工出工艺止口，再以工艺止口的内端面 A 和内孔面 B 作为辅助精基准定位，如图 9-14 所示。采用辅助精基准，可以在一次安装中加工出活塞的外圆、内孔、轴肩支承面以及活塞环槽等表面，符合基准统一原则，保证了各表面间的相互位置精度，避免了定位误差。

另一种是采用活塞内孔定位，即采用基本精基准，如图 9-15 所示。活塞的内孔是活塞杆的装配基面，用它在芯轴上定位安装，最终精加工外圆、活塞环槽、顶盖端面，从而保证了这些加工表面对内孔中心线的位置精度，符合基面重合原则，使定位误差为零，并减小了装配误差。为了保证活塞内孔的精度，活塞内孔与外圆柱面可互为基准进行加工。

9.4.3 加工工艺过程分析

（1）基准的准备

按控制壁厚均匀的要求对活塞划线，作为粗基准。以粗基准找正安装，先加工出作精基准的表面。如采用辅助精基准方案，应先加工出工艺止口；如采用基本精基准方案，则先加工出过渡精基准即活塞的外圆表面。

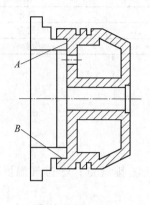

图 9-14　工艺止口定位

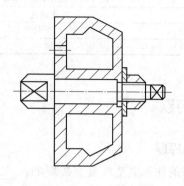

图 9-15　活塞内孔定位

（2）粗、精加工阶段分开

将加工阶段划分成粗加工和精加工阶段，并且大部分加工余量在粗加工阶段切除，在粗、精加工之间安排其他工序，可减小或消除粗加工后内应力对加工精度的影响。

（3）使工序集中

在一个工序，甚至一次安装中，加工出尽可能多的表面，如采用辅助精基准工艺止口，有利于保证活塞加工精度，缩短加工时间。

（4）热处理工序的安排

铸铁活塞应在机械加工前进行退火处理，消除铸造内应力，粗加工后再进行一次人工时效处理，消除加工内应力。如果铸件质量比较稳定，也可只进行一次热处理工序。焊接活塞在焊后应进行低温退火处理。

（5）水压试验工序的安排

水压试验工序可安排在粗加工之后精加工之前，也可安排在全部机械加工完毕之后。前者的优势是可早期发现缺陷，及时淘汰废品，并可起到将粗、精加工分开的作用，减小粗加工中产生的内应力对工件加工精度的不利影响。后者可避免工件在车间内外往返搬运，使机械加工工序集中进行，对质量比较稳定的铸件也是可行的。

表 9-3 是批量不大时，采取工艺止口作为辅助精基准加工铸铁盘形活塞的机械加工工艺过程。

表 9-3　铸铁盘形活塞的机械加工工艺过程

工序号	工序内容	定位基准	设备
1	划线		钳台
2	车工艺止口	按划线找正外圆面	车床
3	粗车外圆面、外锥面、内孔及端面	工艺止口	车床
4	钻丝堵孔、攻螺纹、配丝堵	—	钻床、钳台
5	水压试验	—	水压试验泵
6	人工时效	—	热处理设备
7	精车外圆、外锥面、内孔、轴肩支承面、活塞环槽、端面	工艺止口	车床

续表

工序号	工序内容	定位基准	设备
8	精车顶盖端面,车平丝堵	外圆	车床
9	钻齐缝螺孔	—	钻床
10	攻螺纹,配螺钉	—	钳台
11	检验		检验台

习题

一、选择题

1. 活塞的加工制造质量直接影响：_____。①气缸寿命；②排气量；③排气温度；④功率消耗。

  A. 仅①　　　　　　B. 仅①②　　　　　C. 仅①②③　　　　　D. ①②③④

2. 针对盘形活塞的加工，为保证壁厚均匀，应选_____作为粗基准。

  A. 加工面　　　　　　　　　　B. 非加工面

  C. 加工面和非加工面均可　　　D. 活塞外腔表面

3. 为检验活塞是否严密，需对活塞进行水压试验，以下关于水压试验与粗加工和精加工工序安排的说法正确的是_____。

  A. 水压试验必须安排在粗加工之前

  B. 水压试验必须安排在粗加工之后精加工之前

  C. 水压试验必须安排在精加工之后

  D. 水压试验可安排在粗加工之后精加工之前，也可安排在全部机械加工完毕之后

二、填空题

1. 往复式压缩机常见的活塞种类包括_____和_____。

2. 往复式压缩机活塞材料应具有____、____、____、____、____等特性。

3. 对于铸铁活塞，为了消除铸造时产生的残余应力，应在机械加工前进行____。为进一步消除残余应力，对于焊接活塞，焊接后需进行____，以消除内应力。

4. 筒形活塞的特点是_____，而主要表面的加工精度要求_____。

5. 筒形活塞的加工过程中，对于批量大、加工质量较为稳定的活塞，可进行_____，既可保证装配精度，又可降低加工精度要求。

6. 为了减小盘形活塞的质量，降低往复运动的惯性力，活塞制造成_____。

7. 加工盘形活塞的精基准的两种常用方案是_____和_____。

三、问答题

1. 简述活塞的工作条件。

2. 简述盘形活塞的加工工艺特点。

第 10 章
机体加工

机体是机器的基础零件，主要作用是将机器和部件中的主轴、连杆、轴套等相关零件联成一个整体，并使之保持正确的相对位置，彼此能协调工作，以传递动力、改变速度，完成机器或部件的预定功能。机体零件的加工质量直接影响机器的性能、精度以及寿命。

10.1　机体概述

（1）机体功用

机体是机器的基础零件，具有较大的承托和容纳空腔，它将机器中的一些零部件组成一个整体，并使之保持正确的相对位置，完成预定的运动。以往复式压缩机机体为例，其机体零件是机器的骨架，主要起到的作用如下。

① 作为传动零件的定位和导向。如曲轴支承在机体主轴承孔中，十字头体以机体滑道孔导向。

② 作为压缩机的承受作用力部件。压缩机中的作用力，有内力和外力两类。内力是作用在活塞和气缸盖上的气体压力，内力经机体结构传递，在压缩机内部平衡。外力是运动部件的质量惯性力，外力同样通过机体，传递给压缩机安装基础。另外，机体还承受机器本身的重力。

③ 连接气缸和安装运动机构，并连接某些辅助部件如润滑系统、盘车系统和冷却系统等，以组成整台机器。

（2）结构特点

机体类零件的基本形状多为中空的壳体，并有轴承孔、销孔、凸台、筋板、弧板、底板及连接螺纹孔、观察孔、注放油孔等。图 10-1 所示为常见机体的结构简图，不同机器机体的外形虽然存在很大的差异，如有整体式、分离式等，但各种机体仍有很多共同的特点，如形状较复杂，存在内腔；箱壁较薄且不均匀；在机体壁上有各种形状的平面以及较多的轴承支撑孔和紧固孔，而这些平面和支撑孔的精度较高和粗糙度较低。因此，一般来说，机体零件不仅需要加工的部位较多，加工难度也较大，既有精度要求较高的孔系和平面，也有许多精度要求较低的紧固孔。机体制造材料一般多为灰铸铁，工艺路线大体上可以分为铸造、粗加工、精加工等流程。其中铸造决定了机体的主要外形，对后续零件加工成形影响很大。

往复式压缩机机体是整台机器的基准零件，各个零件、部件，按照严格的位置关系装配在机体上而组成一台完整的压缩机。设计不同，机体的形状也不同。一般地，机体由下列主要加工面组成：底面，它使整个机器安装在基础上或机架上；连接中体（或气缸）的安装孔系及其端面；容纳曲轴用的轴承孔系及其端面；有时还包括容纳十字头的滑道孔。

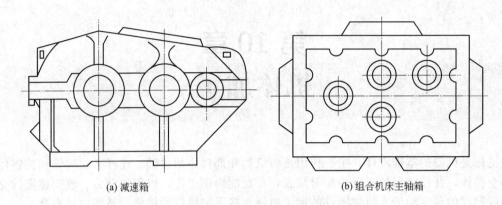

(a) 减速箱　　　　　　　　　　(b) 组合机床主轴箱

图 10-1　常见机体的结构简图

根据压缩机不同的结构形式，机体可分为卧式机体、对置机体、立式机体、角式机体。

① 立式压缩机采用立式机体，一般由三部分组成。在曲轴以下的部分称为机座。机座上有主轴承座孔，在机座以上，中体以下的部分称为机身，位于机身与气缸间的部分，称为中体。对于中、小型的立式机体，为了简化结构，常把机身与中体铸在一起。对于微型无十字头的立式压缩机，机座、机身、中体常铸成一体。

② 卧式压缩机采用卧式机体，由机身与中体组成，常铸成整体结构。

③ 对称平衡式与对置式压缩机采用对置机体。机体一般由机身和中体组成，中体配置在曲轴的两侧，用螺栓与机身连接在一起。机身可做成多列的，如两列、四列、六列等。机身为上端开口的匣式结构，具有较高的刚性。机身下部的容积可以贮存润滑油，存油量的多少，按照润滑系统设计的要求而定，比如要求机体容积能贮存全部润滑油。另外应该考虑传动机构不应触及最高油面。主轴承安置在与气缸中心线平行的板壁上，板壁上布置有筋条，机身顶部装有呼吸孔或呼吸器，使机身内部与大气相通，降低油温和机身内部压力，不使油从连接面处挤出来。

④ 角度式压缩机采用 L 型、V 型、W 型、扇型等机体。V 型、W 型与扇型压缩机，传动机构多为无十字头结构。L 型压缩机，传动机构多为有十字头结构。机体上垂直分叉的两个滑道顶端的法兰上安装气缸，机体底部有存放润滑油的贮油池，有的压缩机在机体底部还装有油冷却器，机体外部装有注油器等。机体加工不当，将使压缩机的运动部件过早磨损，或使连接处的间隙改变，引起振动，从而破坏压缩机的正常工作。

（3）技术要求

机体零件的主要技术要求包括下列几个方面。

① 支撑孔的尺寸精度、形状精度和表面粗糙度。机体上轴承支承孔的尺寸精度、形状精度及表面粗糙度如果不达标，会使轴承和机体上的支承孔配合不好，影响轴的回转精度和轴承寿命，机器工作时产生振动与噪声，引起表面磨损等。支承孔的尺寸公差等级一般为 IT6～IT7 级，粗糙度 Ra 值 1.6～0.8μm。几何形状精度要求高时，应不超过孔尺寸公差的 $1/2～1/3$。

② 支承孔之间的孔距尺寸精度及相互位置精度。机体上有齿轮啮合关系的相邻孔之间应有一定的孔距尺寸精度及平行度要求，否则会影响齿轮的啮合精度。机体上同轴线的孔应该有同轴度要求。如果同轴线孔的同轴度误差超差，不仅会给机体中轴的装配带来困难，且使轴的运转情况恶劣，轴承磨损加速，温度升高，影响机器的正常运转。

③ 主要平面的形状精度、相互位置精度和粗糙度要求。机体的主要平面大多是装配基面或加工时的定位基面，其加工质量直接影响机体与其他零部件总装时的相对位置和接触刚度，影响机体加工时的定位精度，因而对主要平面有较高的平面度和较低粗糙度要求。

④ 支承孔与主要平面的尺寸精度和相互位置精度。机体上各支承孔对装配基面有一定的尺寸精度与平行度要求，对端面有垂直度要求。

以往复式压缩机机体为例，国家机械行业标准 JB/T 9105《大型往复式压缩机技术条件》中对机体零件各部位的具体机械加工要求如表 10-1～表 10-3 所示。

表 10-1　压缩机机体主要部位的公差等级

部位名称	公差等级	部位名称	公差等级	部位名称	公差等级
轴承孔	K7	滑道孔	H7	相邻列间距	JS8
轴承座安装孔	H6	与中体定位孔	H7	撑挡座开挡距	G6

表 10-2　压缩机机体（中体）加工表面的表面粗糙度

加工表面	表面粗糙度值 $Ra/\mu m$	加工表面	表面粗糙度值 $Ra/\mu m$	加工表面	表面粗糙度值 $Ra/\mu m$
十字头滑道摩擦面	≤1.6	主轴承孔	≤1.6	定位止口	≤3.2

表 10-3　压缩机机体主要表面的形状和位置公差

部位及公差名称	公差等级	部位及公差名称	公差等级
轴承座孔或轴承孔对其公共轴线的同轴度	8 级	轴承孔的圆柱度	8 级
十字头滑道轴线对安装气缸的贴合面的垂直度	6 级	十字头滑道的圆柱度	8 级
安装气缸的贴合面对十字头滑道轴线的同轴度	8 级	中体定位孔圆柱度	8 级
安装中体的贴合面对轴承孔公共轴线的平行度	6 级		

10.2　材料与毛坯

一般机体零件都选择灰铸铁，其价格便宜，并具有较好的耐磨性、可铸性、可切削性和吸振性。有时为了缩短生产周期和降低成本，在单件生产或某些简易机器的机体，也可以采用钢材焊接结构。某些特定条件下，也可以采用非铸铁等其他材料，如采用铝镁合金、铝合金等，可在保证强度和刚度的基础上减轻重量。

灰铸铁用于往复式压缩机机体以及工作温度低于 300℃、压力在 2MPa 以下的汽轮机汽缸毛坯。其最大缺点是在高温下的蠕胀，温度超过 400℃，蠕胀现象就很显著。在铸铁中加入一定量的钙、铝、硅等元素能形成辅助结晶，减少蠕胀现象。球墨铸铁也用于制造汽缸，它的极限强度较高，且蠕胀小，约为灰铸铁的 $1/4\sim1/3$。

铸钢用于工作温度较高的汽缸毛坯。在 400℃ 以下用中碳铸钢 ZG25，当工作温度在 400～500℃ 时用锰钢 ZG22Mn，铬钼钢 ZG20CrMo 用于 500～520℃ 以下的汽缸。当温度更高时应加入钒和钛，ZG20CrMoV 钢用于 540℃ 以下的汽缸，ZG15Cr1Mo1V 钢用于 570℃ 以下的汽缸。

铸件毛坯的铸造工艺视生产批量而定。单件小批生产时，一般采用木模手工造型，毛坯精度低、加工余量较大；大批量生产时，采用金属模机器造型，毛坯精度高、加工余量可适当减小。单件小批生产中直径大于 50mm 的孔、成批生产中直径大于 30mm 的孔，一般都在毛坯上铸出预制孔，以减少加工余量。

为了减少毛坯铸造时产生的残余应力，铸造后应安排退火或时效处理，以减小零件的变形，并改善材料的切削性能。对于精度高或壁薄而且结构复杂的机体，在粗加工后应进行一次人工时效处理。毛坯铸造时，应防止砂眼和气孔的产生，毛坯加工前有时还需进行煤油渗漏试验检查致密性。

钢板焊接结构均用于低压汽缸。一般用 24～100mm 厚的低碳钢板，划线后用气割割下钢板，再校直、加工焊缝，接着按照图纸进行装配和点焊。全部焊缝施焊时注意避免过大的变形。发现缺陷后进行补焊，最后进行热处理，以消除焊缝及整个结构中的内应力。高压汽缸大都用铸钢件，但为使铸件简化，往往将进气管、接头等分别浇铸，然后焊接起来。

10.3   机体加工工艺的制订

10.3.1   机体加工工艺的拟订原则

对于机体零件而言，主要加工表面为尺寸较大的平面和相互位置精度要求较高的孔系。以 L 型压缩机机体为例，其主要加工表面有：整个机器安装在基础上的支承面（机体底平面）上，为了减少接触面积，降低加工成本，机体底平面一般做成不连续的环形平面；安装曲轴部件的主轴承孔及其端面；水平列和垂直列的滑道孔和安装汽缸的止口及其法兰端面。这些表面的加工质量决定了装配在机体上的各个零部件位置的正确性和装配的可靠性，以及机器运动的准确性。拟订机体加工工艺的原则如下。

（1）先面后孔

由于机体的加工和装配大多以平面为基准，先加工平面，不仅为加工精度较高的支承孔提供稳定可靠的精基准，而且还符合基准重合原则，有利于提高加工精度。另外，先以孔为粗基准加工平面，再以平面为精基准加工孔，这样可为孔的加工提供稳定可靠的定位基准，而且加工平面时切去了铸件的硬皮和凹凸不平的粗糙面，有利于后续加工，可减少钻孔时将钻头引偏和刀具崩刃等现象，对刀和调整也比较方便。

（2）粗精分开

机体零件结构复杂，壁的薄厚不均匀，主要平面和孔系的加工精度要求又高，因此应将主要表面的粗、精加工工序分阶段分设备进行，消除由粗加工造成的内应力、切削力、夹紧力等因素对加工精度造成的不利影响。在实际生产中，对于单件生产或精度要求不高的机体或受设备条件限制时，也可将粗、精加工在同一台机床上完成，但必须采取相应的措施，尽量减少加工中的变形。如粗加工后，将工件松开并让工件冷却，使工件在夹紧力的作用下产生的弹性变形得以恢复，并且达到释放应力的作用，然后再以较小的力重新夹紧，并以较小的切削用量和多次进给进行精加工。

（3）先主后次

主即为重要加工表面，如机体的底平面、对接平面、轴承孔、十字头滑道孔等。作为主要加工表面，其加工精度和表面粗糙度要求较高。次是指次要的加工表面，如方窗法兰面、光孔、螺孔、沟槽等加工部位。而这些表面一般都与主要表面有一定的相对位置要求，应以主要表面作为基准进行加工。一般次要表面的加工随着主要表面的加工顺序插入其中。

（4）工序集中

大批大量生产中，机体类零件的加工广泛采用组合机床、专用机床或数控机床等其他高效机床来使工序集中。这样可以有效地提高生产率，减少机床数目和占地面积，同时有利于保证各表面之间的相互位置精度。

（5）合理安排时效处理

一般机体零件在铸造后必须消除内应力，防止加工和装配后产生变形，所以应合理安排时效处理。时效的方法多采用自然时效或人工时效。为了避免和减少零件在机加工和热处理车间之间的运输工作量，时效处理可在毛坯铸造后、粗加工前进行。对于精度要求较高的机体零件，通常粗加工后还要再安排一次时效处理。

（6）加工方法和加工设备的选择

机体的轴承孔通常在卧式镗床上进行加工，轴承孔的端面可以在镗孔时的一次安装中加工出来。导轨面、底面、顶面或对合面等主要表面的粗、精加工，通常在龙门铣床或龙门刨床上进行，小型机体也可在普通铣床上加工。连接孔、螺纹孔、销孔、通油孔等可以在摇臂钻床、立式钻床或组合专用机床上加工。

10.3.2　定位基准的选择

机体类零件定位基准的选择分为粗基准的选择和精基准的选择。粗基准用来保证各个加工面和孔的加工余量均匀；而精基准则是用来保证相互位置和尺寸的精度。不同机体零件，选择定位基准的原则和方法基本相同。

（1）粗基准的选择

大多数机体加工，为了保证主要孔的加工余量均匀，都以主要孔作粗基准。根据生产方式不同，机体零件的粗基准选择与安装方式也不一样。大批量生产时，由于毛坯精度高，可以直接用机体上的重要孔在专用夹具上定位，工件安装迅速，生产率高。在单件小批量及中批量生产时，一般毛坯精度较低，按上述方法选择粗基准，往往会造成机体外形偏斜，甚至局部加工余量不够，因此常采用划线找正的方法进行第一道工序的加工。

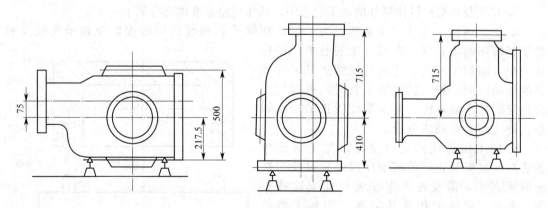

图 10-2　机体划线图

通过划线，可以检查毛坯尺寸，判断毛坯尺寸是否合格，合理分配各主要加工面的加工余量，并保证加工面和非加工面之间的正确相对位置。以 L 型压缩机机体为例，其机体零件在加工过程中有两次主要的划线。第一次是划全线也叫立体划线，先划线使滑道孔及主轴承孔加工余量均匀，并且使两轴线垂直共面，再以主轴承孔和滑道孔为基准，对其他部位划线。第二次对各法兰上的螺纹孔划线。

划线时，一般将机体三个相互垂直的面依次放置于专门的划线平台，分别划出主要加工面线，具体如图 10-2 所示。

将小轴承孔端面向下，划两滑道孔轴心线（距离为 75mm）及两轴承孔端面线，保证尺寸 217.5mm 和 500mm。

将工件转过 90°，底平面向下，并校正轴承孔端面线，使之处于垂直位置。划主轴承孔中心线，划水平列滑道孔中心十字线及圆线，划底平面加工线 410mm 和垂直列滑道孔端面线 715mm。

将工件再转过 90°，与原先两个位置垂直。划主轴承孔中心线及圆线，划垂直列滑道孔中心线及圆线，划水平列滑道孔端面加工线，尺寸为 715mm。

（2）精基准的选择

精基准选择时应尽量符合"基准重合"和"基准统一"原则，保证主要加工表面（主要轴颈的支承孔）的加工余量均匀，同时定位基面应形状简单、加工方便，以保证定位质量和夹紧可靠。此外，精基准的选择还与生产批量的大小有关。

① 机体零件典型的精基准定位方案有以下两种。

a. 采用装配基面定位。机体零件的装配基准通常也是整个零件上各项主要技术要求的设计基准，因此选择装配基准作为定位基准，不存在基准不重合误差，并且在加工时机体开口一般朝上，便于安装调整刀具、更换导向套、测量孔径尺寸、观察加工情况和加注切削液等。如果机体中间壁上有孔需要加工，为提高刀具系统的刚性，必须在机体内部相应的部位设置刀杆的导向支承——吊架。由于加工中吊架需要反复装卸，加工辅助时间较长，不易实现自动化，而且吊架的刚性较差，加工精度会受到影响。

b. 采用"一面两孔"定位。实际生产中，"一面两孔"的定位方式在各种机体加工中的应用十分广泛，如图 10-3 所示。可以看出，这种定位方式，夹具结构简单，装卸工件方便，定位稳定可靠，并且在一次安装中，可以加工除定位面以外的所有 5 个平面和孔系，也可以作为从粗加工到精加工大部分工序的定位基准，实现"基准统一"。因此，在大批量生产中，尤其是在组合机床和自动线上加工机体时，常采用这种定位方式。

② 在往复压缩机机体零件的加工过程中，具体的精基准的选择如下。

a. 加工两轴承孔的定位基准。为了保证两轴承孔轴线的同轴度以及轴承孔轴线相对于其端面的垂直度，在同一次安装中，镗杆从一个方向加工两孔，这同时也缩短了工件安装的辅助时间。粗、精镗轴承孔时，可以以大而稳定的底平面定位，并按划线找正轴承孔轴线，使之与镗杆轴线重合。

b. 加工滑道孔的定位基准。为了保证滑道孔与气缸安装止口的同轴度以及其轴线与端面的垂直度，需要在一次安装中加工这些表面。另外，以轴承孔及其端面定位加工滑道孔，因轴承孔及其端面较大，平稳可靠，可保证滑道孔轴线对轴承孔轴线的垂直度，而且在加工两垂直交叉的滑道孔时，能采用同一基准

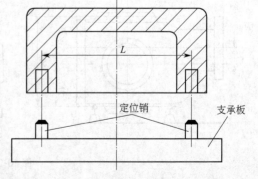

图 10-3　"一面两孔"定位夹具

（轴承孔及其端面）一次安装中加工。

c. 加工底平面的定位基准。如一开始就加工底平面，且粗、精加工合并为一道工序，可按照划线找正来定位。如粗、精加工分开，则精加工底平面时，可以用已粗镗、半精镗的大轴承孔及其端面定位，并找正底平面来确定工件的位置。

10.3.3　机体加工工序的规划

对于机体零件而言，制订加工工艺需要考虑的问题大体相同，以压缩机机体为例，在拟订机体机械加工顺序时需考虑如下问题。

（1）时效处理

机身是尺寸较大、形状复杂的铸件，为了保证加工精度，需安排时效处理以消除铸造和粗加工产生的内应力。通常机械加工前采取毛坯一次退火的人工时效处理，在加工中不再安排时效处理，以避免加工过程中往返运输。对于精度要求高或形状特别复杂的机体，粗加工后再进行一次人工时效处理，消除粗加工产生的内应力，使变形稳定。

（2）划线工序

过程机器的制造，由于批量不大，毛坯精度不高，形状又复杂，在加工中采用夹具（如铣、刨床夹具，镗床夹具，钻模等）的套数和复杂程度受到一定限制，所以在加工机体时，除了特别必需的工序，采用少数结构简单的定位夹具外，普遍按划线加工。通过划线以检查毛坯各部分的尺寸，确定各中心线的位置，分配加工余量，保证某些不加工表面对加工表面的相互位置等。

（3）粗、精加工工序的安排

根据上面对各主要加工面定位基准的分析，就可以确定其工艺路线：划线粗铣（或刨）底平面—粗镗轴承孔及其端面—粗镗滑道孔及其端面—精加工底平面—精镗轴承孔及其端面—精镗滑道孔及其端面。也有的工厂将粗、精加工底平面安排在粗镗轴承孔、粗镗滑道孔，并经时效处理后进行，或者一开始就粗、精加工底平面。一般来说，各主要表面粗加工全部完成之后，再进行精加工，以保证精度，提高机床的利用率。但对于机体，由于形状庞大复杂，如果粗精加工分开，会带来工件在车间内的反复吊装、搬运问题，在机床上校正、调整、安装、夹紧的困难，使工时大量增加，因此一般对某一主要表面连续完成粗加工和精加工后，再加工另一主要表面。为了减小内应力、夹紧力等对精加工质量的影响，在粗加工之后，将工件的夹紧机构松开，适当停留，让工件自由变形，然后再以较小的夹紧力夹紧，进行精加工。

通过上面的分析，可以确定压缩机机体的主要加工工序顺序：人工时效—划线—加工底面—加工主轴承系—加工滑道孔系—划线—螺纹孔的钻孔攻螺纹。

10.4　机体加工工序案例

机体零件的生产工艺过程一般分单件小批量和大批量生产两种。

单件小批量生产时，加工机体类零件的基本工艺过程：铸造毛坯—时效—划线—粗加工主要平面及其他平面—划线—粗加工支承孔—二次时效—精加工主要平面和其他平面—精加工支承孔—划线—钻各小孔—攻螺纹、去毛刺。

大批量生产时，加工机体类零件的基本工艺过程：铸造毛坯—时效—加工主要平面和工艺定位孔—二次时效—粗加工各平面的孔—攻螺纹、去毛刺—精加工各平面上的孔。

以某烟气轮机机体零件的加工过程为例，介绍机体零件单件小批量生产的典型工艺过程，其主要加工过程如下。

（1）毛坯铸造及划线

材料为铸钢 ZG230-450，采用木模铸造，铸造完成后进行退火热处理，消除铸造应力，然后将铸造好的机体放在划线平台划线。

① 工件中分面朝上，支承于划线平台上，如图 10-4 所示。首先以 Q、P 平面为基准找平，再校正毛坯的内外圆各处，兼顾机体内外壁及筋板的垂直度，然后划出中分面的加工线 01—01 引机体一周，划出底平面加工线及检查线。划出其余尺寸加工线。

② 工件侧放于平台上，如图 10-5 所示。找正 01—01，垂直找正机体内壁及筋板，并保证机体厚度均匀，划中心线 02—02 引机体一周，并划出机体宽度加工线。

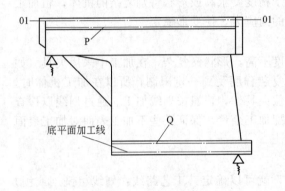

图 10-4　中分面及底平面划线示意图　　　　图 10-5　中心线划线示意图

③ 工件立放，如图 10-6 所示。垂直找正 01—01 及中分面，考虑机体长度方向的加工余量。划出 03—03，引机体一周。再划出长度方向其余各处加工线。

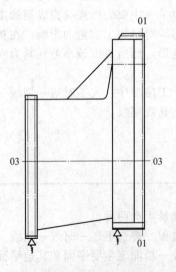

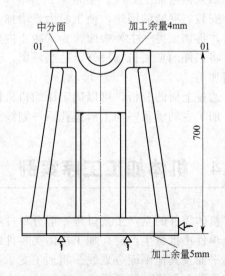

图 10-6　长度方向加工线　　　　图 10-7　粗车上下底面

（2）机体粗加工

① 粗车上下底面，留下一步精加工余量。将工件置放于龙门刨床工作台上，中分面朝上，按所划线找正，压板压紧。车中分面至本工序要求尺寸。工件倒置，底面朝上，车底平面至要求尺寸，表面粗糙度为 $Ra12.5\mu m$，如图 10-7 所示。

② 粗铣侧面及各孔端面。将工件中分面朝上，以底面定位装夹于数控镗铣机床工作台上，找正压紧，铣机体一侧至工序尺寸。工作台旋转 180°，用千分表打表找正定位，铣机体另一侧至工序尺寸。如图 10-8 所示，铣机体前端两侧至 A 向工序尺寸。在加工机体侧面的同时，分别加工粗加工零件图中的孔及端面，保证各尺寸留有单边加工余量 5mm。加工机体底面至工序尺寸。

③ 钳工操作，使用砂轮机打磨圆角，与非加工表面光滑过渡。

④ 粗铣平面完成后需要再次划线，划线方法同上次一致。

⑤ 组合机体和机体盖，组合前划机体盖轴向中心线，并打样冲眼。组合时，长度方向及宽度方向按线对齐，把机体盖和机体点焊组合。

⑥ 粗镗孔及端面。将机盖和机体按线对齐组合并点焊，组合前，画机盖轴向中心线，并打样冲眼；组合时，长度方向及宽度方向按线对齐。再将工件以底面定位，并校正中分面和轴承孔轴向中心线，使二者重合的位置度允差小于 0.25mm。粗镗大端面及内孔如图 10-9 工序尺寸。工作台旋转 180°，再校正轴向中心线及圆线。粗镗小端面及内孔。将粗镗的工件去除点焊疤痕，将机体和机盖分开，在钳工平台划出筋板焊接位置线，划折流板等零件焊接位置线。将已加工好的筋板、堵块和其他零件与机体组焊，注意焊接位置应准确。

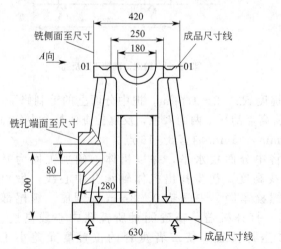

图 10-8　粗铣侧面及端面

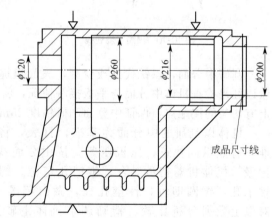

图 10-9　粗镗各孔

⑦ 粗加工初步完成后，对工件进行试漏检验。试漏工件平放，机体两端用盲板封住，内腔灌满水，检查是否有渗漏现象。水套在 0.4MPa 的水压下，检查是否渗漏。试漏完成后在热处理炉进行退火热处理，消除焊接应力及加工应力。

（3）机体精加工

① 精加工前重新划线。如图 10-10，工件中分面朝上，支承于划线平台上，以已加工面为基准找平，校正内圆各处。重划底平面及中分面加工线 01—01 及相关尺寸线，划 02—02

及相关尺寸线，划 03—03 及相关尺寸线，余量 1mm。精加工划线所留余量小于粗加工划线，基本与成品尺寸线重合。

② 精车各平面。将工件置放于立车工作台上，中分面朝上，按所划线找正，压板压紧。车中分面至工序尺寸。工件倒置，底面朝上，车底平面至工序尺寸，表面粗糙度要求为 $Ra3.2\mu m$。

③ 精铣、精镗平面及孔。中分面朝上，以底面定位装夹于数控镗铣机床工作台上，找正压紧，铣机体一侧至工序尺寸。工作台旋转 180°，打表找正，铣机体另一侧至工序尺寸。如图 10-11 所示，铣机体前端两侧至 A 向工序尺寸。在加工机体侧面同时，精加工各孔端面，精铣中分面至工序尺寸。

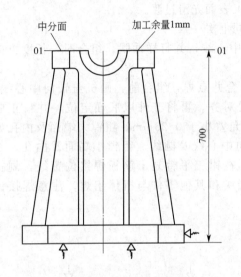

图 10-10　精加工前划线

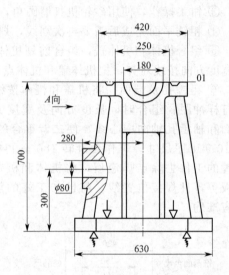

图 10-11　精铣、精镗平面及孔

刮研中分面，以铣代刮或少刮，表面粗糙度 $Ra3.2\sim1.6\mu m$。把中分面上的毛刺修平，涂以红丹检查机体中分面与平板接触情况，将高点刮平，两面着色，反复检查使整个中分面上有均匀的接触点，保证中分面刮研精度 25mm×25mm 内有 8～16 点。

机体以刮研的中分面为基准，打表，将中分面找水平，并以机体一侧加工面为基准，打表纵向找正，压板压紧。按中分面找高度，初步找出机体轴承孔中心线，做出记录。机体机盖初步对合，锥销孔定位，螺栓紧固。中间垫 0.08mm 的铜皮。镗尾部轴承孔，镗圆即可，计量孔径，做出记录。打开机盖，精确测量所镗孔中心线高度。对以上数据分析比较，精确调整机体主轴坐标位置，使二者重合的位置度允差小于 0.25mm。再次对合机体机盖，对合时中分面的对称方向垫铜皮，圆锥销定位，并紧固所有螺栓。精镗尾端轴承孔、端面及止口。工作台旋转 180°，百分表找正机体机盖同一侧，确定主轴中心线位置。调正坐标位置，刀杆水平上、下不能动，精镗前端内孔、端面及止口，精镗尺寸详见零件图。

全面检查加工尺寸及技术要求。拆开机体及机盖，在数控镗铣床上，划中分面键槽加工线及所有法兰连接孔加工线，按零件图镗螺孔及铣键槽。去毛刺，与轴承等零件组装，全面检查加工尺寸及技术要求。

习题

问答题

1. 机体零件在加工过程中需要注意哪些技术要求？
2. 简述机体零件加工工艺的拟订原则及其原因。
3. 机体零件在加工生产过程中，粗精基准的作用是什么？该如何选择？

第 11 章
叶轮机械叶片加工

叶轮机械是一种以连续旋转叶片为本体，使能量在流体工质与轴动力之间相互转换的动力机械。按照流体运动方向可以分为轴流式、径流式、混流式、组合式等。按照功能可以分为原动机械，例如汽轮机、燃气涡轮、水轮机等，以及工作机械，如水泵、风机、压气机、螺旋桨等。

叶片是叶轮机械中实现能量传递转化的主要结构。以涡轮为例，装在壳体上的叶片称静叶片或导叶，装在转子上的叶片称为动叶片。流体流过转子时冲击叶片，推动转子转动，从而驱动涡轮轴旋转。涡轮轴直接或经传动机构带动其他机械，输出机械功。

叶片一般在高温、高压或者腐蚀的介质下工作，动叶片还以很高的速度运动，在一些大型涡轮机械中，叶片顶端的最大线速度可超过 600m/s，承受很大的动应力。叶片不仅数量多，而且形状复杂，加工要求严格，叶片加工工作量约占整个涡轮机械总加工工作量的 1/4～1/3。

11.1　叶片的结构特点及技术要求

（1）叶片的结构特点

叶片的种类繁多，但各类叶片主要由两部分组成，见图 11-1，即气道部分和装配部分。气道部分又叫作型线部分，它形成工作气流的通道，完成叶片的功能。装配部分又叫叶根部分，它使叶片安全可靠、准确合理地固定在工作位置上，以保证气道部分的工作。因此，装配部分的结构和精度需按气道部分的作用、尺寸、精度要求以及所受应力的性质和大小而定。有时，由于减振和受力的要求，叶片往往还带有叶冠（或称围带）或拉筋（或减振凸台）。

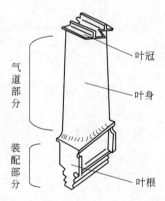

图 11-1　动叶片示意图

（2）叶片的技术要求

由于叶片的作用重要，工作环境恶劣，为了保证叶片的高效率、长寿命并缩短机组的检修时间，无论从使用角度，还是装配的角度都对叶片提出了很高的加工技术要求。如某烟气轮机动叶片的技术要求如下。

① 动叶片用沉淀硬化型镍基高温合金 GH864 棒材进行模锻，技术要求应符合国家化工行业推荐标准 HG/T 3650《烟气轮机技术条件》的相关规定。

② 透光度技术要求：

a. 用样板检查各截面内、背弧形线，透光度不大于 0.15mm；

b. 前缘圆角的透光度不大于 0.3mm。

③ 圆角技术要求：

a. 除图中标注外，其余尖角锐边修磨成圆角 $R0.5\sim1.0$；

b. 叶身近根处过渡圆角半径除图中标注外，其余为 $R6$；

c. 叶身出气边、截面间的型线应圆滑过渡。

④ 叶根加工要求

a. 齿工作面与榫头对称平面交线重合的位置度允差不大于 0.06mm；

b. 榫齿对另一榫齿工作面倾斜度允差不大于 0.015mm；

⑤ 叶身应喷涂耐磨涂层，厚度应为 0.012～0.24mm。

11.2 材料与毛坯

11.2.1 叶片材料的性能要求

（1）足够的力学性能

叶片尤其是动叶片在运动中必须承受极为复杂的动应力或温度应力，所以要有足够的力学性能。具体如下。

① 抗热疲劳和机械疲劳性能。对于经常开车、停车和变速的机组，叶片温度跟着启停变化，使得叶片所承受的应力产生周期性的变化，因此要求材料具有一定的抗热疲劳性能。对于发电用的机组，由于工作中叶片容易发生振动，因此必须要求材料有充分的抗机械疲劳的能力。

② 足够的塑性、韧性和无缺口敏感性。

③ 热强性。对中压汽轮机和压气机叶片，一般工作温度不超过 450℃，所以要求以常温力学性能为主。高压汽轮机的叶片多处于 400℃ 以上工作，燃气涡轮叶片均在 600℃ 以上工作，所以要求在其工作温度下有足够的抗蠕变性能和高温持久强度。

（2）具有高的化学稳定性

有尽可能高的抗氧化性能和抗腐蚀性能。处于湿蒸汽区工作的汽轮机叶片，由于蒸汽中水分大，因而叶片经受严重的电化学腐蚀，所以应选用耐腐蚀性能较好的不锈钢材。燃气涡轮叶片，特别是一级导叶，工作温度可达 900℃，而燃气是氧化性气体，且含有腐蚀性成分，因此对叶片材料提出了抗氧化性和抗腐蚀性的要求，这往往成为选择静叶最主要的依据。

（3）抗机械磨蚀性能

冷凝式汽轮机最后几级叶片，由于蒸汽中出现水滴，使叶片除经受电化学腐蚀之外，还经受水滴冲刷的机械磨损。当蒸汽温度和叶片圆周速度较大时，这些叶片除考虑抗腐蚀性外，还需要求它具有耐磨性，所以对末级叶片常常采用各种表面强化措施，如镀铬、嵌硬质合金、高频淬火、电火花表面强化及氮化等。燃气轮机中，燃气中含灰分量较大时，机械磨损也十分严重，除对燃烧采取必要的排灰措施外，还要求所选材料具有足够的抗磨性能。

（4）材料热学性能

材料应具有尽可能高的导热性能和尽可能低的热膨胀系数，以保证减小温度应力，这对启动、停车比较频繁的机组尤为重要。

（5）减振性

汽轮机叶片，特别是复速级和变转速汽轮机叶片引起共振的可能性较大。如叶片材料的振动衰减率高，则可减小振动应力，降低疲劳折裂的可能性。实践证明含 13％铬的不锈钢振动衰减性最好。结合我国资源情况，低合金结构钢的使用范围扩大，电站运行的汽轮机有采用低合金钢制造的复速级叶片。燃气涡轮叶片限于工作温度的要求，多采用抗振性较差的奥氏体钢、钴基合金或镍基合金。

（6）良好的工艺性

由于叶片数量多，成形工艺复杂，因此希望叶片材料具有良好的冷、热加工性能，以利于提高生产率和降低成本。但由于各类叶片成形方法不同，对工艺性能的要求也有所侧重。如喷嘴、静叶等带冷却孔的空心叶片，要求其材料的铸造工艺性能较好，对于尺寸大的动叶片及压气机叶片则要求锻造工艺性能好一些。各类叶片的叶根部分目前一般都是切削加工得到的，所以切削加工性能要好。

（7）经济性

作为叶片材料，除了上述各方面的考虑外，经济性也是一个重要的方面。最根本的一条是要结合我国资源特点，使材料立足于国内。

实际生产中，要全面达到上述各项要求是有困难的。应根据不同类型叶片的工作条件，突出主要的要求。在满足安全可靠及寿命的要求下，尽量选用工艺性好、价格便宜的材料。

11.2.2　某烟气轮机叶片材料性能要求

烟气轮机在运行过程中动叶片主要受到来自高温烟气的腐蚀、高速运行的微小粒子的冲蚀以及叶片高速运转产生的离心力的交互作用，会导致叶片失效。因此其材质要求为耐高温、耐腐蚀、热变形小、耐冲蚀磨损的高合金材料。

（1）动叶片材料技术要求

① 材料成分　沉淀硬化镍基高温合金 GH864 被广泛应用于制造航空发动机和动力机械中的涡轮盘及涡轮叶片，是烟气轮机动叶片常用的材料，其化学成分如表 11-1 所示。

表 11-1　沉淀硬化镍基高温 GH864 化学成分表

元素	C	Cr	Ni	Co	Mo	Al
含量(质量分数)/%	0.02~0.08	18.00~21.00	基体	12.00~15.00	3.50~5.00	1.20~1.60
元素	Ti	Fe	B	Zn	Mn	Si
含量(质量分数)/%	2.75~3.25	≤2.00	0.003~0.010	0.02~0.12	≤0.10	≤0.15
元素	Cu	Mg	S	P	Bi	Pb
含量(质量分数)/%	≤0.10	≤0.01	≤0.015	≤0.015	≤0.0001	≤0.0005

② 热处理　该合金的热处理方式有以下几种。

固溶热处理：加热温度 1070℃±10℃，保温 4h±0.5h 后空冷或采用比其更快速的冷却方式。

稳定化热处理：加热至 845℃±8℃，保温 24h±0.5h 后空冷。

时效处理：加热至 760℃±8℃，保温 16h±1h 后空冷。

③ 力学性能　合金经热处理后，需要测定其室温和高温力学性能，测定结果应符合表 11-2。

表 11-2　GH864 合金力学性能

高温瞬时拉伸性能 (试验温度815℃)	抗拉强度 R_m/MPa	≥610
	断后伸长率 A/%	≥20
	断面收缩率 Z/%	≥32
高温持久性能 (815℃/325MPa)	持久寿命 τ/h	≥23
	断后伸长率 A/%	≥8
室温硬度/HB		298~390

④ 表面质量　材料一般为合金热轧棒材，其表面不得有裂纹、折叠、疤痕和夹渣。表面的局部缺陷应予以清除，其允许清理深度应不大于直径公差的一半，允许存在深度不超过直径公差 1/4 的个别轻微划伤。

（2）静叶片材料技术要求

① 材料成分　等轴晶铸造高温合金 K213 是铸造高温合金，可用于制造 750℃ 以下长期工作的柴油机增压器涡轮和燃气轮机、烟气轮机的静叶片及其他高温部件，其化学成分见表 11-3。

表 11-3　等轴晶铸造高温合金 K213 化学成分表

元素	C	Cr	Ni	W	Al	Ti
含量/%	≤0.10	14.00～16.00	34.00～38.00	4.00～7.00	1.50～2.00	3.00～4.00
元素	B	Fe	Mn	Si	S	P
含量/%	0.05～0.10	基体	≤0.50	≤0.50	≤0.015	≤0.015

② 力学性能　试样经 1100℃，4h，空冷热处理后，加工成 ϕ5mm 标准试样。做力学性能试验的试样应从被检验的母合金炉号中取料，其力学性能符合表 11-4。

表 11-4　等轴晶铸造高温合金 K213 力学性能

热处理工艺	试验温度/℃	拉伸性能			持久性能	
		抗拉强度 R_m /MPa	断后伸长率 A /%	断面收缩率 Z /%	应力 σ /MPa	时间 t /h
1100℃,4h,空冷	750	≥600	≥4	≥8	380	≥80
	700	≥640	≥8	≥10	500	≥40

注：根据使用条件，只选择其中一个试验温度进行检验。

③ 表面质量　选用的木材也是母合金棒材，其表面应全部打磨光亮，不允许夹有生铁、耐火材料、熔渣等夹杂物。

11.2.3　叶片的毛坯

叶片的毛坯制造方法对于叶片加工工艺路线及叶片本身的质量影响很大。早期叶片生产，主要是用方钢型材铣削，材料利用系数最高只有 20%，甚至不超过 10%，并且由于切削加工破坏了材料纤维合理流向，使机械强度和表面质量下降。而采用先进的少、无切削的现代精锻毛坯工艺，不仅大大地缩减了机械加工工时，更重要的是材料利用系数显著提高，能够节约大量价格昂贵的不锈钢和高温合金。

（1）标准条钢

最常用的是方钢和扁钢。标准条钢外形简单，生产工艺不复杂，利于大量生产。这种毛坯在加工时容易得到精确的定位基准面，宜于多件加工，可以提高生产率。而其定位夹紧可靠，加工精度较高。汽轮机厂中一些汽道高度较短并带有整体围带的直叶片较多地采用这种毛坯。但是，这种毛坯的材料利用率低，机加工工作量大，尤其对尺寸大的扭曲叶片和材料切削性较差的燃气轮机叶片更为突出，此类叶片不宜采用这种毛坯。

（2）热轧冷拉或热轧冷轧毛坯

这种毛坯主要用于中小型汽轮机等截面直叶片，如图 11-2，这类叶片一般包括围带、汽道与叶根三部分。燃气轮机中压气机带墩头叶根的等截面叶片也可选用。其工艺过程为热轧制坯，经冷拉（或冷轧）来提高几何尺寸精度与表面粗糙度。按照汽道型线拉制出来的称为全拉制工艺，使用时全拉制叶片叶根部分应用隔叶块结构，顶部加工出铆钉头，铆上围带。

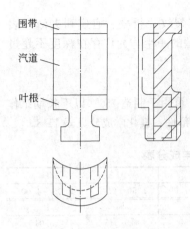

图 11-2　热轧冷拉毛坯的叶片

其工艺过程大致如下。

① 毛坯准备　采用热轧型钢，其截面可为圆钢、方钢或扁钢，轧制前应清除型钢外表的氧化皮，并使其具有一定的粗糙度 $Ra12.5\sim6.3\mu m$。

② 毛坯加热　最好进行无氧化加热，以提高表面质量。对马氏体不锈钢 1Cr13 材料，轧制温度为 $1050\sim1200℃$。

③ 轧制　热轧是使材料初步成形的工序，要逐次成形，一般为 $3\sim4$ 次。每次轧完进行回火酸洗，以降低轧制时由于冷作硬化而提高的材料硬度。

④ 拉制（或冷轧）　目的在于提高零件的尺寸精度和表面粗糙度。

⑤ 校直　按叶片长短进行截断，再在摩擦压力机的校直型模中进行精压，精压加热温度为 $1050℃$，压后空冷以获得空淬的效果。最后经 $600℃$ 回火。

热轧冷拉叶片表面粗糙度可达 $Ra1.6\sim0.8\mu m$，厚度公差为 $0.15mm$，废品率很小。全拉制叶片材料利用率可达 80% 以上，生产率极高，节省工时 50% 以上，而且节省了切削叶片内、背弧的成形铣刀以及专用夹具和机床等工装。但要求的轧机较大，对加工校直设备的精度要求较高。涡轮机械制造厂要具备成套的热轧冷拉（冷轧）工艺装备会比较困难。轧制生产率极高，一个工厂用一套设备，利用不会很充分，所以热轧冷拉（冷轧）叶片毛坯宜于由专门轧制厂或叶片加工中心厂供应。

（3）高速锤热挤压叶片毛坯

高速锤具有打击速度高、成形性好、尺寸精度及表面粗糙度较好、工艺简单等优点。汽轮机的一些中小型叶片及燃气轮机的中小型压气机和涡轮叶片，汽（气）道高度小于 $250mm$，可采用高速锤热挤压毛坯。如果采用合理的整形工序，可达到型面无余量的精锻毛坯。有的工厂采用高速锤横向多次打击，可加工汽（气）道高度达 $300\sim400mm$ 的叶片。采用高速锤热挤压叶片后，材料利用率大大提高，且型面可不再机械加工。机械加工工时可节约一半，表 11-5 是某机组压气机动叶片采用高速锤热挤压叶片后材料利用率情况及与方钢铣削坯重对比。

表 11-5　高速锤热挤压叶片毛坯材料利用率

	级别	1	2	3	4	5	6	7	8
	叶片质量/kg	1.85	1.75	1.65	1.59	1.52	1.18	1.15	1.10
高速锤热挤压	高速锻坯料重/kg	3.2	3.2	3.2	3.2	3.2	2.0	2.0	2.0
	材料利用率/%	57.9	54.6	51.5	49.6	47.5	59	57.5	55
	方钢坯重/kg	11.9	10.8	9.75	9.18	8.43	6.27	6	5.73

高速锤热挤压叶片毛坯也存在下列问题：气压和液压系统管道容易漏油漏气，机械部分螺栓容易松动；型面由于回跳变形、产生飞边等造成定位困难；两半模分模面贴合度要求较高，不挤出毛边，这对模具材料的选用和制作提出高要求；分模面的选择应该沿叶身的平面，否则模具精度不高等。

高速锤具有下列特点。

① 打击能量高、速度大。高压气体压力可达 $14MPa$，打击速度高达 $18\sim25m/s$，加热的金属在高速打击下，像流体一样塑性变形，所以高速锤能加工材料可锻性较差、锻件形状复杂、精度要求较高的工件。

② 由于打击能量高、速度大，因而挤压比（毛坯面积与锻件最小横截面积之比）可高达 40：1，而一般锻造设备最大挤压比只能达到 20：1。同时锻件在模腔内的充满性比一般锻造设备高，特别是对形状复杂如薄壁、高筋的零件，一般锻造设备难以成形，而用高速锻则可以成形。

③ 高速锤重量轻、尺寸小，并能悬空对打。高速锤不动的部分只占全机重量的四分之一，打击时，地基振动很小，打击后框架下落，作用于减振弹簧上，因此对厂房和地基要求不高，所以高速锤锻造设备的基础投资比其他锻造设备可减少 90%～95%，设备投资可减少 60%～65%。

④ 设备通用性大，可进行挤压和模锻。

⑤ 高速锤附属的能源系统小，一般用瓶装的高压氮气或小型压缩气源即可。

（4）模锻毛坯

这种毛坯一般是先将坯料自由锻成近似于模锻所用的模具形状，然后利用模具在锻锤或摩擦压力机等设备上模锻成型。锻打时，内、背弧有一定偏移，因此模锻毛坯的汽（气）道部分型面和根部放有加工余量。一般汽（气）道高度在 500mm 以下的叶片，型面部分单面放 2～3mm 余量，汽（气）道高度大于 500mm 者，型面部分单面放 3～6mm 余量。为了使机械加工时有可靠的基面，在毛坯顶部可锻出一个工艺凸台或一个加厚搭子。模锻长而扭曲度大的叶片毛坯，在热处理时容易变形，热处理时应竖放在炉内。

模锻可以锻造较长的叶片，相对方钢铣削叶片工艺可提高材料利用率，节省叶片钢材，减少机械加工量。且锻造材料纤维组织从根部到型面部分是连续的，力学性能与抗腐蚀性能相对好。模锻叶片毛坯余量较大，因此对锻造设备要求也较低，比较容易实现加工。但模锻材料利用率仍然偏低，机加工工作量还相当大。所以为了节省叶片材料用料及提高叶片内部质量，可采用精密模锻。

某 125MW 汽轮机末级动叶片毛坯在摩擦压力机上模锻制成，其模具采用镶块结构，上模用压板固定在滑块上，下模外面用两半导套套住用六个大螺钉紧固，如图 11-3 所示。导套上部内侧做成 5°斜度，以利于锻时上下模对准。

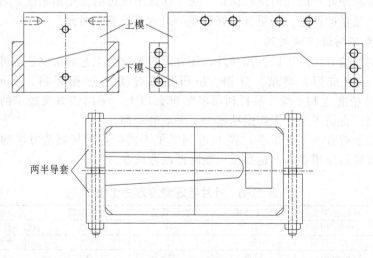

图 11-3　模锻结构

模锻工艺过程如下。

① 自由锻出坯　采用锻锤、液压机等锻造设备，采取热锻方式，使坯料产生变形而获得与模锻锻模相近的几何形状。

　　② 扭形　自由锻出坯后，其毛坯是带斜度的直平板，而叶片是扭曲的，所以锻模也是扭曲的，故需把毛坯扭转，使其外形能够平稳地放在锻模上。扭转后的毛坯用钢珠喷丸将表面氧化皮清除干净，然后在油炉中预热叶根，预热温度为900℃，因为叶片各部位截面厚薄相差太大，所需要的加热时间也不相同。叶根最厚，所以先预热叶根，再在室式油炉里整体加热至1180℃，这样可缩短加热时间，并大大减少氧化皮。

　　③ 模锻　加热后的毛坯送到压机上进行锻压，一般锻压2～3次即可。

　　④ 切边　模锻后的叶片，在分模面上有一圈毛边（飞边），必须在切边机上将毛边切去。切边机选用400t曲柄压力机。切边采用切边模。

　　⑤ 校正　切边后的叶片，可能由于放置不稳等原因，叶片有变形，所以切边后必须校正，使叶片形状与锻模一致。

　　⑥ 砂冷　校正后的叶片，放到砂中冷却，使它缓慢冷却，避免产生变形和裂纹。

　　⑦ 退火　目的是使晶粒细化，消除内应力，为加工后进行调质或淬火创造条件。

　　⑧ 清理氧化皮　可采用钢珠喷丸法或喷砂法去除表面氧化皮，减少切削加工时刀具的磨损。

　　⑨ 磨去残余毛边　钳工打磨去毛边。

　　(5) 爆炸成形毛坯

　　爆炸成形是利用炸药在爆炸的一瞬间所产生的高压气体，通过一定的介质（如水、砂子或空气）直接或间接作用于金属坯料上，使它迅速在模具中成形。由于爆炸成形时，零件毛坯以很高的速度贴模，回弹量很小，所以只要模具准确，表面光整，就可以获得精度与粗糙度合格的零件，成形表面无须再进行机械加工。爆炸成形的生产率很高，爆炸成形加工一个叶片总工时仅30min。爆炸成形所使用的模具也比较简单。

　　如汽轮机后几级静叶，体积大，汽道部分型线复杂，为了节约材料和减轻重量，多采用空心结构。爆炸成形的工艺过程是先用薄钢板弯成与汽道相近的结构，并在接头处焊住，然后放在爆炸成形的模具内，利用炸药爆炸的能量通过介质使叶片贴模成形。

　　炸药采用导爆索，导爆索内含黑索金。将导爆索安放在油毛毡上，用细铅丝固定好，导爆索的安放位置根据叶片的几何形状而定。为了保证出汽边的变扭角精度，可在上模出汽边的半圆形槽内放适量的药量。电雷管最好放在导爆索总长度中间。

　　(6) 叶片毛坯制造方法对比

　　叶片毛坯的制造方法除了以上几种外，还有用粉末冶金工艺方法制造隔叶块，是通过对金属粉末进行压制成形、烧结、渗铜、挤压整形等工艺过程制得。表面粗糙度可达$Ra1.6\mu m$，尺寸精度达IT2级，材料利用率在95%以上。采用该方法加工的隔叶块，其力学性能完全合格，也属于少、无切削精密加工毛坯的一种。

　　叶片毛坯的制造方法还有很多，表11-6列举了不同叶片毛坯制造方法的对比。毛坯的选择既要保证零件的使用要求，也要尽可能降低制造成本。

表11-6　叶片毛坯制造方法比较

毛坯制造方法	材料利用率	尺寸精度	表面质量	力学性能	适合加工的叶片类型
方钢铣削	7%～20%	优	中	较差	小型型面简单的汽轮机叶片
热轧、冷轧、冷拉	70%～90%	良	优	优	中、小型等截面直叶片
模锻	23%～30%	较差	良	优	大、中型叶片
辊锻	30%～50%	中	良	优	中、小型叶片
高速锤热挤压	30%～50%	良	良	优	中、小型叶片
精密模锻	60%～80%	优	优	优	各种尺寸的叶片
精密铸造	60%～80%	良	优	中	喷嘴组、静叶片及带冷却孔的空心动、静叶片

11.3 叶片加工工艺的制订

11.3.1 叶片加工工艺路线的特点

（1）工序分散

叶片加工工序的安排，基本上是采用分散原则，因叶片的批量大，重量小，运输方便，而叶片各部分构造特点不同，采用的加工方法也不相同，所以很难应用工序集中的原则。为了提高生产率及加工质量，一般多采用专用机床、专用夹具的流水式生产。一台机床仅加工一个内容比较单一的工序，也便于选择合理的切削用量。

（2）中间质量检验工序比较多

由于叶片的技术要求比较高，它的加工质量对整机影响很大，所以在叶片的工艺路线中安排了许多检验工序，以检查叶片内部及外部的质量，避免最终检验时发现质量不合格造成工时的大量浪费，也不利于发现报废的原因。

（3）毛坯类型对工艺路线的影响很大

叶片的材料多属于不锈钢或高级耐热合金钢，切削性能较差，结构形状复杂，毛坯的精密加工方法不同。不同的叶片毛坯，其定位基准的选择不同，气道型面加工量与加工方法也不同，所以毛坯的类型对工艺路线的结构影响很大。一般叶片加工，多分为六个加工阶段：基准面加工、叶根加工、型面加工、顶部及其他部位加工、修磨及抛光、叶片总检验。而基准面的加工方法与基准面的选择是密切相关的。

11.3.2 基准面的选择和加工方法

基准面的选择取决于毛坯的类型。基准面作为后续各工序的定位基准，必须最先加工。而且基准面的加工精度直接影响到以后各工序的加工精度。所以对基准面的选择与加工提出很高的要求。

（1）方钢毛坯

一般在加工这类叶片时，都采用多件加工，所以要求方钢的六个面应铣准。进出边两个侧面是叶根和型面加工用的定位基准，不仅要铣削而且要磨削。这两侧面的加工公差应由设计图上的 +0.1mm 提高为 +0.03～+0.06mm。这是因为铣削叶根是多件加工，由于叶根夹具的夹紧装置下垫一长条形钢板，若多件尺寸相差过大，会出现夹不紧的情况。如图 11-4 所示为 10 块工件一次夹紧进行加工，因此对磨平面提出 0.03mm 的精度要求。两侧面的不平行度在 300mm 长度上不超过 0.02mm，粗糙度要求 $Ra0.8～0.4\mu m$。

两侧面加工好之后铣削另外两侧面，这是叶片内、背弧方向的两个面，加工时要求与三侧面相垂直，垂直度在 100mm 长度内不超过 0.05mm。两平面平行度在 300mm 长度上不超过 0.02mm。两端面也应与四方侧面垂直，垂直度要求为 100mm 长度不超过 0.05mm，垂直度不好会影响叶根加工精度，端面加工是在卧式铣床上用两把三面刃铣刀进行铣削。

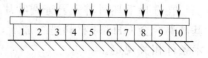

图 11-4　叶片多件夹紧示意图

（2）模锻毛坯

这种毛坯型面部分虽然成形，但余量留得较大，而且一般不采取多件加工，所以选底平面、两侧面、叶根端面作基准面比较合适。对于大叶片的模锻毛坯，因为其尺寸、重量大，为了使加工时定位稳定，常常如图 11-5 所示在叶片顶部加一工艺凸台，作为辅助定位基准。一般内弧形线较为简单，所以第一次定位时，用内弧定位（以找正方法定位）加工定位基准，用这组定位基准加工叶根，再以叶根定位加工型面，则型面部分的余量就可以保证比较均匀。

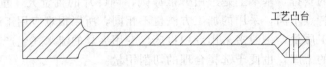

图 11-5 带有工艺凸台的叶片

加工这组基准面，即底面、两侧面与叶根端面时，要保证端面、底平面与两侧面垂直，所以先磨两侧面较为合理。因为这样安排工具简单，磨两侧面不必用专用夹具，在平面磨床上磨削，两侧面平行度误差为 300mm 长度上不超过 0.03mm，而且要求平直。再将叶片夹于普通虎钳上磨底平面，与侧面垂直度要求为 100mm 长度内不超过 0.05mm，且要求平直。叶根端部也要求与两侧面、底平面垂直，允许偏差同上。

11.3.3 叶片加工工艺的规划

加工工艺的确定主要考虑加工制造效率和加工精度这两方面。机械产品在加工制造之前，工艺人员都要对产品的工艺性进行分析，进而对产品的制造加工过程做出规划。首先根据产品设计所要达到的质量精度，明确将采用何种加工方案，合理安排加工工序，确定加工基准及加工刀具。对于数控加工而言还需要考虑诸如对刀点与换刀点的选取、走刀步长、行距及刀具轨迹的路径拓扑等对产品的表面加工质量及制造效率有重要影响的工艺因素，而对于五轴以上的数控加工还需要考虑刀具轴的控制方式。

以某烟气轮机动叶片数控加工为例，该叶片从最初几何造型到最后产品检验需要经过数道步骤完成，图 11-6 为烟气轮机叶片的加工规划。

图 11-6 烟气轮机动叶片加工规划

（1）毛坯

在选择毛坯时首先要查阅叶片的技术要求，根据图纸的要求，动叶片选择沉淀硬化型镍基高温合金 GH864 材料进行加工，按照其外形尺寸进行备料，加工完成后应该符合烟机技术条件相关规定。

（2）刀具的选择

数控加工中，刀具的选择对加工起到一定的作用，选择合适的刀具可以提高其切削效率，选择刀具需要综合考虑毛坯材料、机床刀具的运动方式、刀具刚度和耐用性以及被加工件曲率半径，所选的加工刀具如表 11-7。

表 11-7 叶片加工刀具选择

刀具名称	刀具直径	刀具形状	刀具材料	切削长度/mm	刀具总长/mm	用途
D32R12	32	圆鼻刀	P20A1010A	50	90	叶身端铣、粗加工
D16R12	16	圆鼻刀	P20A1010A	40	80	半精加工
D10R5	10	球头铣刀	特殊加硬高速钢	30	60	精加工

（3）加工机床选择

叶片型面结构复杂，精度要求高，普通数控机床加工难以满足其技术要求。所以需要在多轴数控机床下加工，如某五轴联动数控机床，其主要性能参数如表 11-8。

表 11-8 某五轴联动数控机床性能参数

名称	参数
卡盘尺寸/in①	6
最大加工直径/mm	$\phi 470$
刀架最大回转直径/mm	$\phi 290$
上刀具台行程（$X/Y/Z/B$）/mm	410/140/805/225
装刀容量（高位/低位刀塔）	20
主轴转速/电机功率	$6000\mathrm{r}\cdot\mathrm{min}^{-1}$ / 11kW（AC）
第二主轴转速/电机功率	$6000\mathrm{r}\cdot\mathrm{min}^{-1}$ / 11kW（AC）

①英寸，1in＝25.4mm。

（4）加工方式选择

对于复杂零件，其加工方式对于零件的加工精度及生产效率有很大的影响，由于烟机叶片表面采用非等截面空间型面扭曲而成，由空间离散点组成，所以该叶片采用端铣加工技术，可获得较高的表面质量。

（5）叶片加工阶段规划

叶片加工分为粗加工、半精加工和精加工三个阶段。粗加工主要任务是尽快除去叶片待加工面的多余毛坯材料，加工出叶片的基本形状；半精加工是对粗加工的进一步修正及为精加工工序做准备；精加工是叶片加工的重点，其主要任务是对前面加工所得的叶片外形进行进一步加工，使叶片加工表面满足精度要求。该叶片数控加工阶段如表 11-9 所示。

表 11-9 叶片加工阶段

序号	工步名称	工序名称	选用刀具
1	粗加工	区域清除	圆鼻刀
2	半精加工	叶片半精加工	圆鼻刀
3	精加工	叶片、叶根	球头刀

11.4 叶片加工过程及主要工序分析

在此介绍铸造隔板导叶片和烟气轮机动叶片两种叶片的加工过程。

11.4.1 铸造隔板导叶片加工

该叶片毛坯为铸造毛坯、等截面叶型，其加工工艺规程如表 11-10 所示。

表 11-10 铸造隔板导叶片加工工艺规程

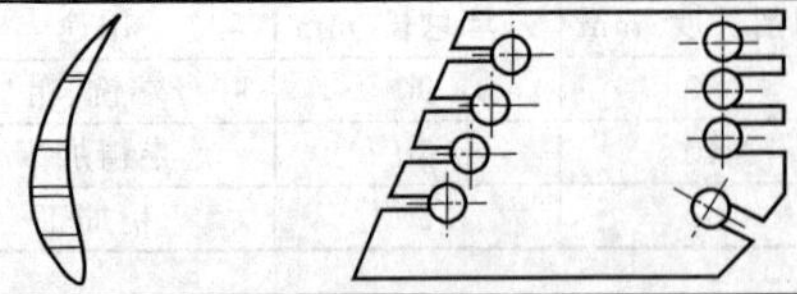

叶片形式:叶根一般用于固定动叶片。该
铸造隔板导叶为静叶片,静叶片无叶根
叶型规律:等截面
毛坯形式:铸造

序号	工序名称	加工示意图	工具
1	铣两端	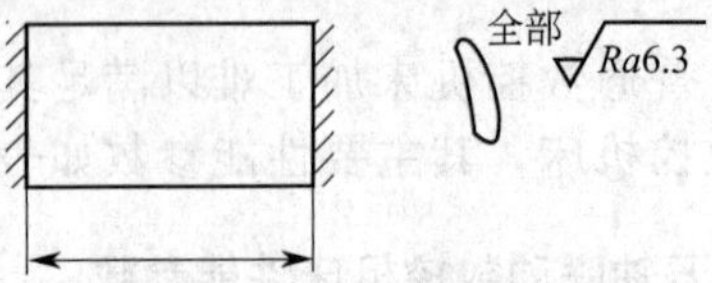 全部 √Ra6.3	三面刃铣刀,铣两端夹具
2	粗精铣内弧	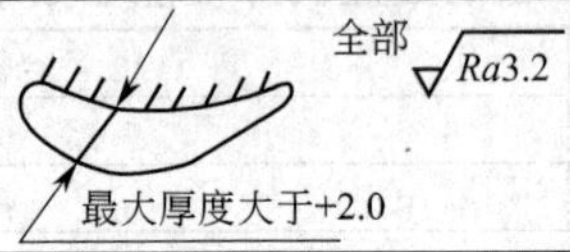 全部 √Ra3.2　最大厚度大于+2.0	型线铣刀,样板,铣内弧夹具
3	铣准两端	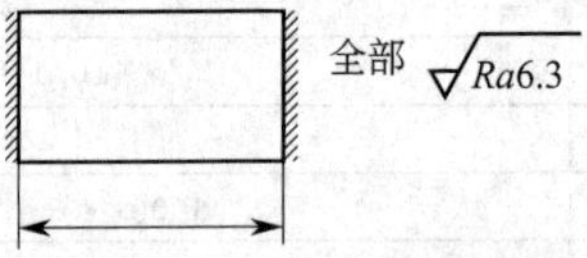 全部 √Ra6.3	三面刃铣刀,卡尺,铣两端夹具,内弧垫块
4	背弧出气边倒角	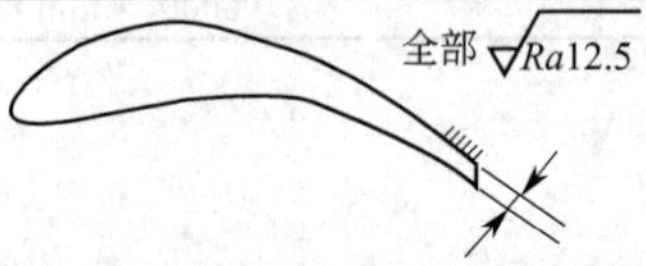 全部 √Ra12.5	三面刃铣刀,夹具,垫块
5	粗精铣背弧	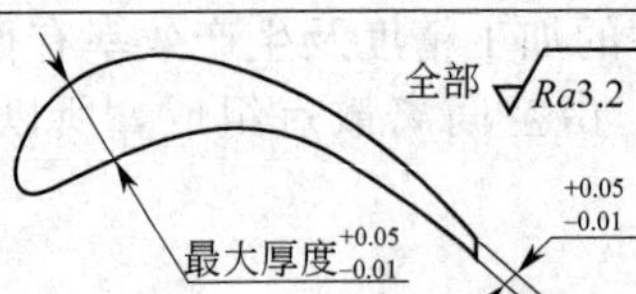 全部 √Ra3.2　最大厚度$^{+0.05}_{-0.01}$	型线铣刀,样板,框架,夹具,垫块
6	两端铣斜面	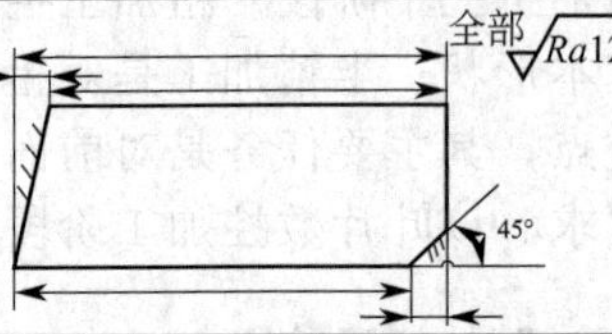 全部 √Ra12.5　45°	三面刃铣刀,夹具,垫块
7	钻孔、开槽	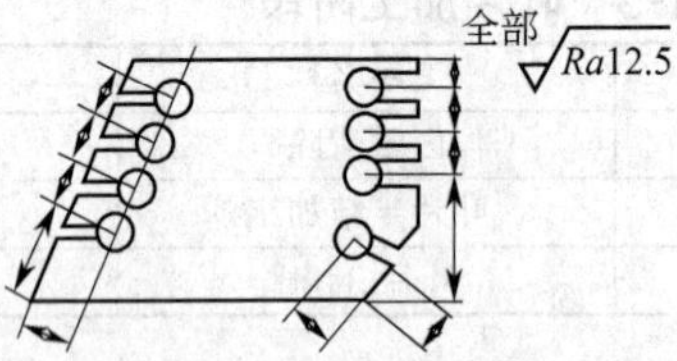 全部 √Ra12.5	麻花钻,铰刀,钻模夹具,垫块
8	钳修	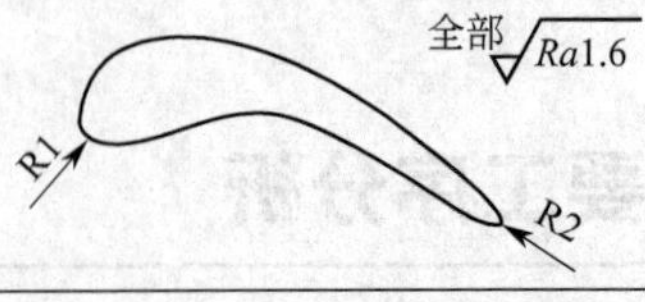 全部 √Ra1.6　R1　R2	
9	抛光	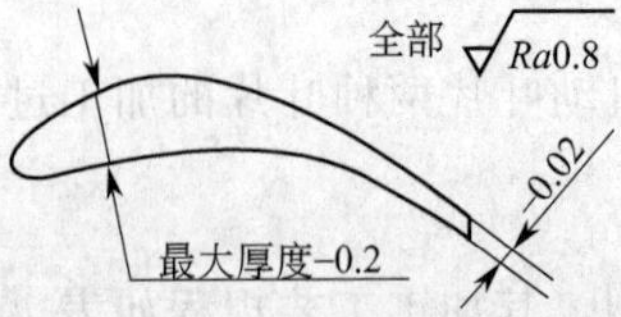 全部 √Ra0.8　最大厚度-0.2　0.02	样板,框架

11.4.2　烟气轮机动叶片加工

高温烟气中含有固体微粒，以高速度冲刷叶片，所以要求动叶从结构和材料上耐冲蚀。结构上动叶叶型比普通叶片更厚更窄、尖角更少、斜度更高；采用短而宽的低展弦比（动叶叶片弦长与叶片高度比）叶片。具体的叶片加工技术要求，各个生产厂家均有详细的规范。表 11-11 是某型烟气轮机动叶片加工过程。为了进一步延长叶片的使用寿命，叶片表面涂覆耐磨涂层（耐冲刷高温合金或陶瓷粉末），具体加工方法有等离子喷涂和爆炸喷涂等，厚度约为 0.1～0.2mm。

表 11-11　烟气轮机动叶片加工过程

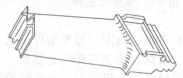

叶根形式：枞树形叶根
叶型规律：等截面
毛坯形式：模锻

序号	工序及要求	定位基准	刀具	量具	夹具
1	钳：①粗抛磨叶身型面；②刻叶片编号	定位基准——夹具基准面——叶顶和榫头各两个基准点	砂轮（手工）	样板	粗抛磨夹具
2	钳：预定位；浇方箱		无	样板	预定位夹具
3	线切割去榫头余量	基准面——方箱	线切割机床	卡尺	线切割榫头夹具
4	铣：①铣榫头两侧面；②铣榫头两端面；③铣榫头斜面；④铣榫头底端面	（数控机床）基准面——方箱	数控机床（五轴联动数控机床、强力磨机床）	卡尺	数控铣榫头夹具
5	磨：①成形磨榫齿；②磨榫头两侧面；③磨榫头两端面；④磨榫头底面；⑤磨榫头底平面与精铣接平				磨榫齿夹具
6	钳：熔化合金，取出叶片，叶片刻编号及机型号				
7	钳：①修榫齿两端型线上的圆角；②切工艺头取叶片长度	基准面——榫齿	线切割机床		切叶顶夹具
8	钳修：①抛光叶片型面；②清根	基准面——榫齿	砂轮（人工）		
9	磨：①磨叶顶；②叶片在打码机进行打码	基准面——榫齿		测叶顶高检具	磨叶顶夹具
10	检：①叶片做着色检查；②叶片拍 X 光片				
11	叶片表面喷涂				

11.4.3　叶片型面加工分析

叶片型面的机械加工方法与气道的型面结构形式、变化规律密切相关，且型面的加工中，机械加工方法仍然占很主要的地位。而气道型面采用什么曲线，是等截面还是变截面，变化规律如何，直接影响所加工方法、刀具、夹具、量具的选择和设计。

（1）气道型面的机械加工方法

型面质量好坏直接影响叶片的工作质量，因此型面加工应满足下列要求：保证型面本身的型线精度及各截面相对位置的精度；保证型面与叶根相对位置的精度。

由于型面是由复杂曲线组成的空间曲面，要保证它的加工精度就需采用专门的加工方法。型面加工时需要许多复杂的工、夹、量具和专用机床，因此叶片的工艺水平往往可用型面加工的水平来衡量。下面以等截面叶片讨论其加工方法。

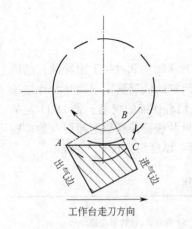

图 11-7　荒铣第一道工序示意图

等截面叶片气道长度较短，一般采用方钢毛坯，加工时主要以出气边定位。通常先加工内弧，用控制弧深的方法来保证气道与叶根的相对位置。加工背弧时，再以内弧形线定位，保证型面的最大厚度。

内、背弧加工分粗、精铣工序，粗铣后为精铣均匀留 0.5mm 左右的加工余量。如果用方钢，还需增加荒铣工序，以保证粗铣时，余量较为均匀。如果进出气边高度差较大，内弧荒铣分两道工序进行，目的是使粗铣时余量比较均匀。第一道工序将叶片倾斜，铣平进、出气边高度，见图 11-7。第二道工序如图 11-8 所示，用立铣主轴倾斜，即可加工出和内弧相似的椭圆来。

由于内弧形线随铣刀直径而变，型线精度随铣刀磨损而降低，所以必须分粗、精铣。精铣刀作为光整加工，保证尺寸精度和粗糙度，磨损后再作为粗铣刀。当内弧形线由几个圆弧组成时，可采用仿型加工，所用的立铣刀半径应小于型面最小曲率变径。

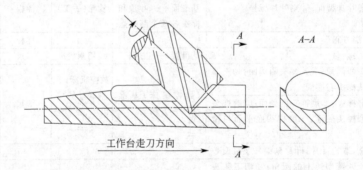

图 11-8　荒铣第二道工序示意图

背弧加工与内弧相类似，也由成型铣刀加工或采用仿型加工。但背弧仿型铣时，铣刀直径不受型面曲率半径的限制，加工情况比内弧好。在成型加工前和内弧相同，也有荒铣，一般是进出气边倒角，使背弧余量较均匀，粗加工后留 0.5mm 精加工余量。

（2）叶片型面的光精加工

因为叶片的表面质量要求较高，一般要求 $Ra0.8\sim0.2\mu m$，所以一般叶片型面最后都要进行抛光，直接抛光工作量太大，一般抛光前进行磨削。

① 磨削　用成型砂轮磨削或仿型磨削，效率较低，且砂轮的制造与修整也比较困难。采用砂带磨削，效率可以提高。其工作原理是砂带由主动轮带动旋转，通过配重将砂带拉紧，叶片安放在工作台的夹具上，夹具和工作台可随扇形板摆动，使砂带可磨削到叶片的各个部分，扇形板由一个电动机带动的偏心轮控制其摆动，磨削加工要保证充分冷却，磨削速度为 $20\sim30m/s$。

② 抛光　抛光的类型有砂带抛光、电解抛光和液体抛光。

砂带抛光机具有下列特性：

a. 能对具有各种复杂形式的气道叶片进行光整加工；

b. 在加工过程中，砂带的驱动和加压系统能使砂带确保同等的压力，即保证叶片可均匀去除余量；

c. 改变砂带粒度，即可获得所需型面的表面粗糙度；

d. 为使砂带与被加工叶片接触良好，加工时纵向送进伴随有叶片的周期摆动，横向送进则尽量按叶片形状和质量要求自由调整；

e. 在抛磨进、出气边的专用机床中，能保证叶片在加工过程中始终绕进（出）气边圆角半径中心做近似于 $180°$ 的转动。砂带在叶片边缘上抛磨，应保持均匀的抛光力；

f. 自动化程度较高，可按叶片的外形、尺寸和形式来确定操作程序。

电解抛光是以悬挂在电解槽中的叶片为阳极，于特定条件下电解，通过阳极金属的溶解，以消除制品表面的细微不平，使之具有镜面般光泽外观的过程。电解抛光抛光量较小，规范较难控制，对不同的工件材料、不同的电解液，其加工规范都要相应变化，需要通过反复调整才能掌握。

液体抛光的实质是将含磨料的磨削液，在 $0.4\sim0.5\text{MPa}$ 压力作用下从喷嘴喷出，磨粒冲击到表面粗糙的突峰时，将它打平，从而得到光滑的表面，同时也使表面强化。磨粒很细时，加工表面粗糙度可达 $Ra0.4\sim0.1\mu m$，加工时间也较短，生产率高。当零件形状十分复杂时，用抛光轮抛光很难接触到所有的表面，而液体抛光则可以，所以这对叶片与叶轮整体制造的型面抛光尤为合适。

11.4.4　叶片叶根加工分析

叶根是叶片的主要装配部位，它的加工精度决定着装配的质量，并直接影响叶片的安全和性能；因此叶根的尺寸精度、粗糙度和技术条件要求均很高。

根据叶片与轮盘槽的装配方法可分为配横槽与配纵槽两大类。从叶根加工工序看，两者差别不很大。但从轮槽的加工和安装叶片的工艺来看，槽的方向有很大影响。装叶片工艺又转而影响到加工。例如，装横槽的叶片不需要加厚叶片（加厚根部的目的是放修配余量）。配横槽时，叶片与轮槽配合面都是平面。配纵槽时，情况就不同。轮槽是圆形的，因此每只叶片的配合面最好也是圆弧面。这就对叶根加工提出了相应的要求。

根据叶根内、背面的形状可分为平面和曲面两类，叶根内、背面是曲面的又有三种情况。

① 叶根内、背面与气道内、背弧形线相同。因而可与气道一起加工出来。可以用轧制的毛坯，装配时需要用隔离件。

② 叶根的内面是气道内型面的延续，背面型线与内弧相同。这时根部内型面就和气道内弧一起加工，根部背面加工时，以内型面定位，控制径向面的角度和叶根厚度。

③ 根部型面与气道型面不同，要单独加工，一般先加工内曲面，然后再以内曲面定位加工背曲面，控制径向曲面角度和叶根厚度。

叶根型面形式很多，常用的有 T 形及外包 T 形叶根、叉形叶根、齿形叶根、枞树形叶根、外包式叶根等。

11.4.5　叶片表面处理分析

（1）表面涂层方法简介

表面涂层机制主要是通过渗铝（铬）在叶片表面生成一层致密的稳定的保护膜，其防腐性能良好。涂层的方法如下。

① 固体法　在惰性气体下，将叶片放入镀层材料中，通过加热使镀层金属扩散沉积在叶片表面。这种方法简单、经济，但涂层不紧密，质量较差。

② 料浆法　将浆液涂于叶片表面上，通过加热使其渗入。要求浆液涂得均匀，黏度要

合适，否则合金化时不均匀。

③ 热浸法　将高温的叶片放入涂层金属的槽液中进行扩散退火，使其在工件表面产生化学变化，生成所要求的表面层。

（2）典型叶片表面处理方法

汽轮机叶片常用材料为 1Cr13 或 2Cr13，这种不锈钢抗磨蚀性能较差，所以做末级叶片时常被蒸汽中的水滴冲击，引起强烈的浸蚀。严重的水蚀不仅影响机组的效率，而且影响机组的安全，削弱叶片的强度，改变其振动特性，造成叶片折断等事故。叶片表面产生水蚀后，进行更换费工时，所以对叶片表面进行适当的处理。提高其抗水蚀的能力是末级叶片的一个重要课题。

水蚀产生的原因与末级叶片所处部位的蒸汽湿度有关，湿度越大则水蚀越严重。另外与叶片的线速度有关，线速度越大，则水滴相对冲击速度也大，水蚀严重。防水蚀的措施很多，一般多采用提高工件表面强度的工艺方法。当蒸汽湿度在 7% 以下，叶片线速度不大于 400m/s 时，叶片表面可进行如下处理：镀硬铬；表面火焰淬硬；电火花强化；碳弧强化；局部氮化。其中局部氮化的方法，虽然表面硬度提高，但比较脆，所以在实际中应用较少。

当蒸汽湿度为 13%，叶片线速度为 400m/s 以上时，多采用堆焊或熔焊钴基合金。堆焊的位置在叶片顶部的进汽边处，它的硬度可达 40HRC。

 习题

一、单项选择题

1. 以下____不是叶片加工工艺路线的特点。
   A. 工序分散　　　　　　　　　B. 叶片型面的机械加工与其结构形式密切相关
   C. 毛坯类型对工艺路线的影响很大　D. 中间质量检验工序比较多
2. 以下选项____不是烟气轮机叶片加工所需要做的准备工作。
   A. 刀具的选择　　　B. 叶片几何选型　　　C. 加工机床选择　　　D. 叶片加工工艺规划

二、填空题

1. 为延长叶片的使用寿命，叶片表面涂覆耐磨涂层，具体加工方法有_____和_____。
2. 叶片毛坯制造的方法有_____、_____、_____、_____、_____。

三、问答题

1. 请简述叶片材料的要求。
2. 请简述烟气轮机动叶片制造过程。
3. 请从材料利用率、尺寸精度、表面质量、力学性能、适合加工的叶片类型这些方面分析不同叶片毛坯制造方法的特性。

第 12 章
叶轮机械主轴加工

转子是叶轮机械能量转换的核心部件，一般是由主轴、叶轮或轮盘、动叶片和联轴器等旋转部件组成的组合体。转子的主要作用是承受流体和工作叶片之间的相互作用力，包括扭力、离心力及热应力等。作为转子的载体，主轴的稳定性以及质量的可靠性在叶轮机械运行中起着至关重要的作用，主轴的加工精度越高，它的跳动就会越小，不平衡量也会越小，运行会越平稳。本章主要以轴流式烟气轮机为例介绍叶轮机械主轴的加工。

12.1 主轴的功用、结构特点及技术要求

12.1.1 主轴的功用

轴流式烟气轮机属于轴流式涡轮机械，是一种把高压或高速烟气的能量转换为旋转机械能的动力机械，运行时工作流体主要沿轴向流动。国家化工行业标准 HG/T 3650《烟气轮机技术条件》中，单级上排气烟气轮机简图如图 12-1 所示，主轴一方面要传递运动和动力，并承受弯曲和扭转载荷，另一方面要支承安装在主轴上的传动零件（轮盘、动叶等）并保证其具有一定的回转精度。主轴的加工精度特别是轴颈、推力平面的精度是保证转子动平衡和涡轮振动等运行状态的决定因素。要求其加工不仅具有较小的残余应力，还需要组织性能均匀、韧性好及强度高等。涡轮主轴的锻造难度要大于平常的轴类锻件。

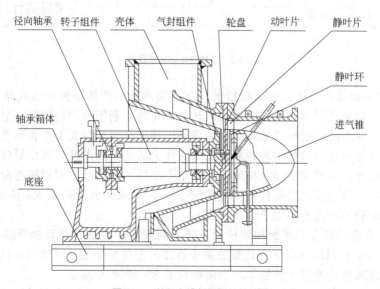

图 12-1 单级上排气烟气轮机简图

12.1.2　主轴的结构特点

　　如图 12-2 所示，烟气轮机主轴是回转体零件，其长度大于直径。一般由同轴心线的圆柱面、圆锥面、螺纹和相应的端面组成，有些轴上还有花键、沟槽、径向孔等。

图 12-2　烟气轮机主轴

　　按其结构，主轴可分为两大类：实心轴和空心轴。实心轴加工容易，强度高，刚性大，运行对中性好，且几乎不需要检修和维护；空心轴即主轴内部为空心，因此转子较轻，容易启动，但转子刚性较差，检修维护难度较大。在轴流式烟气轮机应用中，高中压转子主轴一般采用蠕变断裂强度较高的实心合金钢锻件加工而成，在高温高压的工况下具有优良的抗蠕变、抗断裂性能和良好的韧性以满足工程需求。低压转子主轴采用高抗拉强度的实心合金钢锻件加工而成，具有很好的延展性。

12.1.3　主轴的技术要求

　　涡轮主轴的加工质量直接影响整台涡轮的工作性能和使用寿命。图 12-3 为某烟气轮机主轴结构示意图，为了保证回转体部件及机器的工作质量，主轴的主要技术要求如下。

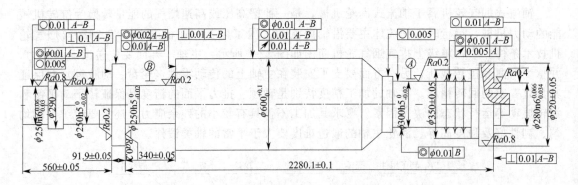

图 12-3　某烟气轮机主轴示意图

　　① 主轴支承轴颈的精度及表面粗糙度。支承轴颈是回转体部件的装配基准，它的作用是支承转子，与轴瓦共同承载转子的重量。转子工作时，利用轴颈的回转，把润滑油带入轴颈和轴瓦工作表面之间从而形成油膜。当油膜厚度超过轴颈和轴瓦工作表面微观不平度的平均高度时，就会形成压力油膜将轴颈和轴瓦两工作表面完全隔离开，从而形成液体摩擦，减少轴颈磨损。因此，两轴颈的加工精度关系到整个部件的回转精度和使用寿命，当两轴颈的不同轴度过大时，将引起回转部件的不平衡和振动。要求表面粗糙度 Ra 值为 $0.2\mu m$ 及以下，且两轴颈的同轴度允差不大于 $\phi 0.01mm$。

　　② 主轴和轮盘相结合的端面和圆柱面，应分别垂直和同轴于前后轴颈的公共轴线，其垂直度公差按 GB/T 1184《形状和位置公差未标注公差值》中的 7 级选取；同轴度公差按 5 级选取；两轴颈圆度公差按 5 级选取，表面粗糙度 Ra 值为 $0.2\mu m$。

　　③ 主轴加工后应进行调质热处理，消除应力，稳定尺寸和提高其综合力学性能。

④ 为了保证强度、避免应力集中，主轴应经磁粉及超声波探伤，不允许有裂纹、疏松、夹杂物等缺陷。

12.2　材料与毛坯

12.2.1　材料

通常来说，轴流式涡轮机械主轴工作温度高、体积大，高速旋转时需承受较大的离心力及附加应力，还要承受较大的扭矩和因温度梯度造成的热应力，另外还有开机、停机等原因造成的瞬间冲击振动和扭应力。这就要求主轴材料有良好的常温综合力学性能，高的高温抗拉强度，较好的韧性、塑性，高的蠕变强度，较低的韧脆性转变温度等。

轴流式烟气轮机主轴的材料通常选用铬镍合金钢，例如 26NiCrMoV145、30Cr2Ni4MoV 或 40CrNi2MoA。同 45 钢相比，这三者提高了合金元素的含量，改善了材料力学性能。其中，铬元素可以增加钢的淬透性并有二次硬化作用，提高钢的耐磨性；镍元素可以细化铁素体晶粒，在强度相同的条件下，提高钢的塑性、韧性，特别是低温韧性，并与铬和钼一起，提高钢的热强性和耐蚀性；钼元素抑制奥氏体向珠光体转变的能力最强，从而提高钢的淬透性，当含量约 0.5% 时，能降低或抑制其他合金元素导致的回火脆性，并能形成弥散分布的特殊碳化物，提高钢的热强度和蠕变强度。

各种合金钢及 45 钢的化学成分如表 12-1 所示，室温力学性能如表 12-2 所示。可以看出，材料 26NiCrMoV145、30Cr2Ni4MoV 和 40CrNi2MoA 的屈服强度、抗拉强度和冲击强度等力学性能均远高于 45 钢。其中 26NiCrMoV145 对杂质元素和碳含量的控制更为严格，其综合力学性能较优，但同时其可加工性也要难于其他材料。

表 12-1　主轴材料元素成分表（质量分数）　　　　　　单位：%

元素	26NiCrMoV145	30Cr2Ni4MoV	40CrNi2MoA	45
C	≤0.28	≤0.35	0.38~0.43	0.45
Mn	≤0.40	0.20~0.40	0.60~0.90	0.58~0.80
Si	≤0.07	≤0.10	0.20~0.35	0.17~0.37
S	≤0.007	≤0.010	≤0.015	—
P	≤0.007	≤0.010	≤0.02	—
Ni	3.40~3.80	3.25~3.75	1.65~2.00	≤0.30
Cr	1.40~1.80	1.50~2.00	0.70~0.90	≤0.25
Mo	0.30~0.45	0.25~0.60	0.20~0.30	—
Cu	≤0.15	≤0.15	≤0.25	—

表 12-2　力学性能

力学性能	26NiCrMoV145	30Cr2Ni4MoV	40CrNi2MoA	45
屈服强度/MPa	≥785	≥835	≥885	≥355
抗拉强度/MPa	≥980	≥860	≥980	≥600
断后伸长率/%	≥10	≥10	≥12	≥16
断面收缩率/%	≥45	≥50	≥45	≥40
硬度/HB	241	269	269	197
冲击强度/(J/cm²)	≥100	≥71	≥48	≥39

一般来说，主轴材料的选择取决于主轴工作环境，在满足性能要求的基础上，尽可能选择可加工性较好的材料。但无论何种材料，都需经过严格的化验分析，性能指标经过试块进行检验，粗加工后还要进行热跑试验，验证其热稳定性并消除一定的残余应力。以上指标合格后，才能投入精加工，精加工后在两端轴颈处做着色检验或磁粉探伤，不允许出现裂纹。

12.2.2　毛坯

对于光轴和直径相差不大的阶梯轴，一般选用圆棒型材作为毛坯。直径相差较大的阶梯轴和比较重要的轴，应采用锻件作毛坯。其中，大批量生产采用模锻；单件小批量生产采用自由锻。对于结构复杂的轴，可采用球墨铸铁件或锻件作为毛坯。

图 12-3 所示的主轴材料为 40CrNi2MoA，该轴形状复杂、精度要求高，各段轴径尺寸相差较大，故选用锻件毛坯。轴锻件经锻锤或水压机锻制，反映锻造前后其横断面积比值的总锻造比不小于 5。锻后经过高温回火软化，使其室温硬度不大于 269HB。

12.3　主轴加工工艺的制订

12.3.1　主轴加工的工艺特点

叶轮机械主轴从结构上分实心阶梯轴和空心阶梯轴两大类。共同的加工特点是精度要求高、刚性差。一方面主轴的主要轴颈和支承孔本身的尺寸精度和表面粗糙度，以及这些主要表面间的相互位置精度要求都比较高，而另一方面主轴的长径比较大，一般 $L/D>10$，甚至超过 20，零件的刚性差，加工时容易产生变形，保证加工精度比较困难。

主轴的机械加工，除键槽加工外，主要是回转体外圆和内孔表面加工。常用的加工方法为车床上车外圆、钻深孔、镗内孔，磨床上磨外圆等。

在制订主轴机械加工工艺过程中应着重考虑：合理地选择基准；有效地进行深孔加工；严格地将粗、精加工分开；妥善地减小加工中的变形等。

12.3.2　主轴定位基面的选择

在主轴零件的加工中，为保证各主要表面的相互位置精度，选择定位基准时，应尽可能使其与装配基准重合并使各工序的基准统一，而且还要考虑在一次安装中尽可能加工比较多的面。

对于不同结构的主轴，定位基面的选取原则不同。加工实心主轴时，只有一组加工表面即外圆表面及其端面。加工空心主轴时，除了外圆表面及其端面外还有内孔表面。下面分别讨论加工这两组表面所用的定位基面。

外圆表面的设计基准为主轴中心线。加工时，若能以轴线为定位基准，符合基准统一原则，可以避免产生定位误差，又能在一次安装中加工各段外圆及其端面，加工效率高并且所用夹具结构简单，也有利于保证各外圆表面间的同轴度以及各外圆表面对端面的垂直度要求。一般轴类零件都用两端中心孔作为精基准，因为该中心孔为加工需要而设立，称为辅助精基准。中心孔精度（包括中心孔本身精度以及两孔之间位置精度）越高，加工精度就可能越高。

在加工空心轴的内孔时，不能再采用中心孔作为定位基准，应使用轴的两外圆表面作为定位基准，一般以两支承轴颈为定位基准，这样可以有效保证轴孔相对支承轴颈的同轴度要求，消除基准不重合而引起的误差。

生产中，还需根据不同加工阶段和轴的具体结构适当改变定位方式。粗加工阶段因毛坯余量较大，为了提高生产率，一般选用较大切削深度和走刀量。切削力较大，容易引起工件变形，为提高工艺系统刚度，一般采用工件一头用卡盘夹持，另一端用顶针顶住的装夹方式。

空心轴生产中，可以在轴的通孔两端插上两个带中心孔的中心塞或带锥套的芯轴来安装工件。采用图 12-4（a）所示的锥形中心塞，需要在轴的通孔两端加工出工艺锥面，否则采用图 12-4（b）所示的圆柱形中心塞。带锥套的芯轴结构如图 12-5 所示。

小批生产中，为了节省辅助工具，常用找正外圆的方法来安装工件。要减少主轴各外圆表面间的同轴度误差，必须提高中心塞或芯轴的制造精度，减少它们与主轴两端工艺锥孔的装配误差，并在装上中心塞后修磨其中心孔。

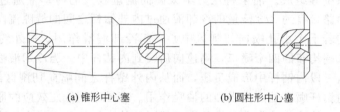

(a) 锥形中心塞　　　　　　　(b) 圆柱形中心塞

图 12-4　中心塞

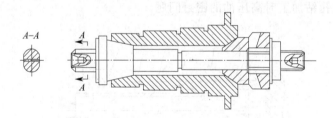

图 12-5　带锥套的芯轴

由以上分析可知，对于主轴，加工各外圆表面、锥孔、螺纹都以轴的中心线作为设计基准，用中心孔定位。为了保证左右两侧支承轴颈同轴度要求，在精车前对原中心孔重新车削加工，并用铸铁锥棒反复研磨中心孔，消除变形，保证中心孔和车床顶尖接触面积达到 85% 以上，使加工过程中基准保持不变。

12.3.3　主轴深孔的加工

一般把加工长径比 $L/D > 5$ 以上的孔称为深孔加工，其加工工艺较复杂。通常因为加工刀杆细而长，刀杆刚度和强度较差，容易产生偏斜和振动。金属切屑不易排出，冷却液不易输入切削区，因而散热条件差，导致切削区的温度高，刀具容易磨损。因此，进行深孔加工时，应选择良好的加工方法，设计合理的钻头结构，采取必要的工艺措施，以保证深孔加工的质量，提高生产率，减轻劳动强度。根据生产规模和具体生产条件不同，主轴深孔的加工方法也不尽相同。常用的提高加工质量和效率的方法有：

① 采用工件旋转、刀具进给的加工方式，使钻头有自定中心的能力，避免钻孔时偏斜；

② 采用特殊结构刀具——深孔钻，以增加导向稳定性和断屑性能，来适应深孔加工条件；

③ 在工件上预先加工出一段较精确的导向孔，使钻头在切削开始时不引偏；

④ 利用压力输送足够的切削液进入切削区，对钻头起冷却润滑作用，并带着切屑排出。

单件小批生产中，常在卧式车床上用接长的麻花钻进行加工，在加工过程中需多次退出钻头，以排出切屑和冷却钻头，故生产效率低，劳动强度高。成批生产中，普遍在深孔钻床上用内排屑深孔钻头加工，在加工过程中可连续进给，钻出的孔对外圆的轴线偏离量在 1000mm 长度内小于 1mm，表面粗糙度 Ra 为 12.5～3.2μm。它的生产效率比前者高一倍以上，并可降低劳动强度。

喷吸式深孔钻具有加工质量好、生产效率高、劳动强度轻的特点。图 12-6 是安装在经适当改装后的普通车床上的卧式喷吸式深孔钻装置的结构简图。工件一端用三爪卡盘夹持，另一端用中心架支承。喷吸钻装置主要由喷吸钻头、外钻杆、内钻杆、钻杆支承座、引导架以及油箱、油路系统等组成。油泵将压力不太高而流量较大的冷却液通过油路系统送入装置，之后分成了两路。有约 2/3 流量的冷却液通过内外钻杆之间的缝隙流向喷吸钻头，再通过钻头颈部均布的若干个小孔喷向切削区中心，起冷却润滑作用。另外约 1/3 流量的冷却液，通过内钻杆末端均布的四个喷口，高速向后喷到内钻杆中。当冷却液喷离喷口时，使喷口至钻头切削区这一段内钻杆中形成负压，而从内外钻杆之间喷向切削区的冷却液是正压，这个压力差就在内钻杆喷口处产生强烈的抽吸作用。正是利用低压效应的原理在钻头和内钻杆中产生喷吸作用，使冷却液带着切屑稳定而畅通地从内钻杆孔中排出，这样就大大地改善了深孔加工时钻头的工作条件，并由此而取名为"喷吸钻"。生产实践证明，采用这种喷吸式深孔钻，切削轻快、断屑良好，排屑畅通，比用麻花钻加工生产率大幅提高，而且不存在采用外冷内排屑深孔钻加工时高压油的密封问题。

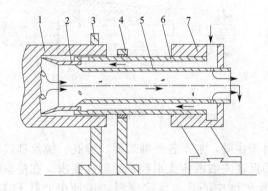

图 12-6　卧式喷吸式深孔钻装置结构简图
1—工件；2—喷吸钻头；3—中心架；4—引导架；5—内钻杆；6—外钻杆；7—钻杆支承座

钻出的深孔应经过精加工才能达到要求。深孔精加工的方法有镗孔和铰孔，由于刀具细长，除了采用一般的进给方法外，也可采用拉镗和拉铰的方法在深孔钻床上加工。拉镗和拉铰的方法是使刀杆受拉，故可防止压弯。

12.3.4　工艺路线的拟订

拟订零件机械加工工艺路线，除了合理选择定位基面以外，还要考虑下列几个方面的问题。

（1）表面加工方法的选择

加工方法的选择应符合产品质量、产量和经济性的要求，首先必须保证质量。应根据加工表面的技术要求（如尺寸精度、形状精度和表面粗糙度）、材料种类、零件结构特点、生产类型等来确定加工方法和加工方案。例如车削能达到的加工精度范围较宽，但要用普通车削达到 IT7，则加工成本要高得多，因此选用加工方法时要考虑经济性。

以 IT6～IT9、表面粗糙度为 $Ra1.6～0.2\mu m$ 的外圆表面加工方案为例。

① 粗车—半精车—磨削（h7～h9，$Ra0.8～0.4\mu m$）。此方案适用于加工淬火钢件，也可用于质量要求较高的未淬火钢件、铸铁件等。但不宜用于有色金属，因其韧性很大，磨削时易堵塞砂轮，难以得到光洁表面。

② 粗车—半精车—粗磨—精磨（h6，$Ra0.4～0.2\mu m$）。此方案有两道磨削工序，能得到更高的加工质量。适用范围同上。

③ 粗车—半精车—精车（h7，$Ra1.6～0.8\mu m$）。

④ 粗车—半精车—精车—细车（h5～h6，$Ra0.4～0.2\mu m$）。

后两种方案适用于加工有色金属，其中细车是指在专用高速精密车床上所进行的精密车削方法，可获得很高的加工质量。

综上分析，烟气轮机主轴外圆表面的加工可以采用粗车—精车—精磨方法实现。

（2）加工阶段的划分

零件加工质量要求较高时，不可能在一道工序内集中完成全部加工，要把整个加工过程划分为几个阶段。一般分为粗加工、半精加工和精加工三个阶段。如精度高和表面粗糙度数值特别小时，还需增加一个光整加工阶段。加工主轴时，合理划分加工阶段可以减小变形。

① 粗加工阶段　主轴的粗加工包括粗车外圆和钻两端中心孔，粗加工后安排探伤检验，以确定零件的材质是否符合要求。粗加工过程中，由于主轴的切削量非常大，单边 100mm，甚至更多，因此切削应力会非常大，导致工件变形，若不经热处理继续进行精加工会影响主轴的加工质量。为避免主轴内部应力集中造成弯曲，引起主轴加工中的振动，应将各个表面的粗加工集中进行，并在粗加工后进行时效处理以消除内应力。

② 半精加工阶段　主轴半精加工主要为半精车外圆各个表面，以获得必要的尺寸、几何形状和位置精度，为主要表面的精加工做好准备。在半精加工过程中，常安排一些次要表面的加工，如车螺纹、铣键槽等，技术要求规定作调质处理的工件，则在半精加工之后进行，以保证零件获得较高的综合力学性能。

③ 精加工阶段　其任务是保证各加工表面达到零件图的要求。主要任务是修研中心孔，粗、精磨各处外圆。其中磨削外圆锥面需要用专用锥套控制其接触面积和配合深度。

④ 光整加工阶段　其任务以减小重要表面的粗糙度数值和提高尺寸精度为主，一般不用于纠正形状误差和位置误差。

（3）加工顺序的安排

安排机械加工工序时，需遵循下列原则。

① 先基面后其他　每一加工阶段总是先加工精基面，涡轮机械主轴加工中，采用中心孔作为统一基准，则每个加工阶段开始，总是先打、重打或修研中心孔。

② 先粗后精　依次安排粗加工、半精加工、精加工和光整加工。

③ 先主后次　先安排加工零件上的装配基面和主要工作表面等，而次要表面由于加工面小，又和主要工作表面有相互位置要求，一般都应安排在主要表面半精加工以后、精加工以前进行。

④ 先面后孔　由于平面所占轮廓尺寸一般较大，用平面定位比较稳定可靠，因此总是选择平面作为定位基面，先加工平面，后加工孔。

轴类零件除了应遵循上述加工顺序的一般原则外，还要考虑以下几个方面的因素：在加工顺序上，先加工大直径外圆，然后再加工小直径外圆，以免一开始就降低了工件的刚度；轴上的键槽等表面的加工应在外圆精车之后进行；轴上的螺纹一般有较高的精度要求，通常安排在半精加工之后。另外，为保证加工质量，有些零件表面的最后精加工须放在部件装配之后或在总装过程中进行。

（4）热处理工序的安排

热处理工序在工艺路线中的位置应根据热处理目的而定。

① 改善金相组织和加工性能的热处理，如低碳钢零件一般采用正火，以提高硬度，使切削时切屑不粘刀；高碳钢零件一般采用退火，以降低硬度。这些热处理应安排在机械加工以前。

② 消除内应力的热处理，如人工时效和自然时效，最好安排在粗加工以后，可同时消除毛坯制造和粗加工引起的内应力，减少后续工序的变形。

③ 获得良好综合力学性能的热处理，如调质处理，一般安排在粗加工以后。

④ 提高表面硬度和耐磨性的热处理，如表面淬火、渗碳、氮化等，一般安排在工艺过程后部，该表面精加工之前。

（5）检验工序的安排

检验工序是主要的辅助工序，是保证产品质量的重要环节。检验内容包括：精度（尺寸、形状、位置精度）和表面粗糙度、材质力学性能、金相组织检查。尺寸检验除了在每道工序由操作者自行检验以外，还必须在下列情况下单独安排这道工序：

① 粗加工全部结束以后，精加工之前。

② 零件送往外车间加工的前、后，特别是热处理前、后。

③ 花费工时多的工序和重要工序前、后。

④ 零件全部加工结束之后。

当前机械加工中最常用的零件无损检测方法包括超声波检测、磁粉检测、渗透检测以及射线检测。超声波检测一般用来检测内部缺陷，为了及早确定毛坯能否使用、修复或报废，一般将其安排在粗加工以后，且主要表面的粗糙度应不大于 $Ra3.2\mu m$。磁粉检测用来检测铁磁性工件的表面及近表面缺陷，故应将其安排在精加工以后，以检查表面裂纹，确保零件的最后质量。

12.4　主轴的加工过程及其主要工艺分析

12.4.1　主轴的加工过程

以某型号烟气轮机主轴加工过程为例，其主轴主要加工表面的加工顺序为：锻造毛坯—热处理—打中心孔—粗车外圆及各表面—热处理—半精车—精车—磨削—镗孔—钳工—铣键槽。该型号烟气轮机采用 40CrNi2MoA 合金主轴锻件，完整的主轴加工工艺过程见表 12-3。其中，各阶段加工要求如图 12-7 所示。

表 12-3　烟机主轴机械加工工艺过程

工序号	工序名称	工序内容	装夹基准	加工设备
1	锻	锻造毛坯		
2	热处理	850℃±10℃油冷，加570℃±10℃空冷		

续表

工序号	工序名称	工序内容	装夹基准	加工设备
3	车	车毛坯	四爪卡盘	卧式车床
4	检	毛坯检验,化学成分符合表12-1要求		
5	划	划主轴中心线,定中心孔位置		划线平台
6	钻	车端面,钻中心孔	按划线	钻床
7	车	车各段外圆,车圆即可	一顶一夹	卧式车床
8	检	超声波探伤		超声波探伤仪
9	车	①四爪夹持小端外圆,大端顶尖顶住,车大端外圆部分 ②工件调头,四爪夹持大端外圆,小端顶尖顶住,车小端外圆部分	一顶一夹	卧式车床
10	热处理	时效热处理		
11	检	硬度检查		
12	车	车大端工艺头	一顶一夹	卧式车床
13	检	试样块检查,室温力学性能满足表12-2要求		
14	车	半精车各段外圆	一顶一夹	卧式车床
15	检	尺寸检查、超声波探伤		超声波探伤仪
16	车	精确找正机床主轴箱与尾座中心孔的同轴度;研磨中心孔;两头顶尖顶住,四爪夹持工艺头,搭中心架,精车	双顶尖装夹	
17	检	全面检查加工质量		
18	钳	修研两端中心孔		钻床
19	车	第二次精车(以车代磨) ①两头顶尖顶住,四爪夹持工艺头,搭中心架,精车大头 ②调头,两顶尖顶起,四爪夹持工艺头,搭中心架,精车小头	双顶尖装夹	数控车床
20	检	检查尺寸公差与形位公差		
21	车	车端面	一顶一夹	卧式车床
22	划	划小头端面螺孔位置线		划线平台
23	镗	①V形铁支撑主轴,找正后压紧 ②将钻模安装到主轴上固定 ③钻底孔 ④镗底孔 ⑤钻小头端面螺纹底孔		数控铣镗床
24	钳	小头端面螺纹孔攻螺纹至成品		钳工平台
25	钳	①划大端面出气槽加工位置尺寸线 ②划外圆上圆弧槽加工位置尺寸线 ③钻外圆周上圆弧槽底孔 ④划小头两个键槽加工位置尺寸线 ⑤钻小头两个键槽底孔		钳工平台
26	铣	①铣大头端面出气槽 ②铣外圆周上圆弧槽 ③铣小头上两个键槽	一顶一夹	数控铣镗床
27	钳	去毛刺、尖角倒圆		钳工平台
28	检	全面检查尺寸公差、形位公差、圆周、倒角、键槽		

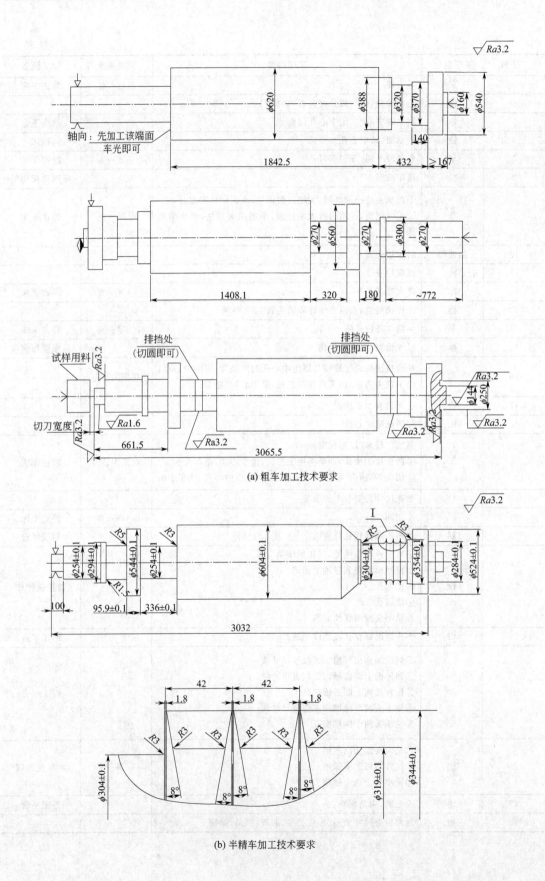

(a) 粗车加工技术要求

(b) 半精车加工技术要求

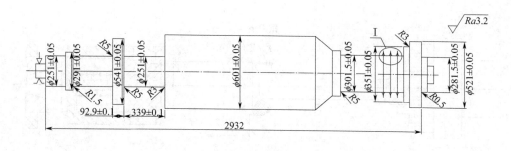

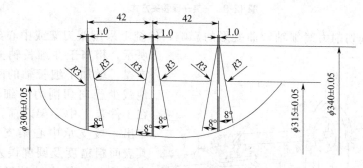

(c) 精车加工技术要求

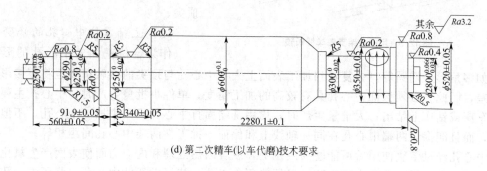

(d) 第二次精车(以车代磨)技术要求

图 12-7 加工要求

Ⅰ—右侧轴封结构

12.4.2 主要工艺分析

（1）工件装夹方案

在车床上车削细长轴采用的两种传统装夹方式中，采用双顶尖装夹，工件定位准确，容易保证同轴度。但用该方法装夹细长轴，其刚性较差，细长轴弯曲变形较大，而且容易产生振动，因此只适宜于安装长径比不大、加工余量较小、同轴度要求较高的工件。

加工细长轴通常采用一夹一顶的装夹方式，如图 12-8 所示。同时，在卡盘的一端车出一个缩径，缩径的直径约为工件棒料直径的一半。缩径可以增加工件的柔性，消除了由于坯料本身的弯曲而在卡盘强制夹持下轴心线歪斜的影响。在卡爪与细长轴之间垫入一个开口钢丝圈，也可以减少卡爪与细长轴的接触长度，消除安装时的过定位，减少弯曲变形。后顶尖采用弹性活顶尖，使细长轴受热后可以自由伸长，减少其受热弯曲变形。

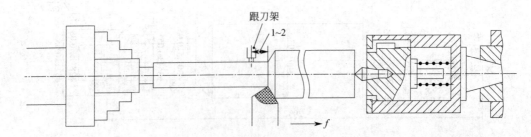

图 12-8　一夹一顶装夹方式

为了减少径向切削力对细轴弯曲变形的影响，传统上采用跟刀架或中心架，如图 12-9

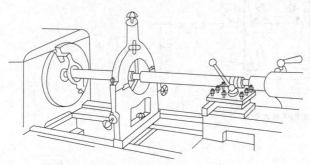

图 12-9　用中心架支撑车细长轴

所示，相当于在细长轴上增加了一个支撑，增加了细长轴的刚度，可有效地减少径向切削力对细长轴的影响。在工件装上中心架之前，在毛坯中部车出一段支承中心架支承爪的沟槽，其表面粗糙度及圆度误差要小，并在支承爪与工件接触处经常加润滑油。搭中心架，待校准完毕后，紧固尾架顶尖。

（2）主轴零件中心孔的修研

作为定位基面的中心孔的形状误差，如多角形、椭圆等，会复映到加工表面上去，中心孔与顶尖的接触精度也将直接影响加工误差，因此，必须保证中心孔具有较高的加工精度。单件小批量生产时，中心孔主要是在卧式车床或钻床上钻出；大批量生产时，均用铣端面打中心孔机床来加工中心孔，不但生产率高，而且能保证两端中心孔在同一轴线上和保证一批工件两端中心孔间距相等。

中心孔经过多次使用后可能磨损或拉毛，或者因热处理和内应力而使表面产生氧化皮或发生位置变动，因此在各个加工阶段必须修研中心孔，甚至重新钻中心孔。修研中心孔常用的方法有：用油石或橡胶砂轮修研、用铸铁顶尖修研、用硬质合金顶尖修研、用中心孔专用磨床磨削。在精车前对原中心孔重新车削加工，并用铸铁锥棒反复研磨中心孔，消除变形，保证中心孔和车床顶尖接触面积达到 85% 以上，使加工过程中基准保持不变。

（3）主轴精车过程

精车阶段主要任务是保证各加工表面达到零件图的要求。精车工序首先去除余量，减轻主轴的自重，减小对中心孔的破坏。在轴径余量为 2.5mm 时调整加工参数，以较低的表面粗糙度值来完成精车。

主轴材料为 40CrNi2MoA，热处理后中心孔硬度为 302.5 HBW，在中小型主轴磨削时，此硬度能够保证中心孔不会发生变化。图 12-3 所示的烟机主轴自重较大，中心孔的硬度成为影响磨削精度的关键。为了消除由中心孔变形造成的加工误差，针对主轴的磨削加工目前多采用两头镶工艺头的方法进行。工艺头装配选择在精车留有 1.5mm 余量时进行。工艺头中心孔表面淬火处理硬度 487.6～566.4 HBW，淬硬层厚度≥2mm，确保在磨削过程中对中心孔的磨损很小。以两中心孔为基准，精车轴颈和端面，为磨床留 0.80mm 左右的余量。

（4）主轴"以车代磨"加工

主轴磨削后表面有"微磁"很难消除，而用车削方法加工，主轴表面无"微磁"，因此目前主轴表面倾向于利用数控车床"以车代磨"的方法加工。"以车代磨"不仅要解决烟机主轴粗糙度的问题，而且怎么解决好圆度、同轴度等形位公差要求也很重要，主要有以下措施可以尽可能地保证圆度、同轴度等形位公差要求：

① 在烟机主轴粗车之前，必须保证主轴两头中心孔形状正确，两中心孔的连线必须与主轴的中心线重合，这样才能保证后续工序的加工，从而最大限度地保证主轴的同轴度。

② 车床的后顶尖采用具伸缩性的弹性活顶尖，可以有效地避免切削热引起主轴伸长受到阻碍而产生弯曲变形，该变形受离心力的作用将加剧，进一步产生振动而影响形位公差。

③ 在粗车、半精车和精车时必须通过调头加工来保证烟机主轴的同轴度，每次调头时必须重新修研中心孔，保持中心孔的粗糙度要求。

④ 同一把车刀尽量连续加工。在精车时，烟机主轴同一轴颈表面处一定要连续切削加工，在保证刀具无损的条件下，可提高效率，缩短加工时间，这样对机床和烟机主轴加工质量都有好处。

习题

一、单项选择题

1. 在进行主轴材料选择时，不需要具备____性能。
   A. 高的高温抗拉强度　　　　　B. 较好的韧性、塑性
   C. 高的蠕变强度　　　　　　　D. 高的韧脆性转变温度
2. 主轴上的次要表面键槽的加工，一般安排在____。
   A. 外圆精车之后　　B. 外圆精磨之后　　C. 半精车外圆之前　　D. 任何阶段都可以

二、填空题

1. 主轴外圆表面的设计基准为_____；一般轴类零件都用_____作为精基准；回转体部件的装配基准为_____。
2. 由于空心主轴零件在加工过程中，作为定位基准的顶尖孔，因钻出通孔而消失，为了在通孔加工之后还能使用顶尖孔作为定位基准，一般都采用带中孔的_____或_____。

三、问答题

1. 一般轴类零件加工的典型工艺路线是什么？为什么这样安排？
2. 试分析主轴加工工艺过程中如何体现"基准统一""基准重合""互为基准"的原则？它们在保证主轴的精度要求中起什么作用？
3. 主轴中心孔在加工中起什么作用？为什么在精加工阶段前要进行中心孔的研磨？中心孔的研磨方法有哪些？
4. 主轴加工时，常以顶尖孔作为定位基准，试分析其优点。若工件是空心的，如何实现加工过程的定位？
5. 主轴加工过程中需要进行哪几种热处理？每种热处理目的是什么？在加工过程中怎样安排热处理工序？

[1] 刘伟，刘国宁，贾世晟 . 质量管理 [M] . 北京：中国言实出版社，2005：98.

[2] 王平 . 工业物联网技术与应用 [M] . 北京：科学出版社，2014：10-11.

[3] 李强 . 云计算及其应用 [M] . 武汉：武汉大学出版社，2018：1-4.

[4] 姚树春，周连生，张强，等 . 大数据技术与应用 [M] . 成都：西南交通大学出版社，2018：5-6.

[5] 胡小强 . 虚拟现实技术基础与应用 [M] . 北京：北京邮电大学出版社，2009：48-50.

[6] 金凌芳，许红平 . 工业机器人概论 [M] . 杭州：浙江科学技术出版社，2017：13-14.

[7] 王广春 . 增材制造技术及应用实例 [M] . 北京：机械工业出版社，2016：1-5.

[8] 刘佳玲 . 技术改变生活 射频识别技术理论与实践应用 [M] . 青岛：中国海洋大学出版社，2018：42-44.

[9] 朱振华，邵泽波 . 过程装备制造技术 [M] . 北京：化学工业出版社，2018：47-79，82-85，87-91，100-105，136-164，216-227.

[10] 王文友 . 过程装备制造工艺 [M] . 北京：中国石化出版社，2014：34-45，73-80，189-201，224-229，248-254.

[11] 邹广华，刘强 . 过程装备制造与检测 [M] . 北京：化学工业出版社，2015：66-70，182-200.

[12] 朱方鸣 . 化工机械制造技术 [M] . 2 版 . 北京：化学工业出版社，2010：50-51，62-66，86-113.

[13] 王国凡 . 钢结构焊接导论 [M] . 哈尔滨：哈尔滨工业大学出版社，2009：59-60.

[14] 尹长华 . 长输管道焊工培训教程 [M] . 北京：机械工业出版社，2017：6-11.

[15] 史耀武 . 焊接制造工程基础 [M] . 北京：机械工业出版社，2016：477-479.

[16] 罗慧，陈美婷 . 焊接结构与制造 [M] . 北京：北京理工大学出版社，2016：150-158.

[17] 周世权 . 机械制造工艺基础 [M] . 北京：华中科技大学出版社，2005：116-118.

[18] 葛兆祥 . 焊接工艺及原理 [M] . 北京：中国电力出版社，1997：215-218.

[19] 李志安，金志浩，金丹 . 过程设备制造 [M] . 北京：中国石化出版社，2014：134-153，221-226.

[20] 朱其芳，赵钦新 . 动力机械与设备制造工艺学 [M] . 西安：西安交通大学出版社，1999：245-252.

[21] 金光熹 . 压缩机制造工艺学 [M] . 北京：机械工业出版社，1986：106-113.

[22] 朱佳生 . 透平机械制造工艺学 [M] . 北京：机械工业出版社，1980：76-163，200-215.

[23] 陈明 . 机械制造工艺学 [M] . 2 版 . 北京：机械工业出版社，2021：152-153，197-216.

[24] 张光先，陈冬岩，李朋 . 焊接设备的数字化、网络化及群控系统 [C] . "迈向智慧焊接" 国际论坛，2013.

[25] 孟柳，延建林，董景辰，等 . 智能制造总体架构探析 [J] . 中国工程科学，2018，20（04）：23-28.

[26] 国家智能制造标准体系建设指南（2018 年版）[J] . 机械工业标准化与质量，2018（12）：7-14.

[27] 饶靖，于航，周同明，等 . 船舶管子加工智能车间研究与应用 [J] . 造船技术，2020（01）：81-87.

[28] 龚学鹏，彭忠琦 . 非规则曲面多点数字化成形技术的发展 [J] . 光机电信息，2011，28（05）：6-11.

[29] 刘纯国，蔡中义，李明哲 . 三维曲面钢板多点数字化成形技术 [J] . 造船技术，2009（04）：17-19，33.

[30] 孟宪伟，肖玉龙，唐宇佟，等 . 焊接智能化的研究现状及应用 [J] . 电焊机，2019，49（09）：84-87.

[31] 邓海鹏 . 智能制造与机器人焊接技术的集成与应用 [J] . 机电信息，2018（18）：105-106.

[32] 陈善本，吕娜 . 焊接智能化与智能化焊接机器人技术研究进展 [J] . 电焊机，2013，43（05）：28-36.

[33] 顾德军，陈翔，马莉 . 电机轴智能制造方案 [J] . 电机与控制应用，2020，47（10）：74-79，109.

[34] 于勇，陶剑，范玉青 . 大型飞机数字化设计制造技术应用综述 [J] . 航空制造术，2009，4（11）：56-60.

[35] 杨阳，邱燕平，王晓宇 . C919 飞机装配自动钻铆技术的应用研究 [J] . 教练机，2019，2：15-22.

[36] 张立安，刘军 . C919 大型客机垂尾生产线先进装配技术 [J] . 航空制造技术，2015，4：105-107.

[37] 刘检华，孙清超，程晖，等 . 产品装配技术的研究现状、技术内涵及发展趋势 [J] . 机械工程学报，2018，54（11）：16-42.

[38] 张万岭，沈功田 . 压力容器无损检测——换热器的无损检测技术 [J] . 无损检测，2005（06）：308-312.

[39] 郑鸿杰 . 换热器制造过程的无损检测 [J] . 黑龙江科技信息，2015（33）：107.

[40] 卢杰，周海明 . 余热锅炉换热器的整体热处理 [J] . 中国化工装备，2021，23（05）：26-33.

[41] 付德刚 . 浮头式换热器打压工装优化改造的探索 [J] . 石油和化工设备，2017，20（03）：95-99.

[42] 李丙才，武强强 . YL 型烟气轮机动叶片五轴联动数控加工的运动模型及编程 [J] . 兰州理工大学学报，2014，40（03）：38-43.

[43] 何禛 . 整体叶轮类零件数控加工关键技术研究 [J] . 内燃机与配件，2019（20）：2.

[44] 邓凌宇，龙正建，刘明松，等 . 660MW 与 600MW 机组叶片毛坯通用设计及试制 [J] . 大型铸锻件，2011（1）：5.

［45］　邱艳芳. 特大功率烟气轮机主轴的加工制造［J］. 通用机械，2006（06）：100-101.

［46］　屈双军，周维辉，马英. YL25000A 烟气轮机主轴的"以车代磨"加工［J］. 工具技术，2007（07）：82-84.

［47］　GB 150—2011. 压力容器.

［48］　GB/T 151—2014. 热交换器.

［49］　GB/T 230.1—2018. 金属材料 洛氏硬度试验 第 1 部分：试验方法.

［50］　GB/T 231.1—2018. 金属材料 布氏硬度试验 第 1 部分：试验方法.

［51］　GB/T 324—2008. 焊缝符号表示法.

［52］　GB/T 985.1—2008. 气焊、焊条电弧焊、气体保护焊和高能束焊的推荐坡口.

［53］　GB/T 1031—2009. 产品几何技术规范（GPS）表面结构 轮廓法 表面粗糙度参数及其数值.

［54］　GB/T 1182—2018. 产品几何技术规范（GPS）几何公差 形状、方向、位置和跳动公差标注.

［55］　GB/T 1800.1—2020. 产品几何技术规范（GPS）线性尺寸公差 ISO 代号体系 第 1 部分：公差、偏差和配合的基础.

［56］　GB/T 4340.2—2012. 金属材料 维氏硬度试验 第 2 部分：硬度计的检验与校准.

［57］　GB/T 12212—2012. 技术制图焊缝符号的尺寸、比例及简化表示法.

［58］　GB/T 12337—2014. 钢制球形储罐.

［59］　GB/T 15375—2008. 金属切削机床 型号编制方法.

［60］　GB/T 25198—2010. 压力容器封头.

［61］　NB/T 47013—2015. 承压设备无损检测.

［62］　NB/T 47014—2011. 承压设备焊接工艺评定.

［63］　NB/T 47015—2011. 压力容器焊接规程.

［64］　JB/T 9105—2013. 大型往复活塞压缩机技术条件.

［65］　HG/T 3650—2012. 烟气轮机技术条件.